21世纪高等学校规划教材 | 软件工程

IBM大学合作项目书籍出版资助

软件测试技术与实践

邓 武 主编
李雪梅 副主编

清华大学出版社
北京

内 容 简 介

本书以帮助读者建立软件测试的基本概念、方法和技术，提高对软件测试工具的应用能力与分析解决实际问题的能力为目标，在讲述"软件测试理论"的同时，结合软件市场对软件测试人才的需求，介绍了IBM Rational系列软件测试工具的使用方法，并以该工具作为实践环境，阐述软件测试相关概念及软件测试方法和技术。

本书取材适宜、难度适当、实用性强，可使读者在学习软件测试基本概念、方法和技术的同时，掌握一种实用软件测试工具的应用方法，具备从事软件测试工作的基本知识、基本技能和实践能力，为将来胜任软件测试工作打下良好的基础。

本书可作为高等学校计算机及软件工程专业学生的教材，也可作为软件测试人员的技术参考书。

图书在版编目(CIP)数据

软件测试技术与实践/邓武主编. —北京：清华大学出版社，2012.1（2020.1重印）
（21世纪高等学校规划教材·软件工程）
ISBN 978-7-302-27025-6

Ⅰ. ①软…　Ⅱ. ①邓…　Ⅲ. ①软件－测试－高等学校－教材　Ⅳ. ①TP311.5

中国版本图书馆CIP数据核字(2011)第201551号

责任编辑：梁　颖　王冰飞
责任校对：白　蕾
责任印制：李红英

出版发行：清华大学出版社
网　　址：http://www.tup.com.cn，http://www.wqbook.com
地　　址：北京清华大学学研大厦A座　　**邮　　编**：100084
社 总 机：010-62770175　　**邮　　购**：010-62786544
投稿与读者服务：010-62776969，c-service@tup.tsinghua.edu.cn
质量反馈：010-62772015，zhiliang@tup.tsinghua.edu.cn
课件下载：http://www.tup.com.cn，010-62795954
印 装 者：北京九州迅驰传媒文化有限公司
经　　销：全国新华书店
开　　本：185mm×260mm　　**印　　张**：19.25　　**字　　数**：482千字
版　　次：2012年1月第1版　　**印　　次**：2020年1月第7次印刷
印　　数：7101～7400
定　　价：39.50元

产品编号：038785-02

编审委员会成员

（按地区排序）

出版说明

随着我国改革开放的进一步深化，高等教育也得到了快速发展，各地高校紧密结合地方经济建设发展需要，科学运用市场调节机制，加大了使用信息科学等现代科学技术提升、改造传统学科专业的投入力度，通过教育改革合理调整和配置了教育资源，优化了传统学科专业，积极为地方经济建设输送人才，为我国经济社会的快速、健康和可持续发展以及高等教育自身的改革发展做出了巨大贡献。但是，高等教育质量还需要进一步提高以适应经济社会发展的需要，不少高校的专业设置和结构不尽合理，教师队伍整体素质亟待提高，人才培养模式、教学内容和方法需要进一步转变，学生的实践能力和创新精神亟待加强。

教育部一直十分重视高等教育质量工作。2007 年 1 月，教育部下发了《关于实施高等学校本科教学质量与教学改革工程的意见》，计划实施"高等学校本科教学质量与教学改革工程(简称'质量工程')"，通过专业结构调整、课程教材建设、实践教学改革、教学团队建设等多项内容，进一步深化高等学校教学改革，提高人才培养的能力和水平，更好地满足经济社会发展对高素质人才的需要。在贯彻和落实教育部"质量工程"的过程中，各地高校发挥师资力量强、办学经验丰富、教学资源充裕等优势，对其特色专业及特色课程(群)加以规划、整理和总结，更新教学内容、改革课程体系，建设了一大批内容新、体系新、方法新、手段新的特色课程。在此基础上，经教育部相关教学指导委员会专家的指导和建议，清华大学出版社在多个领域精选各高校的特色课程，分别规划出版系列教材，以配合"质量工程"的实施，满足各高校教学质量和教学改革的需要。

为了深入贯彻落实教育部《关于加强高等学校本科教学工作，提高教学质量的若干意见》精神，紧密配合教育部已经启动的"高等学校教学质量与教学改革工程精品课程建设工作"，在有关专家、教授的倡议和有关部门的大力支持下，我们组织并成立了"清华大学出版社教材编审委员会"(以下简称"编委会")，旨在配合教育部制定精品课程教材的出版规划，讨论并实施精品课程教材的编写与出版工作。"编委会"成员皆来自全国各类高等学校教学与科研第一线的骨干教师，其中许多教师为各校相关院、系主管教学的院长或系主任。

按照教育部的要求，"编委会"一致认为，精品课程的建设工作从开始就要坚持高标准、严要求，处于一个比较高的起点上；精品课程教材应该能够反映各高校教学改革与课程建设的需要，要有特色风格、有创新性(新体系、新内容、新手段、新思路，教材的内容体系有较高的科学创新、技术创新和理念创新的含量)、先进性(对原有的学科体系有实质性的改革和发展，顺应并符合 21 世纪教学发展的规律，代表并引领课程发展的趋势和方向)、示范性(教材所体现的课程体系具有较广泛的辐射性和示范性)和一定的前瞻性。教材由个人申报或各校推荐(通过所在高校的"编委会"成员推荐)，经"编委会"认真评审，最后由清华大学出版社审定出版。

目前，针对计算机类和电子信息类相关专业成立了两个“编委会”，即“清华大学出版社计算机教材编审委员会”和“清华大学出版社电子信息教材编审委员会”。推出的特色精品教材包括：

(1) 21 世纪高等学校规划教材·计算机应用——高等学校各类专业，特别是非计算机专业的计算机应用类教材。

(2) 21 世纪高等学校规划教材·计算机科学与技术——高等学校计算机相关专业的教材。

(3) 21 世纪高等学校规划教材·电子信息——高等学校电子信息相关专业的教材。

(4) 21 世纪高等学校规划教材·软件工程——高等学校软件工程相关专业的教材。

(5) 21 世纪高等学校规划教材·信息管理与信息系统。

(6) 21 世纪高等学校规划教材·财经管理与应用。

(7) 21 世纪高等学校规划教材·电子商务。

(8) 21 世纪高等学校规划教材·物联网。

清华大学出版社经过三十多年的努力，在教材尤其是计算机和电子信息类专业教材出版方面树立了权威品牌，为我国的高等教育事业做出了重要贡献。清华版教材形成了技术准确、内容严谨的独特风格，这种风格将延续并反映在特色精品教材的建设中。

清华大学出版社教材编审委员会

联系人：魏江江

E-mail:weijj@tup.tsinghua.edu.cn

前言

随着软件产业的快速发展，软件产品质量正逐渐成为软件企业生存与发展的核心。软件测试作为提高和保证软件产品质量的重要环节，已经越来越受到软件企业和用户的高度重视。软件企业纷纷加大软件测试在软件开发过程中的比重，成立了相应的软件测试与质量保证的相关部门，甚至出现了专门从事软件测试的第三方软件企业，使得目前软件企业对软件测试人才的需求日益迫切。

软件测试作为一项技能密集型的职业，要求软件测试人员掌握软件测试的方法、技术、流程、度量和管理等综合知识，以及必要的软件测试工具。2005 年 10 月 25 日，我国正式将计算机软件产品检验员（即软件测试工程师）列为第四批新职业。软件测试作为一个新兴行业，目前还处于初步阶段。我国软件企业在软件测试方面与国际水准相比仍然存在着较大差距，主要表现在：首先是在认识上重开发、轻测试，忽略了如何通过流程改进和软件测试来保证软件产品的质量；其次是在管理上表现简单、随意，没有建立规范、有效的软件测试管理体系；最后是缺少自动化测试工具的支持，大多数软件企业在软件测试时并没有采取软件测试管理系统。所以对于软件企业来说，提高和保证软件产品质量，不仅要提高对软件测试的认识，同时要建立起独立的软件测试组织，采用先进的软件测试技术，充分利用现有的软件测试工具，不断改善软件开发流程，建立完善的软件产品质量保证体系。

本书以帮助学生建立软件测试的基本概念、方法和技术，提高软件测试工具应用能力与分析解决软件测试实际问题的能力为目标。在讲述“软件测试理论”的同时，结合社会需求，鉴于 IBM 公司提供了从系统分析到配置管理的全套软件开发工具包，介绍了 IBM Rational 系列软件测试工具的特点及应用，并以该工具作为教学实践环境，阐述软件测试相关概念、方法与技术，使学生在学习软件测试的基本概念、方法和技术的同时，掌握一种实用的软件测试应用工具，具备从事软件测试工作的基本知识、基本技能和实践能力，为将来胜任软件测试工作打下良好的基础，从而较快地进入软件测试工作角色。

本书内容以软件测试的基本概念、方法、技术、管理、工具与案例分析为主线，共分 9 章进行论述。

第 1 章　软件测试概述：主要讲述软件测试背景、软件缺陷、软件测试定义、模型、过程管理原则、流程及职业与素质。

第 2 章　软件测试方法：主要讲述软件测试分类、测试覆盖率、软件测试各个阶段、测试用例概念及设计、软件测试的执行与结果分析。

第 3 章　软件质量保证：主要讲述软件质量定义、标准、保证和软件可靠性。

第 4 章　软件测试策略、质量标准与规范：主要讲述软件测试策略、标准、规范、CMM 结构体系、CMM 与 ISO 9001 思想及结构体系的关系。

第 5 章　软件测试技术：主要讲述单元测试、集成测试、系统测试、验收测试、回归测试、面向对象的软件测试技术、基于服务器应用的软件测试技术、软件自动化测试。

第 6 章　软件测试管理：主要讲述软件测试过程管理、人员组织管理、需求管理、文档管理、风险管理。

第 7 章　实用软件测试工具：主要讲述软件测试工具的分类与选择、RUP、Rational TestManager 基本使用、Rational Purify 基本使用、Rational Quantify 基本使用、Rational PureCoverage 基本使用、Rational Robot 基本使用、Rational Function Tester 基本使用、Rational Performance Tester 基本使用。

第 8 章　测试实例分析：主要讲述基于 C++的个人财务管理系统、基于 J2EE 的电子商务系统、基于 JSTL 的企业信息化系统三个实例的具体软件测试过程与分析。

第 9 章　软件测试技术的新发展：主要讲述软件测试行业的现状及对策、软件测试的发展趋势以及软件测试技术研究的方向。

本书由大连交通大学的邓武任主编、李雪梅任副主编，大连交通大学的李媛媛、刘晶晶、牛一捷、赵慧敏，辽宁警官高等专科学校的曾刚老师等参与了部分章节、附录的编写工作，同时参与了相关章节的程序调试工作。

本书的出版获得了"IBM 大学合作项目书籍出版资助"，同时得到了 IBM 大中华区大学合作部程毓佳女士的大力支持和帮助，在此表示诚挚的谢意。

本书由大连海事大学陈荣教授主审。审稿人对书稿提出了许多修改意见，同时白英涛、宋英杰等对本书也提出了诸多的意见，谨此表示衷心感谢。

在本书编写过程中，作者参阅了大量的有关著作、教材、文献，特别是 IBM 中国有限公司提供了最先进的 IBM Rational 系列软件测试工具；还有国内知名软件测试网站，如 http://www.51testing.com，http://www.testage.net，http://softtest.chinaitlab.com，http://www.ltesting.net，http://www.17testing.com 等提供了丰富的软件测试文章，在此表示衷心感谢。

由于计算机技术日新月异，加之编者水平有限，书中定有许多疏漏、不足之处，恳请使用本书的广大读者批评指正，提出宝贵的意见，并与我们联系，联系信箱：rjcsykfjys@126.com。

编　者
2011 年 10 月

目录

第1章 软件测试概述

本章介绍软件测试的背景，由于软件的复杂度的增加，软件开发产业的不断发展，软件质量越来越重要，软件测试也得到越来越多的重视。本章重点介绍软件测试的基本理论，包括软件测试的定义、软件测试的目的与原则及它与软件开发的关系。最后还介绍软件测试发展经历的几种典型过程模型、软件测试的基本流程等基本知识。

1.1 软件测试背景

在软件业较发达的国家，软件测试不仅成为软件开发的一个有机组成部分，而且在软件开发的系统工程中占据着相当大的比重。大量统计资料表明，软件测试的工作量往往占软件开发总工作量的40%以上，可见软件测试在软件开发中的地位之重要。发达国家的软件测试专业化水平非常高，软件测试是一项很受重视的工作。

随着国内软件应用与开发的飞速发展，软件用户对软件质量的要求也在不断地提高。如何有效提高软件产品的质量已经成为许多研发机构和软件企业迫切关心的问题。软件测试作为保证软件质量的重要手段，越来越受到企业的关注和重视。在计算机故障中，有相当一部分是软件故障。下面让我们看看几个软件缺陷的案例。

1. 辽宁福彩漏洞

2005年一次普通的机器死机故障，让急于在开奖前敲进3D福彩号码的赵某发现了一个惊人的秘密——他的另一台福彩机器竟然可以在福彩中奖号码公布后的5分钟内敲进去几组有效并被福彩中心确认的投注号码。这个发现让赵某兴奋不已，也让他产生了一个大胆的计划：利用福彩这一系统漏洞，通过输入满天星彩票站已经中奖的彩票号码，重复兑奖。赵某兑奖数千次，拿了2800万元。

福利彩票投注、兑奖流程为：彩民买彩票→中奖→小奖在投注站兑奖，大奖在各地区指定地点凭相关证件兑奖。而目前福利彩票基本都使用彩票电脑系统进行销售管理，其电脑系统后台的兑奖流程为：相关部门公布中奖号→中奖号、中奖金额实时写入彩票电脑系统数据库→各投注点、兑奖点的电脑终端机上都会实时显现。在兑奖期限内，中奖彩民兑奖时，各投注点、兑奖点输入中奖号码，彩民领奖后，领奖信息也会实时上传并写入福彩管理中心数据库系统。在兑奖期限内，已兑奖项、未兑奖项的信息会实时写入福彩管理中心数据库系统，并实时传给各投注点、兑奖点，以避免重复兑奖、区别过期未领奖项。显然，在彩票电脑管理系统中,数据在整个系统内的“实时”传输是控制重复兑奖的关键。福利彩票销售管理系统的缺陷就在于没能做到“实时”的数据传输,兑奖信息数据要延时约5分钟才被写入数据库,正是这5分钟被赵某利用了。

2. 千年虫(Y2K)问题

20世纪70年代一个叫Dave的程序员,负责本公司的工资系统。他使用的计算机存储空间很小,迫使他尽量节省每一个字节。Dave自豪地将自己的程序压缩得比其他人的小。他使用的其中一个方法是把4位数日期缩减为2位,例如1973年为73。因为工资系统极度依赖数据处理,Dava节省了可观的存储空间。Dava并没有想到这是个很大的问题,他认为只有在2000年时程序计算00或01这样的年份时才会出现错误。他知道那时会出问题,但是在25年之内程序肯定会更改或升级,而且眼前的任务比未来更加重要。然而这一天毕竟是要来的,1995年,Dava的程序仍然在使用,而Dava退休了,谁也不会想到进入程序检查2000年的兼容性问题,更不用说去修改了。关于Y2K问题的说法不一,但根本的问题是用2位表示年份的问题。这是一个十分典型的软件设计缺陷案例。Y2K问题涉及四个方面:硬件、操作系统、应用软件及数据。

3. 英特尔奔腾浮点除法软件故障

在计算机的“计算器”程序中输入以下算式:

(4195835/3145727)×3145727－4195835

如果答案是0,则说明计算机没有问题;如果得出的结果不是0,则说明计算机的工作不正常。看起来这不应该是个问题,可实际上它就发生了。

1994年12月30日,美国Lynchburg大学的Thomas R. Nicely博士在一台奔腾PC上做除法运算时发现上面的算式不等于0。后来他把这一个惊人的发现在Internet上发布出去,引起了一场风暴,成千上万的人都发现了同样的问题。那么是什么原因造成这样的算式计算错误呢?这是由固化在奔腾CPU上的运算器芯片中的软件故障所致。

从上面的几个例子中我们可以看出软件缺陷是造成软件故障的主要问题。软件故障是指软件在运行过程中产生的不希望出现或不可接受的内部状态,对软件故障若无适当措施加以及时处理,就会使软件失效。软件故障可大体上分为三种类型:第一类是软件缺陷;第二类是软件错误;第三类是软件失败。

1.2 软件缺陷及分级

1.2.1 软件缺陷的定义

由于软件开发人员思维上的主观局限性,且目前开发的软件系统越来越复杂,不管是需求分析还是程序设计,都面临着越来越大的挑战,软件缺陷的产生在一定程度上是很难避免的。软件测试就是为了发现软件产品中所存在的任何意义上的软件缺陷,从而纠正这些缺陷,使软件产品更好地满足用户的需求。

软件缺陷(Defect),常常又被叫做Bug。所谓软件缺陷,是指计算机软件或程序中存在的某种破坏正常运行能力的问题、错误，或者隐藏的功能缺陷。缺陷的存在会导致软件产品在某种程度上不能满足用户的需要。IEEE 729—1983 对软件缺陷有一个标准的定义：从产品内部看，缺陷是软件产品开发或维护过程中存在的错误、毛病等各种问题；从产品外部看，缺陷是系统所需要实现的某种功能的失效或违背。

本书中定义，只有至少满足下列 5 个规则之一才称为发生了一个软件缺陷：

(1) 软件没有实现产品规格说明所要求的功能。

(2) 软件中出现了产品规格说明指明不应该出现的错误。

(3) 软件实现了产品规格说明没有提到的功能。

(4) 软件没有实现虽然产品规格说明没有明确提及但应该实现的目标。

(5) 软件难以理解，不容易使用，运行缓慢，或从测试员的角度看，最终用户会认为不好。

为了更好地理解每一个规则，以计算器开发为例。计算器的产品规格说明声称它能准确无误地进行加、减、乘、除运算。

如果按下加法(+)键，没有任何反应，根据第(1)个规则，这就是一个缺陷；若计算结果出错，根据第(1)个规则，这也是一个缺陷。

产品规格说明还可能规定计算器永远不会死机，或者停止反应。如果随意狂敲键盘导致计算器停止接收输入，根据第(2)个规则，这就是一个缺陷。

如果在测试的过程中发现计算器除了可以进行加、减、乘、除 4 种运算外，还可以求平方根，但是产品规格说明并没有提及这一功能，根据第(3)个规则，这是一个缺陷——软件实现了产品规格说明中未提及的功能。这些预想不到的功能，虽然有时候有了更好，但是会增加测试的工作，甚至有可能带来更多的缺陷。

计算器持续工作到电池完全没电，或至少用到电力不足时，应该提醒用户无法进行正确计算，但产品规格说明中并未考虑到这种情况，而是想当然地假定电池一直都是有电的。那么，在测试时发现电池没电会导致计算结果不正确，根据第(4)个规则，这就是一个缺陷。

根据第(5)个规则，软件测试员如果发现某些地方不对劲，例如测试人员觉得按键太小、在亮光下看不清显示屏等，无论什么原因，都要认定为缺陷。

1.2.2 软件缺陷的分类

1. 软件缺陷的严重性

(1) 致命的(fatal)：致命错误，不能完全满足系统要求，基本业务功能未实现，系统崩溃、不稳定或挂起等导致系统不能继续运行。

(2) 严重的(critical)：严重错误，严重地影响系统要求或基本功能的实现，且没有办法更正(重新安装或重新启动不属于更正办法)，使系统不稳定、破坏数据、产生错误结果，部分功能无法实现。

(3) 一般的(major)：一般性错误，如界面错误(严重的界面提示错误或不友好表现)，非重要功能无法正确执行，实现不完整，但不影响系统功能。这样的软件缺陷不会影响系统的基本使用。

(4) 微小的(minor)：轻微错误，使操作者不方便或遇到麻烦，但它不影响执行工作功能或重要功能，或对最终结果影响有限。如界面定义不一致、不规范，滚动条无效，鼠标定位错误等，对功能几乎没有影响，软件产品仍可使用。

一般情况下，问题越严重，处理优先级就越高。

2. 软件缺陷按照技术种类的分类

(1) 功能性错误：列在产品规格说明中的需求没有在最终系统中实现。

(2) 系统错误：存在或产生于所开发的系统之外的软硬件错误。

(3) 逻辑错误：程序运行起来不像要求的样子。

(4) 用户界面错误：字段和控件标号不一致，功能提供的不一致等。

(5) 数据错误：访问数据库时出错。

(6) 编码错误：源代码中存在的语法错误。

(7) 测试错误：测试者误操作却认为发现了问题。

3. 软件缺陷按所处状态的不同的分类

(1) 激活状态(active 或 open)：问题没有解决，测试人员新报告的缺陷或者验证后缺陷仍旧存在。

(2) 已修正状态(fixed 或 resolved)：开发人员针对缺陷，修正软件后已解决问题或通过单元测试。

(3) 关闭状态(close 或 inactive)：测试人员经过验证后，确认缺陷不存在之后的状态。

以上是 3 种基本的状态，还有一些需要相应的状态描述，如由于技术原因或第三者软件的缺陷，开发人员不能修复的缺陷，可以置为"保留(On hold)"状态；某个软件缺陷已经被其他的软件测试人员发现，可以置为"重复(Duplicate)"状态等。

1.2.3 软件缺陷的产生

在软件开发的过程中，软件缺陷的产生是不可避免的。那么造成软件缺陷的主要原因有哪些呢？从软件本身、团队工作和技术问题等角度分析，就可以了解造成软件缺陷的主要因素。

1. 软件本身

(1) 需求不清晰，导致设计目标偏离客户的需求，从而引起功能或产品特征上的缺陷。

(2) 系统结构非常复杂，而又无法设计成一个很好的层次结构或组件结构，结果产生意想不到的问题或系统维护、扩充上的困难；即使设计成良好的面向对象的系统，由于对象、类太多，很难完成对各种对象、类相互作用的组合测试，而隐藏着一些参数传递、方法调用、对象状态变化等方面的问题。

(3) 对程序逻辑路径或数据范围的边界考虑不够周全，漏掉某些边界条件，造成容量或边界错误。

(4) 对一些实时应用，要进行精心设计和技术处理，保证精确的时间同步，否则容易引起时间上不协调、不一致性带来的问题。

(5) 没有考虑系统崩溃后的自我恢复或数据的异地备份、灾难性恢复等问题，从而存在系统安全性、可靠性的隐患。

(6) 系统运行环境的复杂，用户使用的计算机环境千变万化，包括用户的各种操作方式或各种不同的输入数据，容易引起一些特定用户环境下的问题；在系统实际应用中，数据量很大，从而会引起强度或负载问题。

(7) 由于通信端口多、存取和加密手段的矛盾性等，造成系统的安全性或适用性等问题。

(8) 新技术的采用，可能涉及技术或系统兼容的问题，而事先没有考虑到。

2. 团队工作

(1) 系统需求分析时对客户的需求理解不清楚，或者和用户的沟通存在一些困难。

(2) 不同阶段的开发人员没有充分沟通，相互理解不一致。

(3) 项目组成员技术水平参差不齐，新员工较多，或培训不够等原因也容易引起问题。

3. 技术问题

(1) 算法错误：在给定条件下没能给出正确或准确的结果。

(2) 语法错误：对于编译性语言程序，编译器可以发现这类问题；但对于解释性语言程序，只能在测试运行时发现这类问题。

(3) 计算和精度问题：计算的结果没有满足所需要的精度。

(4) 系统结构不合理、算法选择不科学，造成系统性能低下。

(5) 接口参数传递不匹配，导致模块集成出现问题。

4. 项目管理的问题

(1) 缺乏质量文化，不重视质量计划，对质量、资源、任务、成本等的平衡性把握不好，容易挤掉需求分析、评审、测试等时间，遗留的缺陷会比较多。

(2) 开发周期短，需求分析、设计、编程、测试等各项工作不能完全按照定义好的流程来进行，工作不够充分，结果也就不完整、不准确，错误较多；同时，还会给各类开发人员造成太大的压力，引起一些人为的错误。

(3) 开发流程不够完善，存在太多的随机性和缺乏严谨的内审或评审机制。

(4) 文档不完善，风险估计不足等。

1.2.4　软件缺陷的构成

从上面的讨论可以知道软件缺陷的产生是由很多原因造成的。在整个软件的开发过程中，从开始的需求分析到系统设计、编码、测试，都有可能发现软件缺陷。通过对众多从小到大的项目进行研究发现，大多数的软件缺陷并非源自编程错误，而是产品规格说明书，如图 1-1 所示。

造成这种情况出现的原因有很多，例如软件开发人员和用户的沟通存在较大困难，对要开发的产品功能理解不一致；用户的需求总是不断变化，而这些变化并没有在产品规格说明书中得到正确的描述；在产品规格说明书的设计和写作上投入的人力、时间不足；整个开发队伍没有进行充分沟通。这些都会导致软件缺陷的出现。

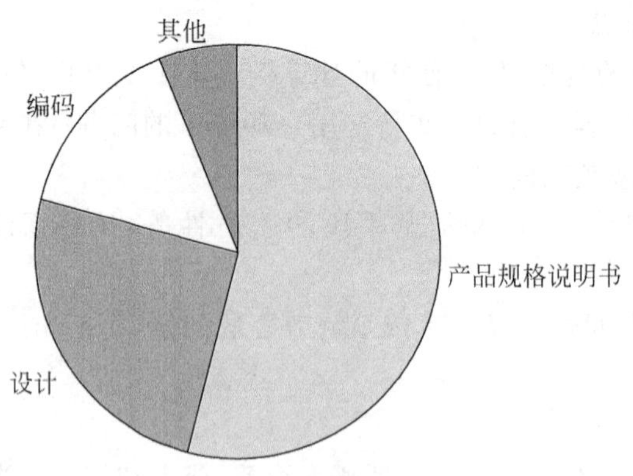

图 1-1 软件缺陷构成

排在产品规格说明书之后的是设计，编码排在第三位。其实，许多看上去是编码错误的软件缺陷实际上也是由产品规格说明书和设计不当造成的。许多人的印象中软件测试主要是找程序代码中的错误，这是一个认识的误区。

1.2.5 修复软件缺陷的代价

从上面的讨论可以知道，软件缺陷的分布主要集中在需求分析和设计阶段。一般而言，如果在需求阶段修正一个错误的代价是 1，那么在设计阶段就是它的 3～6 倍，在编程阶段是它的 10 倍，在内部测试阶段是它的 20～40 倍，在外部测试阶段是它的 30～70 倍，而到了产品发布出去时，这个数字就是 40～1000 倍，修复缺陷的代价随时间不是呈线性增长，而几乎是呈指数增长的，如图 1-2 所示。

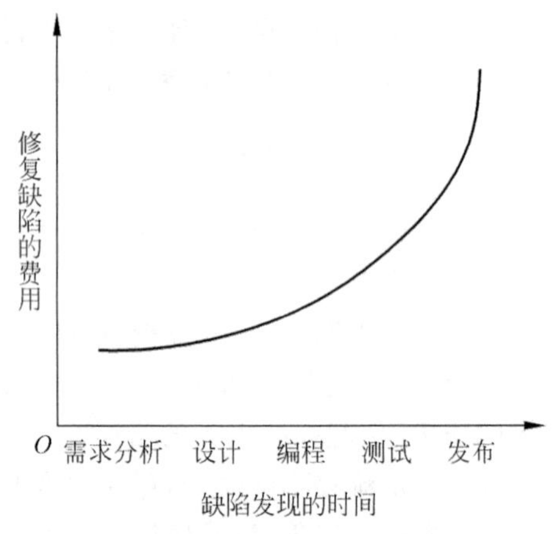

图 1-2 修复软件缺陷的费用随时间的增长

所以强调测试人员要在软件开发的早期，即需求分析阶段就应介入，问题发现得越早越好。发现缺陷后，要尽快修复缺陷。也许一开始只是一个很小范围内的错误，但随着产品开发工作的进行，小错误会扩散成大错误，为了修改后期的错误所做的工作要大得多，即越到后来往前返工也越远。如果错误不能及早发现，那只可能造成越来越严重的后果。缺陷发现或解决得越迟，成本就越高。

例如在 1994 年，迪斯尼发布的狮子王游戏软件，无法在大多数公众使用的 PC 平台上正常运行，只能在极少数系统中正常工作，然而该缺陷被开发人员完全忽视，直到投入市场被客户发现。最终，迪斯尼公司召回产品，进行了又一轮的调试、修改和测试，损失巨大。假如早在需求分析时已经有人研究过什么 PC 平台流行，并明确软件需要在该配置上设计和测试，那么付出的代价可能会小得多。如果严重的软件缺陷到了客户那里才发现，就足以耗尽整个产品的利润。

1.3 软件测试基本理论

1.3.1 软件测试的定义

软件测试就是利用测试工具按照测试方案和流程对产品进行功能和性能测试，甚至根据需要编写不同的测试工具，设计和维护测试系统，对测试方案可能出现的问题进行分析和评估。执行测试用例后，需要跟踪故障，以确保开发的产品适合需求。

根据软件测试的定义不难得知，软件测试的目的是通过科学的测试方法，找出软件中存在的缺陷，最终得到一个高质量的软件产品。确保用户满意将是软件测试的服务宗旨，如何找到更多的软件缺陷将是软件测试工作的重点。所以，软件测试需要从客户的角度出发，按照正确的业务流程尽最大可能去模拟用户的行为习惯，找出产品中的缺陷。在此过程中，应以《需求规格说明书》为基本依据，结合软件产品的设计文档，以及项目经验设计高效的测试用例，才能达到我们测试的目的。

从广义上讲，软件测试是指软件产品生存周期内所有的检查、评审和确认活动。如设计评审、文档审查、单元测试、集成测试、系统测试、验收测试等。从狭义上讲，软件测试是对软件产品质量的检验和评价。它一方面检查、揭露软件产品质量中存在的问题，同时又需要对产品质量进行客观的评价，并能提出改进的意见。

1.3.2 软件测试的目的和原则

关于软件测试的目的，Grenford J. Myers 在 *The Art of Software Testing* 一书中给出了深刻的阐述，主要有以下观点：

(1) 测试是为了发现程序中的错误而执行程序的过程。

(2) 好的测试方案是极可能发现迄今为止尚未发现的错误的测试方案。

(3) 成功的测试是发现了至今为止尚未发现的错误的测试。

然而这种观点指出测试是以查找错误为中心，而不是为了演示软件的正确功能。但是只从字面意思理解，可能会产生误解，认为发现错误是软件测试的唯一目的，查找不出错误的测试就是没有价值的测试，实际上并非如此。因为：①测试并不仅仅是为了找出错误，通过分析错误产生的原因和错误的发生趋势可以帮助项目管理者发现当前软件开发过程中的缺陷，以便及时改进；②这种分析也能帮助测试人员设计出有针对性的测试方法，改善测试的效率和有效性；③没有发现错误的测试也是有价值的，完整的测试是评定软件质量的一种方法。

软件测试就是“验证(verification)”和“有效性确认(validation)”活动构成的整体，即软件测试 = V&V。

“验证”是检验软件是否已正确地实现了产品规格说明书所定义的系统功能和特性。验证过程提供证据表明软件相关产品与所有生命周期活动的要求(如正确性、完整性、一致性、准确性等)相一致。

“有效性确认”是确认所开发的软件是否满足用户真正需求的活动，相当于保持对软件需求定义、设计的怀疑。一切从客户出发，理解客户的需求，发现需求定义和产品设计中的问题。这主要通过各种软件评审活动来实现。

需要说明的是，软件测试的对象是软件开发阶段性的工作成果，如市场需求说明书、产品规格说明书、技术设计文档、数据字典、程序包、用户文档等，而质量保证和管理的对象集中在软件开发的标准、流程和方法等上面。

软件测试是贯穿整个软件开发生命周期、对软件工作成果(包括阶段性产品)进行验证和确认的活动过程。软件测试的目的就是尽快尽早地发现在软件产品中所存在的各种问题——与用户需求、预先定义的不一致性。

除了应该明确测试目的之外，测试人员还应该明确以下软件测试原则：

(1) 软件开发人员即程序员应当避免测试自己的程序。不管是程序员还是开发小组都应当避免测试自己的程序或者本组开发的功能模块。若条件允许，应当由独立于开发组和客户的第三方测试组或测试机构来进行软件测试。但这并不是说程序员不能测试自己的程序，而应更加鼓励程序员进行调试。因为测试由别人来进行可能会更加有效、客观，所以容易成功，而允许程序员自己调试也会更加有效和有针对性。

(2) 应尽早地和不断地进行软件测试。应当把软件测试贯穿到整个软件开发的过程中，而不应该把软件测试看做其过程中的一个独立阶段。因为在软件开发的每一环节中都有可能产生意想不到的问题，其影响因素有很多，例如软件本身的抽象性和复杂性、软件所涉及问题的复杂性、软件开发各个阶段工作的多样性，以及各层次工作人员的配合关系等。所以要坚持软件开发各阶段的技术评审，把错误克服在早期，从而减少成本，提高软件质量。

(3) 对测试用例要有正确的态度：第一，测试用例应当由测试输入数据和预期输出结果这两部分组成；第二，在设计测试用例时，不仅要考虑合理的输入条件，更要注意不合理的输入条件。因为软件投入到实际运行中，往往不遵守正常的使用方法，一些甚至大量的意外输入导致软件不能及时做出适当的反应，就很容易产生一系列的问题，轻则输出错误的结果，重则瘫痪失效。因此常用一些不合理的输入条件来发现更多的鲜为人知的软件缺陷。

(4) 人以群分，物以类聚，软件测试也不例外，一定要充分注意软件测试中的群集现象，也可以认为是“80-20 原则”。不要以为发现几个错误并且解决这些问题之后就无须测试了，反而这里是错误群集的地方，对这段程序要重点测试，以提高测试投资的效益。

(5) 严格执行测试计划，排除测试的随意性，以避免发生疏漏或者重复无效的工作。

(6) 应当对每一个测试结果进行全面检查。一定要全面地、仔细地检查测试结果，但这点常常被人们忽略，导致许多错误被遗漏。

(7) 妥善保存测试用例、测试计划、测试报告和最终分析报告，以备回归测试及维护之用。

在遵守以上原则的基础上进行软件测试，可以以最少的时间和人力找出软件中的各种缺陷，从而达到保证软件质量的目的。

由于测试的目标是暴露程序中的错误，从心理学角度看，由程序的编写者自己进行测试是不恰当的，因此在综合测试阶段通常由其他人员组成测试小组来完成测试工作。此外，应该认识到测试绝不能证明程序是正确的。即使经过了最严格的测试之后，仍然可能还有没被发现的错误潜藏在程序中。测试只能查找出程序中的错误，不能证明程序中没有错误。

1.3.3 软件测试与软件开发的关系

众所周知，软件开发大致需经历需求分析、概要设计、详细设计、编码、测试、实施等阶段。传统意义上的测试作为软件开发过程的步骤是在编码完成后进行的，通过运行程序来发现程序代码或软件系统中的错误。V模型显示了传统软件测试和软件开发的关系，但是这种意义上的测试是不能在代码完成之前发现软件系统需求及设计上的问题，把发现需求和设计上的问题遗留到后期，可能造成设计、编程的部分返工，增加软件开发的成本，延长开发的周期等。需求阶段和设计阶段的缺陷产生的放大效应会加剧，非常不利于保证软件质量。

在开发大型软件系统的漫长过程中，面对着极其错综复杂的问题，人的主观认识不可能完全符合客观现实，与工程密切相关的各类人员之间的沟通和配合也不可能完美无缺，因此在软件生命周期的每个阶段都不可避免地会产生差错。为了更早地发现问题，所以将测试延伸到需求评审、设计审查活动中去。图1-4所示的W模型力求在每个阶段结束之前通过严格的验证和有效性确认等技术审查，尽可能早地发现并纠正差错，但是经验表明审查并不能发现所有差错。此外，在编码过程中还不可避免地会引入新的错误。在软件投入生产性运行之前，还要进行系统的单元测试和集成测试等阶段，尽可能多地发现软件中的错误。

无论如何软件测试是贯穿在整个软件开发的过程中的，而不应该把软件测试看做其过程中的一个独立阶段。

1.4 软件测试过程

1.4.1 软件测试过程模型

软件测试技术的发展历程中出现过很多种模型，除了前文提到的V模型、W模型外，最常见的还有H模型、X模型等，下面一一介绍这几种模型。

1. V模型

V模型是软件开发瀑布模型的变种，如图1-3所示，左边依次下降的是开发过程的各个阶段，右边依次上升的是测试过程的各个阶段。同一层次从左到右描述了基本的开发活动和测试活动的关系，这里非常明确地表明了测试过程中存在的不同级别，测试阶段和开发过程期间的各个阶段有着一一对应的关系。

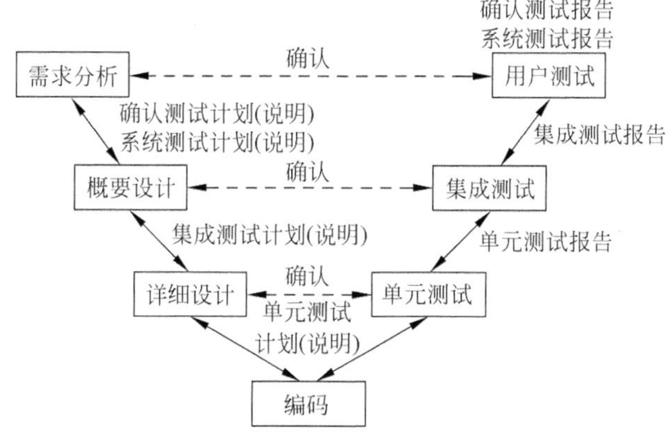

图1-3 传统的测试模型——V模型

单元测试所检测的是代码的开发是否符合详细设计的要求；集成测试所检测的是此前测试过的各组成部分是否能完好地结合到一起；系统测试所检测的是已集成在一起的产品是否符合系统规格说明书的要求；而验收测试则检测产品是否符合最终用户的需求。

V模型的软件测试策略既包括低层测试又包括高层测试，低层测试是为了保证源代码的正确性，高层测试是为了使整个系统满足用户的需求。

V模型指出，单元和集成测试应当验证程序设计，开发人员和测试组应检测程序的执行是否满足软件设计的要求；系统测试应当验证系统设计，检测系统功能、性能的质量特性是否达到系统设计的指标；由测试人员和用户进行软件的确认测试和验收测试，追溯软件需求说明书进行测试，以确定软件的实现是否满足用户需求或合同的要求。

V模型存在一定的局限性，它仅仅把测试过程作为在需求分析、概要设计、详细设计及编码之后的一个阶段。这容易使人把测试理解为是软件开发的最后的一个阶段，主要是针对程序进行测试寻找错误，而需求分析阶段隐藏的问题一直到后期的验收测试才被发现。

V模型问题存在的问题如下：

(1) 测试是开发之后的一个阶段。

(2) 测试的对象就是程序本身。

(3) 实际应用中容易导致需求阶段的错误一直到最后系统测试阶段才被发现。

(4) 整个软件产品的过程质量保证完全依赖于开发人员的能力和对工作的责任心，而且上一步的结果必须是充分和正确的，如果任何一个环节出了问题，则必将严重地影响整个工程的质量和预期进度。

2. W模型

V模型的局限性在于没有明确地说明早期的测试，不能体现"应尽早地和不断地进行软件测试"的原则。在V模型中增加软件各开发阶段中应同步进行的测试，被演化成一种W模型。

W模型由Evolutif公司提出，相对于V模型，W模型增加了软件各开发阶段中应同步进行的验证和确认活动。如图1-4所示，W模型由两个V模型组成，分别代表测试与开发过程，图中明确地表示出了测试与开发的并行关系。W模型强调：测试伴随着整个软件开发周期，而且测试的对象不仅仅是程序，需求、设计等同样要测试，也就是说，测试与开发是同步进行的。这样，只要相应的开发活动完成，我们就可以开始执行测试，从而有利于尽早地发现问题。例如，需求分析完成后，测试人员就应该参与到对需求的验证和确认活动中，以尽早地找出缺陷所在。同时，对需求的测试也有利于及时了解项目难度和测试风险，及早地制定应对措施。而这将显著地减少总体测试时间，使项目进度加快。

相对于V模型，W模型更科学。W模型可以说是V模型的发展。它强调：测试伴随着整个软件开发周期，而且测试的对象不仅仅是程序，需求、功能和设计同样要测试。如果测试文档能尽早提交，那么就有了更多的检查和检阅的时间，这些文档还可用作评估开发文档。另外，还有一个很大的益处是，测试者可以在项目中尽可能早地面对规格说明书中的挑战。这意味着测试不仅仅可以评定软件的质量，测试还可以尽可能早地找出缺陷所在，从而帮助改进项目内部的质量。参与前期工作的测试者可以预先估计问题和难度，这将显著地减少总体测试时间，加快项目进度。

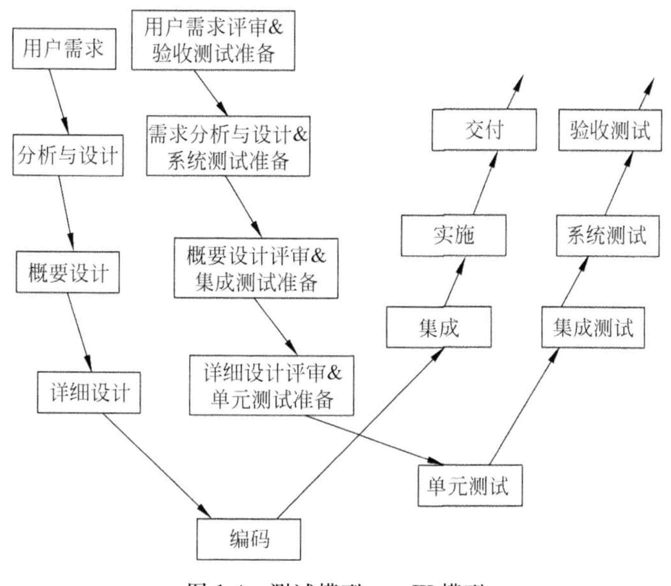

图 1-4 测试模型——W 模型

根据 W 模型的要求，一旦有文档提供，就要及时确定测试条件，以及编写测试用例。这些工作对测试的各级别都有意义。当需求被提交后，就需要确定高级别的测试用例来测试这些需求。当概要设计编写完成后，就需要确定测试条件来查找该阶段的设计缺陷。

但 W 模型也存在局限性。在 W 模型中，需求、设计、编码等活动被视为是串行的，同时，测试和开发活动也保持着一种线性的前后关系，即上一阶段完全结束，才可正式开始下一阶段工作。这样就无法支持迭代的开发模型。对于当前软件开发复杂多变的情况，W 模型并不能解除测试管理面临着的困惑。

3. H 模型

V 模型和 W 模型均存在一些不妥之处。首先，如前所述，它们都把软件的开发视为需求、设计、编码等一系列串行的活动，而事实上，虽然这些活动之间存在相互牵制的关系，但在大部分时间内它们是可以交叉进行的。虽然软件开发期望有清晰的需求、设计和编码阶段，但实践告诉人们，严格的阶段划分只是一种理想状况。软件项目几乎都是在需求尚未彻底明确之时就开始设计的，并且客户的需求还在不断地变更，所以相应的测试之间也不存在严格的次序关系。同时，各层次之间的测试也存在反复触发、迭代和增量关系。其次，V 模型和 W 模型都没有很好地体现测试流程的完整性。

为了解决以上问题，提出了 H 模型。它将测试活动完全独立出来，形成了一个完全独立的流程，将测试准备活动和测试执行活动清晰地体现出来。

在 H 模型中，软件测试过程活动完全独立，贯穿于整个产品的周期，与其他流程并发地进行，某个测试点准备就绪时，就可以从测试准备阶段进行到测试执行阶段。软件测试可以尽早地进行，并且可以根据被测物的不同而分层次进行。

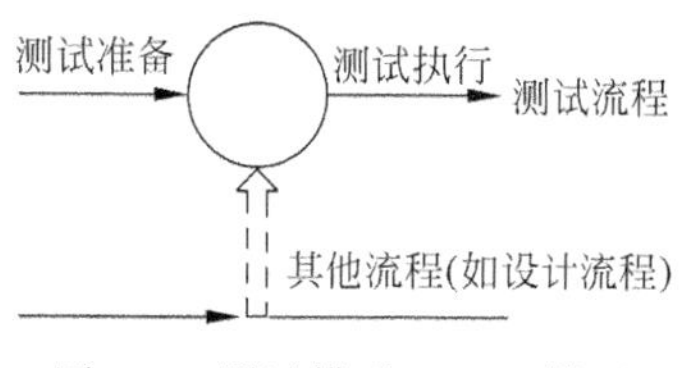

图 1-5 测试模型——H 模型

图 1-5 仅仅演示了在整个生产周期中某个层次上的一次测试“微循环”。图中标注的其他流程可以是任意的

开发流程。例如,设计流程或编码流程。也就是说,只要测试条件成熟了,测试准备活动完成了,测试执行活动就可以(或者说需要)进行了。

H 模型揭示了一个原理:软件测试是一个独立的流程,贯穿产品整个生命周期,与其他流程并发地进行。H 模型指出软件测试要尽早准备,尽早执行。不同的测试活动可以是按照某个次序先后进行的,但也可能是反复的,只要某个测试达到准备就绪点,测试执行活动就可以开展。

4. X 模型

X 模型也是对 V 模型的改进,其目标是弥补 V 模型的一些缺陷。X 模型的基本思想是由 Marick 提出来的,Marick 对 V 模型最主要的批评是 V 模型无法引导项目的全部过程。他认为一个模型必须能处理开发的所有方面,包括交接、频繁重复的集成以及需求文档的缺乏等。X 模型提出,针对单独的程序片段进行相互分离的编码和测试,此后通过频繁的交接、集成将其最终合成为可执行的程序。如图 1-6 所示,X 模型的左边描述的是针对单独程序片段所进行的相互分离的编码和测试,此后将进行频繁的交接、集成使其最终成为可执行的程序,然后再对这些可执行程序进行测试。已通过集成测试的成品可以进行封装并提交给用户,也可以作为更大规模和范围内集成的一部分。多根并行的曲线表示变更可以在各个部分发生。由图 1-6 可见,X 模型还定位了探索性测试,即不进行事先计划的特殊类型的测试,这一方式往往能帮助有经验的测试人员在测试计划之外发现更多的软件错误。但这样可能对测试造成人力、物力和财力的浪费,对测试员的熟练程度要求比较高。

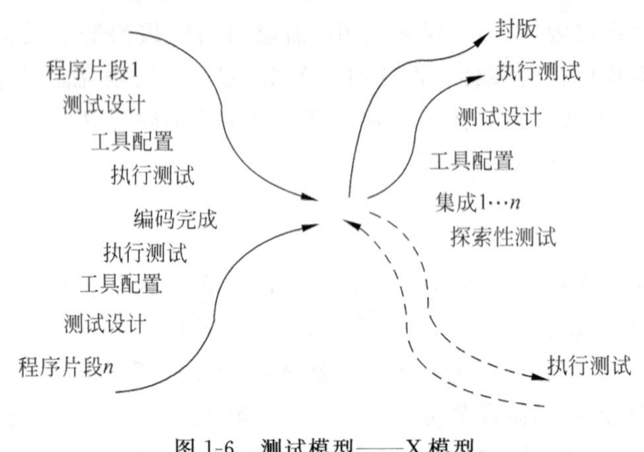

图 1-6 测试模型——X 模型

5. 前置测试模型

前置测试模型是将测试和开发紧密结合的模型,如图 1-7 所示。该模型提供了轻松的方式,可以使项目加快速度。

前置测试模型体现了以下的要点:

(1) 开发和测试相结合:前置测试模型将开发和测试生命周期整合在一起,标识了项目生命周期从开始到结束之间的关键行为,以及这些行为在项目周期中的价值所在。如果其中有些行为没有得到很好的执行,那么项目成功的可能性就会因此而有所降低。如果有业务需求,那么系统开发过程将更有效率。在没有业务需求的情况下进行开发和测试是不可能的,而且业务需求最好在设计和开发之前就被正确定义。

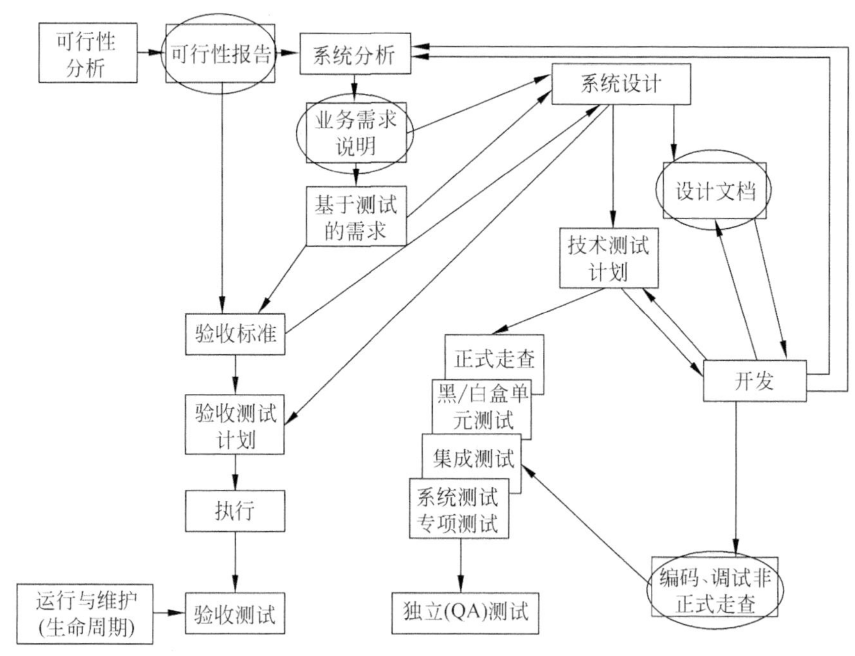

图 1-7　前置测试模型

(2) 对每一个交付内容进行测试：每一个交付的开发结果都必须通过一定的方式进行测试。源程序代码并不是唯一需要测试的内容。图 1-7 中的椭圆框表示了其他一些需要测试的对象，包括可行性报告、业务需求说明，以及系统设计文档等。这同 V 模型中开发和测试的对应关系是一致的，并且在其基础上有所扩展，使其变得更为明确。

(3) 在设计阶段进行测试计划和测试设计：设计阶段是做测试计划和测试设计的最好时机。很多组织要么根本不做测试计划和测试设计，要么在即将开始执行测试之前才飞快地完成测试计划和测试设计。在这种情况下，测试只是验证了程序的正确性，而不是验证了整个系统本该实现的东西。

(4) 测试执行和开发结合在一起：前置测试将测试执行和开发结合在一起，并在开发阶段以编码—测试—编码—测试的方式来体现。也就是说，程序片段一旦编写完成，就会立即进行测试。一般情况下，因为开发人员认为通过测试来发现错误是最经济的方式。但也可参考 X 模型，即一个程序片段也需要相关的集成测试，甚至有时还需要一些特殊测试。对于一个特定的程序片段，其测试的顺序可以按照 V 模型的规定，但其中还会交织一些程序片段的开发，而不是按阶段完全地隔离。

(5) 让验收测试和技术测试保持相对独立：验收测试应该独立于技术测试，这样可以提供双重的保险，以保证设计及程序编码能够符合最终用户的要求。验收测试既可以在实施的第一步来执行，也可以在开发阶段的最后一步来执行。前置测试模型提倡验收测试和技术测试沿两条不同的路线来进行，每条路线分别地验证系统是否能够按照预期设想的那样进行正常工作。这样，当单独设计好的验收测试完成了系统的验证时，即可确信这是一个正确的系统。

可见，前人总结出来的这些模型各有长短，并没有哪种模型能够完全地适合于所有的测试项目。在复杂而烦琐的实际测试中应该吸取各模型的长处，选择适合自己的测试过程；应该从不同的模型中抽象出符合实际现状的测试过程管理理念和原则，并依据这些原则来策划测试过程，以不变应万变；应该尽可能地去应用各模型中对项目有实用价值的方面，不能强行地为使用模型而使用模型。

1.4.2 软件测试过程管理原则

随着测试技术的蓬勃发展，测试过程的管理显得尤为重要，并已成为测试成功的重要保证。经过多年努力，测试专家提出了许多测试过程模型，包括 V 模型、W 模型、H 模型等。这些模型定义了测试活动的流程和方法，为测试管理工作提供了指导。但这些模型各有长短，并没有哪种模型能够完全适合于所有的测试项目，在实际测试中应该吸取各模型的长处，归纳出合适的测试原则。“尽早测试”、“全面测试”、“全过程测试”和“独立的、迭代的测试”是从各模型中提炼出来的 4 个原则，这些思想在实际测试项目中得到了应用并收到了良好的效果。在运用这些理念指导测试的同时，测试组还应不断地关注基于度量和分析的过程的改进活动，不断地提高测试管理水平，更好地提高测试效率、降低测试成本。

1. 尽早测试

“尽早测试”是从 W 模型中抽象出来的理念。测试并不是在代码编写完成之后才开展的工作，测试与开发是两个相互依存的、并行的过程，测试活动在开发活动的前期已经开展。

“尽早测试”包含两方面的含义：第一，测试人员早期参与软件项目，及时开展测试的准备工作，包括编写测试计划、制定测试方案以及准备测试用例；第二，尽早地开展测试执行工作，一旦代码模块完成就应该及时开展单元测试，一旦代码模块被集成成为相对独立的子系统，便可以开展集成测试，一旦有 BUILD（编译时的版本标记）提交，便可以开展系统测试工作。

由于及早地开展了测试准备工作，测试人员能够于早期了解测试的难度、预测测试的风险，从而有效地提高测试效率，规避测试风险。由于及早地开展测试执行工作，测试人员尽早地发现软件缺陷，从而大大降低 Bug 修复成本。但是需要注意，“尽早测试”并非盲目地提前测试活动，测试活动开展的前提是达到必需的测试就绪点。

2. 全面测试

软件是程序、数据和文档的集合，那么对软件进行测试，就不仅仅是对程序的测试，还应包括对软件“副产品”的“全面测试”，这是 W 模型中一个重要的思想。需求文档、设计文档作为软件的阶段性产品，直接影响到软件的质量。阶段产品质量是软件质量的量的积累，不能把握这些阶段产品的质量将导致最终软件质量的不可控。

“全面测试”包含两层含义：第一，对软件的所有产品进行全面的测试，包括需求、设计文档、代码、用户文档等；第二，软件开发及测试人员（有时包括用户）全面地参与到测试工作中，例如对需求的验证和确认活动就需要开发、测试人员及用户的全面参与，毕竟测试活动并不仅仅是保证软件运行正确，同时还要保证软件满足用户的需求。

“全面测试”有助于全方位把握软件质量，尽最大可能地排除造成软件质量问题的因素，从而保证软件满足质量需求。

3. 全过程测试

在 W 模型中充分体现的另一个理念就是“全过程测试”。双 V 字过程图形象地表明了软件开发与软件测试的紧密结合，说明了软件开发和测试过程会彼此影响，这就要求测试人员对开发和测试的全过程进行充分的关注。

“全过程测试”包含两层含义：第一，测试人员要充分关注开发过程，对开发过程的各种变化及时做出响应，例如开发进度的调整可能会引起测试进度及测试策略的调整，需求的变更会影响到测试的执行等；第二，测试人员要对测试的全过程进行全程的跟踪，例如建立完善的度量与分析机制，通过对自身过程的度量，及时了解过程信息、调整测试策略。

“全过程测试”有助于及时应对项目变化、降低测试风险。同时对测试过程的度量与分析也有助于把握测试过程、调整测试策略，便于测试过程的改进。

4. 独立的、迭代的测试

软件开发瀑布模型只是一种理想状况。为适应不同的需要，人们在软件开发过程中摸索出了如螺旋、迭代等诸多模型，这些模型中的需求、设计、编码工作可能重叠并反复进行，这时的测试工作也将是迭代和反复的。如果不能将测试从开发中抽象出来进行管理，势必会使测试管理陷入困境。

软件测试与软件开发是紧密结合的，但并不代表测试是依附于开发的一个过程，相反地，测试活动是独立的，这正是 H 模型所主导的思想。“独立的、迭代的测试”着重强调了测试的就绪点。也就是说，只要测试条件成熟、测试准备活动完成，测试的执行活动就可以开展。

总之，在遵循尽早测试、全面测试、全过程测试理念的同时，应当将测试过程从开发过程中适当地抽象出来而作为一个独立的过程进行管理。时刻把握独立的、迭代的测试理念，即可减小因开发模型的繁杂给测试管理工作带来的不便。对于软件过程中不同阶段的产品和不同的测试类型，只要测试准备工作就绪，就可以及时开展测试工作，把握产品质量。

生命周期模型为软件测试提供了流程和方法，为测试过程管理提供了依据。但实际的测试工作是复杂而烦琐的，可能不会有哪种模型完全适用于某项测试工作。所以，只有依据从不同的模型中抽象出来的这些原则来策划测试过程，以不变应万变。当然，测试管理牵涉的范围非常的广泛，包括过程定义、人力资源管理、风险管理等。

1.5 软件测试流程

软件测试可以分为 5 个阶段：计划阶段、设计阶段、执行阶段、评估阶段和验收阶段。计划阶段的主要工作就是编写测试计划，对整个测试进度的安排、人力物力的分配等做一个规划。设计阶段的主要工作是编写详细测试策略和测试用例。测试执行阶段的主要工作是进行环境的搭建、测试用例的执行、缺陷报告的提交，主要的输出就是测试用例的执行结果和缺陷报告。评估阶段的主要工作是编写测试报告，对整个测试过程和被测软件的质量做一个评估。最后验收阶段要求编写出操作指引、用户手册等文档，以便于指导用户使用。

软件测试是贯穿在整个软件开发的过程中的，具体到软件开发过程是一个什么样的流程，现在以最常见的公司软件开发测试流程为例说明一下其大致流程。

首先当软件公司接到项目以后，客户会有一个原始需求，也就是他们需要一个什么软件产品。公司拿到这个需求以后，会有一个项目开工会，PM(project manager，项目经理)、开发人员、测试项目经理、测试人员、QA(quality assurance，质量保证)人员、美工、资料人员等都会与会。会议内容主要是大致了解这个项目的背景、目的等基本资料，还有就是确定一下项目开始和结束的时间还有具体的参与项目的人员。

然后进入项目计划阶段。开发和测试都会有相应的计划，测试部和开发部商量好系统测试时间，开始做测试计划，包括进度的安排、人力物力的分配、总体的测试策略、风险的评估等。

当开发部门做完需求分析以后，测试部门就进入了测试设计阶段，测试人员会参考开发的需求分析、详细设计、概要设计等文档来编写测试部门的详细测试策略和测试用例，如果有需求不明确的地方要及时和开发部门做好沟通。测试部门在测试设计的时候开发部就开始了代码编写，当开发部门完成编码并做了简单的自测以后，测试部门的测试设计也相应的结束了。

这时候开发部门就会将版本交给测试部门进行系统测试。拿到版本测试的部门首先搭建测试环境，然后做一个预测试，其内容主要是一些主要功能点的正常流程的测试，目的是来评断这个版本是不是可测试的。如果预测试不通过，打回开发部门返工；如果通过了，就开始第一轮的系统测试。第一轮系统测试的测试人员会执行他们自己所编写的所有测试用例，做好测试结果的记录，并在发现缺陷后提交缺陷报告。当第一轮测试结束后，测试部门把所有的问题提交给开发人员，由他们进行修改。在开发部门未给出新版本的这段时间内，测试部门会对第一轮系统测试做一个测试评估、出一个测试报告，还要根据实际情况，对自己部门所写的测试用例进行修改和增加。开发部门修改结束后会提交一个新的版本给测试部门，测试部门重新搭建测试环境开始第二轮系统测试。首先是根据以前提交过的缺陷报告测试原有错误是否排除，然后会在用例中挑选一些优先级别比较高的用例来进行测试，发现问题了继续提交缺陷报告，直到缺陷率低于用户要求，测试部门就进行最后一轮的回归测试，结束系统测试。具体测试轮次是根据版本质量和项目复杂度而决定的。执行阶段结束后进入测试评估阶段，测试部门会出一个总的测试报告对测试的这个过程和版本的质量做出详细的评估。

最后进入验收阶段，测试部门会出用户手册、操作指引等文档。每一个阶段的输出都有一个严格的评审阶段，以确保每一步的输出都是有效的，保证测试的顺利进行。

1.5.1 软件测试流程细则

软件测试流程细则如图 1-8 所示，具体分为以下 4 个阶段：

1. 需求阶段

(1) 测试人员了解项目需求、收集结果，包括项目需求规格说明、功能结构及模块划分等。

(2) 测试人员了解项目需求变更。

(3) 测试人员会同项目主管根据软件需求制定并确认《测试计划》。

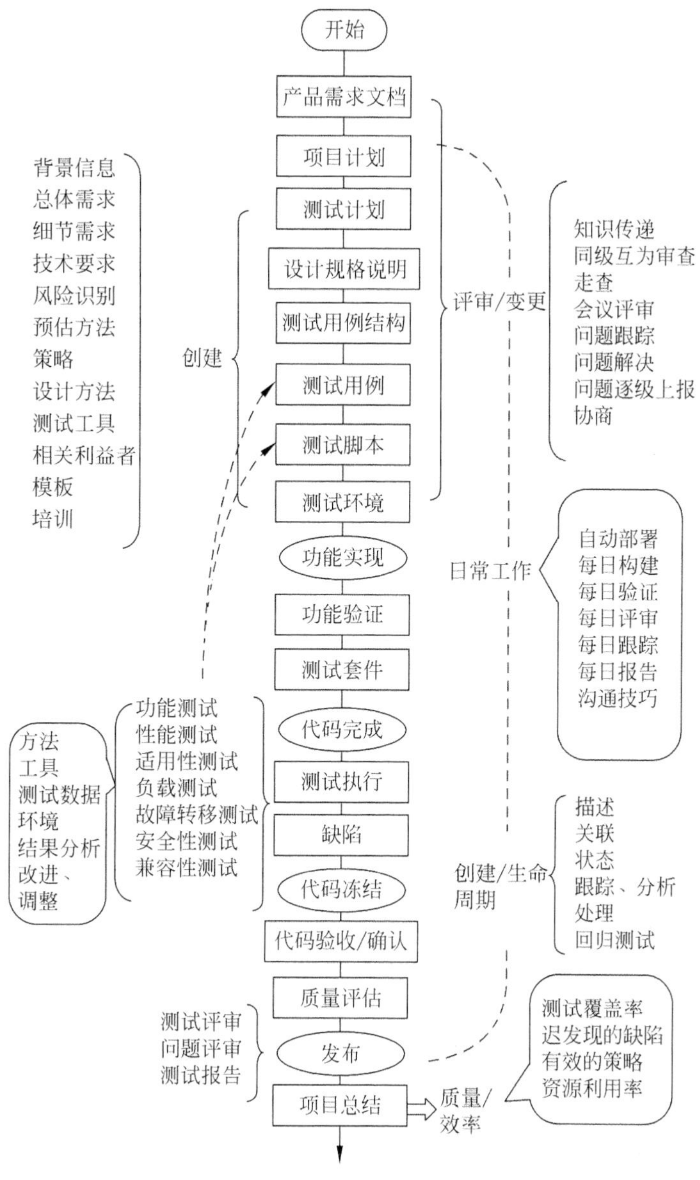

图 1-8 软件测试流程图

2. 设计编码阶段

(1) 测试人员制定《测试大纲》。

(2) 项目开发组对完成的功能模块进行单元测试,测试人员参与单元测试过程;单元测试完成后,产生单元测试报告。

(3) 所有单元测试及相应的修改完成后,项目开发组组织进行集成测试,测试人员参与集成测试过程;集成测试完成后,产生集成测试报告。

3. 测试阶段

(1) 项目开发组完成集成测试后,提交测试所要求的待测软件及各种文档、手册、前期测试报告(《需求分析》、《软件测试组安排和协调测试设备、环境等准备工作》)。

(2) 测试组按测试计划、测试大纲的要求对待测软件进行有效性测试、集成测试。

(3) 填写《错误报告》。

(4) 对修改后的情况进行复核。

(5) 测试结束后,测试人员对测试结果进行汇总;测试主管审核测试结果、得出测试结论;测试组进行测试分析和评估,编写《测试分析报告》。

(6) 填写《设计规范》及上面的《测试报告》。

(7) 提交《测试分析报告》。

(8) 将所有文件存档。

(9) 对测试未通过的待测软件,测试人员汇总并向项目开发组提交测试错误报告。

(10) 项目开发组对测试错误报告进行确认,对有争议的问题可由上一级技术负责人确认和仲裁;项目开发组针对测试错误报告进行逐项修改,待修改完成后再将待测软件及错误修改情况提交给测试组进行回归测试。

(11) 待测软件测试通过后,项目测评结束。

(12) 制作《用户操作手册》。

4. 用户测试阶段

(1) 项目开发组与用户方商定测试计划、测试内容、测试环境等。

(2) 项目测试组向用户方提供项目内部测试汇总报告。

(3) 由项目开发组或测试组配合用户进行用户方测试。

(4) 由用户方编制用户方软件测试报告(程序错误报告和《测试分析报告》),若用户方不愿或无法编制测试报告,则经与用户方协商后,由我方测试人员编制用户方测试报告,经用户方签字后即可生效。

(5) 项目经理与用户方对用户方测试进行确认。

1.5.2 软件测试注意事项

仔细检查软件的界面是否合乎要求(每一个子界面也应如此)。其中应注意提示信息和软件开发商信息是否正确;小的图标是否合乎要求;检查菜单当中的各项功能和功能按钮能否正确使用。

根据《用户需求》及《软件详细设计》设计测试用例,检查功能界面。其中要求注意与功能相关的信息显示及显示位置是否正确;数据输入界面应注意文字格式及数字和文字的区别;是否能够正确保存信息;数据查询(显示)界面应注意显示信息是否正确和完整;是否能正确查询;对打印功能要求注意打印出的报表是否正确(包括报表各项信息、数据信息和报表字体等)。

对软件的错误处理功能进行测试,就是进行错误的操作或输入错误的数据,检查软件对这些情况是否能够做出判断并予以提示。特殊情况下要制造极端状态和意外状态,例如网络异常中断、电源断电等情况。一定要注意测试中的错误集中发生现象,这与程序员的编程水平和习惯有很大的关系。对测试错误结果一定要有一个确认的过程,一般由 A 测试出来的错误,一定要由 B 来确认,严重的错误可以召开评审会进行讨论和分析。

制定严格的测试计划，并把测试时间安排得尽量宽松，不要希望在极短的时间内完成一个高水平的测试。

回归测试的关联性一定要引起充分的注意，修改一个错误而引起更多错误出现的现象并不少见。妥善保存一切测试过程文档，意义是不言而喻的，测试的重现性往往要靠测试文档。

1.6　软件测试职业与素质

随着软件产业的发展，软件产品的质量控制与质量管理正逐渐成为软件企业生存与发展的核心。几乎每个大中型 IT 企业的软件产品在发布前都需要大量的质量控制、测试和文档工作，而这些工作必须依靠拥有娴熟技术的专业软件人才来完成。业内人士分析，软件测试工程师职位的需求主要集中在沿海发达城市，其中北京和上海的需求量分别占去 33% 和 29%；民企需求量最大，占 19%；外商独资欧美类企业需求排列第二，占 15%。然而目前的现状是：一方面企业对高质量的测试工程师需求量越来越大，另一方面国内原来对测试工程师的职业重视程度不够，使许多人不了解测试工程师具体是从事什么工作。这使得许多 IT 公司只能通过在实际工作中以淘汰的方式对测试工程师进行筛选，国内在短期将出现测试工程师严重短缺的现象，比如许多正在招聘软件测试工程师的企业很少能够在招聘会上顺利招到合适的人才。

目前国内软件测试人才缺口大，软件测试工程师就业空间非常大，软件测试有着广阔的发展前景。软件测试技术人员具体可以分为以下职位。

(1) 初级测试工程师：初级职位，开发测试脚本、执行测试。

(2) 测试工程师/程序分析员：编写自动测试脚本程序。

(3) 高级测试工程师/程序分析员：确定测试过程并指导初级测试工程师。

(4) 测试组负责人：监管 1～3 人工作、负责规模/成本估算。

(5) 测试/编程负责人：监管 4～8 人、安排和领导任务完成、提出技术方法。

(6) 测试/质量保证/项目经理：负责 8 名以上人员的一个或多个项目、负责全生存期。

(7) 业务/产品经理：负责多个项目的人员管理、负责项目方向和业务盈亏。

以下是某公司招聘软件测试工程师的要求，读者可以通过这个对软件测试工程师素质有所了解。

1) 基础知识

(1) 软件测试理论与方法。

(2) 软件测试流程和过程。

2) 岗位技能点(工具)

(1) Rational Performance Tester、QTP(quicktest professional)、WinRunner、LoadRunner 之一。

(2) QC(quality Center)或 TD(testdirector)。

(3) VSS(virtual souresafe)或 CVS(concurrent versions system)。

(4) Linux 的基本安装和操作，Shell 简单编程。

3) 职业素养

(1) 良好的工作习惯和沟通能力。

(2) 工作积极主动,有较强的责任感,能够承受一定的工作压力。

(3) 思维活跃,能够快速的融入团队,有良好的团队协作精神。

(4) 工作细致,有耐心、好奇心。

(5) 具备发现问题、解决问题的能力。

在具体工作过程中,测试工程师的工作是利用测试工具、按照测试方案和流程对产品进行功能和性能测试,甚至根据需要编写不同的测试用例,设计和维护测试系统,对测试方案可能出现的问题进行分析和评估。对软件测试工程师而言,必须具有高度的工作责任心和自信心。任何严格的测试必须是一种实事求是的测试,因为它关系到一个产品的质量问题,而测试工程师则是产品出货前的把关人,所以没有专业的技术水准是无法胜任这项工作的。同时,由于测试工作一般由多个测试工程师共同完成,并且测试部门一般要与其他部门的人员进行较多的沟通,所以要求测试工程师不但要有较强的技术能力而且要有较强的沟通能力。除了技术能力和沟通能力之外,洞察力、怀疑精神、耐心、很强的记忆力都是软件测试工程师应该具备的素质。

(1) 技术能力。

开发人员对那些不懂技术的人往往持一种轻视的态度,一旦测试小组的某个成员作出了一个错误的断定,那么他们的可信度就会立刻被传扬了出去。一个测试者必须既明白被测软件系统的概念又要会使用工程中的那些工具,要做到这一点需要有几年以上的编程经验。前期的开发经验可以帮助对软件开发过程有较深入的理解,从开发人员的角度正确的评价测试者,简化自动测试工具编程的学习曲线。

(2) 沟通能力。

一名理想的测试者必须能够同测试涉及的所有人进行沟通,具有与技术(开发者)和非技术人员(客户、管理人员)的交流能力。既要可以和用户谈得来,又能同开发人员说得上话,不幸的是同这两类人没有共同语言。和用户谈话的重点必须放在系统可以正确地处理什么和不可以处理什么上;而和开发者谈相同的信息时,就必须将这些工作重新组织以另一种方式表达出来,测试小组的成员必须能够同等地同用户和开发者沟通。

(3) 洞察力。

一个好的测试工程师应具有"测试是为了破坏"的观点,捕获用户观点的能力,强烈的质量追求,对细节的关注能力,对高风险区的判断能力,从而便于在有限的测试中针对重点环节进行分析。

(4) 怀疑精神。

开发者往往会尽他们最大的努力将所有的错误解释过去,测试者既必须听取每个人的说明,也必须保持怀疑精神直到他自己证实过以后。

(5) 耐心。

一些质量保证工作需要难以置信的耐心,有时需要花费惊人的时间去分离、识别和分派一个错误。因此这个工作是那些坐不住的人无法完成的。

(6) 很强的记忆力。

一个理想的测试者应该有能力将以前曾经遇到过的类似的错误从记忆深处挖掘出来,

这一能力在测试过程中的价值是无法衡量的，因为许多新出现的问题和已经发现的问题相差无几。

(7) 自信心。

开发者指责测试者出错是常有的事情，测试者必须对自己的观点有足够的自信心。如果容许别人对自己指东指西，就不能完成什么更多的事情了。

(8) 外交能力。

当你告诉某人他出了错时，就必须使用一些外交方法。机智老练和外交手法有助于维护与开发人员的协作关系，例如测试者在告诉开发者他的软件有错误时，就需要一定的外交方法。如果采取的方法过于强硬，对测试者来说，在以后和开发部门的合作方面就相当于“赢了战争却输了战役”。

本章小结

软件测试是软件质量保证的手段，它的主要目的是尽快尽早地发现软件缺陷，而软件缺陷是由软件本身、开发团队和技术问题等诸多方面因素引起的。所以在本章介绍了软件测试的背景、软件缺陷基本概念与分级、软件测试的基本概念与软件测试的基本过程。最后还介绍了软件测试的流程与注意事项及对软件测试职业人员的素质要求。

课后习题

1. 简述软件缺陷的含义。
2. “千年虫是不能被彻底清除的”这种说法是否正确？试说明原因。
3. 谈谈软件测试的所有目标。
4. 简述软件缺陷的产生原因。
5. 简述软件测试过程的几种模型。
6. 简述软件测试的流程。

第2章 软件测试方法

本章将从不同的角度对软件测试方法进行阐述，列举并对比静态测试和动态测试、黑盒测试和白盒测试、人工测试和自动测试，以及单元测试、集成测试、确认测试、系统测试和验收测试。黑盒测试、白盒测试是本章的重点内容。结合测试用例，本章将详细介绍黑盒测试中的等价类划分、边值分析、错误推测法、因果图法等测试方法，以及白盒测试中的语句覆盖、判定覆盖（又称为分支覆盖）、条件覆盖、判定—条件覆盖（又称为分支—条件覆盖）、条件组合覆盖和路径覆盖等方法。

2.1 软件测试的分类

软件测试是一项复杂的系统工程，从不同的角度划分会有不同的划分方法。从是否执行程序的角度可分为静态测试和动态测试；从是否关心软件内部结构和具体实现技术的角度可分为白盒测试和黑盒测试；从软件开发过程的角度又可以按阶段划分为单元测试、集成测试、确认测试和系统测试及验收测试。各种分类之间又有着联系和相互包容部分，没有一个明确的界线，如白盒测试中有属于静态测试的技术，也有属于动态测试的技术。

2.1.1 静态测试与动态测试

静态测试是指不运行程序，通过人工对程序和文档进行分析与检查；而动态测试是指通过人工或使用工具运行程序进行检查、分析程序的执行状态和程序的外部表现。静态测试实际上是对软件中的需求说明书、设计说明书、程序源代码等进行非运行的分析检查，包括走查、符号执行、需求确认等。通过分析程序的静态特性，静态测试方法可以找出欠缺和可疑之处，例如不匹配的参数、不适当的循环嵌套和分支嵌套、不允许的递归、未使用过的变量、空指针的引用和可疑的计算等。静态测试结果可用于进一步的查错，并为测试用例的选取提供指导。

1. 静态测试

静态测试包括代码检查、静态结构分析、代码质量度量等。它可以由人工进行，充分发挥人的逻辑思维优势，也可以借助软件工具自动进行。

1）代码检查

代码检查包括代码走查、桌面检查、代码审查等，主要检查代码和设计的一致性，代码对标准的遵循、可读性,代码的逻辑表达的正确性,代码结构的合理性等方面;可以发现违背程序编写标准的问题,程序中不安全、不明确和模糊的部分,找出程序中不可移植部分、违背程序编程风格的问题,包括变量检查、命名和类型审查、程序逻辑审查、程序语法检查和程序结构检查等内容。

在实际使用中,代码检查比动态测试更有效率,能快速找到缺陷。发现30%～70%的逻辑设计和编码缺陷。代码检查看到的是问题本身而非征兆,但是代码检查非常耗费时间,也需要知识和经验的积累。代码检查应在编译和动态测试之前进行,在检查前应准备好需求描述文档、程序设计文档、程序的源代码清单、代码编码标准和代码缺陷检查表等。

2) 静态结构分析

静态结构分析往往以有向图的方式表现程序的内部结构,再对程序的特性关系进行分析。例如函数调用关系图可以直观地描述一个应用程序中各个函数的调用和被调用关系;控制流图显示一个函数的逻辑结构,它的每个节点代表一个语句块或数条语句,有向边表示节点间的控制流向。静态结构分析一般可以检查的检查项有代码风格和规则审核,程序设计和结构的审核,业务逻辑的审核,走查、审查与技术复审手册。

3) 代码质量度量

代码质量依赖于代码编码规范及其度量标准。一个项目或者一个企业,如果要下决心实施软件质量、实施软件工程,第一步要做的就是确定软件编码规范。编码规范是程序编写过程中必须遵循的规则,一般会详细规定代码的语法规则、语法格式等。不同的行业对软件的可靠性有不同的要求,例如航空/航天的嵌入式软件对代码的要求很高,而传统的Windows平台应用软件则相对要宽松。在嵌入式软件中,尤其是汽车行业,国际上目前流行的C语言编程规则为MISRA-C:2004,共包括141条规则,其中121条是强制(required)遵守的,20条是建议(advisory)遵守的。

有了统一的规范后,测试工程师或者程序员自身,就可以实施编码规范检查了。要真正把编码规范贯彻下去,单单靠测试员、程序员的热情,很难坚持下去,可以借助于一些专业的工具来实施。在C/C++语言的编程规则检查方面,比较专业的工具有C++Test、LINT工具、QAC/QAC++等,这些工具通常可以和比较流行的开发工具集成在一起,程序员在编码过程中,在编译代码的同时即完成了编程规则的检查。

有了严格的编程规范,只能算是万里长征迈出了第一步。要提高软件的可重用性,以及软件的可维护性,还需要进一步的努力,即代码质量度量。静态质量度量所依据的标准是ISO 9126。在该标准中,软件的质量用以下几个方面来衡量,即功能性(functionality)、可靠性(reliability)、可用性(usability)、有效性(efficiency)、可维护性(maintainability)、可移植性(portability)。以ISO 9126质量模型为基础,可以构造质量度量模型。静态测试主要关注的是可维护性。静态测试要衡量软件的可维护性,可以从4个方面去度量,即可分析性(analyzability)、可改变性(changeability)、稳定性(stability)以及可测试性(testability),具体到软件的可测试性怎么去衡量。又可以从3个度量元去考虑,例如圈复杂度、输入/输出的个数等。圈复杂度越大,说明代码中的路径越多;路径越多,意味着要去做测试,需要写更多的测试用例。输入/输出的个数是同样的道理。在具体的实践中,专门的质量度量工具是必要的。没有工具的支持,这一步很难只靠人工完成。在这个阶段,比较专业的工具有Testbed、Logiscope等。

2. 动态测试

动态方法是指通过运行被测程序，检查运行结果与预期结果的差异，并分析运行效率和健壮性等性能，这种方法由 3 部分组成：构造测试用例、执行程序、分析程序的输出结果。目前，动态测试也是公司的测试工作的主要方式。

动态测试技术主要包括程序插桩、逻辑覆盖、基本路径测试等，这些内容将在白盒测试当中详细介绍。根据动态测试在软件开发过程中所处的阶段和作用，动态测试可分为如下几个步骤：

1）单元测试

单元测试是对软件中的基本组成单位进行测试，其目的是检验软件基本组成单位的正确性。在公司的质量控制体系中，单元测试由产品组在软件提交测试部门前完成。

2）集成测试

集成测试是在软件系统集成过程中所进行的测试，其主要目的是检查软件单位之间的接口是否正确。在实际工作中，集成测试被分为若干次的组装测试和确认测试。组装测试是单元测试的延伸，除对软件基本组成单位的测试外，还需增加对相互联系模块之间接口的测试。如三维算量软件中，构件布置和构件工程量计算是软件不同的组成单位，但构件工程量计算的数据直接来源于构件布置，两者单独进行单元测试，可能都很正常，但构件布置的数据是否能够正常传递给工程量计算，则必须通过组装测试的检验。确认测试是对组装测试结果的检验，主要目的是尽可能地排除单元测试、组装测试中发现的错误。

3）系统测试

系统测试是对已经集成好的软件系统进行彻底的测试，以验证软件系统的正确性和性能等满足其规约所指定的要求。系统测试应该按照测试计划进行，其输入、输出和其他动态运行行为应该与软件规约进行对比，同时测试软件的强壮性和易用性。如果软件规约（即软件的设计说明书、软件需求说明书等文档）不完备，系统测试更多地是依赖测试人员的工作经验和判断，这样的测试是不充分的。

4）验收测试

这是软件在投入使用之前的最后测试，是购买者对软件的试用过程。在公司实际工作中，通常是采用请客户试用或发布 Beta 版软件的方式来实现。

5）回归测试

回归测试可以发生在软件开发的任何一个阶段，包括软件维护阶段，其目的是验证对系统的变更没有影响以前的功能，并且保证当前功能的变更是正确的。在实际应用中，对客诉的处理就是回归测试的一种体现。

2.1.2 黑盒测试与白盒测试

黑盒测试和白盒测试是软件测试中用得最多的两类测试方法，传统的软件测试活动基本上都可以划到这两类方法当中。黑盒测试就是把测试对象看成一个黑盒子，完全不考虑程序内部结构和处理过程，通过软件的外部表现来发现其缺陷和错误。黑盒测试是在程序界面处进行测试，它只是检查程序是否按照需求规格说明书的规定正常实现。

白盒测试又称结构测试，是通过对程序内部结构的分析、检测来寻找问题。白盒测试可以把程序看成装在一个透明的白盒子里，也就是清楚了解程序结构和处理过程，检查是否所有的结构及路径都是正确的，检查软件内部动作是否按照设计说明的规定正常进行。

黑盒测试和白盒测试都是从完全不同的视角点出发的，各有侧重，不能替代。在现代测试理念中，这两种方法往往不是相互对立的，灰盒测试就是介于白盒测试和黑盒测试之间的测试。灰盒测试既关注输出对于输入的正确性也关注内部表现，但这种关注不像白盒测试那样详细、完整，只是通过一些表征性的现象、事件、标志来判断内部的运行状态。灰盒测试结合了白盒测试和黑盒测试的要素，它考虑了用户端、特定的系统知识和操作环境，并在系统组件的协同性环境中评价应用软件的设计。

软件测试方法和技术的分类与软件开发过程相关联，它贯穿了整个软件生命周期。走查、单元测试、集成测试、系统测试用于整个开发过程中的不同阶段。开发文档和源程序可以应用单元测试走查的方法；单元测试可应用白盒测试方法；集成测试应用近似灰盒测试方法；而系统测试和确认测试应用黑盒测试方法。

1. 黑盒测试

软件测试行业最常听到的名词就是黑盒测试，采用这种测试方法，测试工程师把测试对象看做一个黑盒子，完全不考虑程序内部的逻辑结构和内部特性，只依据程序的《需求规格说明书》，检查程序的功能是否符合它的功能说明。如图 2-1 所示，测试工程师无须了解程序代码的内部构造，完全模拟软件产品的最终用户使用该软件，检查软件产品是否达到了用户的需求。举个例子，人们购买了手机以后，很少有人拆开手机观察其内部的结构，大多数情况下，只是使用该手机的功能，从某种意义上说，此时这部手机就是测试对象，所采用的测试方法就是黑盒测试。黑盒测试方法能更好、更真实地从用户角度来考察被测系统的功能性需求实现情况，在软件测试的各个阶段，如单元测试、集成测试、系统测试及确认测试等阶段中都发挥着重要作用，尤其在系统测试和确认测试中，其作用是其他测试方法无法取代的。

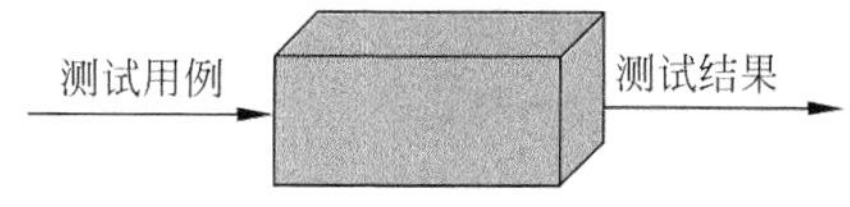

图 2-1　黑盒测试

由于测试人员完全不考虑程序内部的逻辑结构和内部特性，只依据程序的需求规格说明书，检查程序的功能是否符合它的功能说明，因此黑盒测试又叫功能测试或数据驱动测试，其目的主要是为了发现以下几类错误：

(1) 是否有不正确或遗漏的功能？

(2) 在接口上，输入是否能正确的接收？能否输出正确的结果？

(3) 是否有数据结构错误或外部信息(例如数据文件)访问错误？

(4) 性能上是否能够满足要求？

(5) 是否有初始化或终止性错误？

从理论上讲，黑盒测试只有采用穷举输入测试，把所有可能的输入都作为测试情况考虑，才能查出程序中所有的错误。实际上测试情况有无穷多个，人们不仅要测试所有合法的输入，而且还要对那些不合法但可能的输入进行测试。这样看来，完全测试是不可能的，所以要进行有针对性的测试，通过制定测试案例指导测试的实施，保证软件测试有组织、按步骤，以及有计划地进行。黑盒测试行为必须能够加以量化，才能真正保证软件质量，而测试用例就是将测试行为具体量化的方法之一。黑盒测试方法包括等价类划分法、边界值分析法、错误推测法、因果图法、判定表驱动分析方法、正交实验设计法、功能图法等。

等价类划分法是把程序的输入域划分成若干部分，然后从每个部分中选取少数代表性数据作为测试用例。每一类的代表性数据在测试中的作用等价于这一类中的其他值。

边界值分析法是通过选择等价类边界的测试用例。边界值分析法不仅重视输入条件边界，而且也必须考虑输出域边界。

错误推测法就是基于经验和直觉推测程序中所有可能存在的各种错误，从而有针对性地设计测试用例的方法。

因果图法是从用自然语言书写的程序规格说明的描述中找出因(输入条件)和果(输出或程序状态的改变)，可以通过因果图转换为判定表。

判定表驱动分析方法是利用判定表工具、分析和表达多逻辑条件下执行不同操作的情况。

正交实验设计法是使用已经造好了的正交表格来安排实验并进行数据分析的一种方法，其目的是用最少的测试用例达到最高的测试覆盖率。在 2.4.3 节具体介绍黑盒测试各种方法及设计测试用例。

2. 白盒测试

白盒测试也称结构测试或逻辑驱动测试，它是按照程序内部的结构测试程序，通过测试来检测产品内部动作是否按照设计规格说明书的规定正常进行，检验程序中的每条通路是否都能按预定要求正确工作。如图 2-2 所示，这一方法是把测试对象看做一个打开的盒子，测试人员依据程序内部逻辑结构相关信息，设计或选择测试用例，对程序所有逻辑路径进行测试，通过在不同点检查程序的状态，确定实际的状态是否与预期的状态一致。

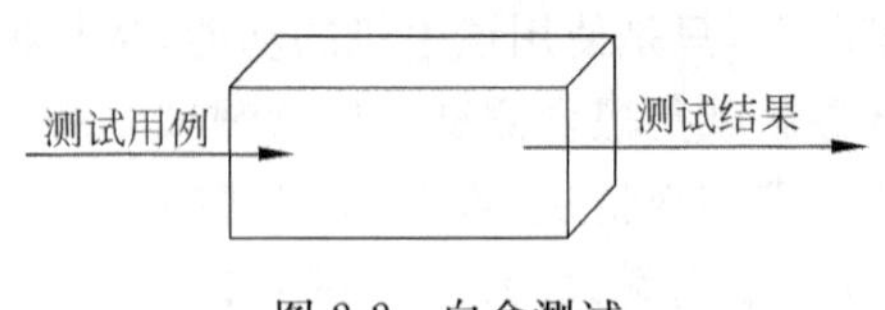

图 2-2 白盒测试

白盒测试主要是对程序模块进行如下检查：

(1) 对程序模块的所有独立的执行路径至少测试一遍。

(2) 对所有的逻辑判定，取"真"与取"假"的两种情况至少测试一遍。

(3) 在循环的边界和运行的界限内执行循环体。

(4) 测试内部数据结构的有效性等。

以上事实说明，软件测试有一个致命的缺陷，即测试的不完全、不彻底性。由于任何程序只能进行少量(相对于穷举的巨大数量而言)的有限的测试，在未发现错误时，不能说明程序中没有错误。

白盒测试与黑盒测试两类方法对比，如表 2-1 所示。

表 2-1 白盒测试与黑盒测试比较

	白盒测试	黑盒测试
测试规划	根据程序的内部结构，如语句的控制结构、模块间的控制结构以及内部数据结构等进行测试	根据用户规格说明，即针对命令、信息、报表等用户界面及体现输入数据与输入数据之间的对应关系，特别是针对功能进行测试

、

续表

		白盒测试	黑盒测试
特点	优点	能够对程序内部的特定部位进行覆盖测试	能站在用户的立场上进行测试
	缺点	无法检验程序的外部特性 无法对未实现规格说明的程序内部欠缺部分进行测试	不能测试程序内部特定部位 如果规格说明有误，则无法发现
方法举例		语句覆盖 判定覆盖 条件覆盖 判定—条件覆盖 基本路径覆盖 循环覆盖 模块接口测试	基于图的测试 等价类划分 边值分析 比较测试

逻辑覆盖测试是通过对程序逻辑结构的遍历实现程序的覆盖。从覆盖源代码的不同程度可以分为以下6个标准：语句覆盖、判定覆盖（又称为分支覆盖）、条件覆盖、判定—条件覆盖（又称为分支—条件覆盖）、条件组合覆盖和路径覆盖。

要正确使用白盒测试，就要先从代码分析入手，根据不同的代码逻辑规则、语句执行情况，选用适合的覆盖方法。任何一个高效的测试用例，都是针对具体测试场景的。逻辑测试不是片面地测试正确的结果或是测试错误的结果，而是尽可能全面地覆盖每一个逻辑路径。白盒测试方法及测试用例将在后面详细介绍。

2.1.3　人工测试与自动化测试

随着软件工程的规模越来越大，客户对软件的质量要求越来越高，测试的工作量也越来越大。如何进行测试，如何提高测试的质量和效率，从而确保软件产品的质量和可靠性，就成了许多人深感困惑的问题。

为了更加快速、有效地对软件进行测试，提高软件产品的质量，人们必然会利用测试工具，也必然会引入自动化测试。自动化测试是指测试过程自动化和测试结果分析自动化。测试过程的自动化指的是不用手工逐个地对测试用例进行测试；测试结果分析自动化指的是不用人工一点点去分析测试过程的中间结果或数据流。软件自动化测试就是模拟手动测试步骤，执行用某种程序设计语言编制的测试程序，控制被测软件的执行，完成全自动或半自动测试的过程。全自动测试就是指在自动测试过程中，根本无须人工干预，由程序自动完成测试的全过程；半自动测试就是指在自动测试过程中，需要手动输入测试用例或选择测试路径，再由自动测试程序按照人工指定的要求完成自动测试。

自动化测试的优点有以下几点：

(1) 对程序的回归测试更方便。这可能是自动化测试最主要的任务，特别是在程序修改比较频繁时，效果是非常明显的。由于回归测试的动作和用例是完全设计好的，测试期望的结果也是完全可以预料的，因此将回归测试自动运行，可以极大提高测试效率，缩短回归测试时间。

(2) 可以运行更多更烦琐的测试。自动化的一个明显的好处是可以在较少的时间内运行更多的测试。

(3) 可以执行一些人工测试困难或不可能进行的测试。例如,对于大量用户的测试,不可能让足够多的测试人员同时进行测试,但是可以通过自动化测试模拟同时有许多用户的情况,从而达到测试的目的。

(4) 更好地利用资源。将烦琐的任务自动化,可以提高准确性和测试人员的积极性,将测试技术人员解脱出来投入更多精力设计更好的测试用例。有些测试不适合于自动测试,仅适合于人工测试,将可自动测试的测试自动化后,可以让测试人员专注于人工测试部分,提高人工测试的效率。

(5) 测试具有一致性和可重复性。由于测试是自动执行的,每次测试的结果和执行的内容的一致性是可以得到保障的,从而达到测试的可重复的效果。

(6) 测试的复用性。由于自动测试通常采用脚本技术,这样就有可能只须做少量的甚至不做修改,从而实现在不同的测试过程中使用相同的用例。

(7) 增加软件信任度。由于测试是自动执行的,所以不存在执行过程中的疏忽和错误,而这些完全取决于测试的设计质量。一旦软件通过了强有力的自动测试后,软件的信任度自然会增加。

当然,自动化测试方法也不是万能的,它也存在着缺点:

(1) 不能取代人工测试,有很多需要人脑判断结果的测试用例无法用自动工具实现,或者代价太大。

(2) 人工测试比自动测试发现的缺陷更多。

(3) 对测试质量的依赖性极大。

(4) 测试自动化不能提高有效性。

(5) 测试自动化可能会制约软件开发。由于自动测试比手动测试更脆弱,所以维护会受到限制,从而制约软件的开发。

(6) 工具本身并无想象力。

1. 人工测试与自动化测试的适用场合

测试工作无论是人工测试还是自动化测试都是软件质量保障的一个途径。如何更好地使两者相互结合也是现在所要讨论的话题。何时应用人工测试,何时应用自动化测试呢?

对于一些基本的、逻辑性不强的操作,可以使用自动化测试工具。应该说,现在在性能测试、压力测试等方面,自动化测试有其不可替代的优势。它可以用简单的脚本,实现大量的、重复的操作。从而通过对测试结果的分析,得出结论。这样不仅节省了大量的人力和物力,而且使测试的结果更准确。对于一些逻辑性很强的操作,如果自动化测试不是很健全的话,不建议使用。因为这需要比较复杂的脚本语言,不可避免地增加了由于测试脚本的缺陷所造成测试结果错误的误差,这时就需要手动测试了。

人工测试也存在着一些缺陷,人工测试者最常做的就是重复的手工回归测试,不但代价昂贵,而且容易出错。自动化测试可以减少但不能消除这种工作的工作量。测试者可以有更多的时间去从事更有趣的测试,例如应用程序在复杂的场景下的不同处理等。尽管测试就是要花费更长的时间找到错误,但并不意味着因此而要付出更高的代价,所以选择正确的测试方法是尤为重要的。

适合于用自动化测试的场合有以下几种：

(1) 明确的、特定的测试任务。

(2) 回归测试、压力测试、性能测试。

(3) 相对稳定且界面改动比较少的功能测试。

(4) 人工容易出错的测试工作。

(5) 周期性长的软件产品开发项目，项目时间压力不大。

(6) 被测试软件具有良好的可测试性。

(7) 拥有运行测试所需的软硬件资源。

(8) 拥有较强编程能力的测试人员。

适合于用人工测试的场合有以下几种：

(1) 一次性项目或周期很短的项目的功能测试。

(2) 需求不确定或需求变化比较快。

(3) 适用性测试或验收测试。

(4) 产品功能设计或界面设计还不成熟。

(5) 没有适当的测试过程，测试内容和测试方法不清晰。

(6) 项目时间压力较大。

(7) 团队缺乏编程能力的测试人才。

(8) 缺乏软硬件资源。

直到今天，自动化测试即使可以做到90%或更高的工作量，但也不能完全代替手工测试。

2. 自动化测试工具介绍

随着自动化测试技术的发展，自动化测试工具层出不穷。按商业、非商业来划分可以分为商业测试工具和开源测试工具；按用途功能划分可以分为以下几类：

(1) 单元测试工具，包括静态测试工具和动态测试工具。

(2) 功能测试工具，包括 Web 功能测试工具、Windows 客户端功能测试工具。

(3) 性能测试工具，包括负载测试工具、压力测试工具。

(4) 测试管理工具，包括缺陷、测试用例和计划等管理工具。

(5) 其他测试工具，如安全性测试、多媒体测试。

下面介绍几种主流的测试工具：

1) 工业标准级负载测试工具 Rational Performance Tester、LoadRunner

负载测试工具是通过测试系统在资源超负荷情况下的表现，来发现设计上的错误或验证系统的负载能力。常用的负载测试工具有 IBM 公司的 Rational Performance Tester、Mercury 公司的 LoadRunner、Segue 公司的 SilkPerformer 等。LoadRunner 是一种预测系统行为和性能的负载测试工具。通过模拟上千万用户实施并发负载及实时性能监测的方式来确认和查找问题，LoadRunner 能够对整个企业架构进行测试。通过使用 LoadRunner，企业能最大限度地缩短测试时间、优化性能和加速应用系统的发布周期。

2) 手动功能测试工具 RMT(Rational Manual Tester)

RMT 是一款手工测试的编写和执行工具，用来简化手工测试的创建、执行和控制。它鼓励重用测试步骤，使多个测试可共享内容。

RMT 可在任何 Windows PC 上使用，支持分布式团队，但是集中维护测试和测试结果。RMT 建立在 Eclipse 框架和 Hyades 之上，这两者都是开源项目。

RMT 适用 Rich Text 编辑器，支持在测试步骤中附带图像和文档；支持导入现有的基于 Word 和 Excel 的手工测试。

3）自动化功能测试工具 RFT(IBM Rational Functional Tester)、AutoRunner

RFT 是 Rational 测试工具中的明星产品，是一款自动化的功能测试和回归测试工具。RFT 基于 Eclipse 3.0，支持 Java、Web 和 VS. Net WinForm 产品的自动化测试。相较于 Robot 的 SQA(software quality assurance，软件质量保证)Basic 语言，RFT 生成 Java 或 Visual Basic .Net 语言的测试脚本，简单明了。可以在 RFT 里设置 Java 脚本的编译和运行环境 JRE(Java runtime environment)，满足测试系统需求。RFT 并不只是简单的用户动作记录器，它提供了多个 API(application programrning interface，应用程序编程接口)，完全支持测试脚本的修改和增强，定制满足特殊需求的测试小工具。RFT 支持并行开发用途，实现测试脚本的版本控制。

AutoRunner 是黑盒测试工具，可以用来完成功能测试、回归测试、每日构建测试与自动回归测试等工作，是具有脚本语言的、提供针对脚本完善的跟踪和调试功能的、支持 IE 测试和 Windows Native 测试的自动化测试工具，是目前国内最好的银行业务测试工具。

4）全球测试管理系统 TestDirector

TestDirector 是业界第一个基于 Web 的测试管理系统，它可以在公司内部或外部进行全球范围内测试的管理。通过在一个整体的应用系统中集成测试管理的各个部分，包括需求管理、测试计划、测试执行以及错误跟踪等功能，TestDirector 极大地加速了测试过程。

5）功能测试工具 Rational Robot

Rational Robot 是 Rational 的产品之一，提供了软件测试的功能。形如其名，Robot 机器人，它提供了许多类似机器人的重复过程供测试用。IBM Rational Robot 可以让测试人员对 .NET、Java、Web 和其他基于 GUI(graphical user interface，图形用户接口)的应用程序进行自动的功能性回归测试。它是一种对环境的多功能、回归和配置测试工具，在其环境中，可以使用一种以上的 IDE(intergrated development environment，集成开发环境)和(或)编程语言开发应用程序。IBM Rational Robot 是一款自动化测试工具，是 Rational 的元老级产品，可用于集中式的 QA 团队对基于多种 C/S 技术的应用程序自动执行功能测试和性能测试。

6）性能测试工具 Rational Performance Tester

性能测试工具一般是用于性能测试过程中的通信协议模拟、并发用户模拟以及性能参数监控等方面的测试工具。常用的性能测试工具有 IBM 公司的 Rational Performance Tester、Mercury 公司的 LoadRunner、Radview 公司的 WebLoad 等。RPT(Rational Performance Tester)是 Rational 目前主要的性能测试工具，准确地说它是集性能测试的创建、执行和分析于一体的性能解决方案平台。RPT 支持 HTTP(hypertext tromsfer protol，超文本传输协议)、HTTPS(HTTP over secure socket layer)、J2EE(Java 2 platform enterprise edition，Java 2 平台企业版)、Siebel 和 SAP 等协议，可为 J2EE、Sieble、SAP 和基于 Web 的应用程序提供可扩展性和负载测试。去年新推出的 Rational Performance Tester

Extension for SOA Quality 还提供了 RPT 上对 SOA(service-oriented architecture,面向服务体系结构)应用的测试,支持 SOAP(simple object access protol,简单对象访问协议)协议。RPT 基于 Eclipse,其架构上的优势使 RPT 对协议的支持更加灵活和方便。RPT 支持不同操作系统(Windows、Linux)、不同浏览器(IE、Mozilla 等)下的测试执行。RPT 可在测试过程任意点插入自定义的 Java 代码,实现高级操作和诊断技术,定制灵活的测试。

7) 自动化白盒测试工具 Jtest

Jtest 是 Parasoft 公司推出的一款针对 Java 语言的自动化白盒测试工具,它通过自动实现 Java 的单元测试和代码标准校验,来提高代码的可靠性。Parasoft 同时出品的还有 C++test,这是一款 C/C++ 白盒测试工具。

8) 测试管理工具 Rational TestManager 和 Rational ClearQuest

测试管理工具是指用于管理测试的整个过程以及过程中产生的各种文档、数据、记录和报告等,对测试计划、测试用例、测试实施进行管理,还对缺陷进行跟踪管理。常用的测试管理工具有 IBM 公司的 Rational TestManager 和 Rational ClearQuest(缺陷管理)、Mercury Interactive 公司的 TestDirector 等。它们实现了测试需求管理、测试用例管理、测试业务组件管理、测试计划管理、测试执行、测试结果日志察看、测试结果分析、缺陷管理,并且支持测试需求和测试用例之间的关联关系,可以通过测试需求索引测试用例。

Rational 测试工具的具体使用将在后续章节详细介绍。

2.2 软件测试覆盖率

现阶段随着软件开发过程的规范化,越来越多的软件公司加强了对软件测试的重视,希望通过测试,能够使发布的系统更安全、更稳定、更符合用户的需求。然而从理论上讲,测试是永无止境的,只要不断测试就一定能不断发现问题。那么究竟如何度量测试的进度、如何判断测试可以完结呢?可以依靠测试覆盖率的分析来实现。

1. 测试覆盖

测试覆盖是对测试完全程度的评测,是由测试需求和测试用例的覆盖或已执行代码的覆盖表示的。质量是对测试对象(系统或测试的应用程序)的可靠性、稳定性以及性能的评测。质量建立在对测试结果的评估和对测试过程中确定的变更请求(缺陷)的分析的基础上。通过覆盖指标,就可以回答“测试的完全程度如何”这一问题。覆盖率是度量测试完整性的一个手段,是测试有效性的一个度量。

2. 最常用的覆盖评测

目前最常用的覆盖评测是基于需求的测试覆盖和基于代码的测试覆盖。简单地说,测试覆盖是就需求(基于需求的)或代码的设计/实施标准(基于代码的)而言的完全程度的任意评测,如已设定测试用例的核实(基于需求的)或所有代码行的执行(基于代码的)。

系统的测试活动建立在至少一个测试覆盖策略的基础上。覆盖策略陈述测试的一般目的,指导测试用例的设计。覆盖策略的陈述可以简单到只说明核实所有性能。如果需求已经完全分类,则基于需求的覆盖策略可能足以生成测试完全程度的可计量评测。例如,如果已经确定了所有性能测试需求,则可以引用测试结果来得到评测,如已经核实了75%的性能测试需求;如果应用基于代码的覆盖,则测试策略是根据测试已经执行的源代码的多少来表示的。这种测试覆盖策略类型对于安全至上的系统来说非常重要。

1) 基于需求的测试覆盖

基于需求的测试覆盖在测试生命周期中要评测多次,并在测试生命周期的里程碑处提供测试覆盖的标识(如已计划的、已实施的、已执行的和成功的测试覆盖)。

测试覆盖通过以下公式计算:

测试覆盖$=T^{(p,i,x,s)}/RfT$

其中:T是用测试过程或测试用例表示的测试(test)数(已计划的、已实施的或成功的);RfT是测试需求(requirement for test)的总数。

在制定测试计划活动中,将计算测试覆盖来决定已计划的测试覆盖,其计算方法如下:

测试覆盖(已计划的)$=T^p/RfT$

其中:T^p是用测试过程或测试用例表示的已计划测试(test)数;RfT是测试需求(requirement for test)的总数。

在实施测试活动中,由于测试过程正在实施中(按照测试脚本),在计算测试覆盖时使用以下公式:

测试覆盖(已执行的)$=T^i/RfT$

其中:T^i是用测试过程或测试用例表示的已执行的测试(test)数;RfT是测试需求(requirement for test)的总数。

在执行测试活动中,使用两个测试覆盖评测,一个确定通过执行测试获得的测试覆盖,另一个确定成功的测试覆盖(即执行时未出现失败的测试,如没有出现缺陷或意外结果的测试)。这些覆盖评测通过以下公式计算:

测试覆盖(已执行的)$=T^x/RfT$

其中:T^x是用测试过程或测试用例表示的已执行的测试(test)数;RfT是测试需求(requirement for test)的总数。

成功的测试覆盖(已执行的)$=T^s/RfT$

其中:T^s是用完全成功、没有缺陷的测试过程或测试用例表示的已执行测试(test)数;RfT是测试需求(requirement for test)的总数。

如果将以上比率转换为百分数,则以下基于需求的测试覆盖的陈述成立:

x%的测试用例(上述公式中的$T^{(p,i,x,s)}$)已经覆盖,成功率为y%。

这一关于测试覆盖的陈述是有意义的,可以将其与已定义的成功标准进行对比。如果不符合该标准,则此陈述将成为预测剩余测试工作量的基础。

2) 基于代码的测试覆盖

代码测试覆盖率(code coverage),也叫逻辑覆盖率(logical coverage)或结构化覆盖率,属于白盒测试的范畴。基于代码的测试覆盖评测测试过程中已经执行的代码的多少,与之相对的是要执行的剩余代码的多少。代码覆盖可以建立在控制流(语句、分支或路径)或数据流的基础上。控制流覆盖的目的是测试代码行、分支条件、代码中的路径或软件控制流的其他元素。数据流覆盖的目的是通过软件操作测试数据状态是否有效,例如,数据元素在使用之前是否已作定义。具体而言,代码覆盖率分析是这样一个过程:

(1) 找出程序经过一系列测试而没有执行的部分代码。

(2) 创建一个附加的测试用例来增加覆盖率。

(3) 决定代码覆盖的定量度量。

基于代码的测试覆盖通过以下公式计算：

测试覆盖$=I^c/TIic$

其中：I^c 是用代码语句、代码分支、代码路径、数据状态判定点或数据元素名表示的已执行项目数；$TIic$(total number of items in the code)是代码中的项目总数。

如果将以上比率转换为百分数，则以下基于代码的测试覆盖的陈述成立：

x%的测试用例(上述公式中的 I)已经覆盖，成功率为 y%。

而针对代码的测试覆盖率有许多种度量方式，主要有以下几种：

(1) 语句覆盖(statement coverage)：程序中可执行语句被测试的比例。

语句覆盖率 = 至少被执行一次的可执行语句的数量 / 可执行语句的总数

它是最简单的覆盖，适合用于自动化测试。几乎所有的测试都能实现语句覆盖率100%，所以它不是测试完整性好的度量。它度量每一个可执行语句是否被执行到了，这个覆盖度量的主要好处是它可以直接应用在目标代码上，无须对源代码进行处理；主要缺点是对一些控制结构很迟钝。

(2) 判定覆盖(decision coverage)：程序中真、假分支被测试占的比例。它直接针对代码，容易被理解，实现判定覆盖率100%是可能的；优于语句覆盖，但对于复合条件，两个或多个条件项的组合可能导致只有特定的分支被测到。它度量是否每个BOOL型的表达式取值true和false在控制结构中都被测试到了。这个度量的优点是有语句覆盖的简单性，但是没有语句覆盖的问题；缺点是忽略了在BOOL型表达式内部的BOOL取值。

(3) 条件覆盖(condition coverage)：设计足够多的测试用例来满足判定覆盖率和条件覆盖率。它独立地度量每一个子表达式，报告每一个子表达式的结果的true或false。这个度量和判定覆盖(decision coverage)相似，但是对控制流更敏感。不过完全的条件覆盖并不能保证完全的判定覆盖。

(4) 路径覆盖(path coverage)：也称为断言覆盖(predicate coverage)。它度量了函数的每一个可能的分支是否都被执行了。路径覆盖的一个好处是需要彻底的测试，但有两个缺点：第一，路径是以分支的指数级别增加的，例如一个函数包含10个if语句，就有1024个路径要测试，如果加入一个if语句，路径数就达到2048；第二，许多路径不可能与执行的数据无关。

(5) 循环覆盖(loop coverage)：这个度量报告是否执行了每个循环体零次、只有一次还是多于一次(连续地)。对于do-while循环，循环覆盖报告是否执行了每个循环体只有一次还是多于一次(连续地)。这个度量的有价值的方面是确定while循环和for循环是否执行了多于一次，这个信息在其他的覆盖率报告中是没有的。上述代码的测试覆盖率的多种度量方法将在白盒测试用例的设计中继续介绍。

测试覆盖分析是一种对测试阶段度量及测试工作情况分析的很好的方法，可以使测试程度更为明确、阶段进度一目了然，其统计值也便于管理部门对当前测试状态进行了解与把握。

2.3 软件测试阶段

2.3.1 软件测试的阶段性

软件测试大体上可划分为4个阶段：单元测试、集成测试、系统测试和验收测试。每个阶段又分为以下5个步骤：测试计划、测试设计、用例设计、执行结果和测试报告。

1. 单元测试

单元测试是对软件中的基本组成单位进行的测试，如一个模块、一个过程等。它是软件动态测试的最基本的部分，也是最重要的部分之一，其目的是检验软件基本组成单位的正确性。单元测试阶段主要用白盒测试方法。

单元测试也是程序员的一项基本职责，程序员必须对自己所编写的代码保持认真负责的态度，这也是程序员的基本职业素质之一。同时单元测试能力也是程序员的一项基本能力，能力的高低直接影响到程序员的工作效率与软件的质量。在编码的过程中做单元测试，其花费是最小的，而回报却是特别优厚的。在编码的过程中考虑测试问题，得到的将是更优质的代码，因为程序员对代码最清楚。如果不这样做，而是一直等到某个模块崩溃了，到那时程序员可能已经忘记了代码是怎样工作的。

单元测试的主要内容：单元模块内和模块之间的功能测试、容错测试、边界测试、约束测试、界面测试、重要的执行路径测试、单元内的业务流程和数据流程等。单元测试的职责分工：由各项目组的开发人员完成测试工作，并详细记录测试结果和修改过程；由质量部进行抽检。单元测试的输入：《源代码》、《详细设计报告》。单元发现问题进行修改后，进行回归测试，且回归测试通过后，才能进行下一阶段。单元测试的输出：《单元测试记录》、《测试计划》。单元测试的测试质量责任人是项目经理。

单元测试是软件测试的基础，其效果直接影响到软件的后期测试，最终在很大程度上影响到产品的质量。千万不要因为节约测试的时间，而不做单元测试或随便应付，这样会在后期浪费太多不值得的时间，甚至会导致开出产品的失败。

2. 集成测试

集成测试是在软件系统集成过程中所进行的测试，其主要目的是检查软件单位之间的接口是否正确。接下来是模块和模块集成，以便组成完整的软件包。集成测试集中在证实和程序构成的问题上。集成测试阶段主要采用黑盒测试方法，辅之以白盒测试方法。

集成测试是指一个应用系统的各个部件的联合测试，以决定他们能否在一起共同工作并没有冲突。部件可以是代码块、独立的应用、网络上的客户端或服务器端程序。这种类型的测试尤其与客户服务器和分布式系统有关。一般集成测试开始以前，单元测试需要完成。

集成测试的主要内容：系统集成后的功能测试、容错测试、边界测试、约束测试、界面测试、重要的执行路径测试、业务流程（接口测试）等。集成测试的职责分工：由测试人员组织进行并完成该阶段的测试工作，对测试结果进行详细的记录。集成测试的实施方案有很多种，如自底向上集成测试、自顶向下集成测试、Big-Bang集成测试、三明治集成测试、核心集成测试、分层集成测试、基于使用的集成测试等。集成测试的输入:《集成测试计划》、《概要设计》、《测试大纲》。集成测试的输出:《集成测试 Bug 记录》、《集成测试分析报告》。

集成测试是单元测试的逻辑扩展。它的最简单的形式是:两个已经测试过的单元组合成一个组件,并且测试它们之间的接口。从这一层意义上讲,组件是指多个单元的集成聚合。在现实方案中,许多单元组合成组件,而这些组件又聚合成程序的更大部分。集成测试的方法是测试片段的组合,并最终扩展进程,将自己的模块与其他组的模块一起测试。最后,将构成进程的所有模块一起测试。此外,如果程序由多个进程组成,应该成对测试它们,而不是同时测试所有进程。

3. 系统测试

系统测试是对已经集成好的软件系统进行彻底的测试,以验证软件系统的正确性和性能等是否满足其规约所指定的要求。检查软件的行为和输出是否正确并非一项简单的任务,它被称为测试的"先知者问题"。

系统测试是将已经确认的软件、计算机硬件、外部设备、网络等其他元素结合在一起,进行信息系统的各种组装测试和确认测试。系统测试的目的在于通过与系统的需求定义作比较,发现软件与系统的定义不符合或与之矛盾的地方。这个阶段主要进行的是安装卸载测试、兼容性测试、功能确认测试、安全性测试等。系统测试阶段采用黑盒测试方法,主要考查被测软件的功能与性能表现。如果软件可以按照用户合理的、期望的方式来工作的时候,即可认为通过系统测试。系统测试过程其实也是一种配置检查过程,检查在软件生产过程中是否有遗漏的地方,在此时做到查漏补缺,以便于确保交付的产品符合用户质量要求。

系统测试的主要内容:系统性的初始化测试、功能测试、用户需求确认、业务处理或数据处理测试、性能测试、安全性测试、安装性测试、恢复测试、压力测试等。系统测试的职责分工:由测试人员组织进行并完成该阶段的测试工作,对测试结果进行详细的记录。系统测试的输入:《系统测试计划》、《用户需求分析报告》、《用户操作手册》、《安装手册》。系统测试的输出:《系统测试 Bug 记录》、《系统测试分析报告》。

系统测试与集成测试的区别如下:

(1) 系统测试最主要的就是功能测试,测试软件《需求规格说明书》中提到的功能是否有遗漏,是否有正确的实现。做系统测试要严格按照《需求规格说明书》,以它为标准。测试方法一般都使用黑盒测试法。由于系统测试是对已经集成好的软件系统进行彻底的测试,以验证软件系统的正确性和性能等是否满足其规约所指定的要求,检查软件的行为和输出是否正确。因此,系统测试应该按照测试计划进行,其输入、输出和其他的动态运行行为应该与软件规约进行对比。软件系统测试的方法很多,主要有功能测试、性能测试、随机测试等。

(2) 集成测试在系统测试之前,单元测试完成之后系统集成的时候进行测试。集成测试主要是针对程序内部结构进行测试,特别是对程序之间的接口进行测试,通过测试发现它们之间的接口是否有问题,例如:①数据可能在通过接口的时候丢失;②一个系统(模块)可能对另一个系统(模块)产生无法预料的副作用。集成测试对测试人员的编写脚本能力要求比较高。测试方法一般选用黑盒测试和白盒测试相结合。集成测试的策略主要有自顶向下和自底向上两种。它也可以理解为在软件设计单元、功能模块组装、集成为系统时,对应用系统的各个部件(软件单元、功能模块接口、链接等)进行的联合测试,以决定他们能否在一起共同工作,部件可以是代码块、独立的应用、网络上的客户端或服务器端程序。

4. 验收测试

验收测试旨在向软件的购买者展示该软件系统满足其需求。它的测试数据通常是系统测试的测试数据的子集。验收测试仅仅应用黑盒测试方法。在系统测试完成后,将会进行验收测试。这里的验收测试,其实可以称为用户确认测试。确认测试提供软件满足所有功能、性能需求的最后保证。在正式验收前,需要用户对本系统做出一个评价,比如用户可对交付的系统做测试,并将测试结果反馈回来,以便项目组进行修改、分析。面向应用的项目,在交付用户正式使用之前要经过一定时间的用户测试。

验收测试在整个软件生产流程中非常重要,这个环节是被测软件首次作为正式的系统交付用户使用,用户会根据他们的实际使用情况进行测试、试用,并提出实际使用过程中的问题。软件测试的目的是尽可能地去模拟客户的业务行为,遵循既定的用户需求和软件生产规范,寻找软件产品中的缺陷。然而,测试工程师并不是真正的最终用户,所以在测试过程中仍旧会存在一些未能发现的实际业务缺陷,这对软件质量的保证并不是一个好消息。因此在产品正式发布前,加入用户的测试是一个明智的选择,因为用户能从最终的业务角度来试用系统,并能发现很多有价值的缺陷,这从某个角度来说,验收测试是软件生产流程中的最后质检关。

回归测试不能算是个严格的软件测试阶段,它可以是在各个测试阶段和软件维护阶段对软件进行修改之后进行的测试。其目的是检验对软件进行的修改是否正确。单元测试、集成测试、系统测试、验收测试具体方法步骤将在后续章节介绍。

2.3.2 软件测试各阶段的文档

软件测试文档包括测试计划、测试用例、测试方案、软件测试报告、性能测试报告、用户操作手册和软件验收报告等。

测试计划需要确定测试对象、测试组织、测试任务划分、测试失败/通过的标准、挂起恢复的条件、时间安排、资源安排、风险估计和应急计划等。

测试方案侧重于规划测试活动的技术因素,如确定被测特性、测试组网、测试对象关系图、测试原理、测试操作流程、测试需求、工具的设计、测试用例的设计(只是说明用例的设计原则,具体的用例设计应该在用例文档中指出)、测试数据的设计等。

测试计划与测试方案两者的区别是:测试计划是组织层面的文档,从组织管理角度对一次测试活动进行规划;测试方案是技术层面的文档;测试计划需要确定测试对象、测试组织、测试任务划分、测试失败/通过的标准、挂起恢复的条件、时间安排、资源安排、风险估计和应急计划等;测试方案不用。

各个软件测试阶段的输出的主要文档:

1. 单元测试计划/设计/执行阶段

(1) 单元测试计划。

(2) 单元测试方案。

(3) 单元测试用例。
(4) 单元测试日报。
(5) 单元测试报告。

2．集成测试计划/设计/执行阶段

(1) 集成测试计划。
(2) 集成测试方案。
(3) 集成测试用例。
(4) 集成测试日报。
(5) 集成测试报告。

3．系统测试计划/设计/执行阶段

(1) 系统测试计划。
(2) 系统测试方案。
(3) 系统测试用例。
(4) 系统测试日报。
(5) 系统测试报告。

4．验收测试计划/设计/执行阶段

(1) 验收测试计划。
(2) 验收测试方案。
(3) 验收测试用例。
(4) 验收测试日报。
(5) 验收测试报告。

各种输出文档之间不是完全独立的，所以采用 TD(testdirector)之类的工具进行维护比较好。

2.4　软件测试用例

2.4.1　软件测试用例概述

测试用例是为特定的目的而设计的一组测试输入、执行条件和预期的结果。测试用例是执行的最小实体。简单地说，测试用例就是设计一个情况，软件程序在这种情况下，必须能够正常运行并且达到程序所设计的执行结果。如果执行测试用例，软件在这种情况下不能正常运行，而且问题会重复发生，那就表示已经测试出软件缺陷，这时候就必须将软件缺陷标示出来，并且输入到问题跟踪系统内，通知软件开发人员。软件开发人员接到通知后，修订问题，之后返回结果给测试人员进行确认，以确保该问题已修改完成。

1. 测试用例的特性

(1) 有效性：测试用例是测试人员测试过程中的重要参考依据。不同的测试人员根据相同的测试用例所得到的输出应该是一致的。准确的测试用例可以保障软件测试的有效性和稳定性。

(2) 可复用性：良好的测试用例具有重复使用的功能，这样就可以大大地节约测试的时间，提高测试的效率。

(3) 易组织性：在一个软件测试流程中测试用例可能有成千上万个，但是好的测试计划可以有效地组织。这些测试用例分门别类地提供给测试人员参考和使用，特别对于测试人员中的新手，好的测试用例可以帮助他们更好地完成复杂的测试任务，提高测试工作的效率。

(4) 可评估性：从测试管理的角度，测试用例的通过率和软件缺陷的数目是软件产品质量好坏的测试标准。

(5) 可管理性：测试用例可以作为检验测试人员进度、工作量以及跟踪/管理测试人员工作效率的因素。

2. 测试用例的好处

(1) 在开始实施测试之前设计好测试用例，可以避免盲目测试并且提高测试效率。

(2) 测试用例的使用令软件测试的实施重点突出、目的明确。

(3) 在软件版本更新后只须修正少部分的测试用例便可开展测试工作、降低工作强度、缩短项目周期。

(4) 功能模块的通用化和复用化使软件易于开发，而测试用例的通用化和复用化则会使测试易于展开，并随着测试用例的不断进化其效率也不断攀升。

2.4.2 设计测试用例

对于一个测试人员来说，测试用例的设计编写是一项必须掌握的能力。但有效的设计和熟练的编写测试用例却是一项十分复杂的技术，测试用例编写者不仅要掌握软件测试的技术和流程，而且还要对整个软件都有比较透彻的理解。

1. 测试用例设计原则

(1) 测试用例的代表性：能够代表并覆盖各种合理的和不合理、合法的和非法的、边界的和越界的，以及极限的输入数据、操作和环境设置等。

(2) 测试结果的可判定性：即测试执行结果的正确性是可判定的，每一个测试用例都应有相应的期望结果。

(3) 测试结果的可再现性：即对同样的测试用例，系统的执行结果应当是相同的。

编写测试用例文档应有文档模板，须符合内部的规范要求。这方面可以参考一些基本的测试用例编制标准，例如 ANSI/IEEE 829—1983 标准中列出的关于软件测试用例的相关编制规范和模板。

测试用例就是一个文档，描述输入、动作，或者时间和一个期望的结果，其目的是确定应用程序的某个特性是否正常的工作。软件测试用例的基本要素包括测试用例编号、测试标题、测试模块、用例级别、测试环境、测试输入、执行操作、预期结果。

在书写测试用例时，相关的编制要素如下：

(1) 用例编号：每个测试用例都有唯一的标识号，用以区别其他测试用例。测试用例的编号有一定的规则，例如系统测试用例的编号这样定义规则：PROJECT1-ST-001，命名规则是项目名称＋测试阶段类型(系统测试阶段)＋编号。定义测试用例编号便于查找测试用例，便于测试用例的跟踪。

(2) 测试标题：对测试用例的描述，即测试用例标题应该清楚表达测试用例的用途。例如"测试用户登录时输入错误密码时，软件的响应情况"。

(3) 测试模块：指明并简单描述本测试用例是用来测试哪些项目、子项目或软件特性的。

(4) 用例级别：定义测试用例的优先级别，可以粗略地分为"高"和"低"两个级别，也可以分为"高"、"中"、"低"三个级别。一般来说，软件需求的优先级和测试用例的优先级一致，即如果软件需求的优先级为"高"，那么针对该需求的测试用例的优先级也为"高"；反之亦然。

(5) 测试环境：描述执行测试用例所需要的具体测试环境，包括硬件环境和软件环境。通常，在整个测试模块中需要对应说明整个测试的特殊环境要求，在单个测试用例的测试环境中需要表述该测试用例单独需要的特殊环境要求。

(6) 测试输入：用来执行测试用例的输入要求。这些输入可能是数据、文件或具体操作(例如单击鼠标、在键盘做按键处理等)。有时候相关的数据库或文件也要作具体说明。通常，根据需求中的输入条件，确定测试用例的输入。测试用例的输入对软件需求当中的输入有很大的依赖性，如果软件需求中没有很好的定义需求的输入，那么测试用例设计中会遇到很大的障碍。

(7) 执行操作：执行本测试用例所需的每一步操作。对于复杂的测试用例，测试用例的输入需要分为几个步骤完成，这部分内容在操作步骤中会详细列出。

(8) 预期结果：描述被测项目或被测特性所希望或要求达到的输出或指标。一般来说，预期结果主要根据软件需求中的输出得出。如果在实际测试过程中，得到的实际测试结果与预期结果不符，那么测试不通过；反之测试通过。

软件测试用例的设计主要从上述8个方面考虑，结合相应的软件需求文档，在掌握一定测试用例设计方法的基础上，可以设计出比较全面、合理的测试用例。通用的测试用例模板如表2-2所示。

表2-2　测试用例模板

软件测试用例		
元素	含　义	给出定义的测试角色
用例编号	被标识过的测试需求	
测试标题	测试用例的描述	
测试模块	指明测试的具体对象	
用例级别	指明测试用例的优先级别	测试需求分析
测试环境	进入测试实施步骤所需的资源及其状态	

续表

元素	含　义	给出定义的测试角色
测试输入	运行本测试所需的代码和数据，包括测试模拟程序和测试模拟数据	测试设计（描述性定义）
执行操作	建立测试运行环境、运行被测对象、获取测试结果的步骤序列	
预期结果	用于比较测试结果的基准	测试实现（计算机表示）
评价标准	根据测试结果与预期结果的偏差，判断被测对象质量状态的依据	

2. 测试用例的设计过程

(1) 分析系统程序的工作流程：该步骤的目的在于确定并说明用户与系统交互时的操作和步骤。这些测试过程说明将进一步用于确定与描述测试系统程序所需的测试用例。

这些初期的测试过程说明应是较概括的说明，即对操作的说明应尽可能笼统，而不应具体引用实际构件或对象。制定测试用例时应该参考如下主要文档：在某一点可遍历测试对象（系统、子系统或构件）的用例、设计模型、任何技术或补充需求、测试对象应用程序映射表（由自动测试脚本生成工具生成）。

(2) 确定并制定测试用例：该步骤的目的是为每项测试需求编写适当的测试用例。编写测试用例文档应有文档模板，须符合内部的规范要求。

软件测试用例主要根据前面介绍过的测试用例编写要素来设计，结合相应的软件需求文档，在掌握一定测试用例设计方法的基础上，可以设计出比较全面、合理的测试用例，并且生成规范的测试用例表。

如果已测试过以前的版本，则测试用例已经存在。应复审这些测试用例，供回归测试及其设计使用。回归测试用例应包括在当前迭代中，并应与处理新行为的新测试用例结合使用。

(3) 确定测试用例数据：根据测试用例表的内容，复审测试用例，并确定支持这些测试用例的实际值。本步骤将确定用于以下 3 种目的的数据：用作输入的数据值 、用作预期结果的数据值、用作支持测试用例所需的数据值。

(4) 测试用例的修改更新：测试用例在形成文档后也还需要不断完善。主要来自 3 方面的缘故：第一，在测试过程中发现设计测试用例时考虑不周，需要完善；第二，在软件交付使用后反馈回软件缺陷，而缺陷又是由于测试用例存在漏洞而造成；第三，软件自身的新增功能以及软件版本的更新，使得测试用例也必须配套修改更新。

2.4.3 黑盒测试用例设计方法

具体的黑盒测试用例设计方法包括等价类划分法、边界值分析法、错误推测法、因果图法、判定表驱动分析方法、正交实验设计法、功能图法等。下面以实例的方式来介绍一下这些方法。

1. 等价类划分法

等价类划分是把所有可能的输入数据，即程序的输入域划分成若干部分(子集)，然后从每一个子集中选取少数具有代表性的数据作为测试用例。该方法是一种重要的、常用的黑盒测试用例设计方法。

1) 等价类的概念

等价类是指某个输入域的子集合。在该子集合中，各个输入数据对于揭露程序中的错误都是等效的，并合理地假定：测试某等价类的代表值就等于对这一类其他值的测试。因此，可以把全部输入数据合理地划分为若干等价类，在每一个等价类中取一个数据作为测试的输入条件，即可以用少量代表性的测试数据取得较好的测试结果。等价类划分可有两种不同的情况：有效等价类和无效等价类。

(1) 有效等价类：是指对于程序的规格说明来说是合理的、有意义的输入数据构成的集合。利用有效等价类可检验程序是否实现了规格说明中所规定的功能和性能。

(2) 无效等价类：与有效等价类的定义恰巧相反，无效等价类指对程序的规格说明是不合理的或无意义的输入数据所构成的集合。对于具体的问题，无效等价类至少应有一个，也可能有多个。

设计测试用例时，要同时考虑这两种等价类。因为软件不仅要能接收合理的数据，也要能经受意外的考验，这样的测试才能确保软件具有更高的可靠性。

2) 划分等价类的标准

(1) 完备测试、避免冗余。

(2) 划分等价类重要的是集合的划分，将整个集合划分为互不相交的一组子集，而子集的并又是整个集合。

(3) 并是整个集合，即完备性。

(4) 子集互不相交，即保证一种形式的无冗余性。

(5) 同一类标识(选择)一个测试用例，在同一等价类中，往往处理相同，相同处理映射到“相同的执行路径”。

3) 划分等价类的方法

(1) 在输入条件规定了取值范围或值的个数的情况下，可确立一个有效等价类和两个无效等价类。例如，输入值是学生成绩，范围是 0～100，其有效等价类和无效等价类划分如图 2-3 所示，图中确定了一个有效等价类和两个无效等价类。

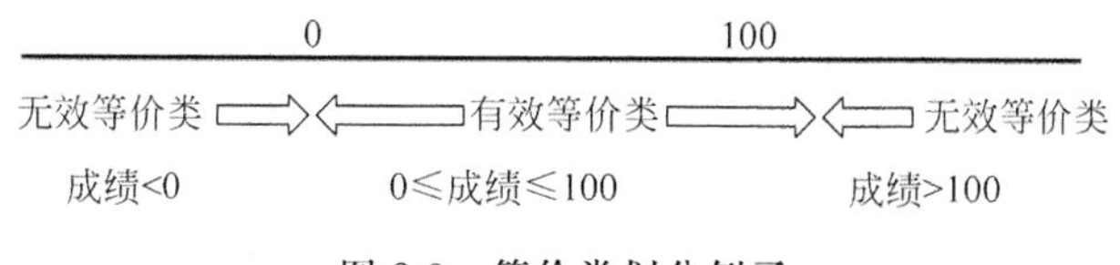

图 2-3 等价类划分例子

(2) 在输入条件规定了输入值的集合或者规定了“必须如何”的条件的情况下，可确立一个有效等价类和一个无效等价类。

(3) 在输入条件是一个布尔量的情况下，可确定一个有效等价类和一个无效等价类。

(4) 在规定了输入数据的一组值(假定 n 个),并且程序要对每一个输入值分别处理的情况下,可确定 n 个有效等价类和一个无效等价类。例如,输入条件说明学历可为专科、本科、硕士、博士 4 种之一,则分别取这 4 个值作为 4 个有效等价类,另外把 4 种学历之外的任何学历作为无效等价类。

(5) 在规定了输入数据必须遵守的规则的情况下,可确定一个有效等价类(符合规则)和若干个无效等价类(从不同角度违反规则)。

(6) 在确知已划分的等价类中各元素在程序处理中的方式不同的情况下,则应再将该等价类进一步的划分为更小的等价类。

4) 设计测试用例

在确定了等价类后,可建立等价类表,列出所有划分出的等价类输入条件:有效等价类、无效等价类,然后从划分出的等价类中按以下 3 个原则设计测试用例:

(1) 为每一个等价类规定一个唯一的编号。

(2) 设计一个新的测试用例,使其尽可能多地覆盖尚未被覆盖的有效等价类,重复这一步,直到所有的有效等价类都被覆盖为止。

(3) 设计一个新的测试用例,使其仅覆盖一个尚未被覆盖的无效等价类,重复这一步,直到所有的无效等价类都被覆盖为止。

【例 2-1】 设有一个档案管理系统,要求用户输入以年月表示的日期。假设日期限定在 1990 年 1 月—2049 年 12 月,并规定日期由 6 位数字字符组成,前 4 位表示年,后 2 位表示月。现用等价类划分法设计测试用例,来测试程序的"日期检查功能"。

解答:

(1) 划分等价类并编号,表 2-3 所示为等价类划分的结果。

表 2-3 等价类划分表

输入等价类	有效等价类	无效等价类
日期的类型及长度	① 6 位数字字符	② 有非数字字符 ③ 少于 6 位数字字符 ④ 多于 6 位数字字符
年份范围	⑤ 在 1990～2049 之间	⑥ 小于 1990 ⑦ 大于 2049
月份范围	⑧ 在 01～12 之间	⑨ 等于 00 ⑩ 大于 12

设计测试用例,以便覆盖所有的有效等价类在表中列出 3 个有效等价类,其编号分别为①、⑤、⑧,设计的测试用例如表 2-4 所示。

表 2-4 覆盖 3 个有效等价类测试用例

测试数据	期望结果	覆盖的有效等价类
200211	输入有效	①、⑤、⑧

(2) 为每一个无效等价类设计一个测试用例，设计结果如表 2-5 所示。

表 2-5 无效等价类测试用例

测试数据	期望结果	覆盖的无效等价类
95June	无效输入	②
20036	无效输入	③
2001006	无效输入	④
198912	无效输入	⑥
205001	无效输入	⑦
200100	无效输入	⑨
200113	无效输入	⑩

2. 边界值分析法

边界值分析法就是对输入或输出的边界值进行测试的一种黑盒测试方法。通常边界值分析法是作为对等价类划分法的补充，这种情况下，其测试用例来自等价类的边界。

1) 边界值分析法与等价类划分法的区别

(1) 边界值分析不是从某等价类中随便挑一个作为代表，而是使这个等价类的每个边界都要作为测试条件。

(2) 边界值分析法不仅考虑输入条件，还要考虑输出空间产生的测试情况。

2) 边界值分析法的注意事项

(1) 长期的测试工作经验表明，大量的错误是发生在输入或输出范围的边界上，而不是发生在输入/输出范围的内部。因此针对各种边界情况设计测试用例，可以查出更多的错误。

(2) 使用边界值分析法设计测试用例，首先应确定边界情况。通常输入和输出等价类的边界，即应着重测试的边界情况。应当选取正好等于、刚刚大于或刚刚小于边界的值作为测试数据，而不是选取等价类中的典型值或任意值作为测试数据。

3) 常见的边界值

(1) 对 16bit 的整数而言，32 767 和 −32 768 是边界。

(2) 屏幕上光标在最左上、最右下的位置。

(3) 报表的第一行和最后一行。

(4) 数组元素的第一个和最后一个。

(5) 循环的第 0 次、第 1 次、倒数第 2 次、最后一次。

4) 边界值分析法

(1) 边界值分析法使用与等价类划分法相同的划分，只是边界值分析法假定错误更多地存在于划分的边界上，因此根据等价类的边界上以及两侧的情况设计测试用例。

【例 2-2】 以测试计算平方根的函数为例介绍边界值分析的方法。该函数情况如下。输入：实数。输出：实数。规格说明：当输入一个 0 或比 0 大的数的时候，返回其正平方根；当输入一个小于 0 的数时，显示错误信息“平方根非法——输入值小于 0”并返回 0。库函数 Print-Line 可以用来输出错误信息。

解答：

① 等价类划分法：

Ⅰ. 可以考虑作出如下划分：

a. 输入(i)<0 和(ii)>=0。

b. 输出(a)>=0 和(b)Error。

Ⅱ. 测试用例有两个：

a. 输入 4，输出 2。对应于(ii)和(a)。

b. 输入－10，输出 0 和错误提示。对应于(i)和(b)。

② 边界值分析法：

划分(ii)的边界为 0 和最大正实数；划分(i)的边界为最小负实数和 0。由此得到以下测试用例：

a. 输入{最小负实数}。

b. 输入{绝对值很小的负数}。

c. 输入 0。

d. 输入{绝对值很小的正数}。

e. 输入{最大正实数}。

(2) 通常情况下，软件测试所包含的边界检验有几种类型：数字、字符、位置、重量、大小、速度、方位、尺寸、空间等。

(3) 相应地，以上类型的边界值应该在最大/最小、首位/末位、上/下、最快/最慢、最高/最低、最短/最长、空/满等情况下。

(4) 利用边界值作为测试数据，如表 2-6 所示。

表 2-6 利用边界值作为测试数据

项	边界值	测试用例的设计思路
字符	起始－1 个字符/结束＋1 个字符	假设一个文本输入区域允许输入 1 个到 255 个字符，则输入 1 个和 255 个字符作为有效等价类，输入 0 个和 256 个字符作为无效等价类，这几个数值都属于边界条件值
数值	最小值－1/最大值＋1	假设某软件的数据输入域要求输入 5 位的数据值，则可以使用 10 000 作为最小值、99 999 作为最大值；然后使用刚好小于 5 位和大于 5 位的数值来作为边界条件
空间	小于空余空间一点/大于满空间一点	例如在用 U 盘存储数据时，使用比剩余磁盘空间大一点(几 KB)的文件作为边界条件

(5) 内部边界值分析：在多数情况下，边界值条件是基于应用程序的功能设计而需要考虑的因素，可以从软件的规格说明或常识中得到，也是最终用户可以很容易发现的问题。然而，在测试用例设计过程中，某些边界值条件是无须呈现给用户的，或者说用户是很难注意到的，但同时确实属于检验范畴内的边界条件，称其为内部边界值条件或子边界值条件。

内部边界值条件主要有下面几种：

① 数值的边界值检验：计算机是基于二进制进行工作的，因此软件的任何数值运算都有一定的范围限制，如表 2-7 所示。

表 2-7 二进制数值范围

项	范围或值
位(bit)	0 或 1
字节(byte)	0～255
字(word)	0～65 535(单字)或 0～4 294 967 295(双字)
千(K)	1024
兆(M)	1 048 576
吉(G)	1 073 741 824

② 字符的边界值检验：在计算机软件中，字符也是很重要的表示元素，其中 ASCII 和 Unicode 是常见的编码方式。表 2-8 列出了一些常用字符对应的 ASCII 码值。

表 2-8 常见字符对应的 ASCII 码值

字符	ASCII 码值	字符	ASCII 码值
空(null)	0	A	65
空格(space)	32	a	97
斜杠(/)	47	Z	90
0	48	z	122
冒号(:)	58	单引号(‘)	96
@	64		

③ 其他边界值检验。

5) 基于边界值分析法选择测试用例的原则

(1) 如果输入条件规定了值的范围，则应取刚达到这个范围的边界的值，以及刚刚超越这个范围边界的值作为测试输入数据。

例如，如果程序的规格说明中规定："重量在 10 千克至 50 千克范围内的邮件，其邮费计算公式为……"。作为测试用例，我们应取 10 及 50，还应取 10.01、49.99、9.99 及 50.01 等。

(2) 如果输入条件规定了值的个数，则用最大个数、最小个数、比最小个数少一、比最大个数多一的数作为测试数据。

例如，一个输入文件应包括 1～255 个记录，则测试用例可取 1 和 255，还应取 0 及 256 等。

(3) 将规则(1)和(2)应用于输出条件，即设计测试用例使输出值达到边界值及其左右的值。

例如，某程序的规格说明要求计算出"每月保险金扣除额为 0～1165.25 元"，其测试用例可取 0.00 及 1165.24，还可取－0.01 及 1165.26 等。

再如一程序属于情报检索系统，要求每次"最少显示 1 条、最多显示 4 条情报摘要"，这时我们应考虑的测试用例包括 1 和 4，还应包括 0 和 5 等。

(4) 如果程序的规格说明给出的输入域或输出域是有序集合，则应选取集合的第一个元素和最后一个元素作为测试用例。

(5) 如果程序中使用了一个内部数据结构，则应当选择这个内部数据结构的边界上的值作为测试用例。

(6) 分析规格说明，找出其他可能的边界条件。

【例 2-3】 三角形问题的边界值分析法测试用例。在三角形问题描述中，除了要求边长是整数外，没有给出其他的限制条件。在此，将三角形每边边长的取范围值设值为[1,100]，具体测试用例如表 2-9 所示。

表 2-9 三角形问题测试用例

测试用例	a	b	c	预期输出
Test1	60	60	1	等腰三角形
Test2	60	60	2	等腰三角形
Test3	60	60	60	等边三角形
Test4	50	50	99	等腰三角形
Test5	50	50	100	非三角形
Test6	60	1	60	等腰三角形
Test7	60	2	60	等腰三角形
Test8	50	99	50	等腰三角形
Test9	50	100	50	非三角形
Test10	1	60	60	等腰三角形
Test11	2	60	60	等腰三角形
Test12	99	50	50	等腰三角形
Test13	100	50	50	非三角形

3. 错误推测法

错误推测法基于经验和直觉推测程序中所有可能存在的各种错误，从而有针对性地设计测试用例的方法。错误推测法的基本思想：列举出程序中所有可能有的错误和容易发生错误的特殊情况，根据他们选择测试用例。实例如下：

(1) 例如，输入数据和输出数据为 0 的情况；输入表格为空格或输入表格只有一行。这些都是容易发生错误的情况，可选择这些情况下的例子作为测试用例。

(2) 例如，成绩报告的程序。采用错误推测法还可补充设计一些测试用例：

① 程序是否把空格作为回答。

② 在回答记录中混有标准答案记录。

③ 除了标题记录外，还有一些记录最后一个字符即不是 2 也不是 3。

④ 有两个学生的学号相同。

⑤ 试题数是负数。

(3) 再如，测试一个对线性表(例如数组)进行排序的程序，可推测列出以下几项需要特别测试的情况：

① 输入的线性表为空表。

② 表中只含有一个元素。

③ 输入表中所有元素已排好序。

④ 输入表已按逆序排好。

⑤ 输入表中部分或全部元素相同。

4. 因果图法

因果图法是一种利用图解法分析输入的各种组合情况，从而设计测试用例的方法，它适合于检查程序输入条件的各种组合情况。

1）因果图法产生的背景

等价类划分法和边界值分析法都是着重考虑输入条件，但没有考虑输入条件的各种组合、输入条件之间的相互制约关系。这样虽然各种输入条件可能出错的情况已经测试到了，但多个输入条件组合起来可能出错的情况却被忽视了。

如果在测试时必须考虑输入条件的各种组合，则可能的组合数目将是天文数字，因此必须考虑采用一种适合于描述多种条件的组合、相应产生多个动作的形式来进行测试用例的设计，这就需要利用因果图（逻辑模型）。

2）因果图介绍

（1）图 2-4 中的 4 种符号分别表示了规格说明中的 4 种因果关系。

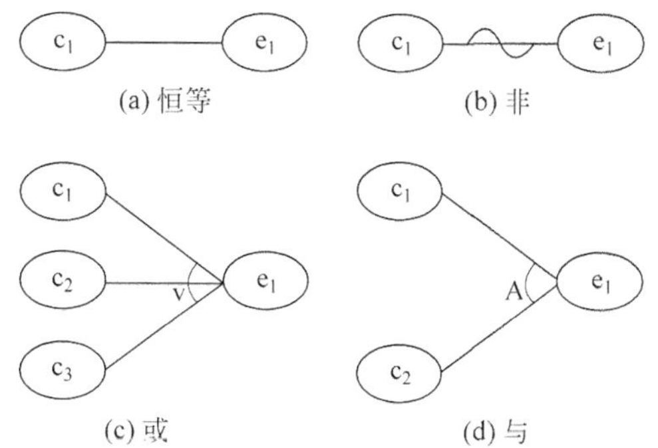

图 2-4　4 种因果关系

（2）因果图中使用了简单的逻辑符号，以表示直线连接左右结点。左结点表示输入状态（或称原因），右结点表示输出状态（或称结果）。

（3）c_i 表示原因，通常置于图的左部；e_i 表示结果，通常置于图的右部。c_i 和 e_i 均可取值 0 或 1，0 表示某状态不出现，1 表示某状态出现。

3）因果图概念

（1）因果图具有 4 种关系，分别如下：

① 恒等：若 c_i 是 1，则 e_i 也是 1；否则 e_i 为 0。

② 非：若 c_i 是 1，则 e_i 是 0；否则 e_i 是 1。

③ 或：若 c_1、c_2 或 c_3 是 1，则 e_i 是 1；否则 e_i 为 0。“或”可有任意一个输入。

④ 与：若 c_1 和 c_2 都是 1，则 e_i 为 1；否则 e_i 为 0。“与”也可有任意一个输入。

（2）约束：输入状态相互之间还可能存在某些依赖关系，称为约束。例如，某些输入条件本身不可能同时出现，输出状态之间也往往存在约束。在因果图中，用特定的符号标明这些约束，如图 2-5 所示。

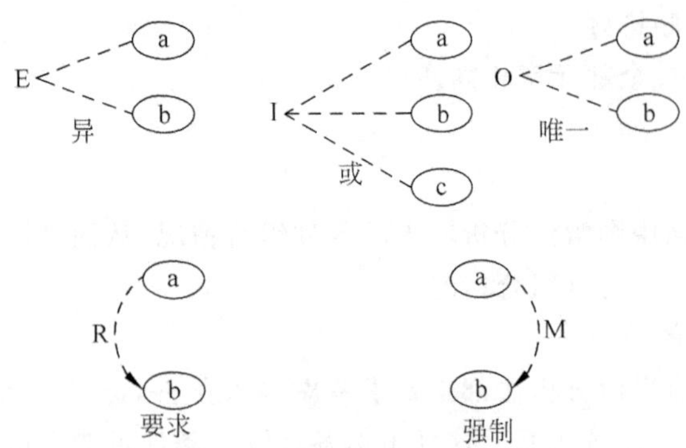

图 2-5 因果图中的约束

输入条件的约束有以下 4 类：

① E 约束(异)：a 和 b 中至多有一个可能为 1,即 a 和 b 不能同时为 1。

② I 约束(或)：a、b 和 c 中至少有一个必须是 1,即 a、b 和 c 不能同时为 0。

③ O 约束(唯一)：a 和 b 必须有一个、且仅有一个为 1。

④ R 约束(要求)：a 是 1 时,b 必须是 1,即不可能 a 是 1 时 b 是 0。

输出条件约束类型：输出条件的约束只有 M 约束(强制),即若结果 a 是 1,则结果 b 强制为 0。

4) 采用因果图法设计测试用例的步骤

(1) 分析软件规格说明描述中哪些是原因(即输入条件或输入条件的等价类),哪些是结果(即输出条件),并给每个原因和结果赋予一个标识符。

(2) 分析软件规格说明描述中的语义,找出原因与结果之间、原因与原因之间对应的关系,根据这些关系,画出因果图。

(3) 由于语法或环境限制,有些原因与原因之间、原因与结果之间的组合情况不可能出现,为标明这些特殊情况,在因果图上用一些记号标明约束或限制条件。

(4) 把因果图转换为判定表。

(5) 把判定表的每一列拿出来作为依据,设计测试用例。

【例 2-4】 有一个处理单价为 5 角钱的饮料自动售货机软件测试用例的设计。其规格说明如下：若投入 5 角钱或 1 元钱的硬币,按下"橙汁"或"啤酒"的按钮,则相应的饮料就送出来。若售货机没有零钱找,则显示"零钱找完"的红灯亮,这时再投入 1 元硬币并按下按钮后,饮料不送出来而且 1 元硬币也退出来；若有零钱找,则显示"零钱找完"的红灯灭,在送出饮料的同时退还 5 角硬币。

解答：第一步：分析这一段说明,列出原因和结果。

原因：

① 售货机有零钱找。

② 投入 1 元硬币。

③ 投入 5 角硬币。

④ 按下"橙汁"按钮。

⑤ 按下"啤酒"按钮。

结果：

⑥ 售货机“零钱找完”灯亮。

⑦ 退还 1 元硬币。

⑧ 找回 5 角硬币。

⑨ 送出橙汁饮料。

⑩ 送出啤酒饮料。

第二步：画出因果图，如图 2-6 所示。所有原因结点列在左边，所有结果结点列在右边。建立中间结点，表示处理的中间状态。中间结点：

⑪ 投入 1 元硬币且按下饮料按钮。

⑫ 按下“橙汁”或“啤酒”的按钮。

⑬ 应当找 5 角零钱并且售货机有零钱找。

⑭ 钱已付清。

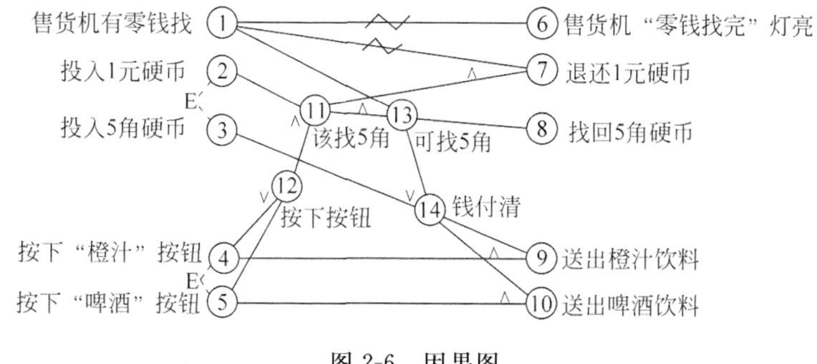

图 2-6　因果图

第三步：转换成判定表，如表 2-10 所示。

表 2-10　根据因果图所建立的判定表

序号		1	2	3	4	5	6	7	8	9	10	1	2	3	4	5	6	7	8	9	20	1	2	3	4	5	6	7	8	9	30	1	2
条件	①	1	1	1	1	1	1	1	1	1	1	1	1	1	1	1	1	0	0	0	0	0	0	0	0	0	0	0	0	0	0	0	0
	②	1	1	1	1	1	1	1	1	0	0	0	0	0	0	0	0	1	1	1	1	1	1	1	1	0	0	0	0	0	0	0	0
	③	1	1	1	1	0	0	0	0	1	1	1	1	0	0	0	0	1	1	1	1	0	0	0	0	1	1	1	1	0	0	0	0
	④	1	1	0	0	1	1	0	0	1	1	0	0	1	1	0	0	1	1	0	0	1	1	0	0	1	1	0	0	1	1	0	0
	⑤	1	0	1	0	1	0	1	0	1	0	1	0	1	0	1	0	1	0	1	0	1	0	1	0	1	0	1	0	1	0	1	0
中间结果	⑪						1	1	0		0	0	0		0	0	0						1	1	0		0	0	0		0	0	0
	⑫						1	1	0		1	1	0		1	1	0						1	1	0		1	1	0		1	1	0
	⑬						1	1	0		0	0	0		0	0	0						0	0	0		0	0	0		0	0	0
	⑭						1	1	0		1	1	1		0	0	0						0	0	0		1	1	1		0	0	0
结果	⑥						0	0	0		0	0	0		0	0	0						1	1	1		1	1	1		1	1	1
	⑦						0	0	0		0	0	0		0	0	0						1	1	0		0	0	0		0	0	0
	⑧						1	1	0		0	0	0		0	0	0						0	0	0		0	0	0		0	0	0
	⑨						1	0	0		1	0	0		0	0	0						0	0	0		1	0	0		0	0	0
	⑩						0	1	0		0	1	0		0	0	0						0	0	0		0	1	0		0	0	0
测试用例							Y	Y	Y		Y	Y	Y		Y	Y							Y	Y	Y		Y	Y	Y		Y	Y	

第四步：在判定表中，阴影部分表示因违反约束条件的、不可能出现的情况，删去；第16列与第32列因什么动作也没做，也删去；最后可根据剩下的16列作为确定测试用例的依据。

5. 判定表驱动分析方法

判定表是分析和表达多逻辑条件下执行不同操作的情况的工具。判定表的优点是能够将复杂的问题按照各种可能的情况全部列举出来，简明并避免遗漏。因此，利用判定表能够设计出完整的测试用例集合。在一些数据处理问题当中，某些操作的实施依赖于多个逻辑条件的组合，即针对不同逻辑条件的组合值，分别执行不同的操作。判定表很适合于处理这类问题；例如表2-11所示的“阅读指南”判定表。

表2-11　阅读指南判定表

		1	2	3	4	5	6	7	8
问题	你觉得疲倦吗？	Y	Y	Y	Y	N	N	N	N
	你对内容感兴趣吗？	Y	Y	N	N	Y	Y	N	N
	书中内容使你糊涂吗？	Y	N	Y	N	Y	N	Y	N
建议	请回到本章开头重读	X				X			
	继续读下去		X				X		
	跳到下一章去读							X	X
	停止阅读，请休息			X	X				

1）判定表的组成

判定表通常由4个部分组成，如图2-7所示。

（1）条件桩（condition stub）：列出了问题的所有条件，通常认为列出的条件的次序无关紧要。

（2）动作桩（action stub）：列出了问题规定可能采取的操作，这些操作的排列顺序没有约束。

（3）条件项（condition entry）：列出针对它左列条件的取值，在所有可能情况下的真假值。

（4）动作项（action entry）：列出在条件项的各种取值情况下应该采取的动作。

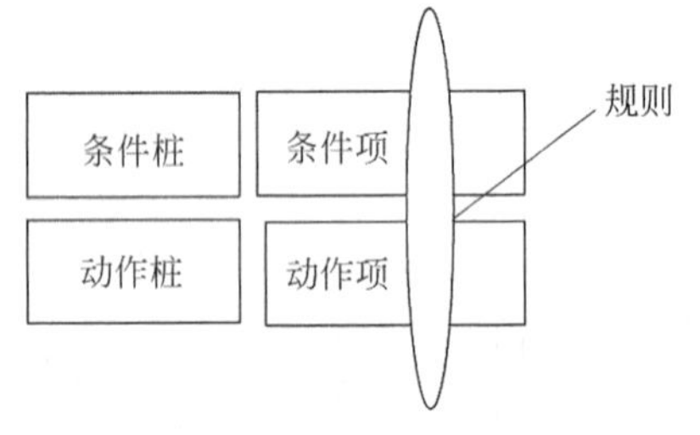

图2-7　判定表的4个组成部分

2）规则及规则合并

（1）规则：任何一个条件组合的特定取值及其相应要执行的操作称为规则。在判定表中贯穿条件项和动作项的一列就是一条规则。显然，判定表中列出多少组条件取值，也就有多少条规则，即条件项和动作项有多少列。

（2）化简：就是合并有两条或多条规则具有相同的动作，并且其条件项之间存在着极为相似的关系。

3）规则及规则合并举例

（1）如图2-8左端，两规则动作项一样，条件项类似，在1、2条件项分别取Y、N时，无论条件3取何值，都执行同一操作，即要执行的动作与条件3无关，于是可合并。“—”表示与取值无关。

(2) 与图 2-8 类似,图 2-9 中的无关条件项"—"可包含其他条件项取值,即具有相同动作的规则可合并。

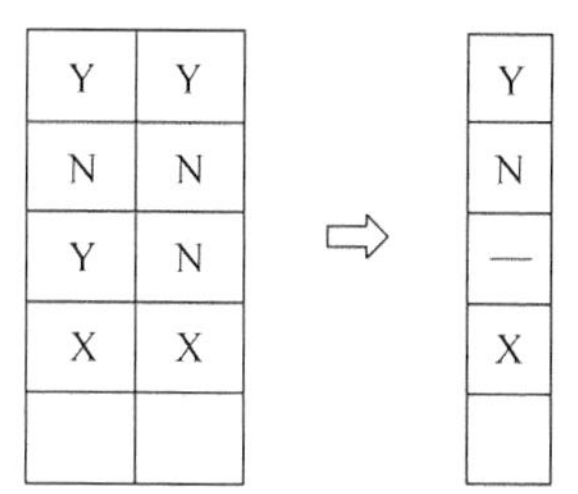

图 2-8 合并规则 1

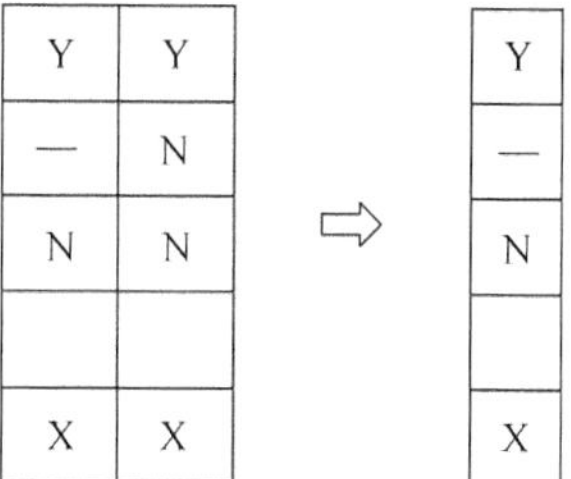

图 2-9 合并规则 2

(3) 化简后的阅读指南判定表如表 2-12 所示。

表 2-12 化简后的阅读指南判定表

		1	2	3	4
问题	你觉得疲倦吗?	—	—	Y	N
	你对内容感兴趣吗?	Y	Y	N	N
	书中内容使你糊涂吗?	Y	N	—	—
建议	请回到本章开头重读	X			
	继续读下去		X		
	跳到下一章去读				X
	停止阅读,请休息			X	

4) 判定表的建立步骤(根据软件规格说明)

(1) 确定规则的个数。假如有 n 个条件,每个条件有两个取值(0,1),则有 2n 种规则。

(2) 列出所有的条件桩和动作桩。

(3) 填入条件项。

(4) 填入动作项,等到初始判定表。

(5) 简化、合并相似规则(相同动作)。

【例 2-5】 问题要求:"对功率大于 50 马力的机器、维修记录不全或已运行 10 年以上的机器,应给予优先的维修处理"。这里假定"维修记录不全"和"优先维修处理"均已在别处有更严格的定义,请建立判定表。

解答:

① 确定规则的个数:这里有 3 个条件,每个条件有两个取值,故应有 2＊2＊2=8 种规则。

② 列出所有的条件桩和动作桩,如图 2-10 所示。

条件	功率大于 50 马力吗?
	维修记录不全吗?
	运行超过 10 年吗?
动作	进行优先处理
	做其他处理

图 2-10 判定条件动作

③ 填入条件项。可从最后一行条件项开始,逐行向上填满。如第三行是: Y N Y N Y N Y N; 第二行是: Y Y N N Y Y N N 等。

④ 填入动作桩和动作项,这样便得到如表 2-13 所示的初始判定表。

表 2-13 初始判定表

		1	2	3	4	5	6	7	8
条件	功率大于 50 马力吗?	Y	Y	Y	Y	N	N	N	N
	维修记录不全吗?	Y	Y	N	N	Y	Y	N	N
	运行超过 10 年吗?	Y	N	Y	N	Y	N	Y	N
动作	进行优先处理	X	X	X		X		X	
	做其他处理				X		X		X

⑤ 化简、合并相似规则后得到表 2-14 所示的合并判定表。

表 2-14 合并判定表

		1	2	3	4	5
条件	功率大于 50 马力吗?	Y	Y	Y	N	N
	维修记录不全吗?	Y	N	N	—	—
	运行超过 10 年吗?	—	Y	N	Y	N
动作	进行优先处理	X	X		X	
	做其他处理			X		X

前面详细地介绍了几种主流的黑盒测试技术,各种方法各有长短,在实际应用当中还得灵活掌握,综合应用。Myers 提出了使用各种测试方法的综合策略:

(1) 在任何情况下都必须使用边界值分析法,经验表明用这种方法设计出的测试用例发现程序错误的能力最强。

(2) 必要时用等价类划分法补充一些测试用例。

(3) 用错误推测法再追加一些测试用例。

(4) 对照程序逻辑,检查已设计出的测试用例的逻辑覆盖程度,如果没有达到要求的覆盖标准,应当再补充足够的测试用例。

(5) 如果程序的功能说明中含有输入条件的组合情况,则一开始就可选用因果图法。

2.4.4 白盒测试用例设计方法

下面举例说明 6 种白盒测试覆盖方法的使用。一般做白盒测试不会直接根据源代码,而是根据流程图来设计测试用例和编写测试代码。在没有设计文档时,先要根据源代码画出流程图。图 2-11 是一张程序流程图(图中大写字母代表程序执行路径)。

1. 语句覆盖

(1) 主要特点:语句覆盖是最起码的结构覆盖要求,语句覆盖要求设计足够多的测试用例,使得程序中每条语句至少被执行一次。

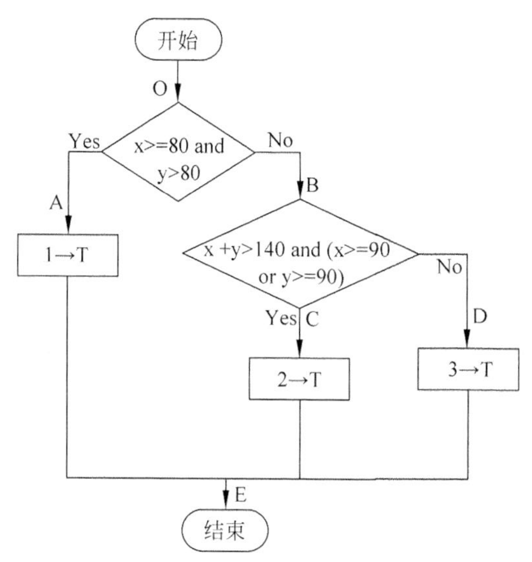

图 2-11　程序流程图

(2) 用例设计：如果此时将 A 路径上的语句 1→T 去掉，那么用例如下。

	X	Y	路径
1	50	50	OBDE
2	90	70	OBCE

(3) 优点：可以很直观地从源代码得到测试用例，无须细分每条判定表达式。

(4) 缺点：由于这种测试方法仅仅针对程序逻辑中显式存在的语句，因此对于隐藏的条件和可能到达的隐式逻辑分支是无法测试的。在本例中去掉了语句 1→T，那么就少了一条测试路径。在 if 结构中若源代码没有给出 else 后面的执行分支，那么语句覆盖测试就不会考虑这种情况。但是不能排除这种以外的分支不会被执行，而这种错误往往会经常出现。再如，在 do-while 结构中，语句覆盖执行其中某一个条件分支。那么显然，语句覆盖对于多分支的逻辑运算是无法全面反映的，它只在乎运行一次，而不考虑其他情况。

2. 判定覆盖

(1) 主要特点：判定覆盖又称为分支覆盖，它要求设计足够多的测试用例，使得程序中每个判定至少有一次为真值，有一次为假值，即程序中的每个分支至少执行一次；每个判断的取真、取假至少执行一次。

(2) 用例设计：

	X	Y	路径
1	90	90	OAE
2	50	50	OBDE
3	90	70	OBCE

(3) 优点：判定覆盖比语句覆盖要多几乎一倍的测试路径，当然也就具有比语句覆盖更强的测试能力。同样判定覆盖也具有和语句覆盖一样的简单性，无须细分每个判定就可以得到测试用例。

(4) 缺点：往往大部分的判定语句是由多个逻辑条件组合而成(例如，判定语句中包含AND、OR、CASE)，若仅仅判断其整个最终结果，而忽略每个条件的取值情况，必然会遗漏部分测试路径。

3. 条件覆盖

(1) 主要特点：条件覆盖要求设计足够多的测试用例，使得判定中的每个条件获得各种可能的结果，即每个条件至少有一次为真值，有一次为假值。

(2) 用例设计：

	X	Y	路径
1	90	70	OBC
2	40		OBD

(3) 优点：显然条件覆盖比判定覆盖增加了对符合判定情况的测试，增加了测试路径。

(4) 缺点：要达到条件覆盖，需要足够多的测试用例，但条件覆盖并不能保证判定覆盖。条件覆盖只能保证每个条件至少有一次为真，而不考虑所有的判定结果。

4. 判定/条件覆盖

(1) 主要特点：设计足够多的测试用例，使得判定中每个条件的所有可能结果至少出现一次，每个判定本身所有可能结果也至少出现一次。

(2) 用例设计：

	X	Y	路径
1	90	90	OAE
2	50	50	OBDE
3	90	70	OBCE
4	70	90	OBCE

(3) 优点：判定/条件覆盖满足判定覆盖准则和条件覆盖准则，弥补了二者的不足。

(4) 缺点：判定/条件覆盖准则未考虑条件的组合情况。

5. 组合覆盖

(1) 主要特点：要求设计足够多的测试用例，使得每个判定中条件结果的所有可能组合至少出现一次。

(2) 用例设计：

	X	Y	路径
1	90	90	OAE
2	90	70	OBCE
3	90	30	OBDE
4	70	90	OBCE
5	30	90	OBDE
6	70	70	OBDE
7	50	50	OBDE

(3) 优点：多重条件覆盖准则满足判定覆盖、条件覆盖和判定/条件覆盖准则。更改的判定/条件覆盖要求设计足够多的测试用例，使得判定中每个条件的所有可能结果至少出现一次，每个判定本身的所有可能结果也至少出现一次，并且每个条件都显示能单独影响判定结果。

(4) 缺点：线性地增加了测试用例的数量。

6. 路径覆盖

(1) 主要特点：设计足够的测试用例，覆盖程序中所有可能的路径。

(2) 用例设计：

	X	Y	路径
1	90	90	OAE
2	50	50	OBDE
3	90	70	OBCE
4	70	90	OBCE

(3) 优点：这种测试方法可以对程序进行彻底的测试，比前面 5 种的覆盖面都广。

(4) 缺点：由于路径覆盖需要对所有可能的路径进行测试（包括循环、条件组合、分支选择等），那么需要设计大量、复杂的测试用例，而这使得工作量呈指数级增长。而在有些情况下，一些执行路径是不可能被执行的，如：

```
If (!A)B++;
If (!A)D--;
```

这两个语句实际只包括了 2 条执行路径，即 A 为真或假的时候对 B 和 D 的处理，真或假不可能都存在，而路径覆盖测试则认为是包含了真与假的 4 条执行路径。这样不仅降低了测试效率，而且大量的测试结果的累积也为排错带来麻烦。

白盒测试是一种被广泛使用的逻辑测试方法，是由程序内部逻辑驱动的一种单元测试方法。只有对程序内部十分了解才能进行适度有效的白盒测试，但是贯穿在程序内部的逻辑存在着不确定性和无穷性，尤其对于大规模复杂软件。因此不能穷举所有的逻辑路径，即使穷举也未必会带来好运（穷举不能查出程序逻辑规则错误、不能查出数据相关错误、不能查出程序遗漏的路径）。

测试用例设计的基本原则有以下几条：

(1) 测试用例的代表性：能够代表并覆盖各种合理的和不合理的、合法的和非法的、边界的和越界的以及极限的输入数据、操作和环境设置等。测试工程师应该在测试计划编写完成之后，在开发阶段编写测试用例，参考需求规格说明书和软件功能点对每个功能点进行操作上的细化，尽可能趋向最大需求覆盖率。测试用例的设计应包括各种类型的测试用例。在设计测试用例的时候，除了满足系统基本功能需求外，还应该考虑各种异常情况、边界情况和承受压力的能力等。

(2) 测试结果的可判定性：即测试执行结果的正确性是可判定的，每一个测试用例都应有相应的期望结果。测试用例对测试功能点、测试条件、测试步骤、输入值和预期结果应该有准确的定义。

(3) 测试结果的可再现性：即对同样的测试用例，系统的执行结果应当是相同的。

通常一个好的测试用例具有以下特性：

(1) 具有高的发现错误的概率。

(2) 没有冗余测试和冗余的步骤。

(3) 测试是“最佳类别”。

(4) 既不太简单也不太复杂。

(5) 用例是可重用和易于跟踪的。

(6) 确保系统能够满足功能需求。

测试用例不可能设计得天衣无缝，也不可能完全满足软件需求的覆盖率；测试执行过程里肯定会发现有些测试路径或数据在用例里没有体现，那么事后该将其补充到用例库里，以方便他人和后续版本的测试。原则上都要写出测试用例再做测试，而且要评审测试用例是否完整，否则所测试的需求很有可能是得不到充分测试的。

2.5 执行测试与结果分析

2.5.1 执行测试

测试用例设计完毕后，接下来的工作是测试执行，测试执行中测试用例设计应该注意以下几个问题：

(1) 搭建软件测试环境，执行测试用例。测试用例执行过程中，搭建测试环境是第一步。一般来说，软件产品提交测试后，开发人员应该提交一份产品安装指导书，在指导书中详细指明软件产品运行的软硬件环境，例如要求操作系统是 Windows 2008 版本，数据库是 SQL(structured query language，结构化查询语言)Server 2008 等。此外，应该给出被测试软件产品的详细安装指导书，包括安装的操作步骤、相关配置文件的配置方法等。对于复杂的软件产品，尤其是软件项目，如果没有安装指导书作为参考，在搭建测试环境过程中会遇到种种问题。当开发人员拒绝提供相关的安装指导书，搭建测试中遇到问题的时候，测试人员可以要求开发人员协助。这时候，一定要把开发人员解决问题的方法记录下来，避免因为同样的问题再次请教开发人员，这样会招致开发人员的反感，也降低了开发人员对测试人员的认可程度。

(2) 全方位的观察测试用例执行结果。测试环境搭建好之后，根据定义的测试用例执行顺序，逐个执行测试用例。测试执行过程中，当测试的实际输出结果与测试用例中的预期输出结果一致的时候，是否可以认为测试用例执行成功了？答案是否定的。即便实际测试结果与测试的预期结果一致，也要查看软件产品的操作日志、系统运行日志和系统资源使用情况，来判断测试用例是否执行成功。全方位观察软件产品的输出可以发现很多隐蔽的问题。以前，在测试嵌入式系统软件的时候，执行某测试用例后，测试用例的实际输出与预期输出完全一致，不过在查询 CPU 占用率的时候，发现 CPU 占用率高达 90%。经过分析得知，软件运行的时候启动了若干个 1ms 的定时器，大量地消耗 CPU 资源，后来通过把定时器调整到 10ms，CPU 的占用率降为 7%。如果观察点单一，这个严重消耗资源的问题就无从发现了。

(3) 加强测试过程记录。测试执行过程中，一定要加强测试过程记录。如果测试执行步骤与测试用例中描述的有差异，一定要记录下来，作为日后更新测试用例的依据；如果软件产品提供了日志功能，例如有软件运行日志、用户操作日志，一定在每个测试用例执行后记录相关的日志文件，作为测试过程记录。一旦日后发现问题，开发人员可以通过这些测试记录方便地定位问题，而不用测试人员重新搭建测试环境，为开发人员重现问题。

(4) 及时确认发现的问题。测试执行过程中，如果确认发现了软件的缺陷，那么可以毫不犹豫地提交问题报告单。如果发现了可疑问题，又无法定位是否为软件缺陷，那么一定要保留现场，然后知会相关开发人员到现场定位问题。如果开发人员在短时间内可以确认是否为软件缺陷，测试人员给予配合；如果开发人员定位问题需要花费很长的时间，测试人员千万不要因此耽误自己宝贵的测试执行时间，可以让开发人员记录发生问题的测试环境配置，然后，回到自己的开发环境上重现问题，继续定位问题。

(5) 与开发人员良好的沟通。测试执行过程中，当提交了问题报告单，可能被开发人员无情驳回、拒绝修改。这时候，只能对开发人员晓之以理，做到有理、有据、有说服力。首先，要定义软件缺陷的标准原则，这个原则应该是开发人员和测试人员都认可的，如果没有共同认可的原则，那么开发人员与测试人员对问题的争执就不可避免了。此外，测试人员打算说服开发人员之前，考虑是否能够先说服自己，在保证可以说服自己的前提下，再开始与开发人员交流。

(6) 及时更新测试用例。测试执行过程中，应该注意及时更新测试用例。往往在测试执行过程中，会发现遗漏了一些测试用例，这时候应该及时地补充；往往也会发现有些测试用例在具体的执行过程中根本无法操作，这时候应该删除这部分用例；也会发现若干个冗余的测试用例完全可以由某一个测试用例替代，那么删除冗余的测试用例。总之，测试执行的过程中及时地更新测试用例是很好的习惯。不要打算在测试执行结束后，统一更新测试用例，如果这样，往往会遗漏很多本应该更新的测试用例。

2.5.2 测试结果分析和质量评估

软件测试提交的问题报告单和测试日报一样，都是软件测试人员的工作输出，是测试人员绩效的集中体现。因此，提交一份优秀的问题报告单是很重要的。软件测试报告单最关键的域就是“问题描述”，这是开发人员重现问题、定位问题的依据。问题描述应该包括以下几部分内容：软件配置、硬件配置、测试用例输入、操作步骤、输出、当时输出设备的相关输出信息和相关的日志等。

(1) 软件配置：包括操作系统类型版本和补丁版本、当前被测试软件的版本和补丁版本、相关支撑软件，例如数据库软件的版本和补丁版本等。

(2) 硬件配置：计算机的配置情况，主要包括 CPU 、内存和硬盘的相关参数，其他硬件参数根据测试用例的实际情况添加。如果测试中使用网络，那么网络的组网情况、网络的容量、流量等情况也应包括在内。硬件配置情况与被测试产品类型密切相关，需要根据当时的情况，准确翔实的记录硬件配置情况。

(3) 测试用例输入、操作步骤、输出：这部分内容可以根据测试用例的描述和测试用例的实际执行情况如实填写。

(4) 当时输出设备的相关输出信息：输出设备包括计算机显示器、打印机、磁带等输出设备。如果是显示器可以采用抓屏的方式获取当时的截图，其他的输出设备可以采用其他方法获取相关的输出，将其在问题报告单中提供描述。

(5) 日志信息：规范的软件产品都会提供软件的运行日志和用户、管理员的操作日志，测试人员应该把测试用例执行后的软件产品运行日志和操作日志作为附件，提交到问题报告单中。

根据被测试软件产品的不同，需要在“问题描述”中增加相应的描述内容，这需要具体问题具体分析。

1. 测试结果分析

软件测试执行结束后，测试活动还没有结束。测试结果分析是必不可少的重要环节，“编筐编篓，全在收口”，测试结果的分析对下一轮测试工作的开展有很大的借鉴意义。前面的“测试准备工作”中，建议测试人员走读缺陷跟踪库，查阅其他测试人员发现的软件缺陷。测试结束后，也应该分析自己发现的软件缺陷，对发现的缺陷分类之后，会发现自己提交的问题只有固定的几个类别；然后，再把一起完成测试执行工作的其他测试人员发现的问题也汇总起来，会发现自己所提交问题的类别与他人的有差异。这很正常，人的思维是有局限性的，在测试的过程中，每个测试人员都有自己思考问题的盲区和测试执行的盲区，有效的自我分析和分析其他测试人员，会发现自己的盲区；有针对性地分析盲区，必定会在下一轮测试中避免产生相同的盲区。

通过收集分析缺陷、对比测试用例和缺陷数据库，分析、确认是漏测还是缺陷复现。漏测反映了测试用例的不完善，应立即补充相应测试用例，最终达到逐步完善软件质量的目的。而已有相应测试用例，则反映实施测试或变更处理存在问题。

为提高测试效率，软件测试已大力发展自动测试。自动测试的中心任务是编写测试脚本。如果说软件工程中软件编程必须有设计规格说明书，那么测试脚本的设计规格说明书就是测试用例。

2. 评估测试结果的度量基准

完成测试实施后需要对测试结果进行评估，并且编制测试报告。判断软件测试是否完成、衡量测试质量需要一些量化的结果。例如，测试覆盖率是多少、测试合格率是多少、重要测试合格率是多少等。以前统计基准是软件模块或功能点，显得过于粗糙。采用测试用例作度量基准使得对测试结果的评估更加准确、有效。

本章小结

本章根据执行程序的角度、软件内部结构和具体实现技术的角度、软件开发过程的角度、联系和相互包容对软件测试进行了分类，从而比较全面地了解测试的内涵、外延和软件测试工作的整体框架。而软件测试的方法可以看做是黑盒测试法、白盒测试法、静态测试法、动态测试法、人工测试、自动化测试等组合后的某种形式，能够满足软件测试各个阶段的需要。最后本章详细介绍了测试用例的概念、设计与执行、结果分析等相关知识。

课后习题

1. 试从软件测试的范围角度，给出软件测试的分类。
2. 软件测试覆盖率基本概念与计算公式。
3. 简述软件测试各个阶段。
4. 如何描述软件测试的整体框架？
5. 简述测试用例在测试过程中所起到的作用，标准的测试用例的组成。
6. 常用的白盒测试和黑盒测试用例设计方法有哪些？各有什么优缺点？
7. 使用边界值分析法设计 b=ABS(a)的测试用例。
8. 采用基本路径测试法设计下列伪码程序的测试用例：

```
Start Input(a,b,c,d)
If(a>0)
and (b>0)
Then x=a+b
Else x=a-b
End if
If (c>a)
or (d<b)
Then y=c-d
Else y=c+d
End if
Print(x,y) Stop
```

9. 有一个函数，要求用户输入 8 位正整数，请设计所有测试用例。

10. 输入 a、b、c 3 个数，如果这 3 个数满足三角形的条件，则计算三角形的周长，否则输出提示错误。然后判断三角形是等腰三角形还是等边三角形，若是等腰三角形则打印输出等腰三角形，若是等边三角形则打印输出等边三角形，否则退出。请给出程序流程及控制流程、测试路径，并试举一个测试用例。

第3章 软件质量保证

前两章介绍了软件测试的基本概念和方法，而软件测试的概念是相对于软件质量存在的，所以本章一开始就先介绍软件质量的定义，以及软件质量的相关标准，使大家可以更好地理解软件测试的相关概念。

软件质量保证 SQA 是什么？它能保证和提高软件的质量吗？它和软件测试又有什么样的关系？这就是本章要讲的问题。

3.1 软件质量定义及标准

3.1.1 软件质量定义

在讨论软件质量保证时，首先会问这样一个问题：什么是软件质量？在没有弄清楚“软件质量”这个概念之前，也就无法展开有关软件质量的话题。软件质量建立在一般产品质量概念及理论的基础之上，既具有一般产品的质量特性，又具有软件自身的特性。那么，要搞清楚软件质量是什么，要对“软件质量”这个概念有一个全面的理解，首先必须搞清楚什么是普通意义上的质量，再去分析软件质量所蕴涵的特性。

1. 质量

质量是大家都非常熟悉的一个词汇，在人们的日常生活中可以说是无处不在。而人们对质量的理解也非常的简单，即“好”与“坏”的区别，或“好”的程度。例如，这个相机拍出来的相片质量不好，那个音响的声音质量非常好。看似每个人都明白质量的含义，但实际上很多人并不能真正理解质量的含义。

在辞海和辞源中，质量被解释为“产品或工作的优劣程度”。换句话说，质量就是衡量产品或工作的好与坏。那么，什么是好的产品？什么是坏的产品？究竟什么是质量？

世界著名的美国质量管理大师约瑟夫·朱兰(Joseph M. Juran)对“质量”给出了一个确切的定义，即满足使用要求的基础是质量特征，产品的任何特性(性质、属性等)、材料或满足使用要求的过程都是质量特征。该定义后来逐渐演变为国际标准化的定义，即

(1) ISO 8492(1986 版)中的定义：质量是产品或服务所满足明示或暗示需求能力的特性和特征的集合。

(2) ISO 9000(2000 版)中的定义：质量是一组固有特性满足要求的程度。

其中：

① 特性是指可区分的特征，可以是固有的、赋予的、定性的或定量的，如物理的、感官的、行为的和功能的等。

② 要求可以是明示的、通常隐含的或必须履行的需求或期望。

(3) IEEE《软件工程标准术语表》(Standard Glossary of Software Engineering Terminology)中的定义：质量是系统、部件或过程满足明确需求以及客户或用户需要或期望的程度。此外，质量还是一个复杂的多层面概念：

(1) 从先验论的角度看，质量是可以识别出来的，但不能明确定义。

(2) 从用户的角度看，质量是对目的的满足程度。

(3) 从制造的角度看，质量是对规范的符合程度。

(4) 从产品的角度看，质量是产品的内在特性。

(5) 从基于价值的角度看，质量依赖于客户愿意付多少钱购买。

2. 软件质量

在20世纪50年代至80年代，软件应用还不广泛，作为高新技术，很少有人谈及软件质量。人们感兴趣的只是软件技术本身，软件企业的竞争也主要是技术上的竞争。但是，随着软件技术的成熟和普及，互联网的迅速发展，软件开始渗透到每一个行业，每一个角落，软件企业的竞争也发生了很大的变化，越来越多地依靠软件品质的竞争。所以，软件质量成为一个软件企业成功的必要条件，其重要性无论怎样强调都不过分。

从一般意义上说，软件质量应该在前面谈的一般“质量”范畴之内。但软件又不同于传统工业的产品，如表3-1所示；软件的开发也不同于传统的制造业，如表3-2所示。

表3-1　软、硬件特征比较

特　　征	软　　件	硬　　件
存在形式	虚拟、动态	固化、稳定
客户需求	不确定性	相对清楚
度 量 性	非常困难	正常
生产过程	逻辑性强	流水线、工序
逻辑关系	复杂	清楚
接　　口	复杂	多数简单、适中
维　　护	复杂、新的需求、可以不断打补丁	多数简单、适中，没有新的需求

表3-2　软、硬件开发过程比较

软　　件		硬　　件	
需求分析	54%～56%的质量缺陷来自需求不清楚	调研分析	质量控制主要阶段之一
设计、编程	25%的质量缺陷来自设计和编程	设计阶段	质量控制主要阶段之一
测 试		设计审查	
发 布		设计完成	
软件复制	不是软件质量管理的主要阶段	制造、检验	生产的主要过程，质量控制的重点
维 护	支持原有功能，解决存在问题，可以增加新特性，加强新功能	维 修	支持原有功能，解决出现问题，一般比较容易预测

软件质量是一个模糊的、捉摸不定的概念。大家常常会听说某某软件好用，某某软件功能强大、结构合理、层次分明、语言流畅。这些模模糊糊的语言实在不能算作是对软件质量的评价，特别不能算作是对软件质量科学的定量的评价。

比较权威的关于软件质量的定义有以下几种。

(1) ANSI/IEEEstd729(1983)中的定义：软件产品中能满足规定的和隐含的与需求能力有关的全部特征和特性，包括：

① 软件产品质量满足用户要求的程度。

② 软件各种属性的组合程度。

③ 用户对软件产品的综合反映程度。

④ 软件在使用过程中满足用户要求的程度。

(2) ISO/IEC 9126—1991 中的定义：软件质量是与软件产品满足明确或隐含需求的能力有关的特征和特性的总和。

(3) GB/T 12504—1990(计算机软件质量保证计划规范)中的定义：软件质量是指软件产品中能满足给定需求的各种特性和总和。这些特性称作质量特性，它包括功能度、可靠性、易使用性、时间经济性、资源经济性、可维护性和移植性等。简而言之，软件质量就是软件一些特性的组合。

对于软件质量，不同的人有不同的看法。用户主要感兴趣的是最终软件是否具有所需要的功能、可靠程度如何、效率如何、使用是否方便、环境开放的程度如何(即对环境、平台的限制，与其他软件连接的限制)。而开发者负责生产出满足质量要求的软件，所以他们对中间产品的质量以及最终产品的质量都非常关心。对于管理者来说，也许要注重总的质量，而不是某一特性。

3.1.2 软件质量标准

1. 标准的层次

软件质量标准根据其被制定的机构和适用范围的不同可分为 5 个级别，即国际标准、国家标准、行业标准、企业(机构)规范及项目(课题)规范。

1) 国际标准

国际标准是指由国际机构制定和公布供各国参考的标准。国际标准在世界范围内统一使用。例如，国际标准化组织(international standard organization，ISO)，它具有广泛的代表性和权威性，它所公布的标准也具有国际影响力。ISO 制定的标准一般标有 ISO 字样，如 ISO 9001:2008《质量管理体系要求》。

2) 国家标准

国家标准是由政府或国家级的机构制定或批准，适用于本国范围的标准，如 GB(guó biāo)——中华人民共和国国家技术监督局是我国的最高标准化机构，它所公布实施的标准简称为“国标”(GB)。

ANSI(American national standards institute)——美国国家标准协会，它是美国民间标准化组织的领导机构，在美国甚至全球都具有一定的权威性，它所公布的标准都标有 ANSI 字样。

BS(British standard)——英国国家标准。

3) 行业标准

行业标准是由一些行业机构、学术团体或国防机构制定，并适用于某个业务领域的标准，例如：

GJB——中华人民共和国国家军用标准。这是由我国国防科学技术工业委员会批准，适合于国防部门和军队使用的标准。

IEEE(institute of electrical and electronics engineers)——美国电气和电子工程师学会。该学会专门成立了软件标准分技术委员会(SESS)，积极开展了软件标准化活动，取得了显著成果，受到了软件界的关注。

MIL-S(military-standards)——美国军用标准。

4) 企业规范

一些大型企业或公司，由于软件工程工作的需要，制定适用于本部门的规范。

5) 项目规范

项目规范是为一些科研生产项目需要而由组织制定一些具体项目的操作规范，此种规范制定的目标很明确，即为该项任务专用。

2. 软件质量标准的发展

1) MIL-S-52779 软件质量大纲要求

自 20 世纪 70 年代以来，软件质量要求的标准化方面已经开展了大量工作。大部分的软件质量相关标准和计划指南都是美国国防部的标准。MIL-S-52779 软件质量大纲要求是第一个重要的标准，对软件质量标准产生了重要影响，其后的标准和计划指南在很大程度上受到该划时代标准的影响。许多跨国公司都以军用标准为基础制定内部标准，同时在进一步的软件开发过程中对其标准不断进行改进。

2) ISO 9001 与 CMM

ISO 和 SEI(software engineering institute，软件工程研究所)同在 1987 年先后分别发布了 ISO 9001 和 CMM(capability maturity model，能力成熟度模型)。两者都以全面质量管理为理论基础，都针对过程进行描述，但两者的设计思路不同，属于两个不同的体系。

ISO 9001 被认为是适用于各类专业领域的一种“泛用”的质量保证模式。对于软件组织来说，尽管加上了 ISO 9000-3 作为实施指南，但是，ISO 9001 似乎仍然不够贴切，留给审核员作解释的回旋余地仍相当大。就软件能力评定而言，通过了 ISO 9001 认证的组织之间的软件能力可能差别很大。

CMM 是专门针对软件组织设计的一种描述软件过程能力的“专用”模型。考虑到按 ISO 9001 对软件组织进行认证审核时存在的较大不确定性，在设计 CMM 时，注意了尽量缩小审核员解释的回旋余地。因此，CMM 不仅对每个关键过程方面给出了明确的目标和体现这些目标的各个关键惯例，而且对各个关键惯例都给出了明确的定义和详细的说明，从而按 CMM 进行评估时能有较大的一致性和可靠性。

3) 从 CMM 到 CMMI

1986 年，卡内基-梅隆大学软件工程研究所(SEI)受美国国防部的委托，开始研究软件过程成熟度模型 CMM，于 1991 年正式推出了软件能力成熟度模型(capability maturity model for software，SW-CMM)，并发布了最早的 SW-CMM 1.0 版。经过两年试用之后，1993 年 SEI 正式推出 SW-CMM 1.1 版。

那么 CMM 又怎么发展成为现在的 CMMI 了呢？原来，在 CMM 1.0 推出之后，很多单位都先后在不同的应用领域发展了自己的 CMMs，其中包括系统工程能力成熟度模型 (systems engineering capability maturity model，SE-CMM)、整合产品发展能力成熟度模型(integrated product development capability maturity model，IPD-CMM)、人力资源管理能力成熟度模型 (people capability maturity model，P-CMM)等应用模型。

这些不同的模型在自己的应用领域内确实发挥了很多的作用，但是由于架构和内容的限制，它们之间并不能通用。于是 SEI 于 2000 年 12 月公布了能力成熟度整合模型(capability maturity model Integration，CMMI)，主要整合了软件能力成熟度模型(SW-CMM)2.0 版、系统工程能力模型(SECM)和整合产品发展能力成熟度模型(IPD-CMM) 0.98 版。在随后的发展过程中，本着不断改进的原则，CMMI 产品团队不断评估变更请求并进行相应的变更，逐渐发展到目前的 CMMI 1.2 版本。CMMI 其实就是 SW-CMM 的修订本。

SEI 的 CMM 和 CMMI 已被学术界和工业界公认为是目前最好的软件过程，已成为业界事实上的软件过程的工业标准。

4) TR 15504

在 SW-CMM 思路的启发下，ISO/IEC JTC1 于 1991 年启动了关于软件过程评估(software process assessment，SPA)的国际标准化项目，并于 1995 年发布了 ISO/IEC TR 15504《软件过程评估》。其目的是向世界软件界推荐软件工程实践方法，并且期望在世界范围内确保软件过程评估结果具有一定的可比性，这样可以使评估师对软件过程的评估有统一的判断基础。

原定于 1998 年发布的 CMM 2.0 版迟迟没能发布的原因就是在等待 ISO/IEC 的 SPA 完成后，可以吸取其优点以便使自身得到更有效的完善，CMMI 就是在这样的条件下产生的。CMMI 兼收了 CMM 2.0 版 C 稿草案和 SPA 中更合理、更科学、更周密的优点。

3.2 软件质量保证

3.2.1 SQA 概述

一切的软件质量活动，对一个具体的项目来说，都不可能无序地、自动地进行，它需要有一个独立于开发者的组织来计划、监督、检查和评审，使一切需要的软件质量活动真正有效地落实到开发项目的具体开发过程之中。软件质量保证就是开发者为了保证软件产品及其文档以及开发过程的质量而有组织、有计划、系统地完成的一组软件质量管理控制活动。

实践证明，软件质量保证活动在提高软件质量方面卓有成效。IBM 360/370 系统软件的开发经验证明了这一点，IBM 的有关报告指出，在 8 年的时间里，软件质量提高了 3～5 倍，而 SQA 是其质量体系中的一个重要组成部分。

然而，软件质量保证是一个不当的用词，它并不能保证软件的质量，它只是来管理软件质量计划，确保软件质量计划的有效性。软件质量是在软件开发和生产过程中形成的，要想把质量通过过程引入产品，就必须接受这个概念，即软件质量保证是软件开发活动的一个方面。

1. 定义

(1) IEEE《软件工程标准术语表》(standard glossary of software engineering terminology)中的定义：质量保证是有计划和系统性的活动，它对部件或产品满足确定的技术需求提供足够的信心。

(2) GB/T 12504—1990《计算机软件质量保证计划规范》中给出的定义：质量保证是指为使软件产品符合规定需求所进行的一系列有计划的必要工作。

2. 目标

软件质量保证的目标是以独立审查的方式，从第三方的角度监控软件开发任务的执行，就软件项目是否遵循已制订的计划、标准和规程给开发人员和管理层提供反映产品和过程质量的信息和数据，提高项目透明度，同时辅助软件工程组取得高质量的软件产品。主要包括以下4个方面：

(1) 通过监控软件开发过程来保证产品质量。

(2) 保证开发出来的软件和软件开发过程符合相应标准与规程。

(3) 保证软件产品、软件过程中存在的不符合问题得到处理，必要时将问题反映给高级管理者。

(4) 确保项目组制定的计划、标准和规程适合项目组需要，同时满足评审和审计需要。

除了以上4点外，SQA还可以作为软件工程过程小组(sofware engineering process group，SEPG)在项目组中的延伸，能够收集项目中好的实施方法和发现实施不利的原因，为修改企业内部软件开发整体规范提供依据，为其他项目组的开发过程实施提供先进方法和样例。

3.2.2 SQA工作

完整的软件质量保证活动应该贯穿整个软件生存周期，包括评审、检查、审查、设计方法学和开发环境、文档编制、标准、规范、约定及软件测试、度量、培训、管理等。

(1) 与SQA计划直接相关的工作：SQA在项目早期要根据项目计划制订与其对应的SQA计划，定义出各阶段的检查重点，标识出检查、审计的工作产品对象，以及在每个阶段SQA的输出产品。定义越详细，对于SQA今后工作的指导性就会越强，同时也便于软件项目经理和SQA组长对其工作的监督。编写完SQA计划后要组织SQA计划的评审，并形成评审报告，把通过评审的SQA计划发送给软件项目经理、项目开发人员和所有相关人员。

(2) 参与项目的阶段性评审和审计：在SQA计划中通常已经根据项目计划定义了与项目阶段相应的阶段检查，包括参加项目在本阶段的评审和对其阶段产品的审计。对于阶段产品的审计，通常是检查其阶段产品是否按计划、按规程输出且内容完整，这里的规程包括企业内部统一的规程，也包括项目组内自己定义的规程。但是SQA对于阶段产品内容的正确性一般不负责检查，对于内容的正确性通常交由项目中的评审来完成。SQA参与评审是从保证评审过程有效性方面入手，如参与评审的人员是否具备一定资格、是否规定的人员都参见了评审、评审中对被评审的对象的每个部分都进行了评审、并给出了明确的结论等。

(3) 对项目日常活动与规程的符合性进行检查：这部分的工作内容是 SQA 的日常工作内容。由于 SQA 独立于项目组，如果只是参与阶段性的检查和审计很难及时反映项目组的工作过程，所以 SQA 也要在两个阶段点之间设置若干小的跟踪点，来监督项目的进行情况，以便能及时反映出项目组中存在的问题，并对其进行追踪。如果只在阶段点进行检查和审计，即便发现了问题也难免过于滞后，不符合尽早发现问题、把问题控制在最小的范围之内的整体目标。

(4) 对配置管理工作的检查和审计：SQA 要对项目过程中的配置管理工作是否按照项目最初制定的配置管理计划进行监督，包括配置管理人员是否定期进行该方面的工作、是否所有人得到的都是开发过程产品的有效版本。这里的过程产品包括项目过程中产生的代码和文档。

(5) 跟踪问题的解决情况：对于评审中发现的问题和项目日常工作中发现的问题，SQA 要进行跟踪，直至问题被解决。对于在项目组内可以解决的问题就在项目组内部解决，对于在项目组内部无法解决的问题，或是在项目组中跟催多次也没有得到解决的问题，可以利用其独立汇报的渠道报告给高层经理。

(6) 收集新方法，提供过程改进的依据：此类工作很难具体定义在 SQA 的计划当中，但是 SQA 有机会直接接触很多项目组，对于项目组在开发管理过程中的优点和缺点都能准确地获得第一手资料。SQA 有机会了解项目组中管理好的地方是如何做的，采用了什么有效的方法，在 SQA 小组的活动中与其他 SQA 共享。这样，这些好的实施实例就可以被传播到更多的项目组中。对于企业内过程规范定义的不准确或是不方便的地方，软件项目组也可以通过 SQA 小组反映到软件工程过程小组，以便于下一步对规程进行修改和完善。

3.2.3 SQA 与软件测试的关系

软件测试的目标是尽可能早地找出软件缺陷，并确保其得以修复。广义的软件测试和检验包括了软件生产全过程的测试，包括对用户需求、概要设计的测试，例如产品是否符合用户需求、是否符合用户的使用习惯；而不仅仅是一些人认为的从代码阶段才开始进行测试。所以，需求指标等都需要进行检验，以确保在各个环节上产品质量都有一个体系作保证，俗称“一步三回头”。如同制造业企业有专门的质量检验部门，需要在各个工序和阶段使用各种手段、按照规格进行检验，而这些都是发现问题的过程，正是这些手段保证了不合格的产品被降级使用，或者根本不能转到下一道工序。

至此，大家一定认为，通过多次软件测试就会多发现软件缺陷，从而使软件产品变得更好。那么，通过多次软件测试真的可以保证和提高软件的质量吗？举个简单的例子，医生多次给高烧病人量体温可以使病人退烧吗？答案一定是否定的。其实道理是一样的，即使软件测试人员竭尽全力地去发现软件缺陷并使其得以修复，也不能使质量本身低劣的软件产品变好。因此，软件产品的质量是不能单靠软件测试来解决的。如何来保证软件产品的质量？这就需要软件质量保证。

在产品开发过程中每个环节都要采取相关的检测、控制手段，这是软件检测例行的工作。检测管理负责人需要回答下列问题：软件测试人员所采用的检测手段是否充分、步骤是否合理、是否必要和高效、检验人员技术是否达标，质量管理者最终要向企业最高管理者负责，保证企业的测试手段是充分必要的，这就是软件质量保证。

软件测试和软件质量保证是软件质量工程的两个不同层面的工作。SQA 的工作是通过预防、检查和改进来保证软件质量。它介入于整个软件开发过程——监督和改进过程，确认达成的标准和过程被正确的遵循，保证问题被发现和解决，主要以预防为主。

测试虽然也与开发过程紧密相关，但它所关心的不是过程的活动，相对地是关心结果。SQA 从流程方面保证软件的质量，测试从技术方面保证软件的质量。测试人员要对过程中的产物(开发文档和源代码)进行静态审核、运行软件、找出问题、报告质量甚至评估，而不是为了验证软件的准确性。当然，测试的目的是为了去证实软件有错，否则就违反了测试人员的本职了。因此，测试虽然对提高软件质量起了要害的作用，但它只是软件质量保证中的一个重要环节。

3.3 软件可靠性

1. 软件可靠性

软件可靠性(software reliability)是软件系统的固有特性之一，它表明了一个软件系统按照用户的要求和设计的目标，执行其功能的正确程度。软件的可靠性是用以衡量一个软件好坏的很重要的一个评价指标。软件可靠性与软件缺陷有关，也与系统输入和系统使用有关。理论上说，可靠的软件系统应该是正确、完整、一致和健壮的。但是实际上任何软件都不可能达到百分之百的正确，而且也无法精确度量。一般情况下，只能通过对软件系统进行测试来度量其可靠性。

这样，给出如下定义："软件可靠性是软件系统在规定的时间内及规定的环境条件下，完成规定功能的能力"。根据这个定义，软件可靠性包含了以下 3 个要素。

(1) 规定的时间：软件可靠性只是体现在其运行阶段，所以将"运行时间"作为"规定的时间"的度量。"运行时间"包括软件系统运行后工作与挂起(开启但空闲)的累计时间。由于软件运行的环境与程序路径选取的随机性，软件的失效为随机事件，所以运行时间属于随机变量。

(2) 规定的环境条件：环境条件指软件的运行环境。它涉及软件系统运行时所需的各种支持要素，如支持硬件、操作系统、其他支持软件、输入数据格式和范围以及操作规程等。不同的环境条件下软件的可靠性是不同的。具体地说，规定的环境条件主要是描述软件系统运行时计算机的配置情况以及对输入数据的要求，并假定其他一切因素都是理想的。有了明确规定的环境条件，还可以有效判断软件失效的责任在用户方还是开发方。

(3) 规定的功能：软件可靠性还与规定的任务和功能有关。由于要完成的任务不同，软件的运行界面会有所区别，因此调用的子模块就不同(即程序路径选择不同)，其可靠性也就可能不同。所以要准确度量软件系统的可靠性，必须首先明确它的任务和功能。

2. 软件可靠性评估

软件可靠性评估(software reliability assessment)的完整含义是：根据软件系统可靠性

结构(单元与系统间的可靠性关系)、寿命类型和各单元的可靠性试验信息,利用概率统计方法,评估出系统的可靠性特征量。

目前,软件可靠性工程是一门虽然得到普遍承认,但还处于不成熟的正在发展确立阶段的新兴工程学科。国外从20世纪60年代后期开始加强软件可靠性的研究工作,经过20年左右的研究推出了各种可靠性模型和预测方法,于1990年前后形成了较为系统的软件可靠性工程体系。同时,从20世纪80年代中期开始,西方各主要工业强国均确立了专门的研究计划和课题,如英国的AIVEY(软件可靠性和度量标准)计划、欧洲的ESPRIT(欧洲信息技术研究与发展战略)计划、SPMMS(软件生产和维护管理保障)课题、Eureka(尤里卡)计划等。每年,都有大量人力物力投入软件可靠性研究项目,并取得一定成果。国内对于软件可靠性的研究工作起步较晚,在软件可靠性量化理论、度量标准(指标体系)、建模技术、设计方法、测试技术等方面与国外差距较大。

在讲到软件可靠性评估的时候,不得不提到软件可靠性模型。软件可靠性模型(software reliability model)是指为预计或估算软件的可靠性所建立的可靠性框图和数学模型。建立可靠性模型是为了将复杂系统的可靠性逐级分解为简单系统的可靠性,以便于定量预计、分配、估算和评价复杂系统的可靠性。

软件可靠性模型是软件可靠性工程中备受关注、研究最早、成果最多的一个领域。从Hudson的工作开始,到1971年发表J-M模型至今,已公开发表了100余种模型。一个有效的软件可靠性模型应尽可能地将影响软件可靠性的因素(包括软件规模、软件对实际需求的表述上的符合度、软件的运行剖面、软件复杂度、软件的开发方法、软件开发人员的能力和经验、软件开发的支持环境、软件可靠性设计技术、软件的测试与投放方式等)在软件可靠性建模时加以考虑,尽可能简明地反映出来。

由于软件缺陷的特殊性,至今尚没有一种软件可靠性的通用统计分析模型。其主要原因是这些模型对系统所做的假设固定不变,而软件在其开发过程中受各种因素影响,使得软件的故障行为千差万别;在进行模型的参数估计时又难以实时获得充分的统计数据,无法在各种模型之间作识别,导致估计结果与实际情况的不一致,即产生模型的不适配问题。这些模型的应用都有局限性,要根据具体软件的规模、开发和使用环境、开发人员的素质、开发方法进行妥善选择。

目前,关于如何进行模型分类与选择,尚无明确的指导原则,一般按数学结构、模型假设、参数估计、失效机理、参数形式、数据类型、建模对象、模型适用性和时域等进行分类。

3. 软件可靠性评估的实施过程

通常认为,软件可靠性的评估可以在软件生命周期的不同阶段进行。在开发阶段,数据需经过代码检查和软件测试产生。运行阶段软件的更新速度相对较低,工作负荷、软硬件平台的交互作用和环境因素对软件的影响就显得重要,往往是通过直接度量来了解软件的可靠性。

首先,在进行软件可靠性评估之前,先确定和软件可靠性直接有关的特征量,以及软件可靠性的目标。软件可靠性度量的主要指标有以下几个:

(1) 软件中的初始错误个数。

(2) 软件经过测试后,通过改错,差错在软件中的剩余个数。

(3) 平均无故障时间。

(4) 故障间隔的时间长度。

(5) 故障发生率。

(6) 经预测,下一步故障的发生时间。

其次,通过对评估软件的运行或测试,收集到该软件的相关故障数据集,对其进行统计分析,并对评估软件进行可靠性建模。从统计的观点来讲,评估需要大量的数据,而且由于估计的精度和抽样的数目是相互关联的,所以数据的收集过程和管理要完全可靠。在这一基础上,进行软件可靠性评估才有意义。通常在软件可靠性要求确定后,需要仔细考察模型对开发方法及开发环境所作的假设,进行预选软件可靠性模型,以确定其是否适用于该软件。

最后,根据选定的模型,输入故障数据,采用一定的数值计算方法计算出模型的估计参数,进一步计算出软件可靠性度量,给出可靠性评估结果。

本章小结

要进行软件质量保证活动,必须要搞清楚软件质量的概念,本章首先就介绍了软件质量这个重要概念,包括几种不同的权威定义,以及与质量保证活动密切相关的质量标准。除此之外,本章还介绍了软件质量保证活动 SQA 的定义、目标、主要工作以及与软件测试的关系。最后,介绍了软件可靠性评估的基本概念。

课后习题

1. 结合书中的介绍,谈谈你对软件质量的理解。
2. 软件质量标准可以分为哪几个级别?举例说明。
3. 什么是 SQA?
4. SQA 有哪些工作?
5. 谈谈软件测试和 SQA 的关系。
6. 如何实施软件可靠性评估?

第4章 软件测试策略、质量标准与规范

软件测试可采取的方法和技术是多种多样的，但通常情况下不论采用什么方法和技术，其测试都是不彻底的，也是不完全的，因为任何一次完全测试或者穷举测试的工作量太大，在实践上行不通。因此，任何实际测试都不能够保证被测试程序中不存在遗漏的错误。为了最大程度地减少这种遗漏的错误，同时也为了最大限度地发现已经存在的错误，在测试实施之前，软件测试工程师必须确定将要采用的测试策略和测试方法，并以此为依据制定详细的测试方案。

而一个好的测试策略和测试方法，必将给软件测试带来事半功倍的效果。依据软件本身的性质、规模及应用场合的不同，可以选择不同的测试方案。以最少的软件、硬件及人力资源投入得到最佳的测试效果，这就是测试策略的目标所在。

在目前的社会上，无处不存在着各行各业的标准、规范和依据，软件行业也一样。软件测试有相关的标准、规范和依据，并且随着时间的推移，这些标准被不断地更新和完善，而这正是本章要介绍的一个主要内容。

4.1 软件测试策略

4.1.1 测试策略的概念

软件测试策略是指在一定的软件测试标准、测试规范的指导下，依据测试项目的特定环境约束而规定的软件测试的原则、方式、方法的集合。测试策略通常描述测试工程的总体方法和目标，描述目前在进行哪个阶段的测试（如单元测试、集成测试、系统测试）以及每个阶段内进行的测试种类（如功能测试、性能测试、压力测试等），以确定合理的测试方案、使得测试更有效。

测试策略为测试提供全局分析，并确定或参考以下几方面：

(1) 项目计划、风险和需求。

(2) 相关的规则、政策或指示。

(3) 所需过程、标准与模板。

(4) 支持准则。

(5) 利益相关者及其测试目标。

(6) 测试资源与评估。

(7) 测试层次与阶段。

(8) 测试环境。

(9) 各阶段的完成标准。

(10) 所需的测试文档与检查方法。

4.1.2 影响测试策略的因素

软件测试策略随着软件生命周期的变化、软件测试方法、技术与工具的不同而发生变化。这就要求在制定测试策略的时候,应该综合考虑测试策略的影响因素及其依赖关系。

这些影响因素可能包括测试项目资源因素、项目的约束和测试项目的特殊需要等。

4.1.3 测试策略的确定

1. 输入

(1) 需要的软硬件资源的详细说明,包括测试工具(测试环境和测试工具数据)。

(2) 针对测试和进度约束(人员和进度表)而需要的人力资源的角色和职责说明。

(3) 测试方法、测试标准和完成标准。

(4) 目标系统的功能性和技术性需求。

(5) 系统局限(即系统不能够提供的需求)等。

2. 输出

(1) 已批准和签署的测试策略文档、测试用例、测试计划。

(2) 需要解决方案的测试项目(通常要求客户项目的管理层协议)。

3. 过程

1) 确定测试的需求

测试需求所确定的是测试内容,即测试的具体对象。在分析测试需求时,可应用以下几条一般规则:

(1) 测试需求必须是可观测、可测评的行为。如果不能观测或测评测试需求,就无法对其进行评估,以确定需求是否已经被满足。

(2) 在每个用例或系统的补充需求与测试需求之间不存在一对一的关系。用例通常具有多个测试需求;有些补充需求将派生一个或多个测试需求,而其他补充需求(如市场需求或包装需求)将不派生任何测试需求。

(3) 测试需求可能有许多来源,其中包括用例模型、补充需求、设计需求、业务用例、与最终用户的访谈和软件构架文档等。应该对所有这些来源进行检查,以收集可用于确定测试需求的信息。

2) 评估风险并确定测试优先级

成功的测试需要在测试工作中成功地权衡资源约束和风险等因素,确定测试工作的优先级,以便先测试最重要、最有意义或风险最高的用例或构件。为了确定测试工作的优先级,需执行风险评估和实施概要,并将其作为确定测试优先级的基础。

3）确定测试策略

一个好的测试策略应该包括实施的测试类型和测试的目标、实施测试的阶段、技术、用于评估测试结果和测试是否完成的评测和标准、对测试策略所述的测试工作存在影响的特殊事项等内容。

如何才能确定一个好的测试策略呢？可以从基于测试技术的测试策略、基于测试方案的测试策略两个方面来回答这个问题。

(1) 基于测试技术的测试策略。著名测试专家给出了使用各种测试方法的综合策略：

① 任何情况下都必须使用边界值测试方法。

② 必要时使用等价类划分法补充一定数量的测试用例。

③ 对照程序逻辑，检查已设计出的测试用例的逻辑覆盖程度，看其是否达到了要求。

④ 如果程序功能规格说明中含有输入条件的组合情况，则一开始就可以选择因果图方法。

(2) 基于测试方案的测试策略。对于基于测试方法的测试策略，一般来说应该考虑如下方面：

① 根据程序的重要性和一旦发生故障将造成的损失来确定它的测试等级和测试重点。

② 认真研究、使用尽可能少的测试用例发现尽可能多的程序错误，以避免测试过度和测试不足。

4.2 软件测试标准

4.2.1 ISO质量体系标准简介

ISO 9000族标准是国际标准化组织ISO颁布的、在全世界范围内通用的关于质量管理和质量保证方面的系列标准。它适用于不同的企业，包括制造业、服务性商业、建筑业等。“ISO 9000”不是指一个标准，而是一族标准的统称。根据ISO 9000-1：1994的定义：“ISO 9000族是由ISO/TC 176制定的所有国际标准”。

TC 176即ISO中第176个技术委员会，它成立于1980年，全称是“质量保证技术委员会”，1987年又更名为“质量管理和质量保证技术委员会”。TC 176专门负责制定质量管理和质量保证技术的标准。

TC 176最早制定的一个标准是ISO 8402：1986，名为《质量—术语》，于1986年6月15日正式发布。1987年3月，ISO又正式发布了ISO 9000：1987、ISO 9001：1987、ISO 9002：1987、ISO 9003：1987、ISO 9004：1987共5个国际标准，与ISO 8402：1986一起统称为“ISO 9000系列标准”，此为ISO 9000族标准第一版。

从1990年开始，TC 176又陆续发布了一些质量管理和质量保证标准，且于1994年对上述ISO 9000系列标准进行了第一次修订，至此，ISO 9000族标准共有16个。1994年后，ISO 9000族标准的队伍不断扩大，至2000年改版之前，共有22个标准和2个技术报告，通常称之为ISO 9000族第二版标准。

2000年，ISO发布了更加协调和完善的ISO 9000：2000新版本，要点是正确处理了质量保证标准(ISO 9001)与质量管理标准(ISO 9004)的关系，使两者间可以对照使用；整个标准按过程模式来编写，将质量体系要素简化为 4 大要素，从而体现了标准的兼容性和通用性，强调了质量持续改进的指导思想，并考虑了继承性。2000 版 ISO 9000 族标准文件结构如下：

1. 核心标准

(1) ISO 9000：2000《质量管理体系——基础和术语》。
(2) ISO 9001：2000《质量管理体系——要求》。
(3) ISO 9004：2000《质量管理体系——业绩改进指南》。
(4) ISO 19011：2000《质量和环境审核指南》。

2. 其他标准

ISO 10012《测量控制系统》。

3. 技术报告

(1) ISO/TR 10005《质量计划编制指南》。
(2) ISO/TR 10006《项目管理指南》。
(3) ISO/TR 10007《技术状态管理指南》。
(4) ISO/TR 10013《质量管理体系文件指南》。
(5) ISO/TR 10014《质量经济性管理指南》。
(6) ISO/TR 10015《教育和培训指南》。
(7) ISO/TR 10017《统计技术在 ISO 9001 中的应用指南》。

4. 小册子

(1)《质量管理原则》。
(2)《选择和使用指南》。
(3)《小型组织实施指南》。
最新的标准是 2008 年版本，整体条文并未改变，只是细节有所加强。

4.2.2 ISO/GB 软件质量体系标准

1992 年，中国等同采用 ISO 9000 系列标准，形成了 GB/T 19000 系列标准。等同采用就是把 ISO 9000 系列标准的原文翻译过来直接作为国家标准，一般不作任何变动，故 GB/T 19000 系列标准就是 ISO 9000 的译文。ISO 9000 系列标准与国家标准编号之间的对应关系如表 4-1 所示。

表 4-1　ISO 9000 主要标准与国家标准编号的对应关系

GB/T	Idt(等同采用)	ISO
GB/T 19000—2008	idt	ISO 9000:2005
GB/T 19001—2008	idt	ISO 9001:2008
GB/T 19004—2000	idt	ISO 9004:2000
GB/T 19011—2003	idt	ISO 19011:2002

4.2.3 ISO 9000-3 介绍

ISO 9000 系列标准原本是为制造硬件产品而制定的标准，不能直接用于软件制作。软件企业贯彻实施 ISO 9000 质量管理体系认证，应当选择质量保证模式标准 ISO 9001。在 ISO 9000：2000 标准正式发表以前，国际标准化组织为了使软件企业更方便地实施 ISO 9001：1994 标准，于 1997 年颁布了 ISO 9000-3 标准，将其作为软件机构实施 ISO 9001：1994 标准的指南。本标准针对软件对 ISO 9001 的各条款进行了详细阐述，通过对软件产品从市场调查、需求分析、软件设计、编码、测试等开发工作，直至作为商品软件销售，以及安装及维护整个过程进行控制，保障了软件产品的质量。

随着 ISO 9000：2000 标准的正式发表和使用，质量管理体系的架构上发生了本质的变化。另外，由于软件机构实施 ISO 9000 标准的经验不断积累，目前 ISO 9000-3 标准仅作为软件机构实施质量体系时的参考。

4.3 软件测试规范

4.3.1 概述

软件测试规范就是对软件测试的流程过程化，并对每一个过程的元素进行明确的界定，形成完整的规范体系。规范一般形成在标准之后，与规范相比，标准更为宏观化。而规范是在某个领域的具体应用中逐步形成的，具有该领域的特点，更易于操作。软件测试规范也是如此。本节以 GB/T 15532—2008《计算机软件测试规范》为参考，让读者对软件测试规范的核心内容有较深入的认识。

4.3.2 软件测试规范简介

一个完整的软件测试规范应该包括规范本身的详细说明，例如规范目的、范围、文档结构、词汇表、参考信息、过程/规范、指南、模板、检查表、参考资料等。而对于软件测试活动本身，一般会从以下几个方面来规范软件测试过程。

软件测试过程一般包括 4 项活动，按顺序分别是：测试策划、测试设计、测试执行、测试总结。

(1) 测试策划主要是进行测试需求分析。即确定需要测试的内容或质量特性；确定测试的充分性要求；提出测试的基本方法；确定测试的资源和技术需求；进行风险分析与评估；制定测试计划(含资源计划和进度计划)。

(2) 测试设计是依据测试需求，分析并选用已有的测试用例或设计新的测试用例；获取并验证测试数据；根据测试资源、风险等约束条件，确定测试用例执行顺序；获取测试资源、开发测试软件；建立并校准测试环境；进行测试就绪评审，主要评审测试计划的合理性和测试用例的正确性、有效性和覆盖充分性，评审测试组织、环境和设备工具是否齐全并符合要求。在进入下一阶段工作之前应通过测试就绪评审。

(3) 测试执行是执行测试用例、获取测试结果，分析并判定测试结果；同时，根据不同的判定结果采取相应的措施；对测试过程的正常或异常终止情况进行核对，并根据核对结果，对未达到测试终止条件的测试用例，决定是停止测试，还是需要修改或补充测试用例集，并进一步测试。

(4) 测试总结是整理和分析测试数据，评价测试效果和被测软件项，描述测试状态。如实际测试与测试计划和测试说明的差异、测试充分性分析、未能解决的测试事件等；描述被测软件项的状态，如被测软件与需求的差异、发现的软件差错等；最后，完成软件测试报告，并通过测试评审。

软件测试应由相对独立的人员进行。根据软件项目的规模等级和完整性级别以及测试类别，软件测试应由不同机构组织实施。一般情况下，软件测试的人员配备如表 4-2 所示。

表 4-2　软件测试人员配备情况表

工作角色	具体职责
测试项目负责人	管理监督测试项目，提供技术指导，获取适当的资源，制定基线，技术协调，负责项目的安全保密和质量管理
测试分析员	确定测试计划、测试内容、测试方法、测试数据生成方法、测试(软、硬件)环境、测试工具，评价测试工作的有效性
测试设计员	设计测试用例，确定测试用例的优先级，建立测试环境
测试程序员	编写测试辅助软件
测试员	执行测试、记录测试结果
测试系统、管理员	对测试环境和资产进行管理和维护
配置管理员	设置、管理和维护测试配置答理数据库

测试的准入准出条件如下。

(1) 准入条件：开始软件测试工作一般应具备下列条件。

① 具有测试合同(或项目计划)。

② 具有软件测试所需的各种文档。

③ 所提交的被测软件受控。

④ 软件源代码正确通过编译或汇编。

(2) 准出条件：结束软件测试工作一般应达到下列要求。

① 已按要求完成了合同(或项目计划)所规定的软件测试任务。

② 实际测试过程遵循了原定的软件测试计划和软件测试说明。

③ 客观、详细地记录了软件测试过程和软件测试中发现的所有问题。

④ 软件测试文档齐全、符合规范。

⑤ 软件测试的全过程自始至终在控制下进行。

⑥ 软件测试中的问题或异常有合理解释或正确有效的处理。

⑦ 软件测试工作通过了测试评审。

⑧ 全部测试软件、被测软件、测试支持软件和评审结果已纳入配置管理。

在测试执行前，对测试计划和测试说明等进行评审，评审测试计划的合理性、测试用例的正确性、完整性和覆盖充分性，以及测试组织、测试环境和设备工具是否齐全并符合技术要求等。在测试完成后，评审测试过程和测试结果的有效性，确定是否达到测试目的。主要对测试记录、测试报告进行评审。

4.4 CMM 结构体系

CMM 即软件能力成熟度模型，是对有关软件企业或组织的软件过程进程中各个发展阶段的定义、实现、质量控制和改善的模型化描述。

这个模型用于确定软件企业或组织的软件过程能力和找出软件质量及过程改进方面的最关键问题，为企业或组织的过程改进提供指南。CMM 为软件企业的过程能力提供了一个阶梯式的改进框架，提供了一个基于过程改进的框架；它指明了一个软件组织在软件开发方面需要管理哪些主要工作、这些工作之间的关系以及以怎样的先后次序，一步一步的做好这些工作而使软件组织走向成熟。

4.4.1 CMM 的历史

CMM 的基本思想其实是基于已有 60 多年历史的产品质量原理。休哈特（Walter Shewart）于 20 世纪 30 年代发表了统计质量控制原理，戴明（W. Edwards Deming）和朱兰（Joseph Juran）的关于质量的著作又进一步发展和论证了该原理。实际上，将质量原理变为成熟度框架的思想是克劳斯比（Philip Crosby）在著作《质量免费》（*Quality is Free*）中首先提出的，他的质量管理成熟度网络描绘了采用质量实践时的 5 个进化阶段，而该框架后来又由 IBM 的拉迪斯（Ron Radice）和他的同事们在汉弗莱（Watts Humphrey）的指导下进一步改进以适应软件过程的需要。1986 年，汉弗莱将此成熟框架带到了 SEI 并增加了成熟度等级的概念，将这些原理应用于软件开发，使其发展成为软件过程成熟度框架，即当前软件产业界正在使用的框架。

汉弗莱的成熟度框架早期版本发表在 1987 年的 SEI 技术报告。该报告中还发表了初步的成熟度提问单，这个提问单作为工具给软件组织提供了软件过程评估的一种方法。1987 年又进一步研制了软件过程评估和软件能力评价两种方法，以便估计软件过程成熟度。自 1990 年以来，SEI 基于几年来将框架运用到软件过程改进方面的经验，已经进一步扩展和精炼了该模型。

4.4.2 CMM 的 5 个等级及关键过程域

过程的不断改进基于许多小的、进化的步骤，而不是革命性的创新。CMM 提供了一个框架，将这些进化步骤组织成 5 个成熟度等级，作为过程不断改进的递进基础。这 5 个成熟度等级定义了一个有序的尺度，用以度量组织软件过程成熟度和评价其软件过程能力。

成熟度等级是妥善定义的通向成熟软件过程的渐进平台。每一个成熟度等级为过程继续改进提供一个台基。每一等级包含一组过程目标，当目标满足时，能使软件过程的一个重要成分稳定。每达到成熟度框架的一个等级，就建立起软件过程的一个不同的成分，致使组织过程能力的增长。

CMM 将软件过程能力成熟度划分为 5 个等级，如图 4-1 所示。

(1) 初始级（等级 1）：软件过程的特点是无秩序的，甚至偶尔是混乱的，几乎没有什么过程是经过定义的，项目的成功依赖于个人的努力。

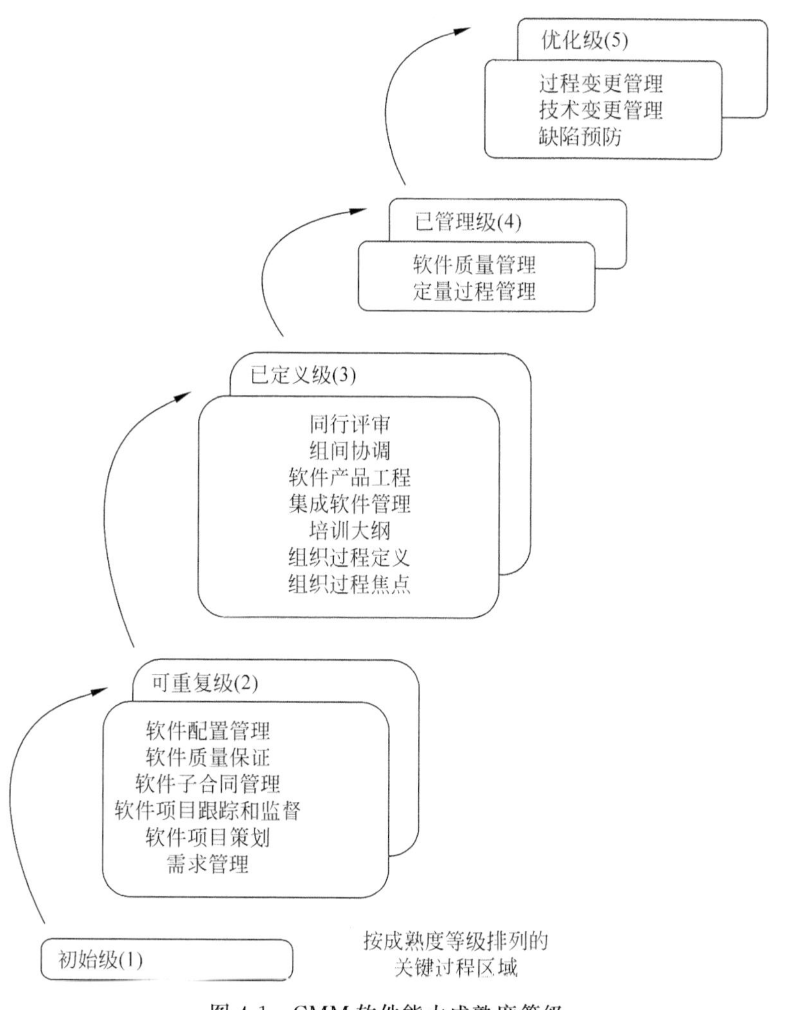

图 4-1 CMM 软件能力成熟度等级

(2) 可重复级(等级 2)：已建立基本的项目管理过程去跟踪成本、进度和功能性。必要的过程纪律已经就位，使具有类似应用的项目能重复以前的成功经验。

(3) 已定义级(等级 3)：管理活动和工程活动两方面的软件过程均已文档化、标准化并集成到组织的标准软件过程，全部项目均采用供开发和维护软件用的组织标准软件过程的一个经批准的剪裁版本。

(4) 已管理级(等级 4)：已采集详细的有关软件过程和产品质量的度量，无论软件过程还是产品均得到定量了解和控制。

(5) 优化级(等级 5)：利用来自过程和来自新思想、新技术的先导型试验的定量反馈信息，使持续过程改进成为可能。

除等级 1 外，每个成熟度等级被分解成几个关键过程区域(key process area，KPA)。每个关键过程区域识别出一串相关活动，当这些活动全部完成时，能达到一组对增强过程能力至关重要的目标。每个关键过程区域定义在单个成熟度等级上，它指明了改进其软件过程组织应关注的区域。关键过程区域标识出为了达到某个成熟度等级所必须着手解决的问题，下面详细介绍每个成熟度等级上的关键过程区域。

1. 可重复级

等级 2 上的关键过程区域集中关注软件项目所关心的、与建立基本项目管理控制有关的事情。下面是对等级 2 上每个关键过程区域的描述：

(1) 需求管理：目的是在顾客和软件项目之间建立对顾客需求的共同理解，顾客需求将由软件项目处理。与顾客的协议是策划和管理软件项目的基础，对与顾客关系的控制依靠遵循有效的更改控制过程。

(2) 软件项目策划：目的是制定进行软件工程和管理软件项目的合理计划。这些计划是管理软件项目的必要基础，没有切合实际的计划就不可能实施有效的项目管理。

(3) 软件项目跟踪和监督：目的是建立适当的对实际进展的可视性，使管理者在软件项目性能显著偏离软件计划时能采取有效的措施。

(4) 软件子合同管理：目的是选择合格的软件分包商，并有效地管理他们。它把用于基本管理控制的需求管理、软件项目策划以及软件项目跟踪和监督的关键过程区域所关注的事情与软件质量保证和软件配置管理等过程区域中必不可少的协调结合在一起，并且在合适时对分包商实施这项管理。

(5) 软件质量保证：目的是给管理者提供对于软件项目正在采用的过程和正在构造的产品的适当的可视性。软件质量保证是绝大多数软件工程过程和管理过程不可缺少的部分。

(6) 软件配置管理：目的是在项目整个软件生存周期中建立和维护软件产品的完整性。软件配置管理是绝大多数软件工程过程和管理过程不可缺少的部分。

2. 已定义级

等级 3 的关键过程区域既阐述项目问题，又阐述组织问题，这是因为组织建立起对所有项目有效的软件工程和管理过程规范化的基础设施。下面是对等级 3 上每个关键过程区域的描述。

(1) 组织过程焦点：目的是规定组织在改进其整体软件过程能力的软件过程活动方面的职责。组织过程焦点活动的主要结果是一组软件过程财富，它们在组织过程定义中被加以描述。正如集成软件管理所描述的，这些财富供软件项目使用。

(2) 组织过程定义：目的是开发和保持一组便于使用的软件过程财富，它们能改进横跨项目的过程性能，并且能为组织获得积累性的、长期的利益奠定基础。这些财富提供一组稳定的基本原则，通过诸如培训等机制能使其形成制度，培训在培训大纲中被加以描述。

(3) 培训大纲：目的是培育个人的技能和知识，使得他们能有效地和高效率地执行其任务。尽管培训是组织的责任，但是软件项目应该识别出他们所需要的技能，当项目需求独特时，该项目应提供所需要的培训。

(4) 集成软件管理：目的是将软件工程活动和管理活动集成为一个协调的、已定义的软件过程，该过程是通过剪裁组织的标准软件过程和组织过程定义中所描述的相关的过程财富而得到的。剪裁基于项目的经营环境和技术需要，正如在软件产品工程中所描述的那样。集成软件管理是从等级 2 的软件项目策划和软件项目跟踪和监督进化而得到的。

(5) 软件产品工程：目的是一致地执行一个妥善定义的工程过程，为了能有效地和高效率地生产正确的、一致的软件产品，该工程过程集成全部软件工程活动。软件产品工程描述项目的技术活动，例如，需求分析、设计、编码和测试。

(6) 组间协调：目的是为软件工程组织积极参与其他工程组工作制定一种方法，使得项目更能有效地和高效地满足顾客的需求。组间协调是集成软件管理的一个涉及多学科的方面，它延伸到软件工程之外。不仅应该集成软件过程，而且软件工程组和其他组之间的相互作用也必须加以协调和控制。

(7) 同行评审：目的是及早和高效地除去软件工作产品中的缺陷，它的一个重要的必然结果是增强对软件工作产品和可预防的缺陷的了解。同行评审是一种重要而又有效的工程方法，在软件产品过程中调用此方法，可通过法根式审查(Fagan-style 审查)、Fagan 86、结构化走查或者一些其他的学院式的评审方法(Freedman 90)加以实施。

3. 已管理级

等级 4 上的关键过程区域的关注焦点是建立起对软件过程和正在构造的软件工作产品的定量了解。正如以下所述，该等级上的两个关键区域——定量过程管理和软件质量管理是相互紧密依赖的。

(1) 定量过程管理：目的是定量地控制软件项目的过程性能。软件过程性能表示遵循一个软件过程所得到的实际结果。焦点是在一个可测的、稳定的过程范围内鉴别出变化的特殊原因，并且在适当时改正促使瞬间变化出现的环境。定量过程管理给组织过程定义、集成软件管理、组间协调和同行评审的实践附加了一个内容丰富的测量计划。

(2) 软件质量管理：目的是建立对项目的软件产品质量的定量了解和实现特定的质量目标。软件质量管理对软件产品工程中所描述的软件工作产品实施内容丰富的测量计划。

4. 优化级

等级 5 上的关键过程区域包括那些为了实施连续不断的和可测的软件过程改进，组织和项目都必须解决的问题。

(1) 缺陷预防：目的是识别缺陷的原因并防止它们再次出现。正如在集成软件管理中所描述的，软件项目分析缺陷、识别其原因并更改项目定义软件过程。正如在过程变更管理中所描述的，应将具有普遍价值的过程更改通知给其他软件项目。

(2) 技术变更管理：目的是识别出能获利的新技术(即工具、方法和过程)，并以有序的方式将它引进到组织中去，正如在过程变更管理中所描述的那样，技术变更管理的关注焦点是在不断变化的环境里高效率地进行创新。

(3) 过程变更管理：目的是改进软件质量、提高生产率和缩短产品开发周期，从而持续不断地改进组织中所采用的软件过程。过程变更管理既采用缺陷预防的增量式改进，又采用技术变更管理的创新式改进，并使得整个组织可以享用这些改进。

按定义，每个关键过程区域仅与单个成熟度等级有关，可是在关键过程区域之间还存在着一定的关系，而且某些特定的管理或技术区域方面的改进并不必限定在单个关键区域。组织在他们达到某个较低成熟度等级之前可能工作在较高等级的关键过程区域，并且甚至在已达到较高成熟度的关键过程区域时，还必须继续关注较低等级的关键过程区域。

4.4.3 CMMI

CMMI 即能力成熟度集成模型。自 CMMI 1.0 版本后，SEI 又开发了其他成熟度模型，包括软件工程、系统工程、软件采购、人力资源管理和集成产品开发等。虽然各个模型针对的专业领域不同，但是彼此之间有一定的重叠；另外，这些模型在表现形式上也有不统一之处。为了整合不同模型的最佳实践、建立统一模型、覆盖不同领域、供企业进行整个组织的全面过程改进，SEI于2000年发布了能力成熟度集成模型CMMI 1.1版本。就软件工程而言，它是CMM的最新版本。实际上，CMMI既是应用于软件业项目管理的方法，也在软件与系统集成外的领域，如科研、工程甚至于日常的管理中都得到了广泛的应用，并取得了相当好的效果。

在充分考虑了软件工程和系统工程集成的基础上，CMMI的过程域不再局限于纯粹的软件范畴，比CMM多了4个过程域，如表4-3所示。

CMMI有两种不同的表述方式：连续式表述(continuous representation)和阶段式表述(staged representation)。前者采用能力等级模型(共6个等级)，强调的是单个过程域的能力，从过程域的角度考察基线和度量结果的改善；后者采用成熟度等级模型(共5个等级)，强调的是组织的成熟度，从过程域集合的角度考察整个组织的过程成熟度阶段。两种方式只是从不同的角度来阐述CMMI，其实质上表达的内容是一致的。

需要注意的是，SEI没有废除CMM模型，只是停止了CMM评估方法：CBA-IPI(CMM-based appraisal for internal process improvement)。现在如要进行CMM评估，需使用SCAMPI(standard CMMI appraisal method for process improvement)方法。但CMMI模型最终代替CMM模型的趋势是不可避免的。

表4-3 CMM与CMMI过程域比较

级别	CMM过程域	CMMI过程域	说明与比较
2	需求管理 软件项目策划 软件项目跟踪和监督 软件子合同管理 软件质量保证 软件配置管理	需求管理 项目计划 项目监控 供应商合同管理 过程和产品质量保证 配置管理 度量和分析	项目过程管理的基本内容，实际是组织中某个或某几个团队的过程能力，可以说是TSP中的内容。这一级不同的是，在CMMI中增加了一个过程域"度量和分析"
3	组织过程焦点 组织过程定义 培训大纲 集成软件管理 软件产品工程 组间协调 同行评审	组织级过程焦点 组织级过程定义 组织级培训 集成化群组 集成化项目管理 组织级集成环境 需求开发 技术解决方案 产品集成 验证 确认 风险管理 决策分析和解决方案	开始从团队过程能力提升为组织过程能力，有关组织的过程域比较多，如组织级过程定义和焦点、组织级培训和集成环境、产品集成、集成化项目管理等；同时，也包含一些深层次的项目管理能力，如需求开发、风险管理、决策分析等。CMM中"集成软件管理"，在CMMI中被分解为3个过程域——集成化群组、集成化项目管理和组织级集成环境。CMM中"软件产品工程"，在CMMI中被分解为4个过程域——需求开发、技术解决方案、产品集成、验证和确认。CMM的组间协调，包含在CMMI的集成化项目管理中，而CMM的同行评审，包含在CMMI的验证中

续表

级别	CMM 过程域	CMMI 过程域	说明与比较
4	定量过程管理 软件质量管理	定量项目管理 组织级过程性能	组织级过程性能是建立在定量管理的基础之上的，两者构成了一个完整的量化管理。CMM 中的"软件质量管理"，被移到 CMMI 的 2 级中，发生了较大变动
5	缺陷预防 技术变更管理 过程变更管理	因果分析和解决方案 组织级改革和实施	因果分析是通过对过程中出现的方法技术问题等进行分析，找出根本原因以解决问题，是战术性的改进；而"组织级改革和实施"是战略性的改进，组织的变革首先是管理文化的变革、质量方针和培训体系的变革等。而在 CMM 中，主要强调在技术和过程两个方面进行持续改进。"缺陷预防"属于质量保证或管理中的基本内容，不应该放在第 5 级，所以 CMMI 做了修正

4.4.4　CMM 与 ISO 9001 思想及结构体系的关系

软件过程能力成熟度模型 CMM 和 ISO 9000 标准系列都着眼于质量和过程管理，两者都为了解决同样的问题，直观上是相关的。但是它们的基础却各不相同：ISO 9001 确定一个质量体系的最少需求，而 CMM 则强调持续的过程改进。当然，这种陈述有点主观性，一些国际标准团体坚持认为，如果深入地理解 ISO 9001 而不是只停留在表面，ISO 9001 也可以解决持续过程改进的问题。

ISO 9000 族国际标准是在总结了英国的国家标准基础之上产生的，因此，欧洲通过 ISO 9000 认证的企业数量最多，约占全世界的一半以上。受此影响，相当多的欧洲软件企业选择了 ISO 9001 认证。而 CMM 是由美国卡内基-梅隆大学的软件工程研究所(SEI)开发的，美国的软件企业更多的选择取得 CMM 等级证书。在形式上，CMM 分为 5 个等级(第 1 级级别最低，第 5 级级别最高)，它是一个动态的过程，企业在取得低级别证书后，可根据高级别的要求确定下一步改进的方向。而 ISO 9001 的 1994 版标准则主要强调的是"合格质量体系的最低可接受水平"(不过，ISO 9001 的 2000 版标准也增加了持续改进的内容)，它的审核只有"通过"和"不通过"两个结论。

尽管 ISO 9001 标准的一些要求在 CMM 中不存在，而 CMM 的一些要求在 ISO 9001 标准中也不存在，但不可否认的是，两者之间的关系非常密切。ISO 9001 的一些要素可以在 CMM 中找到完全对应的部分，另外一些要素则是比较分散的对应。两者的最大相似之处在于两者都强调"该说的要说到，说到的要做到"。对每一个重要的过程应形成文件，包括指导书和说明，并检查交货质量水平。

取得 ISO 9001 认证对于取得 CMM 的等级证书是有益的；反之，取得 CMM 等级证书，对于寻求 ISO 9001 认证也是有帮助的。

这里并没有回答 CMM 和 ISO 9001 谁更好，也不想回答这个问题，因为一个体系的好坏是由很多方面决定的。对于一个软件开发企业来说，获得什么样的认证证书只是表面的，重要的是如何着眼于持续改进以更好的保证软件开发的质量、满足顾客的要求，从而获得竞争优势，而这是每一个软件开发企业应该认真考虑的问题。

本章小结

本章首先介绍了测试策略，它是制定测试计划的重要依据。其次介绍了与软件测试相关的标准、规范等相关知识，包括 ISO 质量体系标准、软件测试规范、CMM 结构体系。

课后习题

1. 什么是测试策略？它在软件测试中起什么作用？
2. 简述 ISO 9000 族标准的思想。
3. 什么是软件测试规范？它与软件测试标准有什么不同？
4. 谈谈你对 CMM 的 5 个等级以及每个等级的关键过程域的理解。
5. 简述 ISO 与 CMM 的关系。
6. 什么是 ISO 9000-3？

第5章 软件测试技术

软件测试是保证软件产品质量的重要手段，是软件开发过程中的重要组成部分。软件测试借助于专业的软件测试技术和测试工具，尽可能地发现软件存在的错误，并且修正这些错误，而不是简单地操作所测的软件产品。

软件测试阶段可以分为若干个小的阶段，如图5-1所示，按流程顺序将其分为5个阶段：

(1) 单元测试是对软件中基本组成单位进行的测试，如一个模块、一个过程等。其目的是检验软件基本组成单位的正确性，由开发人员完成。

(2) 集成测试是在软件系统集成过程中所进行的测试，其目的是检查软件单位之间的接口是否正确，由开发人员和专业测试人员共同完成。

(3) 系统测试是对已经集成好的软件系统进行彻底的测试，检查系统是否满足需求所指定的要求，以及验证软件系统的正确性和性能，由专业测试人员完成。

(4) 验收测试为了向软件的最终用户展示该软件系统功能是否满足用户要求，由最终用户和专业测试人员共同完成。

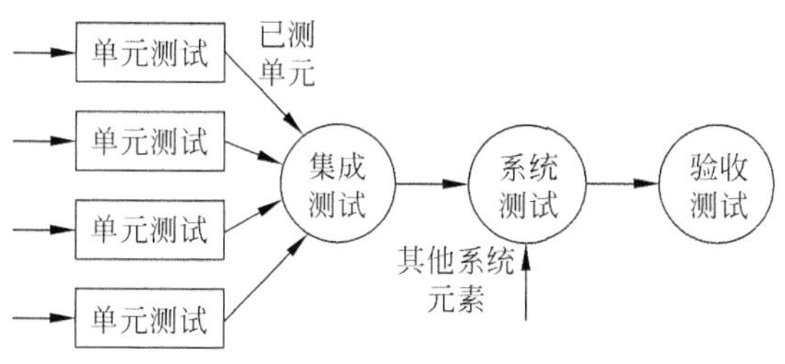

图5-1　软件测试流程

(5) 另外还有回归测试，它是在软件维护阶段，对软件进行修改之后进行的测试。其目的是检验对软件进行的修改是否正确。

本章还将介绍面向对象软件测试技术、基于服务器应用的软件测试技术、软件自动化测试技术等内容。

5.1 单元测试

单元测试是在软件测试过程中最早期进行的测试活动，属于白盒测试。可以把单元测试看成是软件开发的一部分，也就是说开发人员编写一段代码，用于检验被测代码的某一个功能是否正确。开发人员负责编写功能代码，同时也就有责任保证代码的正确性，所以开发人员在完成一个功能模块之后,为了检测它的正确性,自己编写单元测试代码,自行进行测试。

执行单元测试,就是为了证明这段代码的行为和期望的一致性。例如,工厂在组装一台电脑之前,会对每个元件都进行测试,这就是单元测试。

5.1.1 单元测试概述

单元测试(unit testing)是对软件基本组成单元进行的测试。这里的基本单元可以是一个具体的函数或一个类的方法,它具有明确的功能、规格定义以及与其他部分的接口定义。单元测试与其他测试不同,单元测试可看做编码工作的一部分,应该由程序员来完成。也就是说,经过了单元测试的代码才是已完成的代码,提交产品代码时也要同时提交测试代码,测试部门可以做一定程度的审核。

开发人员在编写代码时,除了要保证代码语法正确、能够通过编译外,还要保证代码的功能也一定正确,保证代码的执行效果和软件最终使用人员的要求一致,这样的代码才是真正有实用价值的代码。为了保证功能正确,开发人员需要在平时的编码过程中进行单元测试。例如开发人员编写了一个函数后,就要执行一下,检查编写的函数是否能够完成期望的功能,这其实就是单元测试,通常把这种单元测试称为临时单元测试。只进行了临时单元测试的软件,针对代码的测试很不完整,代码覆盖率要超过70%都很困难,未覆盖的代码可能遗留大量的、细小的错误,这些错误还会互相影响,当Bug暴露出来的时候难于调试,大幅度提高后期测试和维护成本,也降低了开发商的竞争力。可以说,进行充分的单元测试,是提高软件质量、降低开发成本的必由之路。

单元测试的测试要求:每个被测单元中每条可执行的脚本都被一个测试用例或异常操作所覆盖,即脚本覆盖率达80%;每个被测单元中分支语句取真和取假时,各分支至少执行一次,即分支覆盖率达到80%;每个被测单元中的业务流程和数据流程,必须被一个测试用例、一个异常数据、一次异常操作所覆盖,即异常处理能力达80%。

单元测试通过准则:单元功能同设计需求一致;单元接口同设计需求一致;能正确处理输入和异常运行中的错误;单元测试发现问题进行修改后,进行回归测试,且回归测试通过后,才能进行下一阶段。

另外,在这里介绍两个常用概念:

(1) 驱动模块(driver):用以模拟被测单元的上级模块。驱动模块接收测试数据,把相关的数据传送给被测单元,启动被测单元。

(2) 桩模块(stub):用以模拟被测单元工作过程中所调用的其他函数接口,由被测单元调用。它们一般只进行很少的数据处理,如打印入口和返回,以便于检查模块与其下级模块的接口,它们的关系如图5-2所示。

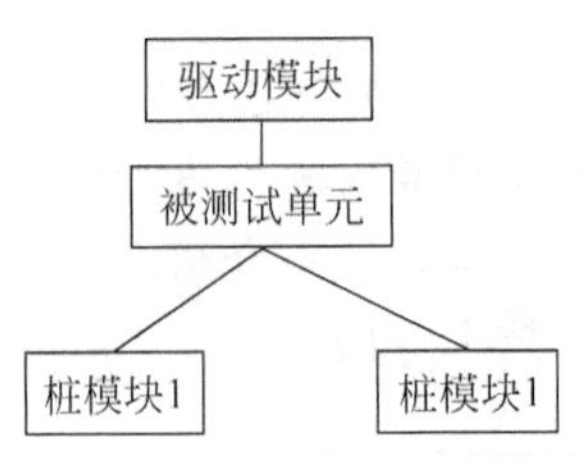

图5-2 驱动模块和桩模块

5.1.2 单元测试内容

单元测试是由一组独立的测试构成,每个测试针对软件中的一个独立的程序单元。单元测试并非检测程序单元之间是否能够合作良好，而是检查单个程序单元行为是否正确。在单元测试中进行的测试工作主要是对被测单元进行5个方面的检查：单元接口测试、单元局部数据结构测试、单元中所有独立执行通路测试、单元中各条错误处理通路测试、单元边界条件测试。

1. 单元接口测试

模块接口测试是单元测试的基础，只有在数据能正确流入、流出模块的前提下，其他测试才有意义。测试接口正确与否应该考虑下列因素：

(1) 输入的实际参数与形式参数的个数是否相同。

(2) 输入的实际参数与形式参数的属性是否匹配。

(3) 输入的实际参数与形式参数的顺序是否一致。

(4) 调用其他单元时所给实际参数的个数是否与被调单元的形式参数个数相同。

(5) 调用其他单元时所给实际参数的属性是否与被调单元的形式参数属性匹配。

(6) 调用其他单元时所给实际参数的量纲是否与被调单元的形式参数量纲一致。

(7) 调用预定义函数时所用参数的个数、属性和顺序是否正确。

(8) 是否存在与当前入口点无关的参数引用。

(9) 是否修改了只读型参数。

(10) 对全程变量的定义各单元是否一致。

(11) 是否把某些约束作为参数传递。

2. 局部数据结构测试

检查局部数据结构是为了保证临时存储在单元内的数据在程序执行过程中完整、正确。局部数据结构往往是错误的根源，应仔细设计测试用例，检查下面几类错误：

(1) 检查不正确或不一致的数据类型说明。

(2) 使用尚未赋值或尚未初始化的变量。

(3) 错误的初始值或错误的默认值。

(4) 变量名拼写错误或书写错误。

(5) 不一致的数据类型。

3. 独立执行通路

在模块中应对每一条独立执行路径进行测试，单元测试的基本任务是保证模块中每条语句至少执行一次。此时设计测试用例是为了发现因错误计算、不正确的比较和不适当的控制流造成的错误；基本路径测试和循环测试是最常用且最有效的测试技术。计算中常见的错误包括：

(1) 误解或用错了算符优先级。

(2) 混合类型运算。

(3) 变量初始值错误。

(4) 精度不够。

(5) 表达式符号有错。

4. 错误处理通路

一个好的设计应能预见各种出错条件,并预设各种出错处理通路,出错处理通路同样需要认真测试,测试应着重检查下列问题:

(1) 输出的出错信息难以理解。

(2) 记录的错误与实际遇到的错误不相符。

(3) 在程序自定义的出错处理段运行之前,系统已介入。

(4) 异常处理不当。

(5) 错误陈述中未能提供足够的定位出错信息。

5. 边界条件

边界条件测试是单元测试中最后,也是最重要的一项任务。众所周知,软件经常在边界上失效,采用边界值分析技术,针对边界值及其领域设计测试用例,很有可能发现新的错误。

5.1.3 单元测试的步骤

单元测试分为以下 8 个步骤进行:

1. 理解需求和设计

理解设计是很重要的,特别是要搞清楚被测试模块在整个软件中所处的位置,这对测试的内容将会有很大的影响。好的设计是各单元只负责完成自己的事情,层次与分工是很明确的。在单元测试的时候,可以不用测试不属于被测试模块单元所负责的功能,以减少测试用例的冗余。

2. 概览源代码

浏览一下源代码,主要任务:

(1) 初步检查源代码的编码风格与规范。

(2) 大致估算测试工作量,例如,需要编写多少测试用例、需要编写多少驱动和桩等。

(3) 确定模块的复杂程度,初步制定测试的优先级等。

3. 精读源代码

认真阅读和分析代码,主要任务:

(1) 理解代码的业务逻辑。

(2) 检查代码与设计是否相符,如果详细设计没有该单元的流程图,需要先补充画出流程图。

(3) 仔细研究逻辑结构复杂的单元。

(4) 可以采用一些检查列表来检查程序可能会出现的问题。

4. 设计测试用例

综合运用白盒测试方法(结合黑盒测试方法)来设计测试用例,包括功能测试、性能测试等,要达到一定的测试覆盖率。在设计测试用例的过程中,要借助于流程图或控制流图。

5. 搭建单元测试环境

在搭建单元测试环境时,不能忽视各个单元模块之间的相互联系,为了模拟这些联系,需要设置辅助测试模块,也就是连接被测试单元的程序段。辅助模块有桩模块和驱动模块两种。

搭建单元测试环境阶段主要就是写桩模块和驱动模块。在第 4 步所设计的测试用例是通过驱动模块传递给被测试单元的,然后驱动模块想办法获取被测试单元对数据的处理结果,并判定返回的实际结果与测试用例的预期结果是否一致,通过测试框架来记录执行的结果,对于出现的错误,还需要统计错误的信息,供执行完之后分析。

6. 执行测试

运行写好的驱动模块完成对被测试单元的测试。

7. 补充和完善测试用例

单元测试也是一个循序渐进的过程,可能一开始考虑的不够全面,或预期的覆盖标准太低,需要在测试过程中不断补充测试用例,直到满足要求为止。

8. 分析结果与给出评价

根据测试的结果分析、查找错误的原因,并找到解决的办法。测试结束之后,根据测试过程的数据统计,给出对被测试对象的评价。

5.2 集成测试

前面介绍的单元测试,主要是针对用源代码编写的每一个程序单元进行测试,检查各单元是否正确地完成了预定的功能。测试后的单元虽然可以独立工作,但是当把它们组合起来的时候,就会出现很多新问题。这时候,根据在设计阶段设计好的软件体系结构的构造,把这些已测试过的单元、模块组装起来进行测试,就显得非常必要,而这就是集成测试。

5.2.1 集成测试概述

集成测试(integration testing),也叫组装测试、联合测试、子系统测试或部件测试。集成测试是在单元测试的基础上,将所有单元、模块按照概要设计要求(如根据结构图)组装成为子系统或系统,进行测试。也就是说,集成测试所使用的对象(程序单元、模块)应当是通过单元测试的,否则集成测试的效果将受到影响,并且会付出更大的代价。单元测试和集成测试所关注的范围是不同的,因此发现的问题也是不同的,集成测试主要检验软件单元之间的接口关系是否正确,组装后的高层功能模块是否与设计功能要求一致。

集成测试不仅需要开发人员参与也需要有专业的测试人员参与,同时专业的测试人员将在集成测试过程中发挥关键作用。集成测试相对来说较复杂,而且对于不同的技术、平台和应用,差异也比较大。早在设计阶段,当设计数据接口、组件接口、应用接口(API)之时,就要审查接口的规范性、一致性等,而这都相当于集成测试。

实践表明,一些模块虽然能够单独地工作,但并不能保证组合起来也能正常工作。程序在某些局部反映不出来的问题,在全局上很可能暴露出来,影响功能的实现。因此集成测试应该考虑以下问题:在把各个模块连接起来的时候,穿越模块接口的数据是否会丢失;各个子功能组合起来,能否达到预期要求的功能;一个模块的功能是否会对另一个模块的功能产生不利的影响;全局数据结构是否有问题,会不会被异常修改;单个模块的误差积累起来,是否会放大,从而达到不可接受的程度。

集成测试通过准则:验证被测系统是否满足设计的需求。即根据设计要求中全部功能和性能要求,测试整个软件子系统,验证其是否达到设计要求;通过数据处理的测试用例对被测系统的输入、输出、处理进行测试,验证其是否达到设计要求;通过业务处理的测试用例对被测系统的业务处理过程进行测试,验证其是否达到设计要求;验证模块间无错误连接;验证对输入有正确的处理能力,即测试子系统对正常数据的处理;验证对接口错误、数据错误、协议错误的识别及处理。

5.2.2 系统的集成模式

集成测试在很大程度上受到系统集成模式的影响。所谓系统的集成模式,就是指按照何种方式把模块组装起来形成一个可运行的系统。系统集成模式的选择将直接影响到模块测试用例的形式、所用测试工具的类型、模块编号和测试的次序、生成测试用例和调试的费用。集成模式是软件集成测试中的策略体现,其重要性是明显的,直接关系到测试的效率、结果等,一般要根据具体的系统来决定采用哪种模式。集成测试策略基本可以概括为以下两种:

非渐增式集成方式:又称大爆炸集成(big bang integration),即把所有通过了单元测试的模块按设计要求,一次性全部组装起来,然后进行整体测试。非渐增式测试时可能发现一大堆错误,为每个错误定位和纠正非常困难,并且在改正一个错误的同时又可能引入新的错误,新旧错误混杂,更难断定出错的原因和位置。

渐增式集成方式:从一个模块开始,添加一个模块进行一次测试,边组装边测试,以发现与接口相联系的问题。在这种模式中,程序一段一段地扩展,测试的范围一步一步地增大,错误易于被定位和纠正,接口的测试亦可做到完全彻底;虽然这种模式需要编写的测试程序较多、发现模块间接口错误相对稍晚些,但渐增式测试方式较之非渐增式集成方式具有比较明显的优势。具体的集成策略包括测试方法如自底向上集成测试、自顶向下集成测试,还有将这两种策略结合的混合集成测试法。

5.2.3 集成测试策略

1. 大爆炸集成

大爆炸集成就是先对每一个子模块进行测试(单元测试),然后将所有模块一次性的全部集成起来进行集成测试,如图 5-3 所示。

因为所有的模块是一次集成,所以很难确定出错的真正位置、所在的模块、错误的原因。这种方法只适合在规模较小的应用系统中使用。

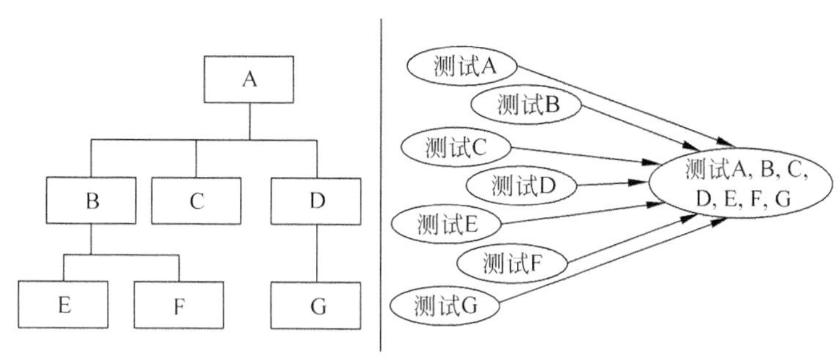

图 5-3 大爆炸集成测试法

2. 自顶向下集成

自顶向下集成(top-down integration)就是按照程序和控制结构从主控模块(主程序)开始,向下逐个把模块连接起来。把附属主控模块的子模块、孙模块等组装起来的方式有两种:深度优先和广度优先。

深度优先方法是先把结构中的一条主要的控制路径上的全部模块组装起来,进行测试。主要路径的选择与特定的软件应用特性有关,可以尽可能地选取程序主要功能所涉及的路径。如图 5-3 所示,从模块 A 开始,将 B、E、F 先组装起来进行集成测试。

广度优先方法是从结构的顶层开始逐层向下组装。把上一层模块直接调用的模块组装进去,然后对每一个新组装进去的模块,再把其直接调用的模块组装进去。如图 5-3 所示,从模块 A 出发,先组装模块 B、C、D,接着是模块 E、F 这一层,以此类推。

深度优先和广度优先自身也存在不同的组装次序,这些选择次序一般说来无所谓,但必须遵循自顶向下的原则:新组装的模块其上层必须是被测试过的。

3. 自底向上集成

自底向上的集成(bottom-up integration)方式是最常使用的集成策略,它是从程序模块结构中最底层的模块开始组装和测试。因为模块是自底向上进行组装的,对于一个给定层次的模块,它的子模块(包括子模块的所有下属模块)事前已经完成组装并经过测试,所以不再需要编制桩模块。自底向上集成测试的步骤大致如下:

(1) 按照概要设计规格说明,明确有哪些被测模块。在熟悉被测模块性质的基础上对被测模块进行分层,在同一层次上的测试可以并行进行,然后排出测试活动的先后关系,制定测试进度计划。利用图论的相关知识,可以排出各活动之间的时间序列关系,处于同一层次的测试活动可以同时进行,而不会相互影响。

(2) 在上一步的基础上,按时间序列关系,将软件单元集成为模块,并测试在集成过程中出现的问题。这里可能需要测试人员开发一些驱动模块来驱动集成活动中形成的被测模块。对于比较大的模块,可以先将其中的某几个软件单元集成为子模块,然后再集成为一个较大的模块。

(3) 将各软件模块集成为子系统(或分系统)。检测各子系统是否能正常工作。同样,可能需要测试人员开发少量的驱动模块来驱动被测子系统。

(4) 将各子系统集成为最终用户系统,测试各分系统能否在最终用户系统中正常工作。

自底向上的集成测试方案是工程实践中最常用的测试方法，相关技术也较为成熟。它的优点很明显：管理方便，测试人员能较好地锁定软件故障所在位置；不用桩模块，测试用例的设计亦相对简单；但它驱动模块的开发工作量大，高层的验证被推迟，设计上的错误不能被及时发现。

4. 混合集成

混合集成是自顶向下集成策略和自底向上集成策略的综合。一般对软件结构的上层使用自顶向下结合的方法，对下层使用自底向上结合的方法，具体包括三明治集成（sandwich integration），改善的三明治集成和混合法。

（1）三明治集成方法，如图 5-4 所示：三明治集成是将自顶向下和自底向上的集成方法有机地结合起来，无须写桩程序，因为在测试初自底向上集成已经验证了底层模块的正确性。

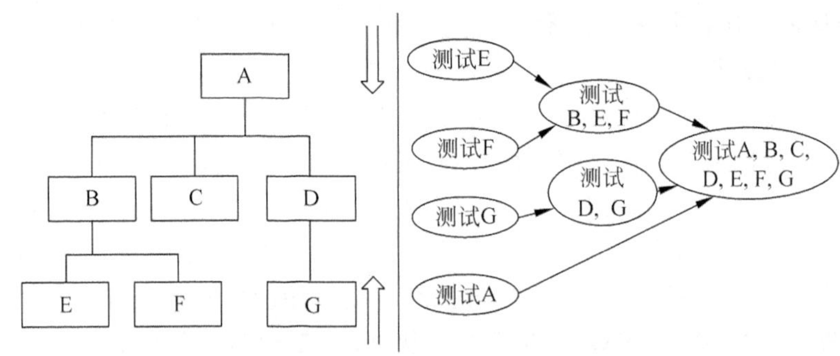

图 5-4　三明治集成测试法

采用这种方法的主要缺点是：在真正集成之前每一个独立的模块没有完全测试过。

（2）改善的三明治集成，如图 5-5 所示：改进的三明治集成策略不仅自两头向中间集成，而且保证每个模块得到单独的测试，使测试进行得比较彻底。

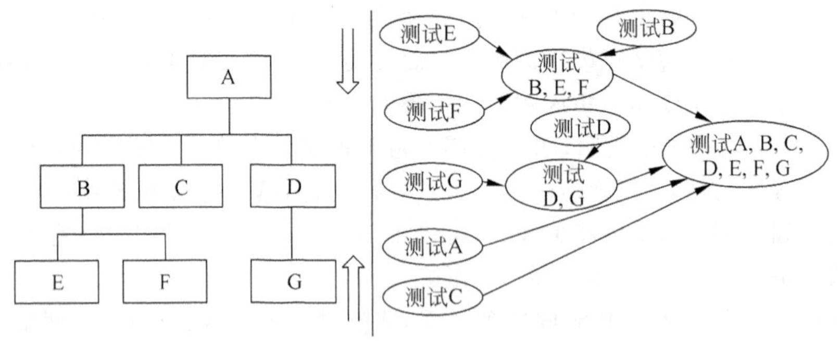

图 5-5　改善三明治集成测试法

（3）混合法，如图 5-6 所示：混合法：对软件结构中较上层，使用的是“自顶向下”法；对软件结构中较下层，使用的是“自底向上”法，两者相结合。

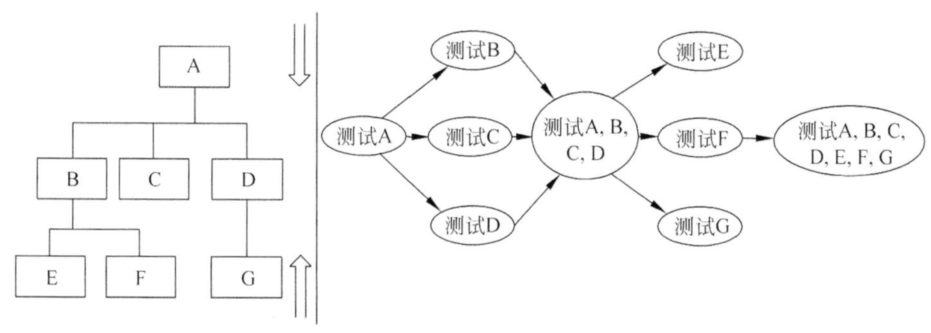

图 5-6 混合集成测试法

5.3 系统测试

5.3.1 系统测试概述

完成集成测试后，接下来要进行系统测试。系统测试(system testing)是将已经通过集成测试的软件系统，同计算机硬件、外部设备、某些支持软件、数据、网络和使用人员等其他元素结合在一起，在实际使用环境下对整个计算机系统进行的一种综合性测试。系统测试的主要目的在于通过与系统的需求定义作比对，发现软件与系统定义不相符的地方。系统测试要根据需求分析说明书来设计测试用例，并在实际使用环境下执行这些用例，以便发现与系统定义不符之处。

系统测试是保证系统质量和可靠性的关键步骤。根据测试的概念和目的，在进行系统测试时应遵循以下基本原则：

(1) 系统测试工作应该避免由原开发软件的人员或小组承担。开发人员很容易根据自己的编程思路来制定测试思路，这样具有局限性。测试工作应由专门人员来进行，这样会更客观、更有效。

(2) 设计测试方案的时候，不仅要确定输入数据，而且要根据系统功能确定预期的输出结果。将实际输出结果与预期结果相比较就能发现测试对象是否正确。

(3) 在设计测试用例时，不仅要设计有效合理的输入条件，也要包含不合理、失效的输入条件。测试的时候，人们往往习惯按照合理的、正常的情况进行测试，而忽略了对异常、不合理、意想不到的情况进行测试，而这些可能就是隐患。

(4) 在测试程序时，不仅要检验程序是否做了该做的事，还要检验程序是否做了不该做的事。多余的工作会带来副作用，影响程序的效率，有时会带来潜在的危害或错误。

(5) 严格按照测试计划来进行系统测试，避免测试的随意性。测试计划应包括测试内容、进度安排、人员安排、测试环境、测试工具和测试资料等。

(6) 妥善保存测试计划、测试用例，其作为软件文档的组成部分，能够为维护提供方便。

系统测试的技术要求：用户需求的确认，进一步验证被测系统是否满足用户的需求。即根据用户的需求分析报告中全部功能和性能要求，测试整个软件系统，验证其是否达到用户的要求；通过数据处理的测试用例对被测系统的输入、输出、处理进行测试，使其达到设计要求；通过业务处理的测试用例对被测系统的业务处理过程进行测试，使其达到用户需求的要求；测试其进行数据处理时的响应时间是否满足用户要求；安装性测试是验证其按照安装手册是否能够正常配置和安装；安全性测试是测试其对非法用户的抵御能力，即非法用户无法登录本系统；恢复性测试，测试系统在掉电的情况下，系统的恢复能力，即是否正确恢复数据，是否恢复正常操作；压力测试，对 b/s 结构的系统来说，系统的大用户量测试、系统的并发能力测试、系统的数据库压力测试都是必须做的测试。

系统测试通过准则：满足软件需求的各项功能、性能要求；系统的安全性满足用户的需求；系统的负载能力满足用户的需求；系统与外界支持系统正常运行；系统的稳定性等满足用户的需求；用户操作手册易读、易懂、易操作。

5.3.2 系统测试的方法

系统测试应该由若干个不同测试组成，才能够充分运行系统、验证系统各部件是否都能正常工作并完成所赋予的任务。下面简单介绍几类系统测试：

(1) 强度测试：又称为压力测试，检查程序对异常情况的抵抗能力。强度测试总是迫使系统在异常的资源配置下运行。

(2) 容量测试：容量测试的内容是通过测试预先分析出反映软件系统应用特征的某项指标的极限值(如最大并发用户数、数据库记录数等)，来实现系统在此极限值状态下没有出现任何软件故障或还能保持主要功能正常运行。容量测试还将确定测试对象在给定时间内能够持续处理的最大负载或工作量。容量测试的目的是使系统承受超额的数据容量来发现它是否能够正确处理目标内确定的数据容量。容量测试是面向数据的。

(3) 性能测试：性能测试经常和压力测试一起进行，而且常常需要硬件和软件测试设备，这就是说，常常有必要在一种苛刻的环境中衡量资源的使用(例如处理器周期)。外部的测试设备可以监测测试执行，例如将出现的情况(如中断)记录下来。通过对系统的检测，测试者可以发现导致效率降低和系统故障的原因。

(4) 恢复性测试：恢复性测试主要采取人工手段使软件出错或系统部件出错，使系统不能正常工作，以检验系统的自我恢复/自我保护能力。恢复性测试主要检查系统的容错能力。

(5) 安全性测试：用来验证集成在系统内的保护机制是否能够在实际中保护系统不受到非法的侵入；验证系统的保护机制在非常条件下是否能起保护作用，即是否符合安全目标。安全性测试期间，测试人员假扮非法入侵者，采用各种办法试图突破防线。

(6) 可靠性测试：一种非功能性测试，验证被测应用在正常使用时健壮且可靠。例如，确保被测应用不会有灾难性的失败或内存不足问题。

(7) 可用性测试：可用性测试是为了检测用户在理解和使用系统方面到底有多好，这包括系统功能、系统发布、帮助文本，以保证用户能够舒适地和系统交互。

(8) 健壮性测试：健壮性测试也称容错性测试。主要用于测试系统在出现故障时，是否能够自动恢复或者忽略故障继续运行的能力。

(9) 兼容性测试：测试软件是否和其他与之交互的元素之间兼容，如浏览器、操作系统、硬件等。

(10) 安装/反安装测试：对软件的全部、部分或升级安装/卸载处理过程的测试。

(11) 本地化测试：软件本地化测试是对本地化的软件进行测试的活动。

5.3.3 系统测试过程

系统测试是开发过程中一个独立且非常重要的阶段，测试过程基本上与开发过程平行。一个规范化的测试过程通常包括以下基本的测试活动。

(1) 拟定测试计划。在制定测试计划时，要充分考虑整个项目的开发时间和开发进度以及一些人为因素和客观条件等，使得测试计划是可行的。测试计划的内容主要有测试的内容、进度安排、测试所需的环境和条件、测试培训安排等。

(2) 编制测试大纲。测试大纲是测试的依据，它明确详尽地规定了在测试中针对系统的每一项功能或特性所必须完成的基本测试项目和测试完成的标准。

(3) 根据测试大纲设计和生成测试用例。测试用例的内容主要有被测项目、输入数据、测试过程、预期输出结果等。

(4) 实施测试。测试的实施阶段是由一系列的测试周期组成的。在每个测试周期中，测试人员和开发人员将依据预先编制好的测试大纲和准备好的测试用例，对被测软件或设备进行完整的测试。

(5) 生成测试报告。测试完成后，要形成相应的测试报告，主要对测试进行概要说明、列出测试的结论、指出缺陷和错误。另外，给出一些建议，如可采用的修改方法、各项修改预计的工作量及修改的负责人员。

5.4 验收测试

5.4.1 验收测试概述

验收测试是在产品发布之前所进行的软件测试活动，它是技术测试的最后一个阶段。经过集成测试后，已经按照设计把所有的模块组装成一个完整的软件系统，接口错误也已经基本排除了，接着就应该进一步验证软件的有效性，这就是验收测试的任务，即检查软件能否按合同要求进行工作，是否满足软件需求说明书中的确认标准。

验收测试的测试人员不仅有专业测试人员，更重要的是需要系统的最终使用者参与测试，由最终系统用户决定是否接收系统。它是一项确定产品是否能够满足合同或用户所规定需求的测试。

5.4.2 验收测试的方法

1. 实施验收测试

验收测试需要制订测试计划和过程。测试计划应规定测试的种类和测试进度，测试过程则定义一些特殊的测试用例，为了说明软件与合同要求是否一致。验收测试的准备工作做好之后，就要进入验收测试的实施阶段。实施验收测试是整个验收测试过程中的核心部分。在此阶段里，需要采用一些常用的验收测试策略进行，实施验收测试的常用策略有 3 种，它们分别是：正式验收，非正式验收或 Alpha 测试、Beta 测试。

正式验收测试通常是系统测试的延续，计划和设计这些测试的周密和详细程度不亚于系统测试，选择的测试用例应该是系统测试中所执行测试用例的子集。

非正式验收测试所进行的测试过程不像正式验收测试那样严格。在此测试中，并不设定特定测试用例，测试内容由各测试人员自行决定。这种验收测试方法也不像正式验收测试那样组织有序，而是更为主观。大多数情况下，非正式验收测试是由最终用户组织执行的。

Beta 测试由最终用户实施，通常开发组织对 Beta 测试基本不进行管理，Beta 测试是所有验收测试策略中最主观的。在 Beta 测试中，采用的细节多少、数据和方法完全由各测试人员决定。各测试人员负责创建自己的环境、选择数据，并决定要研究的功能、特性或任务以及确定自己对于系统当前状态的接受标准。

2. 配置项复审

验收测试的另一个重要环节是配置项复审。在进行验收测试之前，必须保证所有软件配置项都能进入验收测试，只有这样才能保证最终交付给用户的软件产品的完整性和有效性。复审的目的是为了保证软件配置齐全、分类有序，并且包括软件维护所必须的细节。

3. 制定验收测试标准

需要从以下几个方面衡量验收测试的效果：软件是否满足合同规定的所有功能和性能；文档资料是否完整；人机界面是否准确；其他方面(例如可移植性、兼容性、错误恢复能力和可维护性等)是否令用户满意。

从上面几个方面衡量验收测试，结果有两种可能，一种是功能和性能指标满足软件需求说明书的要求，用户可以接受；另一种是软件不满足软件需求说明书的要求，用户无法接受。项目进行到这个阶段才发现严重错误和偏差的话，其一般很难在预定的工期内改正，因此必须与用户协商，寻求一个妥善解决问题的方法。

5.4.3 验收测试的过程

验收测试是在软件开发结束后，软件产品投入实际应用以前进行的最后一次质量检验活动。它要回答开发的软件产品是否符合预期的各项要求，以及用户能否接受的问题。由于它不只是检验软件某个方面的质量，而是要进行全面的质量检验，并且要决定软件是否合格，因此验收测试是一项严格的正式测试活动。验收测试的过程如下：

(1) 软件需求分析：了解软件功能和性能要求、软硬件环境要求等，并特别要了解软件的质量要求和验收要求。

(2) 编制验收测试计划：根据软件需求和验收要求编制测试计划，制定需测试的测试项，制定测试策略及验收通过准则，并由客户参与计划的评审。

(3) 设计测试用例：根据验收测试计划和验收标准编制测试用例，并经过评审。

(4) 测试环境搭建：建立测试的硬件环境、软件环境等。

(5) 测试实施：测试并记录测试结果。

(6) 测试结果分析：根据验收通过准则分析测试结果，作出验收是否通过的测试评价。

(7) 测试报告：根据测试结果编制缺陷报告和验收测试报告，并提交给客户。

5.5 回归测试

回归测试(regression testing)就是在软件生命周期内，每当软件发生变化时重新测试现有的功能，以便检查修改是否破坏原有的正常功能，确定修改是否达到了预期目的的测试。回归测试作为软件生命周期的一个组成部分，在整个软件测试过程中占有很大的工作量比重，软件开发的各个阶段都会进行多次回归测试。在渐进和快速迭代开发中，新版本的连续发布使回归测试进行得更加频繁，而在极端编程方法中，更是要求每天都进行若干次回归测试。因此，通过选择正确的回归测试策略来改进回归测试的效率和有效性是非常有意义的。

1. 测试策略

对于一个软件开发项目来说，项目的测试组在实施测试的过程中会将所开发的测试用例保存到"测试用例库"中，并对其进行维护和管理。当得到一个软件的基线版本时，用于基线版本测试的所有测试用例就形成了基线测试用例库。在需要进行回归测试的时候，就可以根据所选择的回归测试策略，从基线测试用例库中提取合适的测试用例组成回归测试包，通过运行回归测试包来实现回归测试。保存在基线测试用例库中的测试用例可能是自动测试脚本，也有可能是测试用例的手工实现过程。回归测试需要时间、经费和人力来计划、实施和管理，为了在给定的预算和进度下，尽可能有效率和有效力地进行回归测试，需要对测试用例库进行维护并依据一定的策略选择相应的回归测试包。

为了最大限度地满足客户的需要和适应应用的要求，软件在其生命周期中会频繁地被修改和不断推出新的版本，修改后的或者新版本的软件会添加一些新的功能或者在软件功能上产生某些变化。随着软件的改变，软件的功能和应用接口以及软件的实现发生了演变，测试用例库中的一些测试用例可能会失去针对性和有效性，而另一些测试用例可能会变得过时，还有一些测试用例将完全不能运行。为了保证测试用例库中测试用例的有效性，必须对测试用例库进行维护。同时，被修改的或新增添的软件功能，仅仅靠重新运行以前的测试用例并不足以发现其中的问题，有必要追加新的测试用例来测试这些新的功能或特征。因此，测试用例库的维护工作还应包括开发新测试用例，而这些新的测试用例用来测试软件的新特征或者覆盖现有测试用例无法覆盖的软件功能或特征。

回归测试的价值在于它是一个能够检测到回归错误的受控实验。当测试组选择缩减的回归测试时，有可能删除了将揭示回归错误的测试用例，消除了发现回归错误的机会。然而，如果采用了代码相依性分析等安全的缩减技术，就可以决定哪些测试用例可以被删除而不会让回归测试的意图遭到破坏。

回归测试是指修改了旧代码后，重新进行测试以确认修改没有引入新的错误或导致其他代码产生错误的测试。选择回归测试策略应该兼顾效率和有效性两个方面。常用的选择回归测试的方式包括：

(1) 再测试全部用例：将前面使用过的全部测试用例组成回归测试包，这是一种比较安全的方法。再测试全部用例具有最低的遗漏回归错误的风险，但测试成本最高。全部再测试几乎可以应用到任何情况下，基本上无须进行分析和重新开发。但是，随着开发工作的进展，测试用例不断增多，重复原先所有的测试将带来很大的工作量，往往超出了系统的预算和进度。

(2) 基于风险选择测试：可以基于一定的风险标准来从之前使用过的测试用例中选择回归测试包。首先运行最重要的、关键的和可疑的测试用例，而跳过那些非关键的、优先级别低的或者稳定性高的测试用例，这些用例即便可能测试到缺陷，这些缺陷的严重性也比较低。

(3) 基于操作剖面选择测试：如果之前的测试用例是基于软件操作剖面开发的，那么测试用例的分布情况反映了系统的实际使用情况。回归测试所使用的测试用例个数可以由测试预算确定，回归测试可以优先选择那些针对最重要或最频繁使用功能的测试用例，释放和缓解最高级别的风险，这样有助于尽早发现那些对可靠性有最大影响的故障。这种方法可以在一个给定的预算下可以最有效地提高系统可靠性，但实施起来有一定的难度。

(4) 再测试修改的部分：当测试者对修改的局部有足够的信心时，可以通过相依性分析识别软件的修改情况并分析修改的影响，将回归测试局限于被改变的模块和它的接口上。通常，一个回归错误一定涉及一个新的、修改的或删除的代码段。在允许的条件下，回归测试尽可能覆盖受到影响的部分。

再测试全部用例的策略是最安全的策略，但已经运行过许多次的回归测试不太可能揭示新的错误，而且很多时候，由于时间、人员、设备和经费的原因，不允许选择再测试全部用例的回归测试策略，此时，可以选择适当的策略进行缩减的回归测试。

2. 回归测试过程

有了测试用例库的维护方法和回归测试包的选择策略，回归测试可遵循下述基本过程进行：

(1) 识别出软件中被修改的部分。

(2) 从原基线测试用例库 T 中，排除所有不再适用的测试用例，确定那些对新的软件版本依然有效的测试用例，其结果是建立一个新的基线测试用例库 T_0。

(3) 依据一定的策略从 T_0 中选择测试用例测试被修改的软件。

(4) 如果有必要，则生成新的测试用例集 T_1，用于测试 T_0 无法充分测试的软件部分。

(5) 用 T_1 测试修改后的软件。

第(2)和第(3)步测试验证修改是否破坏了现有的功能，第(4)和第(5)步测试验证修改工作本身。

3. 回归测试实践

在实际工作中，回归测试需要反复进行，当测试者一次又一次地完成相同的测试时，这些回归测试将变得非常令人厌烦，而在大多数回归测试需要手工完成的时候尤其如此。因此，需要通过自动测试来实现重复的和一致的回归测试。通过测试自动化可以提高回归测试效率。为了支持多种回归测试策略，自动测试工具应该是通用的和灵活的，以便满足达到不同回归测试目标的要求。

在测试软件时，应用多种测试技术是常见的。当测试一个修改了的软件时，测试者也可能希望采用多于一种回归测试策略来增加对修改软件的信心。不同的测试者可能会依据自己的经验和判断选择不同的回归测试技术和策略。

回归测试并不减少对系统新功能和特征的测试需求，回归测试包应包括新功能和特征的测试。如果回归测试包不能达到所需的覆盖要求，必须补充新的测试用例使覆盖率达到规定的要求。

回归测试是重复性较多的活动，容易使测试者感到疲劳和厌倦，降低测试效率，在实际工作中可以采用一些策略减轻这些问题。例如，安排新的测试者完成手工回归测试；分配更有经验的测试者开发新的测试用例；编写和调试自动测试脚本，做一些探索性的或 ad hoc 测试；还可以在不影响测试目标的情况下，鼓励测试者创造性地执行测试用例，变化的输入、按键和配置能够有助于激励测试者又能发现新的错误。

在组织回归测试时需要注意两点，首先是各测试阶段发生的修改一定要在本测试阶段内完成回归测试，以免将错误遗留到下一测试阶段。其次，回归测试期间应对该软件版本冻结，将回归测试发现的问题集中修改、集中回归。

5.6 面向对象软件的测试

传统的面向过程程序的结构是功能模块结构，对应的软件测试技术是从“小型测试”开始，逐步过渡到“大型测试”，即从单元测试开始，逐步进入集成测试，最后进行系统测试和验收测试。面向对象程序的结构不再是传统的功能模块结构，而是作为一个整体。面向对象软件抛弃了传统的开发模式，对每个开发阶段都有不同于以往的要求和结果，功能细化的观点也不适用于检测面向对象分析和设计的结果。

面向对象软件测试技术是新兴的软件测试技术，是专门针对使用面向对象技术开发的软件而提出的一种测试技术。

5.6.1 面向对象测试概述

面向对象开发技术和传统的开发技术相比，新增了多态、继承、封装等特点。这些新特点使得开发出来的程序，具有更好的结构、更规范的编程风格，极大地优化了数据使用的安全性、提高了代码的重用率。由此可见，它们是面向对象开发技术产生巨大吸引力的重要因素。然而，从另一方面来说也影响了软件测试的方法和内容。

面向对象的开发模型突破了传统的瀑布模型，将开发分为面向对象分析（object-oriented analysis，OOA），面向对象设计（object-oriented design，OOD），和面向对象编程（object-oriented programming，OOP）3 个阶段。分析阶段产生整个问题空间的抽象描述，在此基础上，进一步归纳出适用于面向对象编程语言的类和类结构，最后形成代码。

针对这种开发模型，结合传统的测试步骤的划分，面向对象的测试采用一种整个软件开发过程中不断测试的测试模型，主要包括以下几种：

（1）面向对象分析的测试、面向对象设计的测试：是对分析结果和设计结果的测试，主要对分析设计产生的文本进行测试，是软件开发前期的关键性测试。

（2）面向对象编程的测试：对编程风格和程序代码实现进行测试，主要的测试内容在面向对象单元测试和面向对象集成测试中体现。

（3）面向对象单元测试：对程序内部具体单一功能的模块的测试，主要是对类成员函数的测试，是面向对象集成测试的基础。

（4）面向对象集成测试：对系统内部的相互服务进行测试，如成员函数间的相互作用、类间的消息传递。不仅要基于面向对象单元测试，还要参考面向对象设计测试的结果。

（5）面向对象确认测试、面向对象系统测试：最后阶段的测试，以用户需求为测试标准，参考面向对象分析测试的结果。

5.6.2 面向对象测试策略

1. 面向对象分析的测试

传统的面向过程分析是一个功能分解的过程，是把一个系统看成可以分解的功能的集合。这种传统的功能分解分析法的着眼点在于一个系统需要什么样的信息处理方法和过程，以过程的抽象来对待系统的需要。

（1）面向对象分析：是把 E-R 图和语义网络模型与面向对象程序设计语言中的重要概念结合在一起而形成的分析方法，通常以问题空间的图表的形式进行描述。

（2）分析方法：直接映射问题空间，全面地将问题空间中实现功能的现实抽象化。将问题空间中的实例抽象为对象，用对象的结构反映问题空间的复杂实例和复杂关系，用属性和服务表示实例的特性和行为。

（3）面向对象分析的缺点：对问题空间分析抽象的不完整会影响软件的功能实现，导致软件开发后期产生大量原本可避免的修补工作；一些冗余的对象或结构类的选定，会给程序员增加大量不必要的工作量，因此面向对象分析测试的重点在其完整性和冗余性。

（4）面向对象分析的测试划分为 5 个方面：对认定的对象的测试、对认定的结构的测试、对认定的主题的测试、对定义的属性和实例关联的测试、对定义的服务和消息关联的测试。

2. 面向对象设计的测试

通常，结构化的设计方法用的是面向作业的设计方法，它把系统分解以后，提出一组作业，这些作业是过程实现系统的基础构造，把问题域的分析转化为求解域的设计，分析的结果是设计阶段的输入。

（1）面向对象设计：采用“造型的观点”，以面向对象分析为基础归纳出类，并建立类结构或进一步构造类库，以实现分析结果对问题空间的抽象。面向对象设计归纳的类既可以是对象的简单延续，也可以是不同对象的相同或相似的服务。

（2）面向对象设计与面向对象分析：面向对象设计是面向对象分析的进一步细化和更高层的抽象，所以两者的界限很难区分，面向对象设计确定的类和类结构不仅要满足当前需求分析要求，更重要的是通过重新组合或加以适当的补充，方便实现功能重用和扩增。因此，对面向对象设计的测试，建议针对功能的实现和重用以及对面向对象分析结果的分析。

（3）面向对象设计的测试划分为 3 个方面：对认定的类的测试、对构造的类的层次结构测试、对类库支持的测试。

3. 面向对象编程的测试

典型的面向对象程序具有继承、封装和多态的新特性，这使得传统的测试策略必须有所改变。封装是对数据的隐藏，外界只能通过被提供的操作来访问或修改数据，这样降低了数据被任意修改和读写的可能性，降低了传统程序中对数据非法操作的测试。继承是面向对象程序的重要特点，继承使得代码的重用率提高，同时也使错误传播的概率提高。多态使得面向对象程序对外呈现出强大的处理能力，但同时却使得程序内“同一”函数的行为复杂化，测试时不得不考虑不同类型具体执行的代码和产生的行为。

(1) 面向对象程序：把功能的实现分布在类中，能正确实现功能的类，通过消息传递来协同实现设计要求的功能，将出现的错误精确地确定在某一具体的类上。

(2) 测试重点：忽略类功能实现的细则，将测试的目光集中在类功能的实现和相应的面向对象程序风格上。

(3) 测试方面：对类的封装的测试、对类的功能的测试。

4. 面向对象软件的单元测试

传统单元测试的对象是软件设计的最小单位——模块。单元测试应对模块内所有重要的控制路径设计测试用例，以便发现模块内部的错误。单元测试多采用白盒测试技术，系统内多个模块可以并行地进行测试。

当考虑面向对象软件时，单元的概念发生了变化。封装重新定义了类和对象，每个类和类的实例(对象)包装了属性(数据)和操纵这些属性的方法，而不是单个模块。最小的可测试单位是封装的类或对象，类包含一组方法，并且某种特殊方法可能作为一组不同类的一部分存在。因此，单元测试的意义发生了较大变化，测试时不再孤立地测试单个操作，而是将操作作为类的一部分进行测试。

面向对象的单元测试主要包括两个方面：一方面，测试每个类中定义的每一个方法的算法，其测试过程和方法与传统软件测试中的单元测试相似；另一方面，测试封装在一个类中的所有方法与属性之间的相互作用，这是面向对象测试中所特有的模块单元的测试。面向对象的单元测试是进行集成测试的基础。

5. 面向对象软件的集成测试

传统的自顶向下或自底向上的集成测试策略在面向对象软件的集成测试中无意义，面向对象软件的集成测试需要在整个程序编译完成后进行。面向对象程序具有动态特性，程序的控制流无法确定，只能对编译完成的程序做基于黑盒子的集成测试。

面向对象软件的集成测试策略分为两种，具体介绍如下：

(1) 基于线程的测试：集成对响应系统的一个输入或事件所需的一组类，对每个线程分别进行集成测试。

(2) 基于使用的测试：通过测试那些几乎不使用服务器类的类(独立类)而开始构造系统，在独立类测试完成后，下一层中使用独立类的类(依赖类)被测试，这个依赖类层次的测试序列一直持续到构造完整个系统。

集成测试在设计测试用例时，不但要设计确认类功能满足的输入，还应该有意识地设计一些被禁止的例子，确认类是否有不合法的行为产生。

6. 面向对象软件的系统测试

面向对象的系统测试是面向对象集成测试后的最后阶段的测试，主要以用户需求为测试标准，需要参考面向对象分析和面向对象分析测试的结果。

面向对象的系统测试一方面是检测软件的整体行为表现，另一方面是对软件开发设计的再确认。有以下几种测试策略：

(1) 功能、性能测试：用来测试软件是否满足开发要求；是否能够提供设计所描述的功能；用户的需求是否都得到满足；用户界面是否友好等。测试人员要认真研究动态模型和描述系统行为的脚本，以确定最有可能发现用户交互需求错误的情景。功能测试是系统测试最常用和必需的测试，通常还会以正式的软件说明书为测试标准。

(2) 强度测试：用来测试系统的最高实际限度，即软件在一些超负荷的情况下功能的实现情况。

(3) 安全测试：用来验证安装在系统内的保护机制确实能够对系统进行保护，使之不受各种因素的干扰。安全测试时需要设计一些测试用例来试图突破系统的安全保密措施，检验系统是否有安全漏洞。

(4) 恢复测试：采用人工的干扰使软件出错、中断使用，检测系统的恢复能力，特别是通信系统。恢复测试时，应该参考性能测试的相关测试指标。

(5) 安装/卸载测试：需要对被测的软件结合需求分析进行安装和卸载的测试，需要设计测试用例。

5.7 基于服务器应用的测试

随着 Internet 的发展壮大，传统“主机/终端”或“客户机/服务器”的两层模式已经不能适应新的环境，于是就产生了新的开发模式，即所谓的 B/S(浏览器/服务器)结构、瘦客户机模式。应用服务器软件位于企业服务器之上，连接装有浏览器的“瘦”客户机和后端数据库后，应用服务器运行企业应用程序，以前，这些企业应用程序由一类很臃肿的所谓“胖”客户机运行。

简单地说，应用服务器只不过是这样一类软件，它负责处理应用中的业务逻辑，并将业务逻辑作为整个分布式系统的一个有机部分来对待。常用的应用服务器有：Web 服务器、数据库服务器和 J2EE 服务器等。本章将讨论对它们的测试方法。

5.7.1 基于 Web 服务器应用的测试

Web 服务器是一个软件，用于管理 Web 页面，并使这些页面通过本地网络或 Internet 供客户浏览器使用。在 Internet 中，Web 服务器和浏览器通常位于两台不同的机器上，也许它们之间相隔很远。然而，在本地情况下，也可以在一台机器上运行 Web 服务器软件，再在这台机器上通过浏览器浏览它的 Web 页面。

访问远程 Web 服务器(即 Web 服务器与浏览器应用程序位于不同的机器)与本地服务器(Web 服务器和浏览器位于同一机器)之间没有什么差别,因为不论何种情况,Web 服务器的功能(即生成可用的 Web 页面)均保持不变,Web 服务器体系结构及其功能实现如图 5-7 所示。

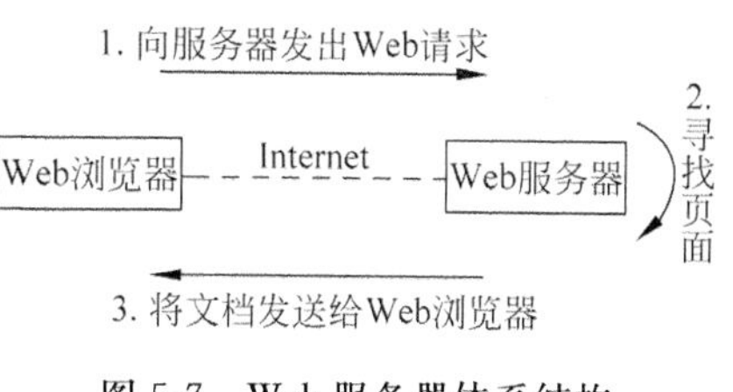

图 5-7　Web 服务器体系结构

有许多可用的 Web 服务器,最常用的有 Apache、IIS 和 Iplanet 的 Enterprise 服务器。

Web 的应用越来越广泛,基于 Web 服务器的应用程序也变得非常普及,因此,对 Web 的要求也越来越高。

在 Web 测试中,一般要从以下几个方面考虑:

(1) 功能测试:主要测试页面功能和逻辑是否满足功能规格设计说明书的需求,包括基本的逻辑、页面特性等。

(2) 用户界面测试:包括用户页面是否和设计保持一致;一些基本的页面元素(如按钮、表单、图片、文字等)的尺寸大小、边距、间距、布局是否和功能规格说明书相符;文字是否有错误拼写等。

(3) 负载/压力测试:检验 Web 程序的负载效率,当大的客户访问量出现时,需要对页面的执行效率进行模拟,以测试整个系统处理交易的能力,这也是为了保证系统的稳定性。在负载/压力测试过程中,一般需要一些辅助测试工具进行模拟测试(如 LoadRunner)。

(4) 安全性测试:Web 的安全性同样是 Web 测试的一个重要考虑因素,包括页面、Web 服务器是否存在安全性漏洞、加密信息的保密性、防止黑客攻击的能力等。

(5) 常用 Web 元素测试:包括页面的链接、图片/文字信息、表达处理、脚本语言错误校验等。

(6) 兼容性测试:各种操作系统(如 Windows、Mac OS、Solaris、Linux)与不同浏览器以及浏览器版本的组合是否能正常运行。

(7) 网路链接测试:包括不同的网路链接方式的速度、效率;同时需要考虑是否需要代理服务器;在代理服务器上怎样执行 Internet 链接等。

其他方面的测试:如系统的不同分辨下的页面显示、流量测试等。

5.7.2　基于数据库服务器的测试

1. 数据库服务器介绍

数据库应用服务器是构成数据库系统的重要组成部分。数据库系统(database system, DBS)是指在计算机系统中,引入数据库后的系统构成,一般由数据库、数据库管理系统(及其开发工具)、应用系统、数据库管理员和用户构成,如图 5-8 所示。

随着数据库服务器的日益升温,对数据库服务器的测试也变得越来越重要。数据库开发和应用开发并没有实质上的区别,所以软件测试的方法同样适用于数据库测试。

2. 系统测试

传统软件系统测试的测试重点是需求覆盖,而对于数据库测试同样也需要对需求覆盖

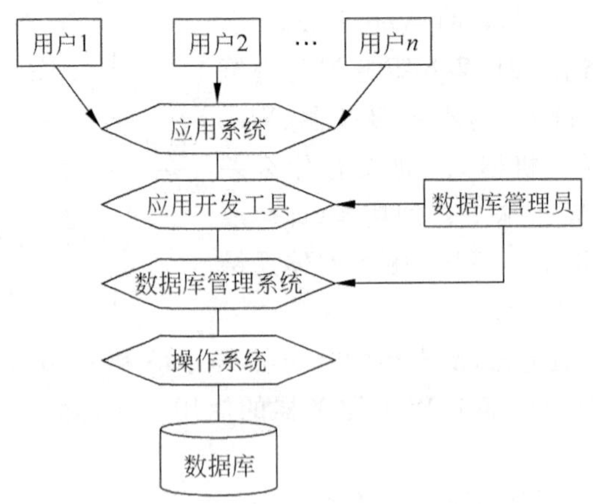

图 5-8 数据库系统基本构成

进行保证。需要确认最终的数据库设计是否和数据库设计文档相同，当设计文档变化时同样要验证修改是否落实到数据库上。这个阶段的测试主要通过数据库设计评审来实现。

3. 集成测试

集成测试是主要针对接口进行的测试工作，从数据库的角度来说和普通测试稍微有些区别。数据库测试需要考虑数据项的修改操作、数据项的增加操作、数据项的删除操作、数据表增加满、数据表删除空、删除空表中的记录、数据表的并发操作、针对存储过程的接口测试、结合业务逻辑做关联表的接口测试。

同样需要对这些接口考虑采用等价类、边界值、错误推测等方法进行测试。

4. 单元测试

单元测试侧重于逻辑覆盖，相对于复杂的代码来说，数据库开发的单元测试相对简单些，可以通过语句覆盖和走读的方式完成。

5. 性能测试

数据库性能是数据库系统的关键因素。性能优化分 4 部分：物理存储优化、逻辑设计优化、数据库的参数优化、SQL 语句优化。

数据服务器性能测试主要从两个方面考虑：一个是大数据量测试，另一个是大容量的数据测试。

1）大数据量测试

数据库的容量是表征数据库服务器性能的一个重要标准，在测试中，当大数据量在数据库中存在时，系统的性能肯定会受到影响，合理的数据库服务器管理程序以及数据库结构将会将这种变化降低到最小，例如在大数据量（成千上万、几十万条记录）处理时，通过数据库表的索引定义、数据库表空间、日志大小将会直接影响到数据库的存储、检索性能和速度。另外，数据库服务器的 CPU 占用率也会受到影响。在数据库服务器上，不应该由于这样的操作导致数据库系统的负荷超载甚至崩溃。

进行数据库性能测试时，需要使用一个自己编写的工具软件来动态给数据库加压，从不同的数据量和执行语句来测试数据库的执行速度，必要时甚至需要测试 CPU、内存占用率等。

2）大容量数据测试

在数据库性能测试过程中，还需要考虑大容量数据测试。例如，在测试中，可以使用带有视频、图片的数据。假设做这样的测试，在数据库中插入 1000 个图片文件，每个图片文件的大小为 4MB，这样，数据库在插入这些数据后的容量为 1000×4MB=4000MB=4GB。可以通过在空表中插入（insert）1000 条数据，选择（select）1000 条数据、更新（update）1000 条数据、删除（delete）1000 条数据这样一个过程来进行测试，跟踪所需要的时间、进程占用的 CPU 及内存信息等，最后得出结果、形成表格，从而分析数据库的性能情况。

数据库容量和性能测试是至关重要的，不合理的表结构以及程序中不合理的代码将使数据库的性能降低，甚至崩溃。因此，性能测试为数据库的优化过程提供了指导方向。同时，数据库的性能测试和调优是一个非常复杂的课题，针对不同的数据库平台、不同的系统特性，测试方法和手段也不尽相同，数据库的性能测试需要和整个系统应用结合起来进行。

6. 数据库的并发性测试

数据库服务器对于一组最终用户而言，其作用是一个存取数据的中心资源，可为多个应用程序（用户）所共享。这些程序可串行运行，但在许多情况下，由于应用程序涉及的数据量可能很大，常常会涉及输入/输出的交换。为了有效地利用数据库资源，多个程序或一个程序的多个进程可能并行地运行，访问相同的数据。

当多个应用程序（用户）访问相同的数据资源时，会对数据的一致性带来危险。必须建立关于数据记录的读取、插入、删除和更新的规则，以保证数据的完整性。一般的关系型数据库都具有并发控制的能力，DBMS（database management system）的并发控制子系统，即可负责协调并发事务的执行、保证数据库的完整性，同时避免用户得到不正确的数据。并发机制的好坏是衡量一个数据库管理系统性能的重要标志之一。

在数据库并发控制测试过程中，需要针对程序控制的流程来设计测试。测试的重点是并发控制逻辑分析以及锁控制的逻辑分析，设计并发控制的测试过程分为两个部分：

（1）并发流程分析，按照数据库处理的流程来设计测试的逻辑重点，分析并发控制的点、事务锁的使用。在流程分析过程中，需要结合实际应用，对并发的条件、发生频率进行分析以设计出合理的测试场景和测试用例。

（2）并发控制测试分析，按照并发控制的实现过程以及事务锁的基本机制，设计相应的测试过程以及测试用例。

7. 安全测试

软件日益复杂，而数据又成为系统中最重要的核心。自从 SQL 注入攻击被发现，数据库的安全性就被提到了最前端，数据库一下从后台变为了前台。一旦数据库被攻破，整个系统也会暴露在黑客的手下，通过数据库强大的存储过程，黑客可以轻松地获得整个系统的权限。而 SQL 的注入看似简单却很难防范，对于安全测试来说，如何防范系统被注入是测试的难点。业界也有相关的数据库注入检测工具，来帮助用户对自身系统进行安全检测。

5.7.3 基于 J2EE 平台的测试

1. J2EE 平台简介

J2EE 是 SUN 公司定义的一个开发分布式企业级应用的规范。它是一种利用 Java 2 平台来简化企业解决方案的开发、部署和管理相关复杂问题的体系结构，如图 5-9 所示。它提供了一个多层次的分布式应用模型和一系列开发技术规范。多层次分布式应用模型是指根据功能把应用逻辑分成多个层次，每个层次支持相应的服务器和组件，组件在分布式服务器的组件容器中运行(如 Servlet 组件在 Servlet 容器上运行，EJB(enterprise JavaBean)组件在 EJB 容器上运行)，容器间通过相关的协议进行通信，实现组件间的相互调用。遵从这个规范的开发者将得到行业的广泛支持，使企业级应用的开发变得简单、快速。

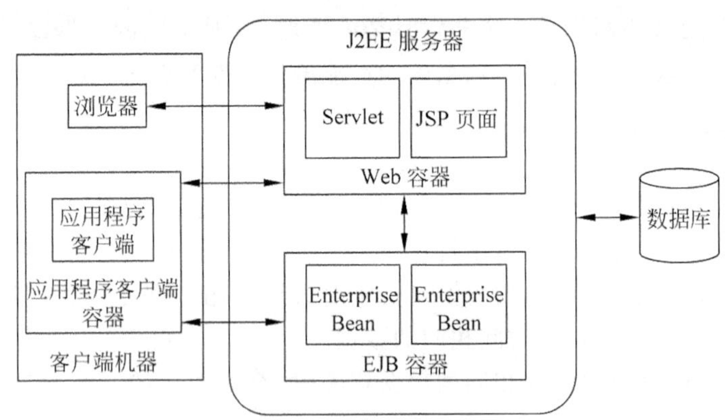

图 5-9 J2EE 体系结构图

2. J2EE 单元测试

基于 J2EE 构架的测试非常复杂和昂贵，在这里只讨论 J2EE 的单元测试。

1) 测试原则

Java 语言是一个支持面向对象的语言，通常情况下可以将程序的一个单元看成一个独立的类，因此进行单元测试的重点就是对这些类进行测试。

2) 测试步骤

(1) 判断组件的功能：通过定义应用的整体需求，然后将系统划分成几个对象，测试人员需要对组件的基本功能十分清楚。因此，J2EE 单元测试实际上也属于设计过程的一部分。

(2) 设计组件行为：依据所处理的过程，可以通过一个正规或者非正规的过程实现组件行为的设计，可以使用 UML(unified modeling language，统一建模语言)或者其他文档视图来设计组件行为，从而为组件的测试打下基础。

(3) 编写单元测试程序(或测试用例)确认组件行为：这个阶段应该假定组件的编码已经结束而且组件工作正常，需要编写单元测试程序来确定其功能是否和预定义的功能相同。测试程序需要考虑所有正常和意外的输入，以及特定的方法可能产生的溢出。

(4) 编写组件并执行测试：首先创建类及其所对应的方法标识，然后遍历每个测试实例，为其编写相应代码使其顺利通过，然后返回测试。继续这个过程直至所有实例通过，此时停止编码。

(5) 测试替代品：对组件行为的其他方式进行考虑，设计更周全的输入或者其他错误条件，编写测试用例来捕获这些条件，然后修改代码使得测试通过。

(6) 重整代码：如果有必要，在编码结束时，对代码进行重整和优化。改动后，返回单元测试并确认测试通过。

(7) 当组件有新的行为时，编写新的测试用例：每次在组件中发现故障，编写一个测试实例重复这个故障，然后修改组件以保证测试实例通过。同样，当发现新的需求或已有的需求改变时，编写或修改测试实例以响应此改变，然后修改代码。

(8) 代码修改，返回所有的测试：每次代码修改时，返回所有的测试以确保没有打乱代码。

5.8 软件自动化测试

5.8.1 软件自动化测试概述

自动化测试是把以人为驱动的测试行为转化为机器执行的一种过程。通常，在设计了测试用例并通过评审之后，由测试人员根据测试用例中描述的规程逐步执行测试，得到实际结果与期望结果做比较。在此过程中，为了节省人力、时间或硬件资源，提高测试效率，便引入了自动化测试的概念。

实施自动化测试之前需要对软件开发过程进行分析，以观察其是否适合使用自动化测试。通常需要同时满足以下条件：

1. 软件需求变动不频繁

测试脚本的稳定性决定了自动化测试的维护成本。如果软件需求变动过于频繁，测试人员需要根据变动的需求来更新测试用例以及相关的测试脚本，而脚本的维护本身就是一个代码开发的过程，需要修改、调试，必要的时候还要修改自动化测试的框架，如果所花费的成本不低于利用其节省的测试成本，那么自动化测试便是失败的。

项目中的某些模块相对稳定，而某些模块需求变动性很大。测试人员可对相对稳定的模块进行自动化测试，而变动较大的仍是用手工测试。

2. 项目周期足够长

由于自动化测试需求的确定、自动化测试框架的设计、测试脚本的编写与调试均需要相当长的时间来完成，因此这样的过程本身就是一个测试软件的开发过程，需要较长的时间来完成。如果项目的周期比较短，没有足够的时间去支持这样一个过程，那么自动化测试也不可能实现。

3. 自动化测试脚本可重复使用

如果费尽心思开发了一套近乎完美的自动化测试脚本，但是脚本的重复使用率很低，致使其间所耗费的成本大于所创造的经济价值，那么自动化测试也失去了意义。

另外，在手工测试无法完成、需要投入大量时间与人力时也需要考虑引入自动化测试。例如性能测试、配置测试、大数据量输入测试等。

通常适合于软件测试自动化的场合有以下几种：

(1) 回归测试，重复单一的数据录入或是击键等测试操作造成了不必要的时间浪费和人力浪费。

(2) 测试人员对程序的理解和对设计文档的验证通常也要借助于测试自动化工具。

(3) 采用自动化测试工具有利于测试报告文档的生成和版本的连贯性。

(4) 自动化工具能够确定测试用例的覆盖路径，确定测试用例集对程序逻辑流程和控制流程的覆盖。

随着测试流程的不断规范以及软件测试技术的进一步细化，软件测试自动化被广泛使用。规范企业测试流程、提高特定测试活动的效率变得越来越重要。

目前，软件测试自动化的研究领域主要集中在软件测试流程的自动化管理以及动态测试的自动化(如单元测试、功能测试以及性能测试方面)。在这两个领域内，与手工测试相比，测试自动化的优势比较明显。首先，自动化测试可以提高测试效率，使测试人员更加专注于新的测试模块的建立和开发，从而提高测试覆盖率；其次，自动化测试更便于测试资产的数字化管理，使得测试资产在整个测试生命周期内可以得到复用，这个特点在功能测试和回归测试中尤其具有意义；此外，测试流程自动化管理可以使机构的测试活动开展得更加过程化，这很符合 CMMI 过程改进的思想。

任何一种产品化的测试自动化工具，都可能存在与某具体项目不甚贴切的地方。再加上存在许多不同种类的应用平台，应用开发技术也不尽相同，甚至在一个应用中可能就跨越了多种平台，或同一应用的不同版本之间存在技术差异。所以选择软件测试自动化方案必须深刻理解这一选择可能带来的变动、来自诸多方面的风险和成本开销。

测试人员进行软件测试自动化方案选型时，应参考的原则有以下几个：

(1) 选择尽可能少的自动化产品覆盖尽可能多的平台，以降低产品投资和团队的学习成本。

(2) 测试流程管理自动化通常应该优先考虑，以满足为测试团队提供流程管理支持的需求。

(3) 在投资有限的情况下，性能测试自动化产品将优先于功能测试自动化产品。

(4) 在考虑产品性价比的同时，应充分关注产品的支持服务和售后服务的完善性。

(5) 尽量选择趋于主流的产品，以便通过行业间交流甚至网络等方式获得更为广泛的经验和支持。

(6) 应对测试自动化方案的可扩展性提出要求，以满足技术和业务需求的不断发展。

5.8.2 软件自动化测试实施

自动化测试与软件开发过程从本质上来讲是一样的，无非是利用自动化测试工具(相当于软件开发工具)，经过对测试需求的分析(软件过程中的需求分析)，设计出自动化测试用例(软件过程中的需求规格)，从而搭建自动化测试的框架(软件过程中的概要设计)，设计与编写自动化脚本(详细设计与编码)，测试脚本的正确性，从而完成该套测试脚本(即主要功能为测试的应用软件)。

1. 自动化测试需求分析

当测试项目满足了自动化的前提条件，并确定在该项目中需要使用自动化测试时，测试人员便开始进行自动化测试需求分析。此过程需要确定自动化测试的范围以及相应的测试用例、测试数据，并形成详细的文档，以便于自动化测试框架的搭建。

2. 自动化测试框架的搭建

自动化测试框架定义了在使用该套脚本时需要调用哪些文件、结构，调用的过程，以及文件结构如何划分。

1) 自动化测试框架的典型要素

(1) 公用的对象。不同的测试用例会有一些相同的对象被重复使用，例如窗口、按钮、页面等。这些公用的对象可被抽取出来，在编写脚本时随时调用。当这些对象的属性因为需求的变更而改变时，只须修改该对象属性即可，而无须修改所有相关的测试脚本。

(2) 公用的环境。各测试用例也会用到相同的测试环境，将该测试环境独立封装，在各个测试用例中灵活调用，也能增强脚本的可维护性。

(3) 公用的方法。当测试工具没有需要的方法时，而该方法又会被经常使用，测试人员便需要自己编写该方法，以方便脚本的调用。

(4) 测试数据。也许一个测试用例需要执行很多个测试数据，测试人员便可将测试数据放在一个独立的文件中，当测试脚本执行到该用例时读取数据文件，从而达到数据覆盖的目的。

在该框架中需要将这些典型要素考虑进去，在测试用例中抽取出公用的元素放入已定义的文件，设定好调用的过程。

2) 脚本的编写

该编写过程便是具体的测试用例的脚本转化。初学的自动化测试人员均会经历从录制脚本到修改脚本的过程，但专业化的建议是以录制为参考、以编写脚本为主要行为，以避免录制脚本带来的冗余、公用元素的不可调用、脚本的调试复杂等问题。

3) 脚本的测试与试运行

事实上，当每一个测试用例所形成的脚本通过测试后，并不意味着执行多个甚至所有的测试用例就不会出错。输入数据以及测试环境的改变，都会导致测试结果受到影响甚至失败。而如果只是一个个执行测试用例，也仅能被称作是半自动化测试，这会极大地影响自动化测试的效率，甚至不能满足夜间自动执行的特殊要求。

因此，脚本的测试与试运行极为重要，它需要检查多个脚本不能依计划执行的原因，并保证其得到修复。同时它也需要经过多轮的脚本试运行，以保证测试结果的一致性与精确性。

自动化测试引入的原因就是把软件测试人员从枯燥乏味的机械性手工测试劳动中解放

出来，以自动化测试工具取而代之，使测试人员的精力真正花在提高软件产品质量本身。

3. 实施中的注意事项

实施测试自动化，不仅涉及测试工作本身流程上、组织结构上的调整与改进，甚至也包括需求、设计、开发、维护及配置管理等其他方面的配合。如果对这些必要的因素没有考虑周全的话，必然在实施过程中处处碰壁，既定的实施方案也无法开展。

尽管自动化测试可以降低人工测试的工作量，但并不能完全取代手工测试。一味追求测试自动化只会带来测试成本的急剧上升。

实施测试自动化需要有相当规模的投入，投入回报率将是决定是否实施软件测试自动化的关键因素，因此测试人员在决定实施软件测试自动化之前，必须要做量化的投资回报分析。此外，实施软件测试自动化并不意味着必须采购强大的自动化软件测试工具或自动化管理平台，毕竟软件质量的保证不是依靠产品或技术，更多的因素在于高素质的人员和合理有效的流程。

本章小结

本章首先介绍了软件测试的基本技术，软件测试流程的5个关键阶段：单元测试、集成测试、系统测试、验收测试和回归测试，以及它们的概念和相关的测试方法。接着介绍了面向对象测试的方法、基于服务器应用的测试和软件自动化测试。

课后习题

1. 软件测试流程分为几个阶段？
2. 什么是单元测试？简述单元测试的步骤。
3. 什么是集成测试？集成测试有哪些测试策略？
4. 系统测试由谁来完成？简述系统测试的方法。
5. 验收测试包含哪些过程？
6. 什么是回归测试？什么时候进行回归测试？
7. 简述面向对象测试和传统测试的区别。
8. 简述基于数据库服务器的测试过程。

第6章 软件测试管理

软件测试活动贯穿整个软件项目的生存周期，是软件质量保证的关键步骤。软件测试的工作量要占整个软件开发工作量的一半，对于高可靠性、高安全性的软件来说，这一比例甚至更高。软件测试工作涉及技术、计划、质量、工具、人员等各个方面，是一项复杂的工作。任何软件测试工作都是在一定的约束条件下进行的，要做到完全彻底的测试是不可能的。只有系统化、规范化的软件测试才能有效地发现软件缺陷，才能对发现的软件缺陷实施有效的追踪和管理，才能在软件缺陷修改后进行有效的回归测试。

因此，软件测试本身就是软件工程中值得专门计划和管理的一项子工程。过度测试会造成项目的测试成本上升，而测试不够又会造成项目中遗留某些严重的缺陷。因此软件测试需要进行科学的管理，有计划地进行。测试工作的效果如何，测试管理工作起到极其关键的作用。

6.1 软件测试过程管理

软件测试管理主要围绕着软件测试过程中阶段性的工作成果而展开，对测试计划、测试设计和开发、测试执行、测试评估这几个阶段所产生的各种文档、数据、记录和报告等进行管理，特别是对测试计划、测试用例、测试实施进行管理，对缺陷进行跟踪管理。

6.1.1 测试计划

专业的测试始于一个好的测试计划。尽管测试的每一个步骤都是独立的，但是必定要有一个起到框架结构作用的测试计划来指导测试的有序进行。

测试计划要对具体的测试活动给出宏观的指导与预算，具体内容包括产品基本情况调研、测试需求说明、测试策略和记录、测试资源配置、计划表、问题跟踪报告、测试计划的评审、结果等。

(1) 产品基本情况调研：了解产品的一些基本情况，例如，产品的运行平台和应用的领域、产品的特点和主要的功能模块等。对于大的测试项目，还要包括测试的目的和侧重点。

这部分要完成的任务：定义测试的策略、测试的配置，粗略地估计测试大致需要的周期和最终测试报告递交的时间，估计可能导致测试计划变更的事件，例如，改进测试工具、改变测试环境、系统添加新功能；根据掌握的系统信息，规划系统的整体测试过程，例如，将要测试的软件划分成几个组成部分，各部分数据是如何存储、如何传递、预期各部分测试是要达到什么样的目的、怎么实现数据更新；还要确定常规性的技术要求，例如，运行平台、数据库等。确定制造商和产品版本号的说明；描述如何搭建测试平台以及测试的潜在风险；说明要测试项目的相关资料，例如，用户文档、产品描述、主要功能的举例说明等。

（2）测试需求说明：列出所有要测试的功能项。凡是没有出现在这个清单里的功能项都排除在测试的范围之外。

这部分要完成的任务：确定将要进行测试的功能项，理论上要覆盖所有的功能项，例如，在数据库中添加、编辑、删除记录等，这部分工作比较烦琐，但是有利于测试的完整性；确定哪些软件设计需要进行合理性的测试，例如，一些用户界面、菜单的结构还有窗体的设计；确定数据流的正确性测试。

（3）测试的策略和记录：是整个测试计划的重点，要描述如何公正客观地开展测试；要考虑模块、功能、整体、系统、版本、压力、性能、配置和安装等各个因素的影响；要尽可能地考虑到细节，越详细越好，并制作测试记录文档的模板，为即将开始的测试做准备。

这部分要完成的任务：要对测试的公正性、遵照的标准做一个说明，证明测试是客观的，整体上，软件功能要满足需求、实现正确，和用户文档的描述保持一致；描述测试案例的形式，采用了什么工具、工具的来源是什么、如何执行、用了什么样的数据；测试的记录中要为将来的回归测试留有余地；当然，也要考虑同时安装其他软件对正在测试的软件会造成的影响；针对一些外界环境的影响，要对软件进行一些特殊方面的测试；对同类测试里经常出现的问题，提出一些解决方法。

（4）测试资源配置：制订一个项目资源使用计划，包含对于每阶段的任务、所需要的资源。

（5）计划表：以软件测试的常规周期和以往项目经验为参考，估计需要的大致时间。

（6）问题跟踪报告：在测试的计划阶段，需要明确界定问题的性质和如何准备问题报告。问题报告要包括问题的发现者和修改者、问题发生的频率、用了什么样的测试案例测出该问题，以及明确问题产生时的测试环境。

问题描述尽可能是定量的，主要是按照问题的严重程度分为3类：①严重问题，意味着功能不可用，或者是权限限制方面的失误，也可能是某个地方的改变造成了别的地方的问题等；②一般问题，即功能没有按设计要求实现或者是一些界面交互的实现不正确；③建议问题，即功能运行没有达到要求的速度，或者不符合某些约定俗成的习惯，但不影响系统的性能。

（7）测试计划的评审：又称为测试规范的评审。在测试真正实施开展之前必须要认真负责地检查一遍，获得整个测试部门人员的认同，包括部门的负责人的同意和签字。

（8）结果：在最后测试结果的评审中，必须要严格验证计划和实际的执行是不是有偏差，体现在最终报告的内容是否和测试的计划保持一致。

6.1.2 测试设计和开发

测试设计建立在测试计划的基础上，设计出针对于该项目及每个测试活动的测试策略、测试方案及测试用例。通常这一部分工作对测试人员的素质要求很高，需要从多方面来综合考虑系统的实现情况。

1. 测试策略设计

测试策略要解决的问题是根据测试需求、资源配备及工程环境，因地制宜剪裁测试技术，形成测试工作的技术路线。测试策略设计是一项复杂的工作，这是因为它是测试经验积累与特定项目工程实际交互作用下的产物，是测试需求、测试资源配置、项目规模、类似项目测试策略参考等多个因素综合作用的结果。要做好测试策略的设计工作，是非常不容易的事情。针对于不同的情况，要设计不同的测试策略。

从项目大小的角度来考虑。对于小项目，例如，对于工作量小于 5 个人/月的普通商用软件，重点应该抓系统测试，包括功能测试、性能测试、界面测试等；另外，还有验收测试，不需要面面俱到。对于中型项目，例如，工作量接近 30 个人/月的商用软件，一般应该认真完成需求验证、设计验证、单元测试、集成测试、系统测试及验收测试，不能因只关注系统测试，而忽略其他部分。

从用户需求的角度来考虑，用户需求常常是更重要的考虑因素，如用户希望软件有好的人机交互界面，这时就应该考虑采用快速原型生成工具来进行用户界面设计的确认测试；又如用户希望软件有较好的健壮性，这时就应该考虑进行相应的负载测试和可恢复性测试。

从资源配备的角度考虑，一个团队成员寥寥无几的测试团队，要承担一个中型项目的软件测试工作，这几乎是不可能的。然而，个别企业的高层出于成本考虑或技术上的不敏感可能会分派出此类不可实现的任务。这时，要充分利用测试外包、测试协作等多种形式，把优先级相对较低的部分甩出去，留下最核心的、优先级最高的部分，组织测试人员进行专业的测试。

2. 测试方案设计

经过测试策略设计，形成了针对特定项目的测试工作技术路线，下一步测试团队就开始了测试方案的设计阶段。测试方案是对技术路线的进一步细化，如某一技术路线规定了某小型软件项目测试工作要重点围绕“功能测试与验收测试”展开，那么测试方案设计阶段就必须具体定义哪些功能需要被测试以及如何去测试，哪些部分需要做验收以及采用什么形式去做验收测试。

测试方案的设计除了要明确定义各个测试活动的对象、执行人员、测试进度、通过标准等一系列属性外，还要充分考虑到成本与技术可行性。一个好的测试方案总是遵循着以下设计原则：

(1) 测试成本与测试工作产生的效益处于最佳比值。

(2) 各具体测试活动描述清晰、目标明确、内容完备。

(3) 测试手段是可行的。

(4) 测试产生的结果是可以用于指导产品质量改进的。

3. 测试用例设计

(1) 测试用例定义：测试用例设计是对测试方案实现技术部分更为细致的描述，相关设计技术已经相对成熟。测试用例是为某个特殊目标而编制的一组测试输入、执行条件以及预期结果，以便测试某个程序路径或核实其是否满足某个特定需求。

(2) 测试用例的设计方法概述：根据测试的方法分为黑盒测试和白盒测试，相应的测试用例的设计方法也可以分为针对黑盒测试的用例设计和针对白盒测试的用例设计。

(3) 测试用例的评审及维护：测试用例在设计之后需要经过评审，需要评审的内容如下：用例是否完整；是否每一个需求都有其对应的测试用例来验证；是否每一个设计元素都有其对应的测试用例来验证；事件顺序能否产生唯一的测试目标行为；是否每个测试用例都阐述了预期结果；是否每个测试用例(或每组相关的测试用例)都确定了初始的测试目标状态和测试数据状态；测试用例是否包含了所有单一的边界；测试用例是否包含了所有的业务数据流；是否所有的测试用例名称、ID都与测试工件命名约定一致。

测试用例评审时需要参加的人员：项目经理、系统分析员、测试设计员、测试员。随着软件项目的开发，用例库的数据由于随着项目的进展动态变化，因此它也是需要维护的，主要包括不合适用例的修改、冗余用例的删除、测试用例的增加，并对进行的操作在备注中署名修改者以及修改时间和改动原因。

(4) 测试开发：如果在下一节的测试执行过程中选择自动化测试，在测试设计阶段需要根据所选择的测试工具脚本语言编写测试脚本。将所有可以进行自动化测试的测试用例转化为测试脚本，其输入就是基于测试需求的测试用例，输出是测试脚本和与之相对应的期望结果。

6.1.3 测试执行

测试执行是按照测试设计产生的输出，执行相应的测试活动、查找并报告相应错误和缺陷的过程。测试的执行有手工测试和自动化测试两种：手工测试在合适的测试环境上，按照测试用例的条件、步骤要求、准备测试数据，对系统进行操作，比较实际结果和测试用例所描述的期望结果，以确定系统是否正常运行；自动化测试是通过测试工具，运行测试脚本，得到测试结果。自动化测试的管理相对比较容易，并能自动记录测试结果。

软件测试执行过程需要注意的问题有以下几个：

(1) 全方位的观察测试用例执行结果。测试执行过程中，即使实际测试结果与测试的预期结果一致，也要查看软件产品的操作日志、系统运行日志和系统资源使用情况，来判断测试用例是否执行成功了。全方位观察软件产品的输出可以发现很多隐蔽的问题。

(2) 加强测试过程记录。测试执行过程中，一定要加强测试过程记录。如果测试执行步骤与测试用例中描述的有差异，一定要记录下来，作为日后更新测试用例的依据；如果软件产品提供了日志功能，比如有软件运行日志、用户操作日志，一定在每个测试用例执行后记录相关的日志文件，作为测试过程记录，一旦日后发现问题，开发人员可以通过这些测试记录方便地定位问题，而不用测试人员重新搭建测试环境，为开发人员重现问题。

(3) 及时确认发现的问题。测试执行过程中，如果确认发现了软件的缺陷，那么可以毫不犹豫地提交问题报告单；如果发现了可疑问题，又无法定位是否为软件缺陷，那么一定要保留现场，然后通知相关开发人员到现场定位问题；如果开发人员在短时间内可以确认该问题是否为软件缺陷，测试人员给予配合；如果开发人员定位问题需要花费很长的时间，测试人员千万不要因此耽误自己宝贵的测试执行时间，可以让开发人员记录重现问题的测试环境配置，然后回到自己的开发环境上重现问题，继续定位问题。

(4) 及时更新测试用例。在测试执行过程中，需要及时更新测试用例。在该过程中，常会发现遗漏了一些测试用例，这时候应该及时的补充；同时会发现部分测试用例在具体的执行过程中根本无法操作，这时候应该删除这部分测试用例；还会发现一些冗余的测试用例，这时候也应该删除这部分测试用例。

(5) 问题报告要完整、准确。软件测试提交的问题报告单和测试日报一样，都是软件测试人员的工作输出，是测试人员绩效的集中体现。因此，提交一份优秀的问题报告单是很重要的。缺陷报告单中最关键的几个部分：发现缺陷的环境，包括软件环境、硬件环境等；缺陷的基本描述；开发人员对缺陷的解决方法。通过对上述缺陷报告单的 3 个部分进行仔细分析，从中掌握软件产品最常见的基本问题。

(6) 测试结果分析。软件测试执行结束后，测试活动还没有结束，测试结果分析是必不可少的重要环节，它对下一轮测试工作的开展有很大的借鉴意义。

6.1.4　测试评估

测试评估阶段需要根据软件测试的执行情况，作出两方面的评价：一是评价软件测试的效果，对局部数据进行采样分析，判断软件测试是否充分并且达到预期目标；二是根据测试结论，评价被测试的软件。最后根据这两方面内容，编写测试报告。

测试报告是把测试的过程和结果写成文档，并对发现的问题和缺陷进行分析，为纠正软件所存在的质量问题提供依据，同时为软件验收和交付打下基础。

6.1.5　测试结果分析和质量报告

测试报告和质量报告是测试人员的主要成果之一。一个好的测试报告建立在正确的、足够的测试结果的基础之上，不仅要包括重要的测试结果数据，同时要对结果数据进行分析，发现软件中问题的本质，对软件质量进行准确的评估。

1. 缺陷分析

对缺陷进行分析，确定测试是否达到结束的标准，也就是判定测试是否已达到用户可接受的状态。在评估缺陷时应遵照缺陷分析策略中制定的分析标准，最常用的缺陷分析方法有：

(1) 缺陷分布报告：允许将缺陷计数作为一个或多个缺陷参数的函数来显示，生成缺陷数量与缺陷属性的函数，如缺陷在程序模块中的横向分布、严重性缺陷在不同的产生原因上的分布等。

(2) 缺陷趋势报告：按各种状态将缺陷计数作为时间的函数显示，如缺陷数量在整个测试周期内的时间分布。趋势报告可以是累计的，也可以是非累计的，可以看出缺陷增长和减少的趋势。

(3) 缺陷年龄报告：是一种特殊类型的缺陷分布报告，显示缺陷处于活动状态的时间，展示一个缺陷处于某种状态的时间长短，从而了解处理这些缺陷的进度情况。

(4) 测试结果进度报告：展示测试过程在被测应用的几个版本中的执行结果以及测试周期，显示对应用程序进行若干次迭代和测试生命周期后的测试过程执行结果。

同时，也可以在项目结束后进行缺陷分析，以改进开发和测试进程，如通过缺陷(每日或每周新发现的缺陷)趋势分析来了解测试的效率,也可根据丢失的Bug数目和发现的总Bug数来了解测试的质量;可以根据执行的总测试用例数,计算出每发现一个Bug所需要的测试用例数、测试时间等,来对不同阶段、不同模块进行对比分析;通过缺陷数量或模块的分布情况,可以掌握程序代码的质量,如通过对每千行代码所含的Bug数分析,了解程序代码质量;通过缺陷趋势分析,开发团队可以解决Bug的能力或状态。

2. 产品总体质量分析

对测试的结果进行整理、归纳和分析,一般借助于Excel文件、数据库和一些直方图、圆饼图、趋势图等,主要的方法有对比分析、根本原因(root cause)查找、问题分类、趋势(时间序列)分析等。

(1) 对比分析,借助程序来执行测试结果与标准输出的对比工作,因为可能有部分的输出内容是不能直接对比的(比如,对运行的日期时间的记录,对运行的路径的记录以及测试对象的版本数据等),就要用程序对其进行处理。

(2) 根本原因(root cause)查找,分析、找出不吻合的地方并指出错误的可能起因。

(3) 问题分类,分类包括各种统计上的分项,例如,对应的源程序的位置、错误的严重级别(提示、警告、非失效性错误、失效性错误等),错误是新发现的还是已有记录的。

(4) 趋势(时间序列)分析,根据所发现的软件缺陷历史数据进行分析,预测未来情况。

其他统计分析通过对缺陷进行分类,然后利用一些成熟的统计方法对已有数据进行分析,以了解软件开发中主要问题或产生问题的主要原因,从而比较容易提高软件质量。

6.2 软件测试人员组织管理

软件测试行业在国内尚处于起步和发展阶段,目前仍以手工测试为主,国内的软件开发工作测试人员与开发人员的比例大概在(1∶9)~(1∶15)之间;而在国外,软件测试行业的发展相对来说比较成熟。据统计,在欧美的软件项目中,软件测试的工作量要占到项目总工作量的40%,软件测试的费用要占到项目总经费的30%,由此可见,测试工作在整个软件开发过程中占有着极其重要的地位。为了做好软件测试工作,在软件公司内部需要建立一个独立的测试组织,此组织由负责软件公司全面测试工作的测试管理人员和一定数量的具有测试理论、掌握软件测试技术的专业测试人员组成。

1. 测试人员组织结构

根据软件公司规模大小设置软件测试组织构架,通常测试部门有下面几种组织方式:

(1) 独立的测试部门:测试部门或者测试组和纯粹的开发部门是独立的。测试团队的工作是提供测试服务,可以为一个或者多个项目服务。这种构架比较适用于大型软件公司。

(2) 归属于项目的测试部门:在这种组织方式下,测试人员只专注于某个项目,而不会同时去测试其他产品。测试人员直接由项目经理管理。项目经理对整个项目负责,也拥有最多的决定权。这种构架比较适用于中、小型软件公司。

(3) 以上两种兼而有之:在有些公司可能上面两种方式并存,每个项目有自己的专职测试人员,同时公司有独立的测试部门,这个部门的人员会测试多个产品。可能独立的测试部门更多关注的是一些有共性的东西,比如一些系统测试,还有公司或者行业的标准。

2. 测试人员组成

一个好的测试团队,从理论上说,和其规模没有多大关系。如果项目很小,全部测试工作由一个人来完成。通常,一个比较健全的测试部门应该具有以下人员:

(1) 测试项目负责人:管理、监督测试项目、提供技术指导、获取适当的资源、制定基线、技术协调、负责项目的安全保密和质量管理。

(2) 测试分析员:确定测试计划、测试内容、测试方法、测试数据生成方法、测试环境(软、硬件)、测试工具,评价测试工作的有效性。

(3) 测试设计员:设计测试用例、确定测试用例的优先级、建立测试环境。

(4) 测试程序员:编写测试辅助软件。

(5) 测试员:执行测试、记录测试结果。

(6) 测试系统管理员:对测试环境和资产进行管理和维护。

(7) 配置管理员:设置、管理和维护测试配置管理数据库。

6.3 软件测试需求管理

软件开发失败率一直困扰着软件开发者,特别在外包开发这个领域中,这个值可能更高。在分析项目失败的原因的时候,需求的因素可能是失败的关键原因。在项目进行过程中,测试需求不是保持不变的,随着项目的进行,项目的业务需求规格、软件需求规格、接口规范、设计规格都有可能发生变化,对应的测试需求也可能发生变化;另外,测试策略、测试方法的调整也可能会导致测试需求的调整。因此需要采用规范的方法对测试需求进行管理,主要包括4个测试需求管理活动:需求评审、需求跟踪、需求变更控制和需求的一致性检查。

1. 测试需求评审

经过用户接受测试需求分析和导出过程后,将得到用户接受测试需求初稿。业务管理部门应组织相关的业务人员、技术人员、环境管理人员、测试人员和其他相关人员进行用户接受测试需求评审,确保达成一致意见。

同样,测试管理部门应组织相关的技术人员、环境管理人员、测试人员和其他相关人员对系统连接测试需求分析导出的系统连接测试需求,对系统集成测试需求分析导出的系统集成测试需求进行评审,确保系统连接测试需求和系统集成测试需求通过评审。

对于内部测试需求分析中导出的内部测试需求,应由开发中心质量控制部组织相关业务人员和开发项目组进行评审,确保达成一致意见。当各类测试需求通过评审后,它们将被导入 MQC(Mercury quality center)中进行版本标识,并进行统一管理。

2. 测试需求跟踪

测试需求的跟踪是通过建立测试需求与其来源、与其测试用例之间的双向跟踪关系来实现的。具体有以下几种：

(1) 建立用户接受测试需求与业务需求规格、与用户接受测试用例之间的双向跟踪关系。

(2) 建立系统集成测试需求与软件需求分析规格、与系统集成测试用例之间的双向跟踪关系。

(3) 建立连接测试需求与概要设计规格、与连接测试用例之间的双向跟踪关系。

(4) 建立单元测试需求与详细设计规格、与单元测试用例之间的双向跟踪关系。

(5) 建立内部测试需求与软件需求分析规格、与详细设计规格、与内部测试用例之间的双向跟踪关系。

当发生需求变更时，可以根据此双向跟踪关系分析变更的影响范围。如针对一个业务功能的变更，可以分析出这个变更将影响到哪些软件需求功能，这些软件功能是否需要变更，相应的哪些设计模块、代码文件、测试需求、测试用例会受到影响，它们是否需要变更。

测试工程师可以管理测试需求与测试案例的双向跟踪关系，但是不能管理系统概要设计规格、系统详细设计规格、软件需求分析规格、业务需求规格与它们的测试需求之间的双向跟踪关系。这需要单独的需求管理工具，如 Telelogic Doors 或 IBM Rational RequesitePro 等需求管理工具，如果没有这些专业的需求管理工具，也可以使用 Excel 表格等方法手工进行管理。

3. 测试需求变更控制

在测试需求的跟踪关系建立起来以后，可借此跟踪关系进行测试需求的变更控制。

对由于缺陷修复、系统功能增减、业务需求变更等原因导致的变更，应遵循规范的变更过程，使测试需求变更有序、可控、可管理。其变更的控制过程如下：

(1) 测试项目组需要参与被测系统开发项目组的变更管理工作，针对在项目开发中引起的业务变更或系统功能变更或系统设计变更申请，进行测试需求的变更影响性分析，判断这些变更是否会对相关测试需求产生影响。

(2) 如果会产生影响，测试项目组需要判断变更会影响到哪些测试需求、影响到哪些测试用例。

(3) 如果变更申请得到批准，测试项目组需要变更测试需求及相应的测试用例，并形成新的测试需求版本(与变更后的相关开发文档版本保持一致)。

(4) 最后将新形成的测试需求提交给相关的主管部门，组织评审通过。

4. 测试需求的一致性检查

主要进行的一致性检查包括以下几个：

(1) 业务管理部应指定人员定期检查用户接受测试需求与用户接受测试计划、用户接受测试策略和用户接受测试方案的一致性，如果发现不一致，需要填写一致性检查报告。

(2) 测试管理部门应指定人员定期检查系统集成测试需求与系统集成测试计划、系统集成测试策略和系统集成测试方案的一致性，如果发现不一致，需要填写一致性检查报告。

(3) 测试管理部门应指定人员定期检查系统连接测试需求与系统连接测试计划、系统连接测试策略和系统连接测试方案的一致性，如果发现不一致，需要填写一致性检查报告。

(4) 测试经理应指定人员定期检查系统内部测试需求与系统内部测试计划、系统内部测试策略和系统内部测试方案的一致性，如果发现不一致，需要填写一致性检查报告。

(5) 测试经理针对一致性检查报告，确定不一致问题的纠正措施，并跟踪问题直至其关闭。

6.4 软件测试文档管理

测试文档在软件测试过程中起到关键的作用，从某种意义上来说，测试文档是项目测试规范的体现和指南。按照规范要求编制一整套测试文档的过程，就是完成一个测试项目的过程。一个项目测试是否高质量完成，一般可以从两个方面进行评价：能否提供高质量的测试活动和结果；能否提供有效的测试文档。而对于后者，高质量的测试文档正是体现前者是否高质量完成的证明。

软件测试文档可以提高项目测试过程的能见度。标准规范、齐全的文档会详细记录测试过程中发生的事件，便于测试人员掌握测试进度、测试质量以及各种资源的调配。同时，文档有助于测试人员与开发人员明确、了解各自的职责，信息互通，共同把握测试和开发的进度。

文档化能规范测试问题的反馈、提高测试效率。测试人员用一定时间编制、整理测试文档，可以使测试人员对各个阶段的工作都进行周密思考和理顺、找出存在的问题，从而减少差错、提高项目测试质量。例如，测试过程中肯定会遇到各种各样的问题，诸如软件问题或测试设置等需要向开发组反馈来寻求解决，通过对文档的检查，在项目测试早期发现文档错误和不一致，加以及时纠正，可以减少深入项目而导致的大问题的出现和为纠正失误而付出的更大的成本。这类问题又分两种情况。一种是重要的反馈迟迟得不到解决和回复，当文档化做得好时，在出现问题的时候，打开文档可以一目了然，责任没法推卸。另一种是有些问题在不同部门和不同的阶段频繁出现。简单而又琐碎的重复问题会让测试人员疲于奔命，效率低下。这时，一个文档化的、经常碰到的问题集对项目测试就显得非常有效。

一方面，测试文档便于团队成员之间的交流与合作。描述清楚、完备的测试文档便于项目组领导了解测试过程中的各项指标，为开发团队与测试团队之间架起一座桥梁。文档是一种无声的语言，它记录了项目测试过程中有关测试配置、测试运行、测试结果等方面的信息，有利于项目管理人员、测试人员之间的交流和合作。另一方面，测试文档的重要性还表现在对于项目“传承”的重要性，有了好的文档，那么当项目有新成员进入，测试文档就可以承担起指导新成员快速工作的任务，而不是仅仅询问原来的成员，节省了大家的时间。还有，当测试完成后，测试文档就将成为项目测试的文字载体，在后续人员培训方面提供详尽的素材。

测试文档是测试人员经验提升的最好途径。善于学习对于任何职业而言都是前进所必需的动力，对于软件测试来说，这种要求就更加高了。项目文档对于项目测试人员的素质提升是大有裨益的。目前不少企业在进行项目测试时都会出现一个通病：由于人员素质有限，许多的决定只凭口头叙述，缺少足够的文字记录，以至出现问题时往往显得无所适从。从本质上讲，测试文档强调的是一种规范化管理，要求项目人员利用书面语言进行沟通表达,以指引项目运作。测试人员不应该只为写测试文档而写文档,良好的文档是思想交流、沟通的基础,也是整理和理清思路的基础。

测试文档有利于项目测试的监控作用。测试本身是一项风险很高的工程,需要进行严谨的项目监控。阶段性的检查、评审和文档化成果是项目监控的重要的方法,详尽而规范的测试文档成果不仅有利于监控项目进度,也利于项目验收。

测试文档是否专业已成为测试管理和测试人员的重要评价指标之一。但是,普遍还会存在这些缺点:

(1) 文档编写不够规范。主要是测试文档内容描写不够完善,在编写各种测试文档过程中,虽然测试人员都按事先规定的模式进行了编写,但编写的内容经常不够完善。要么文档极其简单,相当于没有文档;要么文档流于形式,没有什么实际的价值,甚至于有的测试文档与测试过程完全不符。

(2) 测试文档没有统一入库管理。随着软件开发的不断深入、升级,新 Bug 不断产生,各种测试文档越来越多,然而没有建立一个测试文档资料库。在测试过程中没有对每一个阶段的文档进行整理、分层次管理,使得各类文档资料缺少一致性。不同时期的各种测试文档零散存在,造成查询测试文档时的困难。在众多的测试文档中,其中一些文档必定是关键文档,起到非常重要的作用,但是对于这类测试文档没有设定优先级别的特别说明。

(3) 只重视测试文档的形式,实用性不强。在实际的测试过程中,编制人员没有时间去关心它们的用途,也不知道哪些部门会使用,更多的是在规定的时间内完成任务,以免影响考核成绩。这样一来,一些不实用的、重复的文档不但阻碍着测试的执行效率,而且影响项目的整体进度。因此,文档的制定要实用,以减少繁文缛节的文字工作。

如何管理测试文档?如前文所述,测试文档对于项目管理的作用是不容置疑的,但测试文档的管理却又通常是项目管理中最容易忽略的部分。在测试文档管理中应该要注意以下几个方面:

(1) 建立测试文档管理制度。一方面要对测试文档的名称、标识、类型、责任人、内容等基本内容做出事先安排,给出测试文档总览表;另一方面是制定对各种测试文档的管理程序,如批准、发布、修订、标识、存储、传递、查阅等,为测试文档配置管理铺设一个良好的基础平台。

(2) 文档版本管理,而且非常重要。版本混乱是测试文档的一个严重问题,测试文档的有效管理必须实行版本控制。

(3) 创建测试文档库的访问规则,这是文档管理的重要环节。访问规则确定谁可以访问、阅读、升级及在文档库中添加文档。同时,文档库还应定期进行检查,以便判断对哪些文件进行存档或对哪些旧文件进行清理,以确保文档管理符合项目测试组的需求。

(4) 使用工具管理文档。对于一个大型的项目测试,整个测试周期中都会有大量的文档。测试文档内容也是在不断变化的,有的是连续的、承前启后的,有的是新增加的,也有的是废除的。这可能需要一个统一的文档管理工具,分门别类地统一存放管理各种测试文档。

总之,测试文档在软件测试过程中起到关键的作用,从某种意义上来说,测试文档是项目测试规范的体现和指南,按照规范要求编制一整套测试文档的过程,就是完成一个测试项目的过程。

6.5 软件测试配置管理

随着软件系统的日益复杂化和用户需求、软件更新的频繁化，配置管理在软件测试过程中越来越重要。

配置管理是通过对产品生命周期的不同时间点上的产品配置项进行标识，并对这些标识的产品配置项的更改来进行系统控制，从而保持产品完整性、一致性和可塑性的过程。测试配置管理是软件配置管理的子集，作用于测试的各个阶段，其配置管理对象包括测试计划、测试方案(用例)、测试版本、测试工具及环境、测试结果等。一个完整的配置管理系统要具有配置标识、版本控制、变更控制、配置状态统计和配置审核功能，如图 6-1 所示。

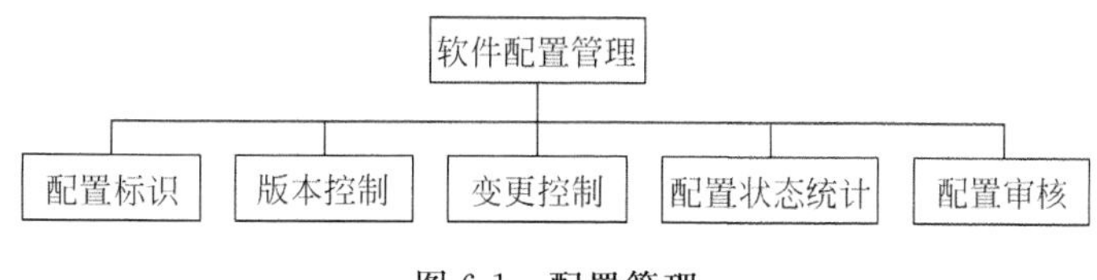

图 6-1 配置管理

1. 配置标识

配置标识就是识别产品结构、产品构件及其类型，为其分配唯一的标识符，并以某种形式提供对它们的存取。配置标识的目的是在整个生命周期中标识系统各部件，并提供对软件过程及其软件产品的跟踪能力。具体内容包括配置管理对象命名、版本设置、存放地址、读写权限等。

2. 版本控制

版本控制就是对在软件测试过程中所创建的配置对象的不同版本进行管理，保证任何时候都能取到正确的版本以及版本的组合。当前，这方面典型的工具有 VSS、CVS 和 SVN (subversion)。

3. 变更控制

变更控制是指通过建立产品基线，控制软件产品的发布和在整个软件生命周期中对软件产品的修改。所谓基线是指经过正式评审和批准，可作为下一步工作基准的一个配置。软件测试过程与软件开发过程一样，存在着很多变更，如测试计划延期、测试用例的更改和废弃等。对于这种变更，要建立一个控制机制，以保证所有变更都是可控的、可跟踪的、可重现的。

4. 配置状态统计

配置状态统计是指记录并报告配置对象和修改请求的状态，并收集关于配置对象的重要统计信息。目标是不间断记录所有基线项的状态和历史，并进行维护。

5. 配置审计

配置审计要审查整个配置管理过程是否符合规范，配置对象是否与需求一致、记录正确，配置的组成是否具有一致性等。目的是根据配置管理的过程和程序，验证所有的配置对象已经产生并有正确的标识和描述，所有阶段的配置对象都一致并满足系统的需求，并且所有的变更需求都已解决。

6.6 软件测试风险管理

测试风险是不可避免的，所以对测试风险的管理非常重要，必须尽力降低测试中所存在的风险，最大程度地保证质量和满足客户的需求。

1. 风险分类

在测试工作中，主要的风险有以下几个：

(1) 由于质量需求或对产品的特性理解不准确，造成测试范围分析的误差，结果使得某些地方始终测试不到或验证的标准不对。

(2) 测试用例没有得到百分之百的执行，如有些测试用例被有意或无意地遗漏。

(3) 需求的临时、突然变化，导致设计的修改和代码的重写，测试时间不够。

(4) 有些质量标准不是很清晰，如适用性的测试。

(5) 测试用例设计不到位，忽视了一些边界条件、深层次的逻辑、用户场景等。

(6) 测试环境一般不可能和实际运行环境完全一致，造成测试结果的误差。

(7) 有些缺陷的出现频率不是百分之百，不容易被发现；如果代码质量差，软件缺陷很多，缺陷被漏检的可能性就大。

(8) 回归测试一般不运行全部测试用例，而有选择性的执行，必然带来风险。

前面 3 种风险是可以避免的，而(4)～(7)的 4 种风险是不能避免的，但可以降到最低。最后一种回归测试风险是可以避免，但出于时间或成本的考虑，一般也是存在的。

2. 风险管理

风险管理，一般可以分成 5 个步骤，即风险识别、风险分析、风险计划、风险控制以及风险跟踪。

(1) 风险识别：风险识别是试图用系统化的方法来确定威胁项目计划的因素。识别方法包括风险检查表、头脑风暴会议、流程图分析以及与项目人员面谈等。前两种方法是比较常用的。风险检查表建立在以前开发类似的项目中曾经遇到的风险基础上，比如开发时利用了某种技术，那么有过这种技术开发经验的个人或者项目组就能指出自己在利用这种技术时遇到过的问题；头脑风暴会议可以围绕项目中有可能会出现哪些范围、进度、成本和质量方面的问题这一议题展开，讨论和列举出项目可能出现的风险。对不同的项目应该具体问题具体分析，识别出真正可能发生在该项目上的风险事件。

(2) 风险分析：风险分析可以分为定性风险分析和定量风险分析。定性风险分析是评估已识别风险的影响和可能性的过程，以根据风险对项目目标可能的影响对风险进行排序，它在明确特定风险和指导风险应对方面十分重要；定量风险分析是量化分析每一风险的概率及其对项目目标造成的后果，同时也要分析项目总体风险的程度。

不同的风险发生后对项目造成的影响各不相同，主要有以下 3 个方面需要考虑：

① 风险的性质，即风险发生时可能产生的问题。

② 风险的范围，即风险的严重性及其总体分布。

③ 风险的时间，即何时能感受到风险及风险维持多长时间。

据此确定风险估计的加权系数，得到项目的风险估计。然后通过对风险进行量化、选择和排序，可以知道哪些风险必须要应对，哪些可以接受，哪些可以忽略。进行风险管理应该把主要精力集中在那些影响力大、影响范围广、概率高以及可能发生的阶段性的风险上。

(3) 风险计划：制订风险行动计划，应考虑以下部分：责任、资源、时间、活动、应对措施、结果、负责人。建立示警的阈值是风险计划过程中的主要活动之一，阈值与项目中的量化目标紧密结合，定义了该目标的警告级别。

该阶段涉及参考计划、基准计划和应急计划等不同类型的计划。参考计划是用来与当前建议进行比较的参考点；基准计划是建议计划编制的基础，是提出的项目实施的起始位置；应急计划是建立在基准计划基础上的建议补充计划，包括启动意外情况应对措施的触发点。在这一阶段有巩固与解释、选择与细化、支持与说服等特定的任务。

(4) 风险控制：主要采用的应对方法有风险避免、风险弱化、风险承担和风险转移等。

① 风险避免：通过变更软件项目计划消除风险或风险的触发条件，使目标免受影响。这是一种事前的风险应对策略，例如，采用更熟悉、更成熟的技术、澄清不明确的需求、增加资源和时间、减少项目工作范围、避免不熟悉的分包商等。

② 风险弱化：将风险事件的概率或结果降低到一个可以接受的程度，当然降低概率更为有效。例如，选择更简单的开发流程、进行更多的系统测试、开发软件原型系统、增加备份设计等。

③ 风险承担：表示接受风险，不改变项目计划(或没有合适的策略应付风险)，而考虑其发生后如何应对。例如制订应急计划、风险应变程序，甚至仅仅进行应急储备和监控，在发生紧急情况时随机应变。在实际中，如软件项目正在进行中，有一些人要离开项目组，可以制订应急计划，保障有后备人员可用，同时确定项目组成员离开的程序，以及交接的程序。

④ 风险转移：不是消除风险，而是将软件项目风险的结果连同应对的权力转移给第三方(第三方应知晓有风险并有承受能力)。这也是一种事前的应对策略，例如签订不同种类的合同或签订补偿性合同等。

(5) 风险跟踪：在风险受到控制以后，测试人员要及时做好风险跟踪；监视风险的状况，例如风险是已经发生、仍然存在还是已经消失；检查风险的对策是否有效、跟踪机制是否在运行；不断识别新的风险并制定对策。可以通过以下几种方法进行有效的风险跟踪：

① 风险审计：项目管理员应帮助项目组检查监控机制是否得到执行。项目经理应定期进行风险审核，尤其在项目关键处进行事件跟踪和主要风险因素跟踪，以进行风险的再评估；对没有预计到的风险制订新的应对计划。

② 偏差分析：项目经理应定期与基准计划比较，分析成本和时间上的偏差。例如，未能按期完工、超出预算等都是潜在的问题。

③ 技术指标分析：技术指标分析主要是比较原定技术指标和实际技术指标的差异。

例如,测试未能达到性能要求等。

要想真正回避风险,就必须彻底改变测试项目的管理方式;针对测试的各种风险,建立一种“防患于未然”或“以预防为主”的管理意识。与传统的软件测试相比,全过程测试管理方式不仅可以有效地降低产品的质量风险,而且还可以提前对软件产品的缺陷进行规避、缩短对缺陷的反馈周期和整个项目的测试周期。

本章小结

本章介绍了软件测试的过程管理,其包括测试计划、测试设计和开发、测试执行、测试评估和测试结果分析和质量报告。还介绍了软件测试人员组织管理、软件测试需求管理、软件测试文档管理、软件测试配置管理和软件测试风险管理。

课后习题

1. 软件测试过程管理由哪几个阶段组成?
2. 一个比较健全的测试部门应该由哪些人员组成?
3. 简述测试需求管理的 4 个活动。
4. 简述配置管理对象。

第7章 实用软件测试工具

针对目前软件测试工具的应用已成为普遍趋势，而IBM公司提供的Rational系列软件工具贯穿于整个软件开发生命周期，覆盖了分析设计、需求管理、配置管理、测试管理、缺陷管理、功能测试、性能测试、单元测试等方面。本章将通过对IBM公司Rational系列软件测试工具的学习与实践，使读者能够有针对性地解决软件测试理论的学习与实践中的实际问题，为将来胜任软件测试工作打下良好的实践基础，从而较快地进入软件测试工作角色。

7.1 软件测试工具的分类与选择

测试工具的应用可以提高测试的质量、测试的效率，减少测试过程中的重复劳动，实现测试自动化。目前常用的软件测试工具有很多，按照测试工具的技术特点，可以把软件测试工具分为白盒测试工具、黑盒测试工具和测试管理工具3类；按照测试工具的收费方式，可以把软件测试工具分为商业测试工具、开源测试工具和免费测试工具3类。

白盒测试工具针对程序代码、程序结构、对象属性、类层次等进行测试，测试中发现的缺陷可以定位到代码行、对象或变量级。白盒测试工具可分为静态测试工具、动态测试工具，主要用于单元测试。静态测试工具一般是对代码进行语法扫描，找出不符合编码规范的地方，根据某种质量模型评价代码的质量，生成系统的调用关系图等。常用的静态测试工具主要有Telelogic公司的Logiscope、PR公司的PRQA等。动态测试工具需要实际运行被测系统，并设置断点，向代码生成的可执行文件中插入一些监测代码，掌握断点这一时刻的程序运行数据。常用的动态测试工具主要有IBM公司的Rational Purify、Compuware公司的DevPartner等。

黑盒测试工具是指测试软件功能和性能的工具，主要用于系统测试和验收测试。黑盒测试工具可以分为功能测试工具、负载测试工具和性能测试工具。功能测试工具一般用于完成单元测试后、集成测试前，根据软件产品特征、操作描述和用户方案，测试一个产品的特性和可操作行为以确定它们满足设计需求。常用的功能测试工具有IBM公司的Rational Robot和Functional Tester、Mercury公司的WinRunner、开源组织的Jameleon等。负载测试工具通过测试系统在资源超负荷情况下的表现，以发现设计上的错误或验证系统的负载能力。常用的负载测试工具有IBM公司的Rational Performance Tester、Mercury公司的LoadRunner、Segue公司的SilkPerformer等。性能测试工具一般是用于性能测试过程中的通信协议模拟、并发用户模拟以及性能参数监控等方面的测试工具。常用的性能测试工具有 IBM 公司的 Rational Performance Tester、Mercury 公司的 LoadRunner、Radview 公司的 WebLoad 等。

软件测试管理工具用于管理测试的整个过程以及过程中产生的各种文档、数据、记录和报告等，它也对测试计划、测试用例、测试实施进行管理，还对缺陷进行跟踪管理。常用的软件测试管理工具有 IBM 公司的 Rational TestManager 和 Rational ClearQuest(缺陷管理)、Mercury Interactive 公司的 TestDirector 等。

随着软件测试的地位逐步提高，其重要性逐步显现，软件测试工具的应用已经成为普遍的趋势。然而，面对如此多的软件测试工具，对工具的选择就成了一个比较重要的问题，所以在考虑选用软件测试工具的时候，应该从以下几个方面来权衡和选择：

1. 软件测试工具的功能

选择一个好的软件测试工具，首先就是看它提供的功能。当然，这并不是说软件测试工具提供的功能越多就越好，在实际的选择过程中，适用才是根本。"钱要花在刀刃上"，为不需要的功能花费金钱实在是不明智的。事实上，目前市面上同类的软件测试工具之间的基本功能都大同小异，各种软件提供的功能也大致相同，只不过是有不同的侧重点。如同为白盒测试工具的 Logiscope 和 PRQA 软件，它们提供的基本功能大致相同，只是在编码规则、编码规则的定制、采用的代码质量标准方面有所不同。所以除了比较基本的功能之外，以下的功能需求也可以作为选择测试工具的参考。

(1) 报表功能：软件测试工具生成的结果最终要由人进行解释，而且查看最终报告的人员不一定对软件测试很熟悉，因此软件测试工具能否生成结果报表，并能以什么形势提供报表是需要考虑的因素。

(2) 软件测试工具的集成能力：软件测试工具的引入是一个长期的过程，应该是伴随着测试过程改进而进行的一个持续的过程。因此软件测试工具的集成能力也是必须考虑的因素，这里既要关心软件测试工具能否和开发工具进行良好的集成，还要考虑软件测试工具是否能够和其他测试工具进行良好的集成。

(3) 操作系统和开发工具的兼容性：软件测试工具可否跨平台、是否适用于公司目前使用的开发工具，在选择一个软件测试工具时这些问题也是必须考虑的。

2. 软件测试工具的价格

除了功能之外，软件测试工具的价格就应该是最重要的因素了。作为软件从业者，应该尊重别人的劳动，这样客户才能够尊重软件从业者的劳动，同时选择价格可以承受的软件测试工具。

3. 软件测试工具引入的目的是测试自动化，引入工具需要考虑工具引入的连续性和一致性

软件测试工具是软件测试自动化的一个重要步骤之一，在引入、选择软件测试工具时，必须考虑软件测试工具引入的连续性。也就是说，对软件测试工具的选择必须有一个全盘的考虑，分阶段、逐步地引入测试工具。

7.2 RUP

RUP 的全称是 Rational Unified Process，即统一软件过程，它从已形成的各种面向对象分析与设计方法中吸取精华，为软件开发人员以 UML 为基础进行软件开发提供了一个普遍的软件过程框架，可以应付种类广泛的软件系统、不同的应用领域、不同的组织类型、不同的性能水平和不同的项目规模。“统一过程”是基于组件的，这意味着利用它开发的软件系统是由组件构成的，组件之间通过定义良好的接口相互联系。

在准备软件系统的所有蓝图的时候，“统一过程”使用的是“统一建模语言”。事实上，UML 是“统一过程”的有机组成部分——它们是被同步开发的。然而，真正使“统一过程”与众不同的方面可以用 3 句话来表达：它是用例驱动的、以基本架构为中心的、迭代式的和增量性的。

1. “统一过程”是用例驱动的

开发软件系统的目的是要为该软件系统的用户服务。因此，要创建一个成功的软件系统，必须明白其潜在用户需要什么。“用户”这个术语所指的并不仅仅局限于人类用户，还包括其他系统。在这种意义上，“用户”这个术语代表与利用“统一过程”开发出来的系统发生交互的某个人或者某件东西。一个用例就是系统中向用户提供一个有价值的结果的某项功能。用例捕捉的是功能性需求，所有用例结合起来就构成了“用例模型”，该模型描述系统的全部功能，取代了系统的传统的功能规范说明。然而，用例并不仅仅是定义一个系统的需求的一个工具，它们还驱动系统的设计、实现和测试。“用例驱动”意指开发过程将遵循一个流程：它将按照一系列由用例驱动的工作流程来进行。首先是定义用例，然后是设计用例，最后用例是测试人员构建测试案例的来源。尽管确实是用例在驱动整个开发过程，但是并不能孤立地选择用例，必须与系统架构协同开发。因此，随着生命期的继续，系统架构和用例都逐渐成熟。

2. “统一过程”是以基本架构为中心的

软件架构的作用在本质上与基本架构在建筑物结构中所起的作用是一样的。软件系统的基本架构也被描述成要创建的系统的各种不同视图。基本架构根据企业的需求来设计，而这种需求则由用户和其他利益关联人所感知，并反映在用例之中。然而，它还受其他许多因素的影响：软件运行的平台（比如计算机基本结构、操作系统、数据库管理系统和网络通信协议等）、可得到的可再用构件（比如图形用户界面框架）、配置方面的考虑、已有系统和非功能性需求（比如性能和可靠性）等。

3. “统一过程”是迭代式的和增量性的

开发一个商业软件产品是一项可能持续几个月、一年甚至更长时间的工作。因此，将这种工作分解成若干更小的部分或若干小项目是切合实际的。每个小项目能导致一个增量的一次迭代。迭代是指工作流中的步骤，而增量指的是产品的成长。为了更加高效，迭代必须受到控制。开发人员根据两个因素来选择在一次迭代中要实现什么。首先，迭代与一组用例相关，这些用例共同扩展了所开发的产品的可用性；其次，迭代涉及最为重要的风险。后续迭代是建立在先前的迭代完成后的开发成果之上的，它是一个小项目，因此从用例开始，它还必须经过下列开发工作：分析、设计、实现和测试，这样就以可执行代码的形式在迭代中实现了用例。当然，一项增量并不一定就是添加性的。在每次迭代中，开发人员认识并详细定义相关用例，利用已选定的基本架构作为指导来建立一个设计，以组件形式来实现该设计，并验证这些组件满足了用例。如果一次迭代达到了它的目标(通常如此)，那么开发过程就进入下一次迭代的开发；当一次迭代没有满足它的目标时，开发人员必须重新审查先前的决定，试行一个新方法。为了在开发过程中实现经济效益最大化，项目组必将试图选择为达到项目目标所需要的迭代，并以逻辑顺序排列相关迭代。一个成功的项目所经历的过程通常都只与开发人员当初所计划的有细微的偏差。当然，考虑到出现不可预见的问题需要额外的迭代或者改变迭代的顺序的影响，开发过程可能需要更多的时间和精力。使不可预见的问题减小到最低限度，也是风险控制的一个目标之一。

这些概念即用例驱动的、以基本架构中心的、迭代式的和增量性的开发是同等重要的。基本架构提供了指导迭代中的工作的结构，而用例则确定了开发目标并推动每次迭代工作。缺乏这3个概念中的任何一个，都将严重降低“统一过程”的价值。这就好像一个三脚凳一样，一旦缺了任何一条腿，凳子都会翻倒。

UML的基本知识见附录B。

7.3 Rational测试工具的安装与配置

Rational Suite Enterprise Studio是一系列支持整个软件生命周期的大型软件开发环境，覆盖了分析设计、需求管理、配置管理、测试管理、缺陷管理、功能测试、性能测试、单元测试等方面。本节主要介绍IBM Rational产品的安装与配置。

7.3.1 Rational测试工具的安装

1. 系统要求

(1) Pentium Ⅲ 600MHz以上(建议Pentium 4 1.6GHz)。

(2) 512MB内存及以上(建议2GB)。

(3) 硬盘空间2.0GB以上。

(4) Windows NT 4.0、Service Pack 6a和SRP。

(5) Windows 2000 Professional、XP Professional、Service Pack 2及以上。

2. Rational Suite Enterprise安装

Rational Suite Enterprise安装步骤如下：

(1) 插入安装光盘，双击Setup.exe文件，进入启动界面。

(2) 单击“下一步”按钮，进入产品选择界面，并选择Rational Suite Enterprise选项，如图7-1所示。

(3) 单击“下一步”按钮，选择直接从光盘安装选项，如图7-2所示。

(4) 单击“下一步”按钮，进入安装界面。

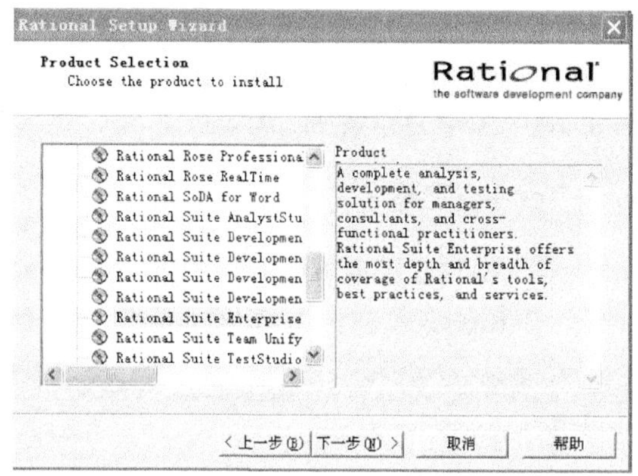

图 7-1 选择 Rational Suite Enterprise 选项

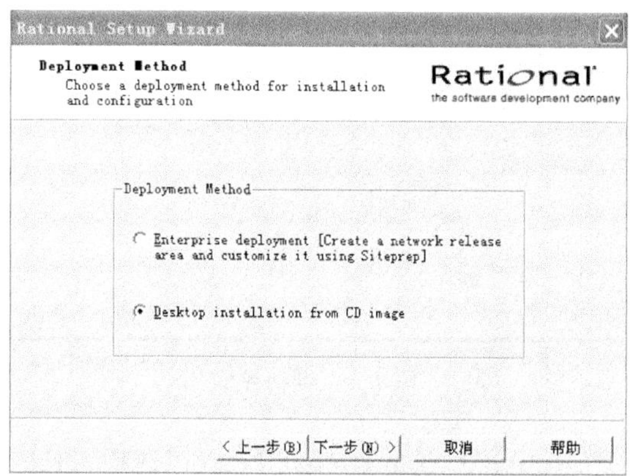

图 7-2 安装选项

(5) 单击 Next 按钮,进入协议窗口。

(6) 单击 Next 按钮,进入路径选择界面。默认安装路径 C:\Program Files\Rational,当然也可以选择其他路径。

(7) 单击 Next 按钮,进入自定义安装界面,如图 7-3 所示,可以根据需要选择待安装的产品。

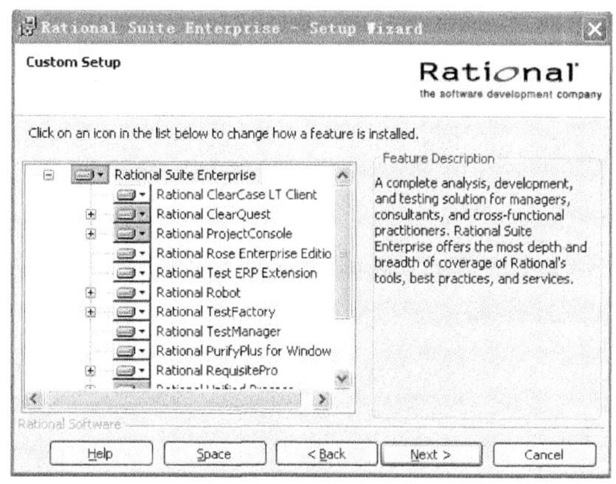

图 7-3 选择安装窗口

(8) 单击 Next 按钮,进入 ClearCase LT 客户端配置界面。

(9) 单击 Next 按钮,进入准备安装程序界面。

(10) 单击 Install 按钮,进入安装进度界面。

3. Rational Functional Tester 安装

Rational Functional Tester 安装步骤如下:

(1) 插入安装光盘,双击 Setup. exe 文件,进入启动界面,如图 7-4 所示。

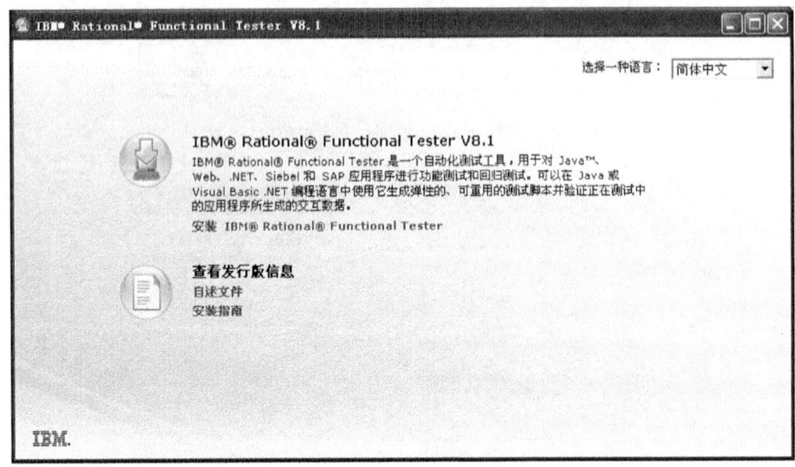

图 7-4 启动界面

(2) 选择"安装 IBM® Rational® Functional Tester"选项,进入选择界面。

(3) 单击"安装"按钮,进入选择界面,如图 7-5 所示。

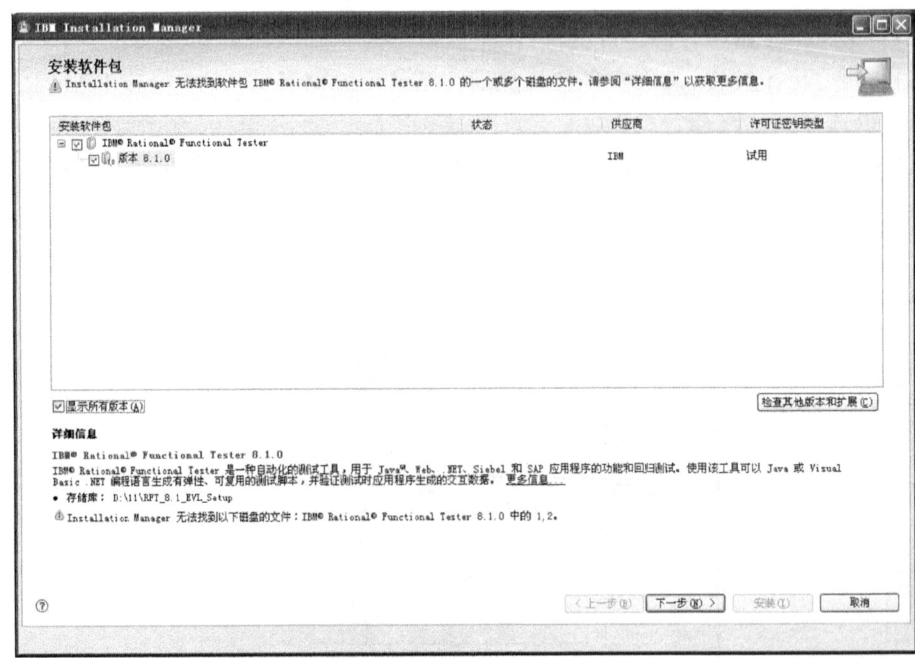

图 7-5 选择安装版本界面

(4) 单击“下一步”按钮,进入路径选择界面,如图 7-6 所示。

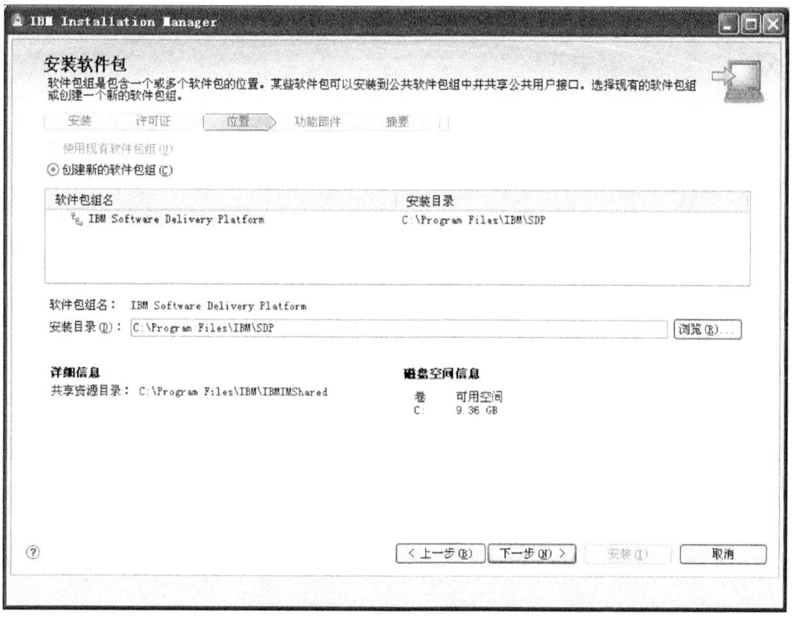

图 7-6　选择安装路径

(5) 单击“下一步”按钮,进入安装进度界面。
(6) 安装结束。

4. Rational Performance Tester 安装

Rational Performance Tester 安装步骤如下:
(1) 插入安装光盘,双击 Setup.exe 文件,进入启动界面,如图 7-7 所示。

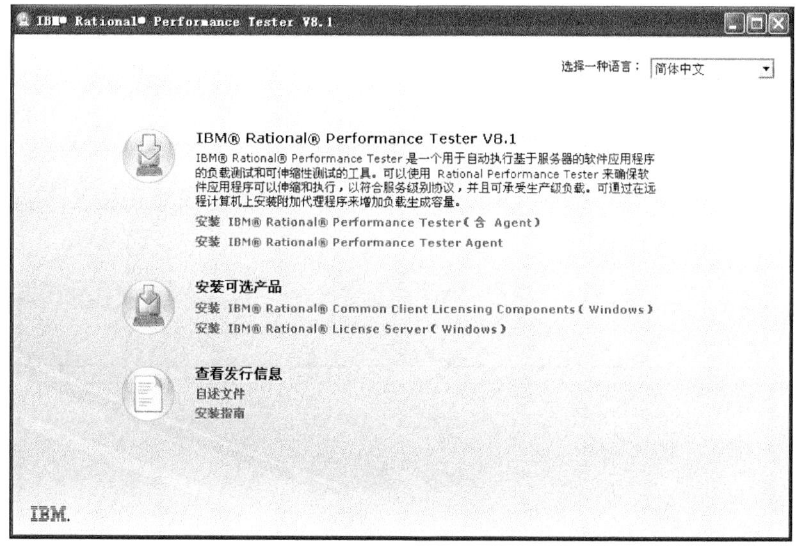

图 7-7　启动界面

(2) 选择"安装 IBM® Rational® Performance Tester(含 Agent)"选项,进入选择安装版本界面,如图 7-8 所示。

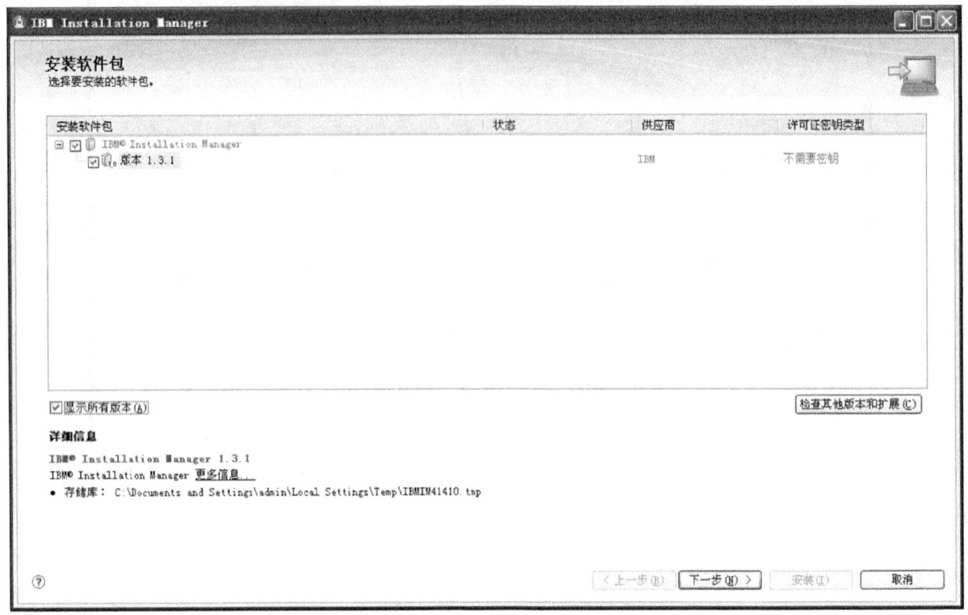

图 7-8 选择安装版本界面

(3) 单击"下一步"按钮,进入协议界面。

(4) 单击"下一步"按钮,进入安装程序界面。

(5) 安装结束。

7.3.2 Rational 测试工具的配置

IBM Rational 产品的安装和使用都需要许可证机制。该产品的许可证(license)主要有 4 种类型:试用版的许可证、Rational 公共许可证、ClearCase 许可证和基于 Eclipse 的 Rational Software Development Platform(SDP)工具许可证。在这里仅介绍常用的注册方法。

Rational License Key Administrator 的配置步骤如下:

(1) 执行"开始"→"程序"→Rational Software→Rational License Key Administrator 命令,进入如图 7-9 所示的界面。

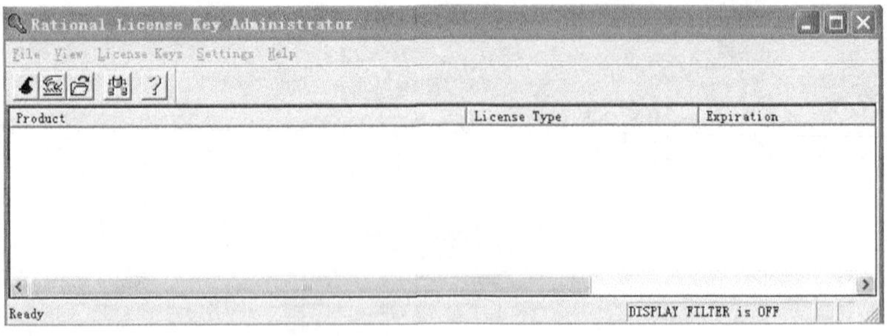

图 7-9 Rational License Key Administrator 界面

（2）执行 License Keys→License Keys Wizard 命令，进入如图 7-10 所示的界面。

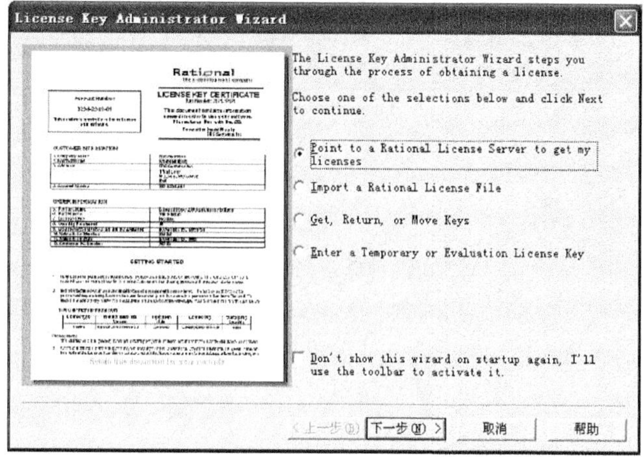

图 7-10　注册向导

（3）选中 Import a Rational License File 单选按钮，单击“下一步”按钮，进入如图 7-11 所示的界面。

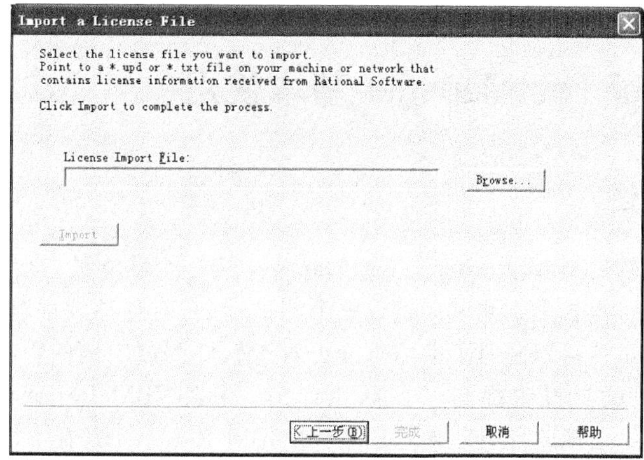

图 7-11　找注册文件

（4）单击 Browse 按钮，选择注册文件，进入如图 7-12 所示界面。

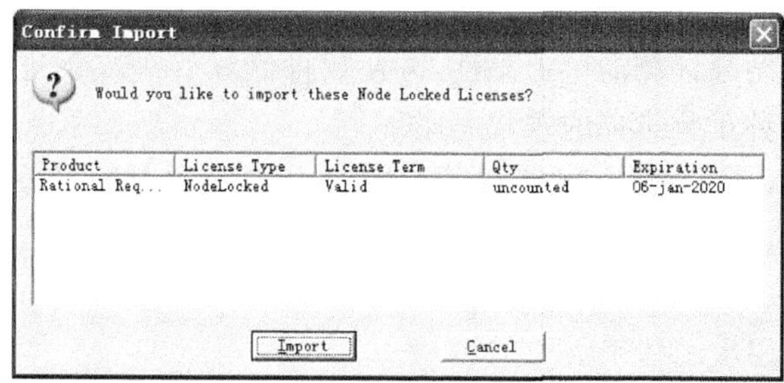

图 7-12　确认导入

(5) 单击 Import 按钮，并单击“确定”按钮，得到表示注册成功的界面，如图 7-13 所示。

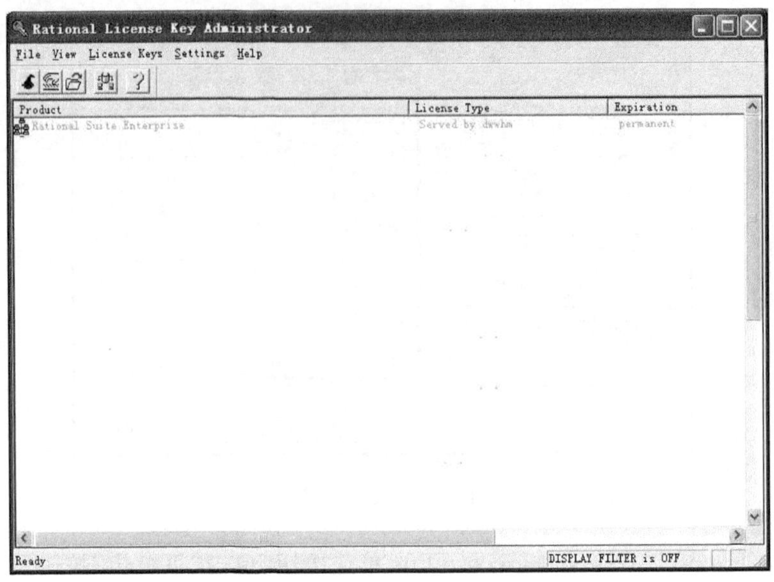

图 7-13 导入注册文件后的 Rational License Key Administrator 界面

7.4 Rational TestManager 基本使用

7.4.1 概述

软件测试管理软件 IBM Rational TestManager 从一个独立的、全局的角度来计划、管理、组织、执行、评估、报告个别测试用例或整个测试计划，对各种软件测试活动进行管理和控制。它让软件测试员可以随时了解需求变更对于软件测试用例的影响，通过针对一致目标而进行的软件测试与报告提高了团队生产力。利用 IBM Rational 软件测试管理平台——TestManager 实现软件自动化测试流程。IBM Rational 是在 RUP 方法论的基础上构建的软件自动化测试管理平台工具 TestManager，通过和软件测试需求管理工具 RequisitePro、缺陷跟踪工具 ClearQuest 的完美集成，实现了对整个软件测试生命周期的管理，可以帮助软件测试团队快速建立软件测试平台和测试管理流程。作为一种集成解决方案，Rational TestManager 与 Rational 其他工具一起，提供从测试需求到整个软件测试流程管理、缺陷跟踪、测试结果评测的可追踪性，方便软件测试管理人员进行软件测试过程监控和有关软件质量的各种量化指标的采集、分析。

TestManager 的关联如图 7-14 所示。在整个过程中，它是通过关联关系，将需求、测试计划、测试用例设计、测试执行和测试评估等过程进行整合，非常符合软件测试管理自动化模型。这些关联关系是用 TestManager 数据库中的记录来表示的，而数据库记录是按照 TestManager 定义的层次结构来组织的。

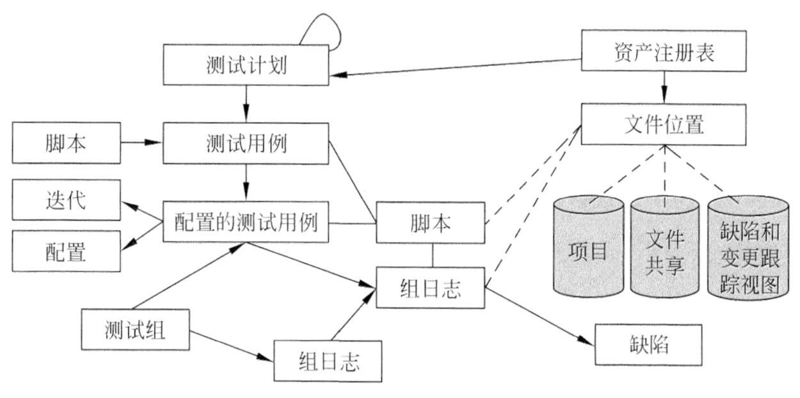

图 7-14 TestManager 的关联图

7.4.2 Rational TestManager 工作流程

Rational TestManager 工作流程支持 RUP 定义了 5 个主要的软件测试活动，包括测试计划、测试设计、测试实施、测试执行以及测试评估。这些活动的每一个都与测试资产有输入和输出的交互，如图 7-15 所示。

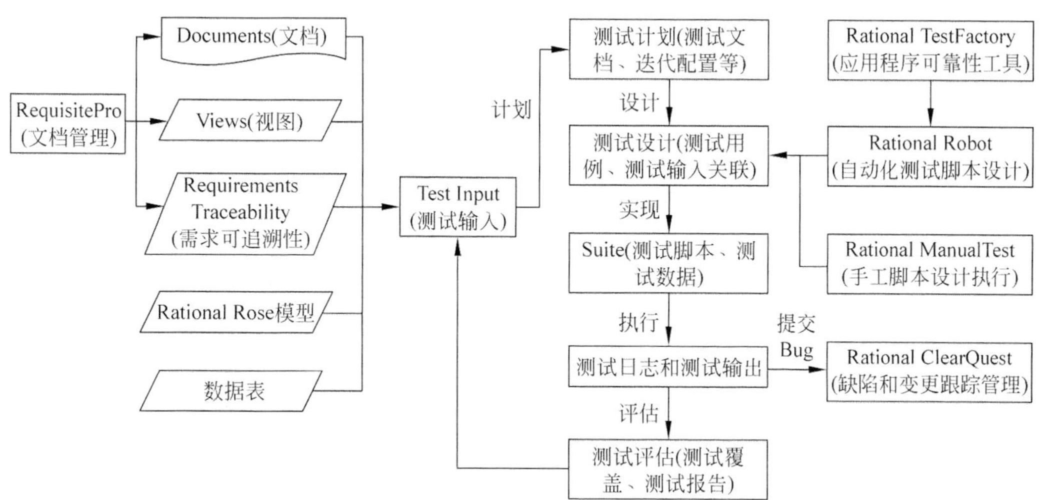

图 7-15 Rational TestManager 的工作流程

Rational TestManager 工作流程具体有如下几项：

1. 编制测试计划(planning tests)

测试计划编制的动机就是回答“在我们需要达到 agree-upon 质量目标的测试时我们该做什么?”这个问题。

2. 测试设计(designing tests)

测试设计活动需要回答“将如何执行测试?”这个问题。一个完整的测试设计在执行后，会告诉测试人员应该获得被测系统期待观察的行为和特性。设计测试是一个基于用例(use cases)、需求、原型的迭代和行进过程，是在项目初期开始的测试过程。在 Rational

TestManager 中，可以设计测试用例，其包含以下几个内容：

(1) 需要指明执行测试的基本步骤。

(2) 需要指明如何有效地使测试项目与特征恰当地工作。

(3) 需要说明测试的前置条件和后置条件。

(4) 需要说明测试用例执行通过可接受的标准。

3. 测试实施(implementing tests)

在 Rational TestManager 中，测试实施活动包括可复用测试脚本(test scripts)的设计和开发，测试脚本用来实施测试用例，并可以将创建的测试脚本与测试用例相关联。

在不同的软件测试项目中，实施可以是不相同的。如在一个项目中，软件测试人员既可以创建自动测试的脚本，又可以创建手工测试的脚本。而在另外一个项目中，可能需要组合一个软件模块，并通过程序联结形成更高级别的测试脚本。Rational TestManager 提供的以支持实施的内置测试脚本类型如表 7-1 所示。

表 7-1 Rational TestManager 提供的以支持实施的内置测试脚本类型

序号	测试脚本类型	说　明
1	GUI	一种用 SQA Basic 编写的功能测试脚本，一种 Rational 专有的类 Basic 脚本语言，由 Rational Robot 创建(仅在已安装 Rational Robot 的情况下可用)
2	VU	一种用 VU 编写的性能测试脚本，一种 Rational 专有的类 C 脚本语言，由 Rational Robot 创建(仅在已安装 Rational Robot 的情况下可用)。 注意事项：当启动记录一个 VU 测试脚本时，实际上记录了一个 Session。可以从被记录的 Session 中生成 VU 或 VB 脚本，这依赖于在 Robot 中选择的记录选项
3	Manual	一个测试指令集，以被人工执行，由 Rational Manual Test 创建

Rational TestManager 也支持已注册的测试脚本用于其他类型的实施。当然也可以使用 suites 去实施测试。一个 Suite 是一个容器，允许设计一个更大的测试用例集合和想要执行的实施。一个 Suite 可以有参数，诸如 order(顺序)、dependencies(依赖)、iterations(迭代)、random operations(随机操作)和其他等。

4. 测试执行(executing tests)

该项的目的是运行测试实例、验证软件行为特征、确保系统功能的正确性。在 Rational TestManager 中，可以执行单独的测试脚本、测试用例、多个测试用例，也可以执行通过一台或多台测试用机和虚拟测试者执行的 suite，也就说执行一些测试用例和测试脚本的混合体来执行测试。Rational TestManager 提供的内置支持执行的测试脚本类型如表 7-2 所示。

表 7-2 Rational TestManager 提供的内置支持执行的测试脚本类型

序号	测试脚本类型	说　明
1	GUI	一种用 SQA Basic 编写的功能测试脚本，一种 Rational 专有的类 Basic 脚本语言
2	VU	一种用 VU 编写的性能测试脚本，一种 Rational 专有的类 C 脚本语言
3	Manual	一个测试指令集，以被人工执行

续表

序号	测试脚本类型	说　　明
4	VB	一种用 Visual Basic 语言编写的测试脚本
5	Java	一种用 Java 语言编写的测试脚本
6	Command Line	一个文件(例如,一个 *.exe 文件,一个 *.bat 文件,或一个 UNIX shell 脚本)包含了从 command line 中可被执行的论点和一个初始化的路径

5. 测试评估(evaluating tests)

测试评估活动包括以下 3 个：

(1) 确定实际测试执行的有效性。执行的是否完全；执行失败是否因为不符合前置条件。

(2) 分析测试输出以确定结果。在执行测试过程中,查看报告上已产生的数据来检验该执行是否是可接受的。

(3) 查看合计的结果以检查对测试计划、测试输入、配置等的覆盖程度,衡量测试的进展和分析趋向。

7.4.3　其他 Rational 产品

1. Rational 统一开发过程

Rational 统一开发过程是一个软件工程过程,以提高针对关键性活动的团队开发效率。它讲述了软件最优实践经过的指导方针、模板和工具指导。快速地查看直接关系到测试的 RUP 的范围：

(1) 在 Rational TestManager 中,执行 Help→Extended Help 命令。

(2) 执行 Start→Programs→Rational Suite→Rational Unified Process 命令。

2. 概述项目和 Rational 管理员

在 Rational 系列软件中,可以使用 Rational Administrator 来创建和管理 Rational 项目,并在 Rational 项目中保存软件开发和测试信息,使得测试机上的所有 Rational 其他软件从相同的 Rational 项目中更新和回收数据。一个 Rational 项目中的数据类型依赖于已经安装的 Rational 软件。

Rational 项目一般所包含的组成如下：

(1) Rational Test Datastore——保存应用程序的测试信息,如测试计划、测试用例、测试日志、报告和构架。

(2) Rational RequisitePro Project——保存产品或系统需求、软件和硬件需求以及用户需求。当 RequisitePro Datastore 与 Rational Administrator 中的项目建立了关联时,TestManager 会自动地把 Datastore 中的需求作为测试的输入。

(3) Rational Rose Models——保存业务过程、软件组件、类和对象的虚拟模型,以及分布和配置部署的虚拟模型。

(4) Rational ClearQuest Database——保存对于软件开发的变化需求,包括增加的需求、缺陷报告和文档的修改。

3. 对于 Rational Test Datastore 的安全和权限

当管理员使用 Rational Administrator 创建了一个 Rational 项目时，需要确定 Rational Test Datastore 的安全。创建测试用户，这些测试用户默认为 public test group(公共测试组)的部分，获得该测试组的权限。管理员可以使用 Rational Administrator 来改变组权限和创建新组。

4. 自动测试脚本与 Rational Robot

Rational Robot 测试工具不但能够为功能测试和性能测试开发自动化测试脚本，而且还能够监测测试人员和应用程序之间的任何交互行为，并自动生成相应的测试脚本。使用 Rational Robot 的步骤包括如下几条：

(1) 执行功能测试：记录那些通过应用程序导航和检验点测试目标状态的测试脚本。

(2) 执行性能测试：记录在变化的负载下测试脚本是否在用户定义的响应时间的标准范围内运行。

(3) 测试用 IDEs(集成开发环境)开发的应用程序，如 HTML(hypertext markup language，超文本标记语言)、Java、Visual Basic、PowerBuilder、Oracle Forms、Delphi、MFC (Microsoft foundation classes)控件。

(4)在测试脚本的录制回放期间，收集关于应用程序的诊断信息。Rational Robot 集合了 Rational Purify、Rational Quantify 和 Rational PureCoverage，可以在一个诊断工具下录制回放测试脚本，在 Rational TestManager 中的测试日志中查看结果。

5. 组件测试与 Rational Quality Architect

Rational Quality Architect 是对测试由组件技术(如 EJB、COM(component object model，组件对象模型))建立的中间件的集成工具的集合。Rational Quality Architect 与 Rational Rose 关联，为 Rose 模型中的组件和交互产生测试脚本。当脚本产生时，可以编辑并在部署配置环境或 Rational TestManager 中执行。使用 Rational Quality Architect，可以进行如下几项工作：

(1) 生成测试脚本，针对单元测试的独立方法或一个在测试下的组件中的功能。

(2) 生成在集成组件集合中实现的业务逻辑的测试脚本。测试脚本可以从 Rose 交互图或使用 Session Recorder 现存组件直接生成。

(3) 生成可以隔离使用测试组件的 stubs，与其他的测试下的组件相分离。

(4) 通过 Rational PureCoverage 进行跟踪代码覆盖；通过 Rational TestManager 进行模型水平覆盖。

6. 需求与 Rational RequisitePro

在需求分析、建立需求等活动中，一个团队或几个小组进行协作时，有大量的 Word、Excel 文件需要在不同的人员间传递，而这会产生文档传递不顺、协作人员的需求用例重叠、扩展需求遗漏等问题。

Rational RequisitePro 是一种需求和用例管理工具，能够帮助项目团队控制、改进项目目标的沟通、增强协作开发、降低项目风险，以及在部署前提高应用程序的质量。它由对需求的 Word 文档的连接和提供的跟踪能力来组织需求，并在整个项目生命周期中变更管理。

使用 Rational Administrator 创建一个 Rational 项目时，可以将一个 RequisitePro 项目与这个管理项目关联起来。然后使用在 RequisitePro 项目中的需求作为 TestManager 中测试计划的测试输入，这样可以容易地建立需求与测试用例之间的关联，当然也可以使用在其他 RequisitePro 项目中的需求作为测试输入来建立需求与测试用例之间的关联。通过 RequisitePro 需求数据库和 TestManager 的集成，并连接需求测试用例，能保证开发前测试所有需求。

7. 模型元素与 Rational Rose

Rational Rose 帮助具体化、明确化、构筑和描述系统架构的组织和行为。利用 Rose 可以使用 UML 为系统提供一个可视化的概述。UML 是可视化的和描述软件系统的工业标准语言。可以在 TestManager 中使用 Rose 模型元素作为测试输入，这可容易地建立模型元素与测试用例之间的关联。

8. 缺陷与 Rational ClearQuest

Rational ClearQuest 提供了包括缺陷数据的管理服务在内的强大的软件项目全方位管理平台，以跟踪和管理整个开发过程中的缺陷及需求的变更，并且能够基于数据自动生成多种缺陷图表报告，为项目提供全方位、全过程的支持。

利用 Rational ClearQuest 可以管理每一种与软件开发相关联的变更活动的类型，包括扩充需求、缺陷报告和文档修改。它体现了 Bug 从提交到关闭的整个生命周期，记录了 Bug 的改变历史。同时利用 TestManager，可以直接从一个测试日志里提交缺陷到 ClearQuest 中。TestManager 自动地填充缺陷到 ClearQuest 里的一些区域，而缺陷信息来源于测试日志。

9. 报告与 Rational SoDA

对于大型复杂系统而言，文件量大，而为了保证准确性，且文件又必须不断更新，以反映系统当前开发状态，Rational SoDA 能将文档制作自动化，大幅度减少软件文档制作的工作量。Rational SoDA 生成最新的项目数据报告，而这些数据是由 Rational Suite 中的一个或多个工具收取出来的。SoDA 可以与多种 Rational 工具集成，协助用户制作开发过程中的各类文档，它是提供团队交流的更加有效和持续的一种方法。利用 SoDA 可以创建关于软件开发项目的报告，具体包括如下几种：

(1) 从 RequisitePro 而来的需求。

(2) 从 Rose 而来的软件模型。

(3) 从 TestManager 而来的测试标准。

(4) 从 ClearQuest 而来的缺陷跟踪信息。

7.4.4 Rational TestManager 工作步骤

1. 建立测试项目

在进行测试管理前，首先需要创建立测试项目，步骤如下：

(1) 执行 Rational Administrator→File→New Project 命令，得到如图 7-16 所示界面。

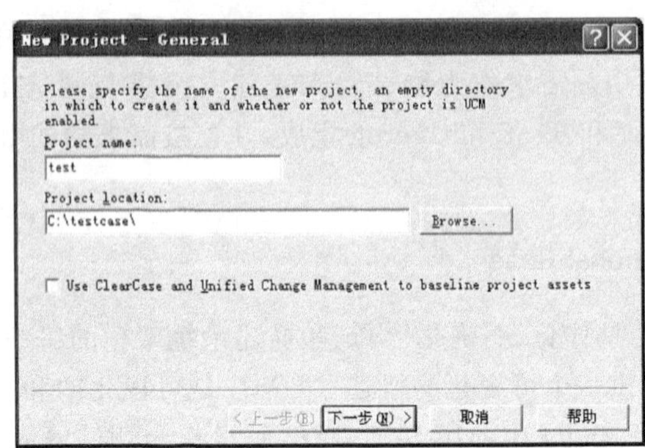

图 7-16 新建 Rational 项目对话框

在这里需要选择 Rational 项目的存储位置，所选择的文件夹必须存在且必须为空。

(2) 设置 Rational 项目管理密码，如图 7-17 所示。这个密码是 Rational 项目创建者用来管理用户权限，和 Robot 或者 TestManager 没有关系。

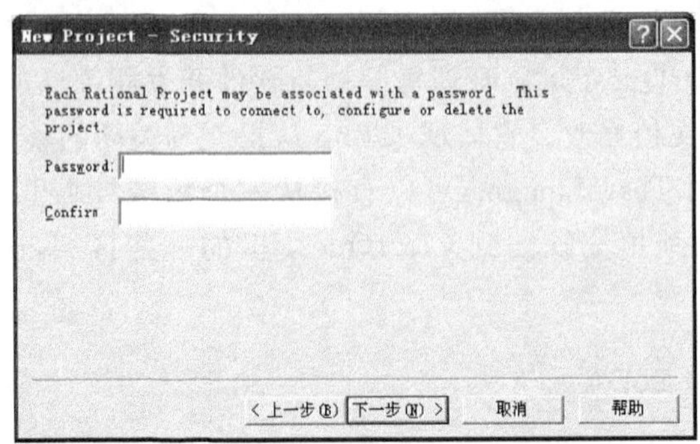

图 7-17 Rational 项目设置管理密码

(3) 选择配置 Rational 项目，并单击“完成”按钮，得到项目配置对话框。

(4) 在项目配置中，需要设置与测试资产关联的 Test Datastore。单击 Test Assets 后面的 Create 按钮，创建一个 Access 数据库。

(5) 创建测试资产数据库后，在 Rational Administrator 界面中多了一个 Project，在该项目上右击，选择 Connect 命令，通过在第(2)步中设置的密码，连接测试项目，会看到 Test Datastore，如图 7-18 所示。

(6) 创建用户和密码对话框。在打开 Robot 或 TestManager 时，能够看到创建的 Project，输入用户的账号和密码，可以建立与 Rational 项目的连接。这里的账号和密码是在 Rational Administrator 下针对 Project 建立的，创建用户和密码对话框如图 7-19 所示。

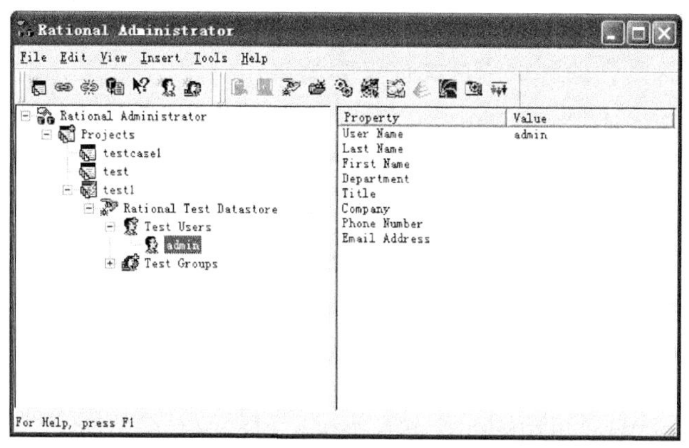

图 7-18 Project 建成界面

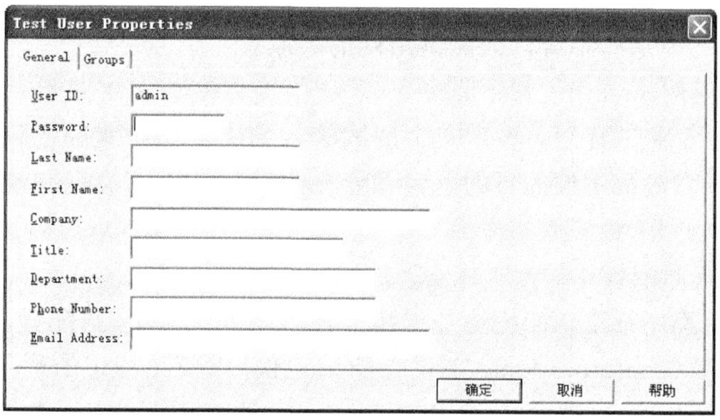

Test User Properties

General | Groups

User ID: admin

Password:

Last Name:

First Name:

Company:

Title:

Department:

Phone Number:

Email Address:

确定 取消 帮助

图 7-19 创建用户和密码对话框

2. 测试计划

测试计划是为了测试一个项目而制定的，描述了要进行的测试活动的范围、方法、资源和进度的文档。它确定测试项、被测特性、测试任务、谁执行任务、各种可能的风险，可以有效预防计划的风险，保障计划的顺利实施。在 Rational TestManager 中，测试计划包含很多测试用例，而测试用例在测试用例文件夹中被组织起来。测试计划应包括：确定测试输入、创建测试计划、组织测试用例文件夹、创建测试用例、定义测试资源配置以及创建并编辑迭代。

1）确定测试输入

编制测试计划的目的是创建测试列表，让其包含所有需要测试的内容。创建测试列表的方法是在编制计划开始阶段，去找那些能够帮助决定需要测试的可利用资源，如原型、软件构架、功能描述、需求分析、可视模型、源代码文档、需求变化等，使其作为测试人员可能看到的测试计划编制阶段时的输入资源，帮助测试人员构建测试列表。构建了测试列表，也就是确定了需要测试的内容之后，就可以创建测试用例。测试用例以测试输入为基础，将要进行的测试输入和测试用例结合起来，跟踪这些测试输入的改变，而这些改变可能引起测试用例的变化，或是改变这些测试用例的实施。

2）创建测试计划(creating a test plan)

在 TestManager 中，测试计划是一个 Rational Test 数据存储的资产。可以在一个项目中有一个或多个测试计划,可以用任何能够为测试情况做出判断的方法来组织它们。每个测试计划都能够包含复合的测试用例文件夹和测试用例。

3) 组织测试用例文件夹(organizing test cases with folders)

在测试计划里,可以创建测试用例文件夹来分层次组织测试用例,可以用任意一种能够为测试结果做出判断的方法来组织测试用例。在创建了测试计划后,可以创建一个测试用例文件夹,其内容包括项目组中测试人员、测试的种类或类型(单元测试、功能测试、执行测试和其他)、系统的用例、应用程序的主要模块、测试的过程阶段等。可以在测试用例文件夹(test cases folders)中再创建一个 test cases folders。如已经有了一个测试人员的文件夹,然后测试人员可以为每一个需要测试的功能块继续创建子文件夹。

和测试计划一样,测试用例文件夹也有确定的属性,包括文件夹的名称(必需的)、描述、所有者、配置关联、迭代关联。如果在测试计划的窗口中创建属于一个 test cases folders 的测试用例,那个新的测试用例将继承所有的对于该 test cases folders 的迭代关联和配置关联,还能够容易地改变那些不合适的测试用例的关联。

4) 创建测试用例(creating test cases)

测试用例集中于测试计划。在定义了测试输入和决定如何测试之后,就可以创建自己的测试用例了。开发测试用例的目的是为系统在假定的方式下进行有效工作,以及在成品之前确定质量要求。

5) 定义测试资源配置

假设要使应用程序某个功能模块工作在多种软硬件配置下,则配置的测试实例是很有用的,能够使用配置(configurations)来设立测试用例,以便在特定的硬件和软件支持下的计算机上实现其自动运行。举个例子,需要确定一个测试用例能够成功地在某种操作系统和浏览器下运行,可以在测试中对每一个操作系统和浏览器分别进行配置,或者可能需要在某种混合(combinations)操作系统和浏览器一起工作的情况下进行测试。

6) 创建并编辑迭代

通过 Tools 工具栏的 Iterations 项,使用 New 按钮创建一个新的迭代,或点击 Edit 编辑一个现存的迭代。如果 New 和 Edit 按钮不可用,说明还不具有管理员的权限。

7) 使用测试输入建立跟踪

测试输入帮助决定测试内容,创建测试用例时,可以建立测试输入与它们的关联。这样当测试输入发生改变时,测试人员可以确定一个测试用例是否需要修改,也可以使用关联来确定是否有一个测试用例覆盖了这些测试输入。

3. 测试设计

1) 指明测试步骤和检验点

在测试脚本中,一个步骤是应用系统的一个活动。第一次开始设计时,测试步骤可以是概括性的,随着系统开发的过程,测试步骤会变得逐渐明确、具体。检验点可以进一步确定一个或更多目标的状态。

2) 指明测试用例的条件和可接受标准

测试用例的前置条件(preconditions)和后置条件(post-conditions)为测试执行者提供信息。它们描述在一个操作开始或结束时必须是准确的系统约束,因此要确保测试用例可以恰当地执行并脱离系统在一个适合的状态中。一个前置条件或后置条件的失败并不意味着测试的行为或功能不能工作，它意味着与约束不符。可接受标准表明为一个特殊测试用例需要被明确的东西，用以测试用例的通过。

4. 测试的实施

1）创建测试脚本

在为测试用例创建了测试设计后，可以使用测试工具或手工测试去创建合适的测试脚本，并通过建立测试脚本与测试用例的关联来实施测试用例。在 TestManager 中，可以插入测试脚本到一个 suite 中，并执行 suite。当创建了一个测试脚本时，可以使用一个 Rational 测试实施工具去创建一个内置类型的测试脚本，或者可以创建一个常规类型的测试脚本。TestManager 紧密地集成了 Rational 的测试实施工具，包含内置的手工测试脚本类型以提供给测试的实施，这些手工测试脚本在 Rational Manual Test 中实施。

2）建立实施与用例的关联

在已经创建一个实施之后，可以建立它与一个测试用例的关联。通过建立测试脚本与测试用例的关联，可以执行报告并提供测试的覆盖信息。TestManager 给以下实施类型提供关联：GUI 测试脚本、VU 测试脚本、VB 测试脚本、Java 测试脚本、Command-line 可执行编程、Suite（测试套件）、手工测试脚本。

3）定义代理测试机和测试机列表

测试可以以默认方式在本地测试机上执行，也可以由其他机器代理执行。这些代理测试机在性能和功能测试中是有用的——在性能测试中，使用代理（测试机）去添加工作量到服务器中；在功能测试中，使用代理（测试机）来并行地执行测试，从而节约时间。

5. 测试的执行

执行测试脚本的活动主要是执行每个测试用例的实施，以此去验证（validate）测试用例打算验证的特定行为。在 TestManager 中，执行测试可以使用自动化的测试脚本、手工测试脚本、测试用例、Suite。

6. 测试的评估

1）测试日志

在执行一组 Suite、测试用例或测试脚本之后，TestManager 将结果写到一个测试日志中。使用 Rational TestManager 的 TestLog 窗口查看执行了一组 Suite、测试用例或测试脚本之后而被创建的测试日志。

2）缺陷的提交和修改

一个缺陷可能是从一个请求来的任何事，针对一个新的特征，在测试之下的应用中向着一个实际 Bug 的发现，而缺陷跟踪是软件测试工作的重要部分。在 TestManager 中，可以使用 Test Log 窗口来提交针对在一个被记录的测试脚本录制回放期间失败的任意查证点的缺陷。

3）结果的报告

TestManager 提供一套报告的标准，可以使用它来分析性能和测试用例的结果。

TestManager 提供 3 种类型的测试报告来帮助进行测试工作：

(1) 测试用例报告(test case reports)——使用它来跟踪计划实施的过程，以及测试用例的执行。

(2) 列表报告(listing reports)——使用它来展现保存在一个 Rational 项目中的测试资产。

(3) 性能测试报告(performance testing reports)——使用它来分析在指定条件下的一个服务器的性能。

7.5 Rational Purify 基本使用

7.5.1 概述

Rational Purify 是一个面向 VC、VB 或 Java 开发的测试 Visual C/C++ 和 Java 代码中与内存有关的错误，以确保整个应用程序的质量和可靠性。在查找典型的 Visual C/C++ 程序中的传统内存访问错误，以及 Java 代码中与垃圾内存收集相关的错误方面，Rational Purify 可以大显身手。Rational Robot 的回归测试与 Rational Purify 结合使用完成可靠性测试。

7.5.2 Rational Purify 功能描述

1. 可检查的错误类型

(1) 堆阵相关的错误。

(2) 堆栈相关的错误。

(3) 垃圾内存收集(如 Java 代码中相关的内存管理问题)。

(4) COM 相关错误(如 COM API/接口调用失败)。

(5) 指针错误(如空指针和无效指针的读写错误)。

(6) 内存使用错误(如释放内存的读写错误和匹配错误等)。

(7) Windows API 相关错误(如 Windows API 函数参数错误和返回值错误)。

(8) 句柄错误(如泄露和句柄使用错误等)。

2. 可检测错误的代码

(1) ActiveX(OLE/OCX)控件。

(2) COM 对象。

(3) ODBC 构件。

(4) Java 构件、Applet、类文件、JAR 文件。

(5) Visual C/C++ 源代码。

(6) Visual Basic 应用程序内嵌的 Visual C/C++ 构件。

(7) 第三方和系统 DLL(dynamic linkable library，动态链接文件)。

(8) 支持 COM 调用的应用程序中的所有 Visual C/C++ 构件。

3. 检测结果显示

1）颜色标示

Rational Purify 对源程序中内存问题的代码使用不同的颜色标示，具体说明如下。

(1) 红色：内存块没有被分配和初始化。

(2) 蓝色：内存块已经被分配并且初始化了。

(3) 黄色：内存块已经被分配但是没有初始化。

2）名称缩写

可引起内存的不可读或不可写的名称及所写如下。

(1) array bounds read (ABR)：数组越界读取。

(2) beyond stack read (BSR)：堆栈越界读取。

(3) free memory read (FMR)：空闲内存读取。

(4) invalid pointer read (IPR)：非法指针读取。

(5) null pointer read (NPR)：空指针读取。

(6) uninitialized memory read (UMR)：未初始化内存读取。

4. 特点

Rational Purify 调用图(call graph)突出显示了泄露内存最多的方法，工具提示提供了每种方法的泄露数据。单击某个方法，即可打开其源代码，以便在编辑器中进行修改。使用 PowerCheck，对每个代码模块制定"最小"或"准确"的错误检查。可以同时进行代码覆盖分析、选择覆盖级别，如"代码行"或"函数"，可以更好地控制错误检查和数据覆盖。Rational Purify 会自动找出错误的准确来源和位置。如果有源代码，则可以从 Rational Purify 中启动相应的编辑器，从而快速修复错误。

7.5.3 Rational Purify 参数的设置

1. Settings 项中的 Default Settings 选项

1）Error and Leaks(错误和泄露)选项卡

该标签用于设置内存错误和泄露参数，如图 7-20 所示。

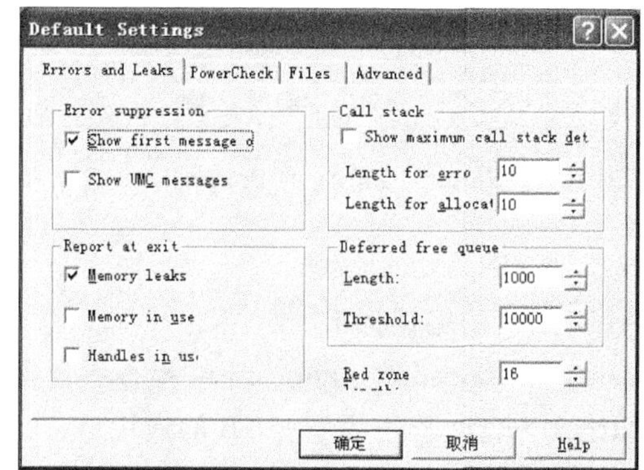

图 7-20　Rational Purify 内存错误和泄露参数设置

各参数含义说明如下。

(1) Show first message only：在相同的错误第一次出现时显示信息。不选此项会重复显示多次出现的相同类型错误。

(2) Show UMC messages：显示 UMC(uninitialized memory copy)信息，默认情况下，Rational Purify 不显示 UMC 信息。

(3) Memory leaks：退出时要报告内存泄露情况。

(4) Memory in use：退出时要报告内存使用情况。

(5) Handles in use：退出时要报告句柄使用情况。

(6) Show maximum call stack detail：最大调用堆栈信息。选择此项时，Rational Purify 记录被测程序的所有函数调用的堆栈信息；不选此项时，Rational Purify 只记录被测函数的调用堆栈信息。

(7) Length for error：设置错误堆栈的长度。

(8) Length for allocation：通过设置 Rational Purify 最大调用堆栈层数，确定与程序中发现的错误一致的内存分配位置。

(9) Deferred free queue：延时的自由队列。被测程序释放的内存块不会真正被立即释放，而是先保存在延迟自由队列中，该项用来设置保留在延迟自由队列中内存块的数量。

(10) Length：延迟的自由队列长度。

(11) Threshold：设置延迟自由队列中内存块的大小。

(12) Red zone length：亏损区长度。被测程序运行时，Rational Purify 在每个分配被测程序的内存块首尾插入一定字节数的内存空间，该项用来设置插入字节数的大小。增加此值有助于 Rational Purify 捕获被测程序非法向不属于自己的内存区域写数据的错误。

2) Power Check 选项卡

该标签用于定制错误检查规则，如图 7-21 所示。

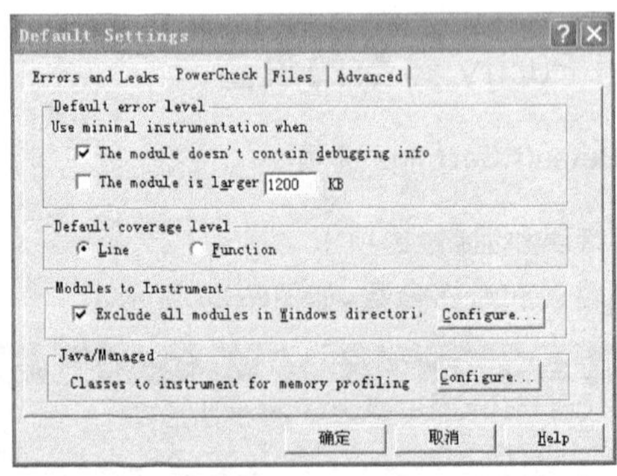

图 7-21 Rational Purify 的 PowerCheck 选项卡

各参数含义说明如下。

(1) Default error level：默认的错误标准。

(2) The module doesn't contain debugging info：检查不包含调试信息的模块。

(3) The module is larger…KB：检查大于…KB 的模块。

(4) Default coverage level：默认的覆盖标准。

(5) Line：覆盖级别为线程。

(6) Function：覆盖级别为函数。

(7) Exclude all modules in Windows directory：排除所有 Windows 目录下的模块。

3) Files 选项卡

在此选项卡中设置相关文件的路径及填写附加信息。

4) Advanced 选项卡

Rational Purify 的 Advanced 选项卡如图 7-22 所示。

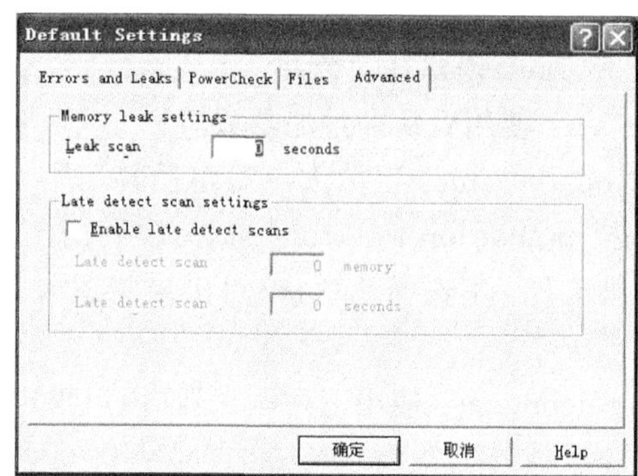

图 7-22　Rational Purify 的 Advanced 选项卡

各参数含义说明如下。

(1) Leak scan interval：内存泄露扫描间隔时间。0 表示 Rational Quantify 仅在被测程序退出时一次性报告所有内存泄露信息。

(2) Enable late detect scan settings：能够察觉新近的扫描。

(3) Late detect scan：新近扫描……堆。

(4) Late detect scan interval：新近扫描间隔……秒。

2. Settings 项中的 Preferences 选项

1) Runs 选项卡

Rational Purify 的 Runs 选项卡如图 7-23 所示。

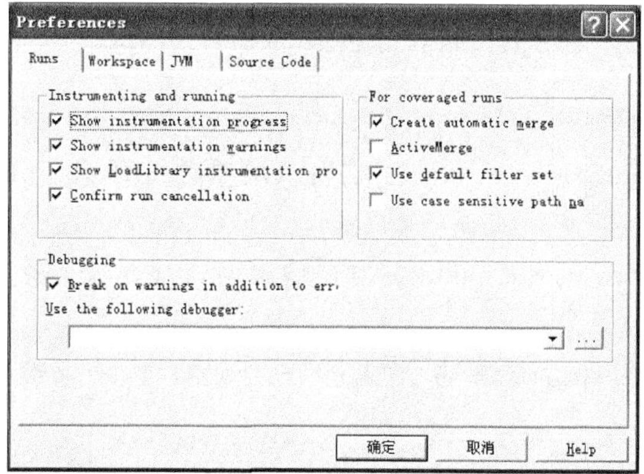

图 7-23　Rational Purify 的 Preferences 中的 Runs 选项卡

各参数含义说明如下。

(1) Show instrumentation progress：当对 VC++程序测试时，是否显示工具对话框。

(2) Show instrumentation warnings：当对 VC++程序测试时，是否显示工具警告对话框。

(3) Show LoadLibrary instrumentation progress：对 VC++、VB native-code 程序进行测试时，当工具文件需要调用工具列表时，是否显示工具对话框。

(4) Confirm run cancellation：当每次执行 file→Cancel Run 命令时，是否显示证实消息对话框。

(5) Create automatic merge：创建自动合并。

(6) Use default filter set：使用默认的过滤器设置。

(7) Use case sensitive path name：区分大小写路径名。

(8) Break on warnings in addition to error：选择此项，当出现错误或警告时，Rational Purify 都会中断并启动查错工具；不选择此项，仅对出现错误时，Rational Purify 会中断并启动查错工具。

(9) Use the following debugger：使用下列调试器(用户指定的调试器)。

2) Workspace 选项卡

Rational Purify 的 Workspace 选项卡如图 7-24 所示。

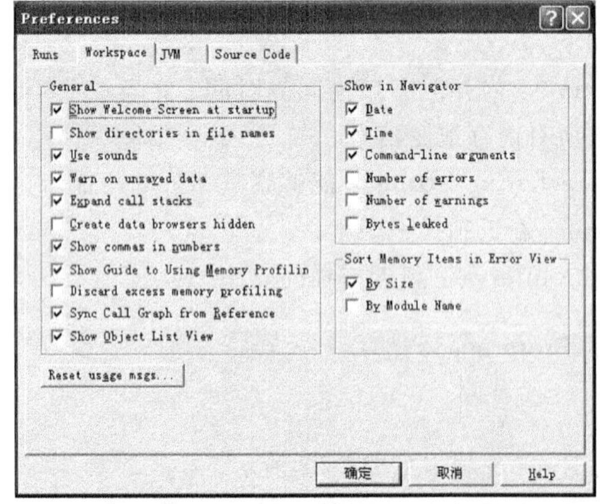

图 7-24　Rational Purify 的 Preferences 中的 Workspace 选项卡

各参数含义说明如下。

(1) Show Welcome Screen at startup：当每次单独打开 Rational Purify 工具时，是否显示欢迎对话框。

(2) Show directories in file names：当在输出窗口显示文件名时，是否同时显示文件路径。

(3) Use sounds：出现错误、警告、欢迎屏幕、开始检查、结束检查、开始程序、结束程序等，是否有提示声音。

(4) Warn on unsaved data：当关闭或退出未保存测试数据程序时，是否显示警告消息对话框。

(5) Expand call stacks：扩展调用堆栈的个数。

(6) Create data browsers hidden：创建隐含的数据浏览器。

(7) Show commas in numbers：在数字显示中是否使用逗号作为分隔符。

(8) Show Guide to Using Memory Profiling：显示引导使用内存压型。

(9) Discard excess memory profiling：放弃剩余的内存压型。

(10) Sync Call Graph from Reference：函数调用曲线中选择的方法与对象参考曲线图中选择的对象是否自动同步。

(11) Show Object List View：显示数据浏览器窗口中的对象视图列表。

(12) Show in Navigator：选择在 Navigator 窗口中是否显示日期、时间、错误数量、警告信息、内存泄露字节数、命令行参数等信息。

(13) Sort Memory Items in Error View：选择 Rational Purify 消息在错误视图中排列次序。既可以按泄露字节数排列，又可以按模块名称排列，也可以两者同时选择排列。

3) JVM 选项卡

Rational Purify 的 JVM 选项卡如图 7-25 所示。

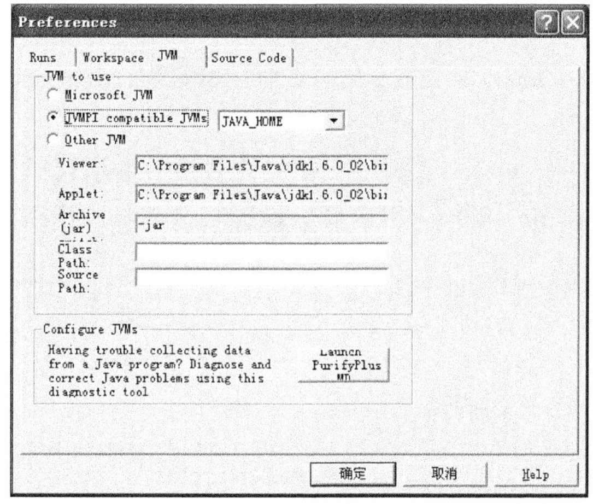

图 7-25 Rational Purify 的 Preferences 中的 JVM 选项卡

说明：此选项卡是在测试 Java 程序时，个性化 Java 虚拟机是否使用，且表明使用什么虚拟机。

4) Source Code 选项卡

Rational Purify 的 Source Code 选项卡如图 7-26 所示。

各参数含义说明如下。

(1) Show C++ class names：错误视图中显示 C++的类名。

(2) Show C++ argument lists：错误视图中显示 C++参数列表。

(3) Confirm recently changed source：Rational Purify 在检测到源文件改变后，是否显示消息。

(4) Show instruction pointers：在错误视图中显示指令指针。

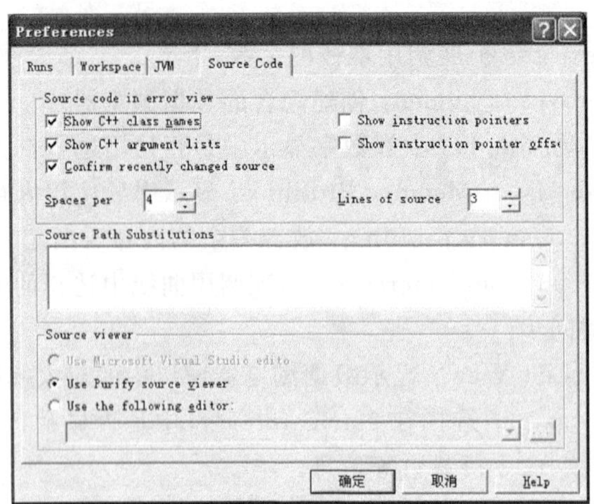

图 7-26 Rational Purify 的 Preferences 中的 Source Code 选项卡

(5) Show instruction pointers offset：在错误视图中显示指令指针分支。

(6) Spaces per：显示源代码时，Rational Purify 使用空格的个数。

(7) Lines of source：源代码的线程。

(8) Use Microsoft Visual Studio editor：使用微软的 Microsoft Visual Studio 编辑器查看源代码。

(9) Use Purify source viewer：使用 Purify 查看器查看源代码。

(10) Use the following editor：用户自己设置一个查看源代码的编辑器。

3. View 当中的 Create Filter 选项

1) General 选项卡

(1) 定义过滤器的名称及注释。

(2) 设置过滤器是否可用。

(3) 显示过滤器的最后使用时间。

(4) 显示过滤器包含信息。

2) Messages 选项卡

Categories 种类：

(1) All error messages：所有错误信息。

(2) All informational messages：所有报告的信息。

(3) All warning messages：所有警告的信息。

(4) Allocations & deallocation：存储单元分配、地址分配和储存单元分配。

(5) Dll messages：动态链接库信息。

(6) Invalid handle：无效、非法的句柄。

(7) Invalid pointer：无效、非法的指针。

(8) Memory leaks：内存泄露。

(9) Parameter error：参数错误。

(10) Stack error：堆错误。

(11) Unhandled exception：未曾用到的。

(12) Uninitialized Memory Read (UMR)：未初始化内存阅读。

(13) 可直接在 Messages 栏选择需要的信息，也可在 Categories 栏按照种类选择所需要的信息。

3) Source 选项卡

(1) The messages this filter affects Function：这个过滤器所影响的函数。

(2) Match if function is top function in call：如果函数是顶层调用函数时匹配。

(3) Match if function occurs anywhere in call：如果函数在任何地方被调用时匹配。

(4) Match if function's offset from the top in the call：如果函数的误差来自顶层调用时匹配。

(5) Source file：源代码文件。

(6) Module file：模块文件。

(7) Leave an item blank to specify：允许项目在清单中空白。

4) Advanced 选项卡

(1) Hide messages that match this filter(default)：隐含信息当匹配此过滤器时。

(2) Hide messages that do not match this filter：隐含信息当不匹配此过滤器时。

7.5.4 应用举例

该应用举例关于测试代码中内存相关错误。

1. 内存问题的原因及分类

在 C/C++程序中，有关内存使用的问题是最难发现和解决的。这些问题可能导致程序莫名其妙地停止、崩溃，或者不断消耗内存直至资源耗尽。由于 C/C++语言本身的特质和历史原因，程序员使用内存时需要注意的事项较多，而且语言本身也不提供类似 Java 的垃圾清理机制。编程人员使用一定的工具来查找和调试内存相关问题是十分必要的。

总的说来，与内存有关的问题可以分成两类：内存访问错误和内存使用错误。内存访问错误包括错误地读取内存和错误地写内存。错误地读取内存可能让模块返回意想不到的结果，从而导致后续的模块运行异常；错误地写内存可能导致系统崩溃。内存使用方面的错误主要是指申请的内存没有正确释放，从而使程序运行逐渐减慢，直至停止。这方面的错误由于表现比较慢而很难被人工察觉，程序也许运行了很久才会耗净资源，发生问题。一个典型的 C++内存布局如图 7-27 所示。

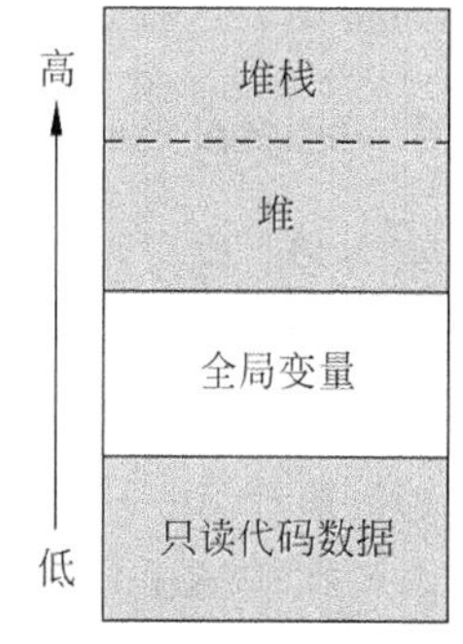

图 7-27 一个典型的 C++ 内存布局

自底向上，内存中依次存放着只读的程序代码和数据，全局变量和静态变量，堆中的动态申请变量和堆栈中的自动变量。自动变量就是在函数内声明的局部变量。当函数被调用时，它们被压入栈；当函数返回时，它们就要被弹出堆栈。堆栈的使用基本上由系统控制，用户一般不会直接对其进行控制，所以堆栈的使用还是相对安全的。动态内存是一柄双刃剑，它可以为程序员提供更灵活的内存使用方法，而且有些算法没有动态内存会很难实现；但是动态内存往往是内存问题存在的沃土。

相对用户使用的语言，动态内存的申请一般由 malloc/new 来完成，释放由 free/delete 来完成。基本原则总结为：一对一，不混用。也就是说一个 malloc 必须对应一且唯一的 free、new 对应一且唯一的 delete，malloc 不能和 delete、new 不能和 free 对应。另外在 C++ 中要注意 delete 和 delete[]的区别。delete 用来释放单元变量，delete[]用来释放数组等集聚变量。

内存访问错误大致可以分成以下几类：数组越界读或写、访问未初始化的内存、访问已经释放的内存和重复释放内存或释放非法内存。

下面的代码集中显示了上述问题的 VC++ 典型例子：

```
1 # include < iostream >
2 using namespace std;
3 int main(){
4 char * str1 = "four";
5 char * str2 = new char[4]; //not enough space 空间不足
6 char * str3 = str2;
7 cout << str2 << endl; //UMR(uninitialized memory read) str2 没有赋值,对未初始化的内存读
8 strcpy(str2,str1); //ABW(array bounds write) str2 空间不足,数组越界写
9 cout << str2 << endl; //ABR(array bounds read) str2 空间不足,数组越界读
10 delete str2;
11 str2[0] + = 2; //FMR and FMW(free memory read and free memory write)对已释放的内存读写
12 delete str3; //FFM(free freed memory)再次释放已被释放的空间
13    return 0;
14    }
```

由以上的程序可以看到：在第 5 行分配内存时，忽略了字符串终止符"\0"所占空间导致了第 8 行的数组越界写(array bounds write)和第 9 行的数组越界读(array bounds read)；在第 7 行，打印尚未赋值的 str2 将产生访问未初始化内存错误(uninitialized memory read)；在第 11 行使用已经释放的变量将导致释放内存读和写错误(freed memory read and freed memory write)；最后由于 str3 和 str2 所指的是同一片内存，第 12 行又一次释放了已经被释放的空间(free freed memory)。这个包含许多错误的程序可以编译链接，而且可以在很多平台上运行。但是这些错误就像定时炸弹，会在特殊配置下触发，造成不可预见的错误。这就是内存错误难以发现的一个主要原因。

2. Rational Purify 的使用

第一步：执行 Windows“开始”→“程序”→Rational Software→Rational Purify→Run 命令，打开如图 7-28 所示的 Rational Purify 主界面。

第二步：测试被测程序。

(1) 执行 file→run 命令后，出现 Run Program 对话框，如图 7-29 所示。

(2) 在 Program name 下拉列表框中选择被测对象的路径后，单击 Run 按钮，运行程序。

(3) 运行完程序后，会出现运行后的结果数据，如图 7-30 所示。

图 7-28　Rational Purify 主界面

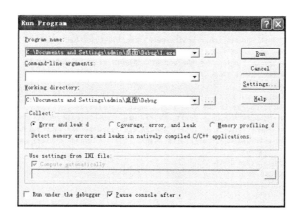

图 7-29　Run Program 对话框

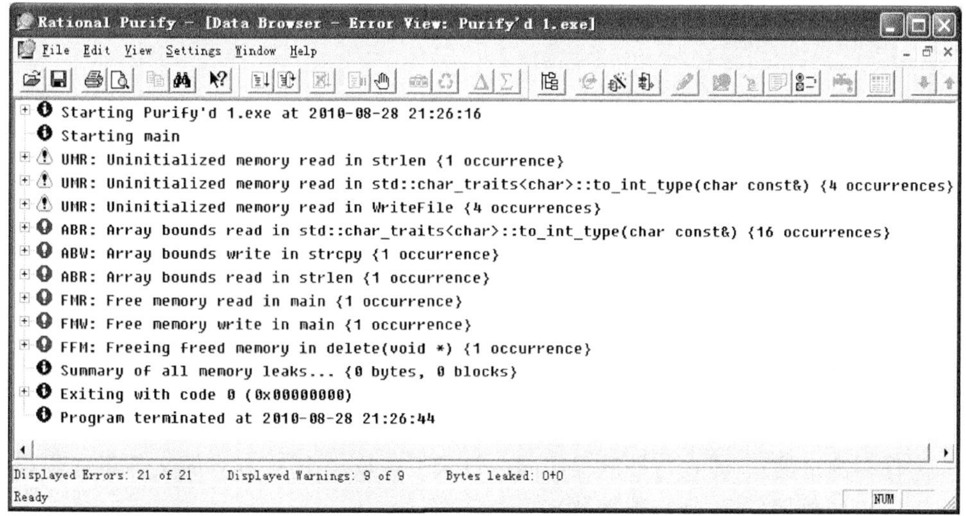

图 7-30　运行后的结果数据

通过此窗口,可以看到在程序运行期间内存的泄露情况,其中,第1～2行、第12～14行是一些运行的信息,比如开始和结束等;第3～5行是Purify给出的警告;第6～11行则代表严重的错误。

① 第3行至第5行标注未初始化内存阅读。

② 第6行和第8行标注数组越界导致内存不可读。

③ 第7行标注数组越界导致内存不可写。

④ 第9行标注对已释放内存读。

⑤ 第10行标注对已释放内存写。

⑥ 第11行标注再次释放已被释放的空间。

(4) 双击Data Browser窗口中的任何一个错误或提示前面的"+"号,均可看到该错误的详细信息。如果被测程序包含源代码,则在该错误的详细信息中列出错误的代码行并解释所造成的错误,如图7-31所示。

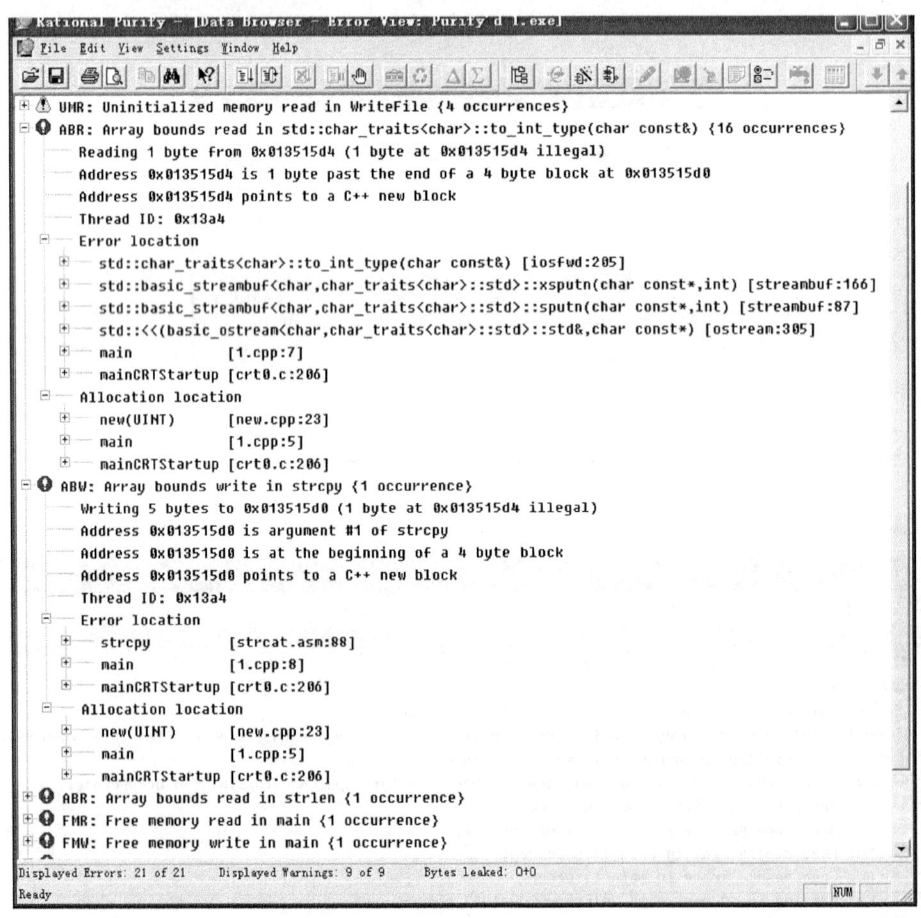

图7-31 错误的详细信息

(5) 保存测试信息,即在与被测程序同一目录下生成一个*.pfy的文件里面保存Data Browser窗口的数据,以便进行数据共享。

(6) 不论是否选择保存,在被测程序目录下都会生成一个文本文件,形成测试日志。

7.6 Rational Quantify 基本使用

7.6.1 概述

自动化测试工具 Rational Quantify 是 Rational PurifyPlus 工具中的一种，Rational PurifyPlus 包括 3 种独立的工具：Rational PureCoverage、Rational Purify 和 Rational Quantify。Rational Quantify 是一个面向 VC、VB 或者 Java 开发的测试性能瓶颈的检测工具，它可以自动检测出影响程序段执行速度的程序性能瓶颈，提供参数分析表等直观表格，帮助分析影响程序执行速度的关键部分。

Rational Quantify 可以按多种级别(包括代码行级和函数级)测定性能，并提供分析性能改进所需的准确和详细的信息，可以核实代码性能确实有所提高。利用 Rational Quantify 各种数据图表窗口，可以直接识别应用程序的性能瓶颈。只须单击鼠标，Rational Quantify 就可以轻松地描绘出整个应用程序或仅仅某个特定部分的性能曲线。Rational Quantify 的聚焦和过滤器功能，能够完全控制性能数据的显示和组织方式，从而帮助有选择性地显示最能从性能调整中获益的那部分应用程序。Rational Quantify 的“线程分析器”能对每个线程进行采样并显示其状态。

所以 Rational Quantify 是对即将发布的实际工作版本或在无法获得源代码的情况下进行测试的理想工具。运行 Rational Quantify 时，可收集有关应用程序及其使用的每个构件的全面且可重复的性能数据集。不过更重要的是，Rational Quantify 提供了强大的分析功能，可以帮助充分利用性能数据和时间。

7.6.2 Rational Quantify 功能描述

(1) 对当前的开发环境的影响达到了最小化。

(2) 提供了树型关系调用图，及时反映了影响性能的关键数据。

(3) 功能列表详细窗口显示了大量与性能有关的数据。

(4) 精确记录了源程序执行的指令数，正确反映了时间数据，在调用函数中正确传递这些记录，使关键路径一目了然。

(5) 可以控制所收集到的数据，通过过滤器显示重要的程序执行过程。

7.6.3 Rational Quantify 参数的设置

1. Settings 项中的 Default Settings 选项

1) PowerTure 选项卡

该标签用于设置测试的级别，如图 7-32 所示。

各参数含义说明如下：

(1) Default measurement level：默认的测试级别。

(2) Line：以代码行作为测试的级别，Rational Quantify 跟踪每行代码执行的机器周期，提供最详细的测试数据，但花费很多的测试运行时间。

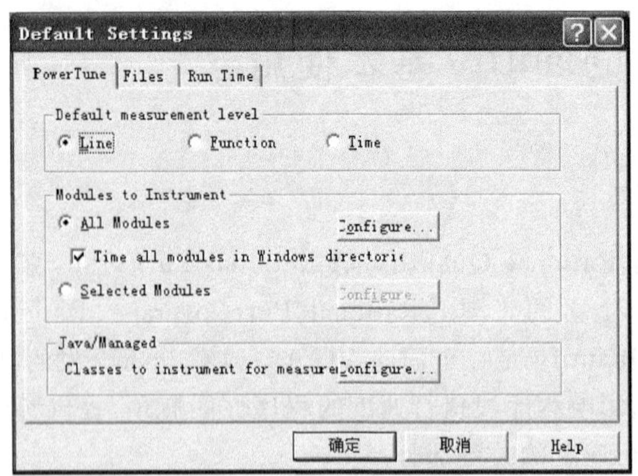

图 7-32 Rational Quantify 的 PowerTune 参数设置

(3) Function：以函数作为测试的级别，Rational Quantify 跟踪每个函数、过程、方法和执行的总机器周期。

(4) Time：以时间作为测试的级别，Rational Quantify 记录每个函数、过程、方法和执行时间，并把时间转换为等价的机器周期。

2) Files 选项卡

该标签用于设置文件默认存放位置。

3) Run Time 选项卡

该标签用于设置测试计时方法，如图 7-33 所示。

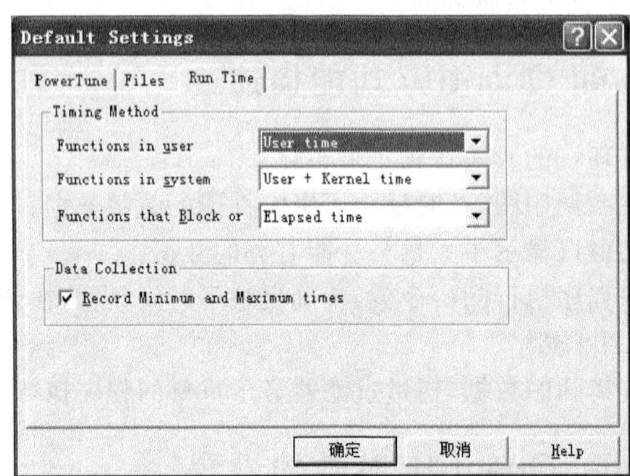

图 7-33 Rational Quantify 的 Run Time 参数设置

各参数含义说明如下。

(1) Timing method：定时方法。

(2) Functions in user：选择用户函数时间的计时方法，可以选择公用时间、过滤时间、实际时间，也可选择忽略该时间。

(3) Functions in system：选择系统函数时间的计时方法，可以选择公用时间、过滤时间、实际时间，也可选择忽略该时间。

(4) Functions that Block or：等待输入/输出，对象同步引起阻塞所花时间的计时方法。

(5) Data Collection：数据收集、选择后系统将记录函数运行最大时间和最小时间。

2. Settings 项中的 Preferences 选项

1) Runs 选项卡

如果想让 Rational Quantify 使用仪器在窗口中显示确认程序执行的详细过程，就可选择使用这个选项，如图 7-34 所示。

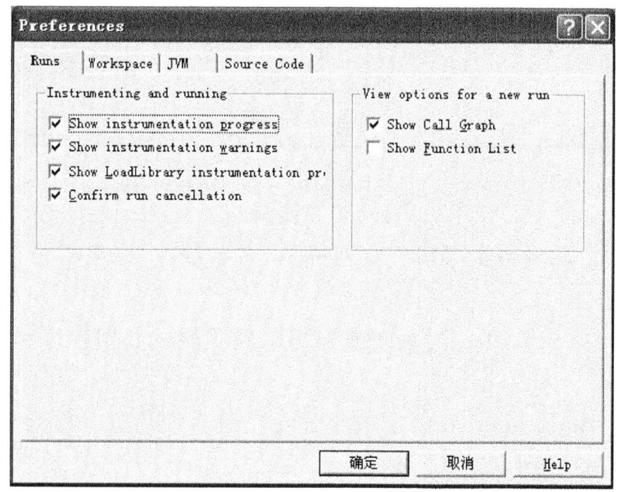

图 7-34　Rational Quantify Preferences 中的 Runs 选项卡

各参数含义说明如下。

(1) Show instrumentation progress：使用仪器窗显示程序进展。

(2) Show instrumentation warnings：使用仪器窗显示程序警告。

(3) Show LoadLibrary instrumentation progress：如果不选此功能，运行后 source file 源文件列表为 none。

(4) Confirm run cancellation：当每次执行 File→Cancel Run 命令或者单击按钮取消被测程序运行时，显示确认消息。

(5) Show Call Graph：对当前数据快照或者退出被测程序时，在调用曲线图窗口显示数据。

(6) Show Function List：对当前数据快照或者退出被测程序时，在函数列表窗口显示数据。

2) Workspace 选项卡

在该选项卡中可以进行参数的选择，主要有如下几个参数，如图 7-35 所示。

各参数含义说明如下：

(1) Show Welcome Screen at startup：当每次单独打开 Rational Quantify 工具时，是否显示欢迎对话框。

(2) Show directories in file names：当在输出窗口显示文件名时，是否同时显示文件路径。

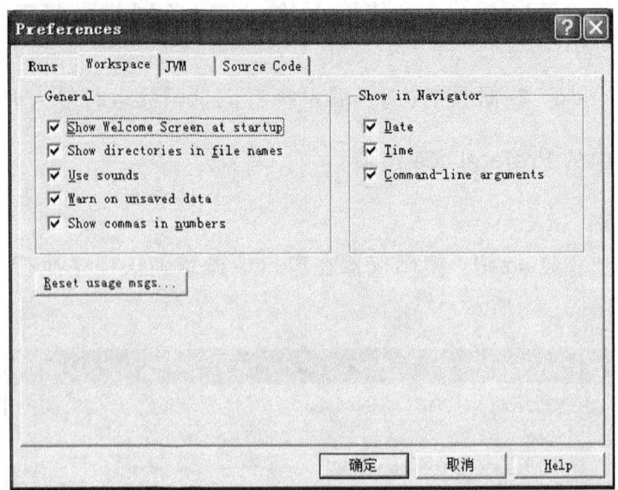

图 7-35　Rational Quantify Preferences 中的 Workspace 选项卡

(3) Use sounds：出现错误、警告、欢迎屏幕、开始检查、结束检查、开始程序、结束程序等，是否有提示声音。

(4) Warn on unsaved data：当关闭或退出未保存测试数据程序时，是否显示警告消息对话框。

(5) Show commas in numbers：在数字显示中是否使用逗号作为分隔符。

(6) Show in Navigator：浏览器显示。

注意：*Rational Quantify 自动将一个参数文件保存在默认路径(quantigfy 目录)下，文件名为 Quantify.ini。*

3) JVM 选项卡

Rational Quantify 的 JVM 选项卡如图 7-36 所示。

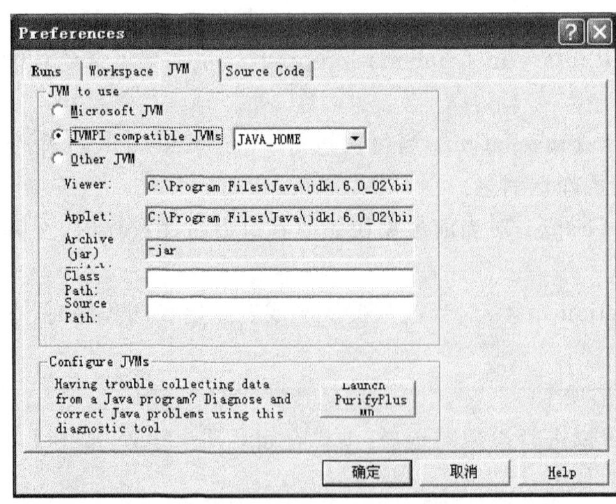

图 7-36　Rational Quantify Preferences 中的 JVM 选项卡

说明：此选项卡是在测试 Java 程序时，用来选择个性化 Java 虚拟机是否使用，且表明使用什么虚拟机。

7.6.4 应用举例

该应用举例对程序代码作性能分析。

所选程序为前面 7.5.4 节的 VC++语言开发程序。

第一步：执行 Windows“开始”→“程序”→Rational Software→Rational Quantify 命令，进入 Rational Quantify 主界面。

第二步：运行 VC++程序段。

(1) 执行 file→run 命令，出现如图 7-37 所示的对话框。

(2) 在 Program name 下拉列表框中选择将要进行测试的程序段存放位置，单击 Run 按钮即可运行指定程序段。

(3) 按照程序功能，在该窗口中输入不同的数据，用来检测程序执行速度，运行结果显示在如下几个窗口中：

① 程序执行结束之后进入如图 7-38 所示的窗口：英文文本为在程序运行中调用的函数，该窗口以树型结构反映了函数之间的调用关系，粗线条为关键路径。Highligh 下拉列表框中的选项可以按用户需要显示不同的内容，在树型图上标识出不同的路径。

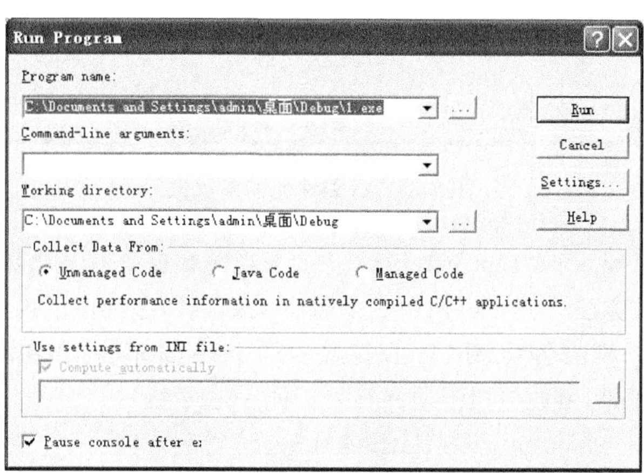

图 7-37 Run Program 对话框

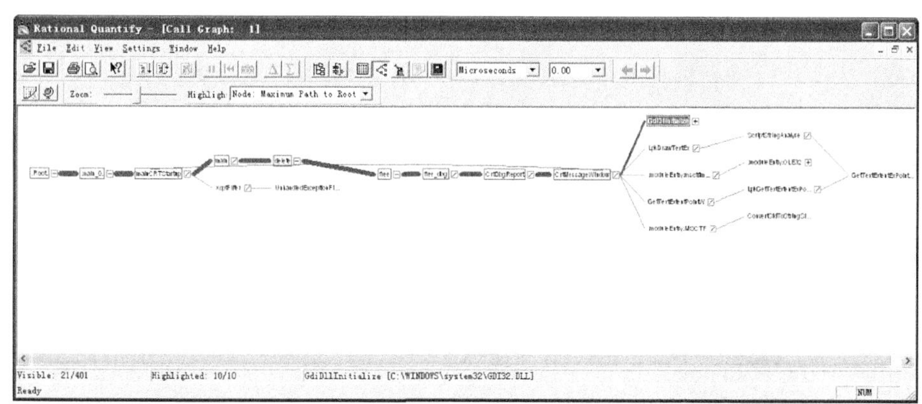

图 7-38 树型函数关系图

② 选择工具栏上的 Function List 命令，显示结果如图 7-39 所示。该表详细地描述了程序执行过程中所涉及的函数，执行成功后所有有关性能的参数值帮助分析程序性能。

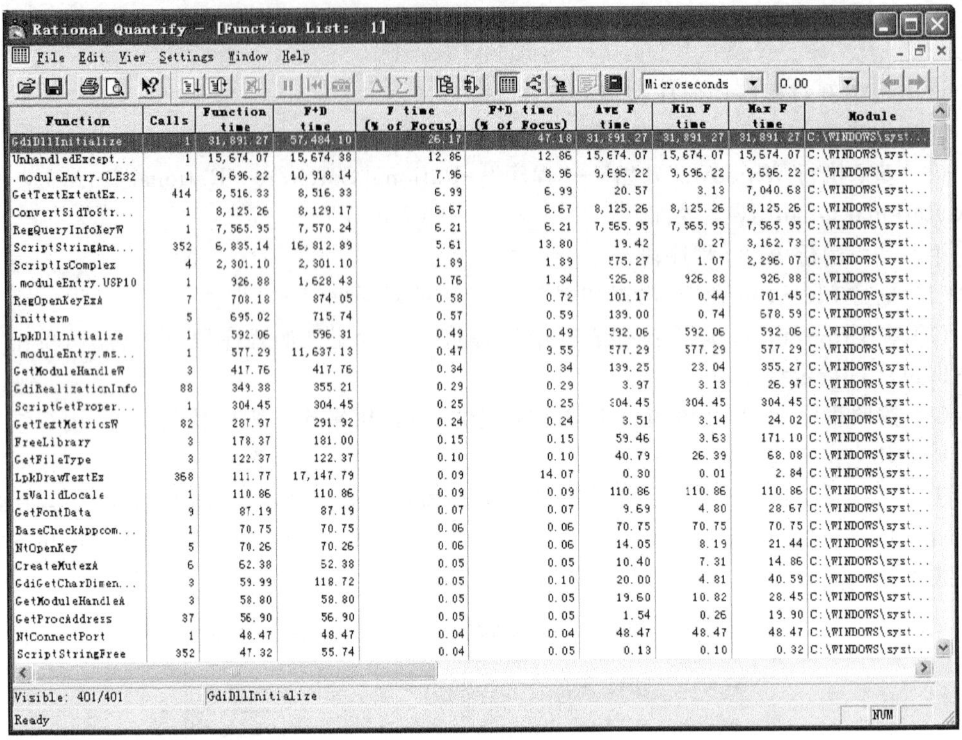

Rational Quantify - [Function List: 1]

File Edit View Settings Window Help

Microseconds　0.00

Function	Calls	Function time	F+D time	F time (% of Focus)	F+D time (% of Focus)	Avg F time	Min F time	Max F time	Module
GdiDllInitialize	1	31,891.27	57,484.10	26.17	47.18	31,891.27	31,891.27	31,891.27	C:\WINDOWS\syst...
UnhandledExcept...	1	15,674.07	15,674.38	12.86	12.86	15,674.07	15,674.07	15,674.07	C:\WINDOWS\syst...
.moduleEntry.OLE32	1	9,696.22	10,918.14	7.96	8.96	9,696.22	9,696.22	9,696.22	C:\WINDOWS\syst...
GetTextExtentEx...	414	8,516.33	8,516.33	6.99	6.99	20.57	3.13	7,040.68	C:\WINDOWS\syst...
ConvertSidToStr...	1	8,125.26	8,129.17	6.67	6.67	8,125.26	8,125.26	8,125.26	C:\WINDOWS\syst...
RegQueryInfoKeyW	1	7,565.95	7,570.24	6.21	6.21	7,565.95	7,565.95	7,565.95	C:\WINDOWS\syst...
ScriptStringAna...	352	6,835.14	16,812.89	5.61	13.80	19.42	0.27	3,162.73	C:\WINDOWS\syst...
ScriptIsComplex	4	2,301.10	2,301.10	1.89	1.89	575.27	1.07	2,296.07	C:\WINDOWS\syst...
.moduleEntry.USP10	1	926.88	1,628.43	0.76	1.34	926.88	926.88	926.88	C:\WINDOWS\syst...
RegOpenKeyExA	7	708.18	874.05	0.58	0.72	101.17	0.44	701.45	C:\WINDOWS\syst...
initterm	5	695.02	715.74	0.57	0.59	139.00	0.74	678.59	C:\WINDOWS\syst...
LpkDllInitialize	1	592.06	596.31	0.49	0.49	592.06	592.06	592.06	C:\WINDOWS\syst...
.moduleEntry.ms...	1	577.29	11,637.13	0.47	9.55	577.29	577.29	577.29	C:\WINDOWS\syst...
GetModuleHandleW	3	417.76	417.76	0.34	0.34	139.25	23.04	355.27	C:\WINDOWS\syst...
GdiRealizationInfo	88	349.38	355.21	0.29	0.29	3.97	3.13	26.97	C:\WINDOWS\syst...
ScriptGetProper...	1	304.45	304.45	0.25	0.25	304.45	304.45	304.45	C:\WINDOWS\syst...
GetTextMetricsW	82	287.97	291.92	0.24	0.24	3.51	3.14	24.02	C:\WINDOWS\syst...
FreeLibrary	3	178.37	181.00	0.15	0.15	59.46	3.63	171.10	C:\WINDOWS\syst...
GetFileType	3	122.37	122.37	0.10	0.10	40.79	26.39	68.08	C:\WINDOWS\syst...
LpkDrawTextEx	368	111.77	17,147.79	0.09	14.07	0.30	0.01	2.84	C:\WINDOWS\syst...
IsValidLocale	1	110.86	110.86	0.09	0.09	110.86	110.86	110.86	C:\WINDOWS\syst...
GetFontData	9	87.19	87.19	0.07	0.07	9.69	4.80	28.67	C:\WINDOWS\syst...
BaseCheckAppcom...	1	70.75	70.75	0.06	0.06	70.75	70.75	70.75	C:\WINDOWS\syst...
NtOpenKey	5	70.26	70.26	0.06	0.06	14.05	8.19	21.44	C:\WINDOWS\syst...
CreateMutexA	6	62.38	52.38	0.05	0.05	10.40	7.31	14.86	C:\WINDOWS\syst...
GdiGetCharDimen...	3	59.99	118.72	0.05	0.10	20.00	4.81	40.59	C:\WINDOWS\syst...
GetModuleHandleA	3	58.80	58.80	0.05	0.05	19.60	10.82	28.45	C:\WINDOWS\syst...
GetProcAddress	37	56.90	56.90	0.05	0.05	1.54	0.26	19.90	C:\WINDOWS\syst...
NtConnectPort	1	48.47	48.47	0.04	0.04	48.47	48.47	48.47	C:\WINDOWS\syst...
ScriptStringFree	352	47.32	55.74	0.04	0.05	0.13	0.10	0.32	C:\WINDOWS\syst...

Visible: 401/401　GdiDllInitialize

Ready　NUM

图 7-39　有关性能的参数值

函数列表窗口(Function List window)显示了当前数据集有关函数、过程、方法(在这里是全体 referred 函数方法)的信息(简单的函数含义)，其中包括以下内容：

a. 函数、源文件、模块名 Quantify 仅仅显示一个有 databug 存在的源文件名。因为一个函数是可以被用到的，函数包括模块并且处于同一水平线。

b. F+D TIME：function time+debug time。

c. Calls：函数被呼叫次数。

d. Fuction time：在设置默认值的基础上，一个函数所花费的时间总数，并且分类按降序排列(默认的是降序，也可按需要随意排列)。

注意：双击每一行会出现具体性能分析图解，具体如图 7-40 所示。

此性能分析图提供了函数运行的性能数据。

③ 在工具栏中选择 Run Summary 命令可以显示运行摘要，如图 7-41 所示。

从图 7-41 可以看到监控程序运行过程中每个线程的状态，各状态含义如下：

a. Running：运行中。

b. Waiting I/O：等待输入。

c. Blocked：已锁定。

d. Quantify：量化。

e. Exited：已退出。

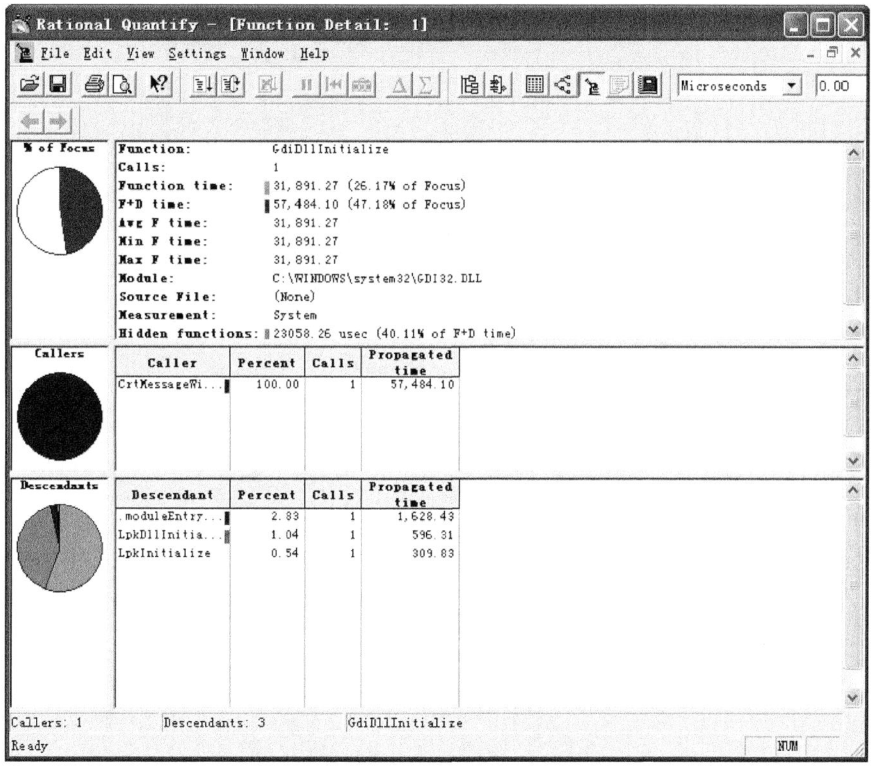

图 7-40 具体函数性能表

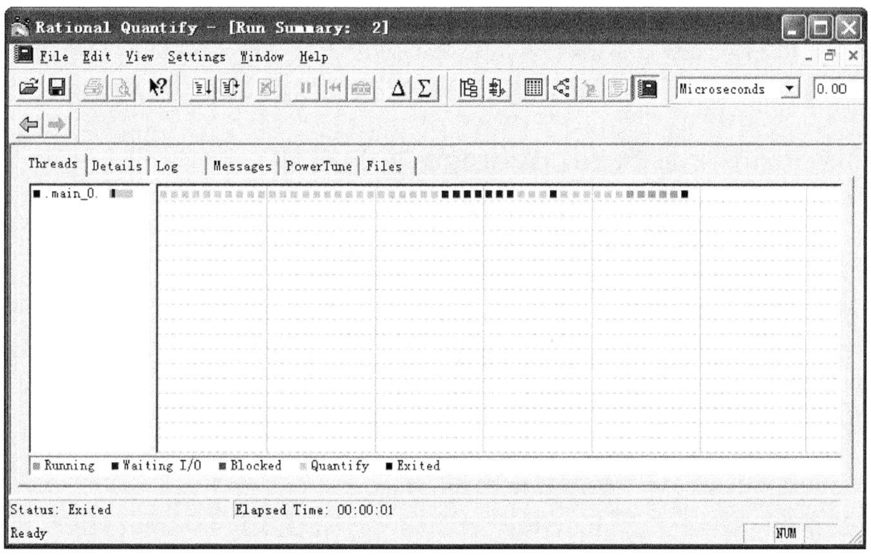

图 7-41 运行摘要

④ 可以将程序运行性能分析结果保存在计算机的任何位置，文件名为：* .qfy。系统将自动生成 Rational Quantify 文件，如图 7-42 所示(图标为 Rational Quantify 默认形状)。

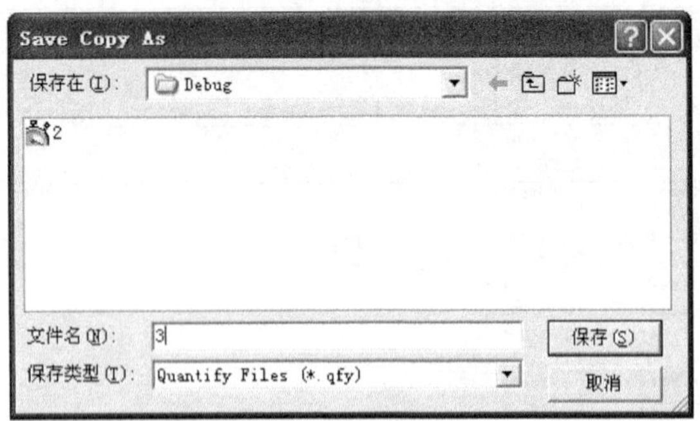

图 7-42 保存信息

可以将文件名存为自己容易识别的名字,以便下一次方便查看。查看方法:在 Rational Quantify 登录界面中执行 file→open 命令,选择文件存放目录即可打开已经保存过的 *.qfy 文件,查看已经执行过的程序的性能分析数据。

注意:在 Rational Quantify 窗体中只须保存一次树型函数关系图,或者一个详细参数表,该程序所有的系统运行性能参数都将被保存至一个文件中,打开一个文件时同时都将被打开。

7.7 Rational PureCoverage 基本使用

7.7.1 概述

Rational PureCoverage 是一个面向 VC、VB 或者 Java 开发的测试覆盖程度检测工具,它可以自动检测测试完整性和那些无法达到的部分。作为一个软件产品质量控制工程,Rational PureCoverage 可以在每一个测试阶段生产详尽的测试覆盖程度报告。

7.7.2 Rational PureCoverage 功能描述

(1) 即时代码测试百分比显示。

(2) 未测试和测试不完整的函数、过程或者方法的状态表示。

(3) 在源代码中定位未测试的特定代码行。

(4) 为执行效率最大化定制数据采集。

(5) 为所需要的焦点细节定制显示方式。

(6) 从一个程序的多个执行合成数据覆盖度。

(7) 与其他团队成员共享覆盖数据或者产生报表。

(8) 在开发环境当中使用 Rational PureCoverage 集成实施和检测代码覆盖程度。

另外,可以对 Rational PureCoverage 的测试覆盖进行如下分类和统计:

(1) 按模块或文件显示:Rational PureCoverage 的 Coverage Browser 针对一个可执行文件的每次运行按模型或者文件显示覆盖统计信息。

① Calls:所调用函数的总数。

② Functions missed:未被调用的函数的数目。

③ Functions hit：已调用的函数的数目。

④ % Functions hit：已执行函数的百分比。

⑤ Lines missed：未执行的代码行数。

⑥ Lines hit：已执行的代码行数。

⑦ % Lines hit：已执行的代码行百分比。

⑧ 单击鼠标，可以进一步查看上面列出的各个摘要数据所包含的函数和代码行。

(2) 按函数显示：Function List 逐项列出程序运行过程中调用的所有函数，允许测试人员按被调用次数或函数名的字母顺序对函数进行排序。

(3) 逐行显示：Annotated Source 窗口利用已有的源代码逐行显示覆盖信息。这种特别详细的信息，有助于软件测试人员了解函数中哪些代码行已经测试或哪些尚未测试。源代码行上使用了不同的颜色表示不同的覆盖信息。具体如下：

① Partially hit multi-block lines(粉色)：仅测试过代码块中的部分代码行。

② Dead lines(灰色)：程序无法到达的代码。

③ Summaries(绿色)：函数、过程或方法的覆盖数据摘要。

④ Hit lines(蓝色)：已测试的代码行。

⑤ Missed lines(红色)：尚未测试的代码行。

(4)自动对比测试结果以评估进度：Rational PureCoverage 的 Merge and Diff(归并和比较)功能，允许软件测试人员归并和比较同一可执行代码的多次运行所生成的覆盖数据，并生成覆盖数据的总计视图，从而可以快速评测试运行参数并确保所有代码都已执行和测试。

Coverage Browser 中的覆盖数据可以按 Microsoft Excel 格式或文本格式导出，可以非常方便地共享数据或将其保存，便于以后比较两次不同的运行结果的差异。同时，也有助于开发团队验证测试和测试套件。

7.7.3 Rational PureCoverage 参数的设置

1. Settings 项中的 Default Settings 选项

1) PowerCov 选项卡

该选项卡如图 7-43 所示。

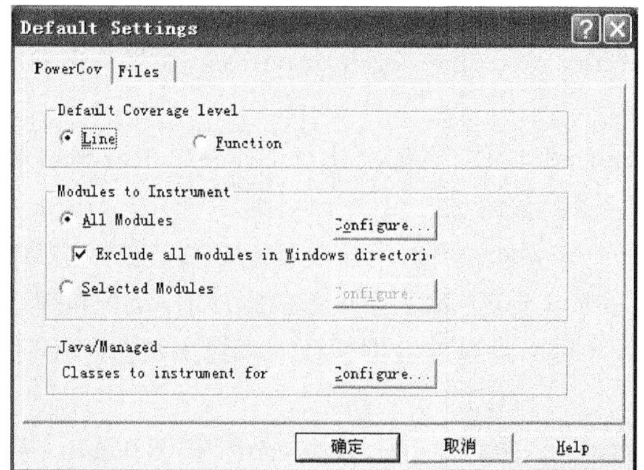

图 7-43　Rational PureCoverage 中的 PowerCov 参数设置

各参数含义说明如下：

(1) Line：以代码行作为默认的测试覆盖级别，记录代码行在程序执行时是否被命中。

(2) Function：以函数作为默认的测试覆盖级别，记录函数在程序执行时是否被命中。

(3) Modules to Instrument：选择包含的测试模块。除非特意排出某些模块，否则 Rational PureCoverage 会收集所有的覆盖数据。

2) Files 选项卡

Files 选项卡用来设置文件默认存放位置。

2. Settings 项中的 Preferences 选项

1) Runs 选项卡

该选项卡参数配置如图 7-44 所示。

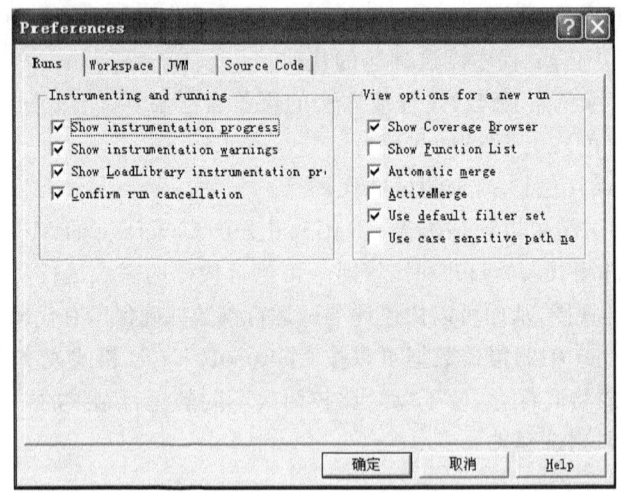

图 7-44 Rational PureCoverage Preferences 中的 Runs 选项卡

各参数含义说明如下。

(1) Show instrumentation progress：当对 VC++程序测试时，是否显示工具对话框。

(2) Show instrumentation warnings：当对 VC++程序测试时，是否显示工具警告对话框。

(3) Show LoadLibrary instrumentation progress：如果不选此功能，运行后 source file 源文件列表为 none。

(4) Confirm run cancellation：当每次执行 File→Cancel Run 命令或者单击按钮中途取消被测程序运行时，显示确认消息。

(5) Show Coverage Browser：当对当前数据或汇总数据做快照时、打开一个. cfy 文件、Purify 错误、打开一个. pcy 文件、退出正在运行的程序时，是否在覆盖浏览器显示数据。

(6) Show Function List：对当前数据快照或者退出被测程序时，在函数列表窗口显示数据。

(7) Automatic merge：当运行一个程序时，是否在 Navigator 窗口创建一个自动汇总入口，或在接下来的运行时是否自动更新汇总数据。

(8) ActiveMerge：自动归并分层的数据集，方便用户区分和评估各个组件的运行。选择此项，对随后的自动和手动归并都有效；不选择此项，Rational PureCoverage 在一致的数据集中并归数据。

(9) Use default filter set：当下一次运行程序时，是否使用当前的过滤器设置。

(10) Use case sensitive path names：当下一次运行程序时显示的覆盖数据、路径名称是否区分大小写字母盘。

2) Workspace 选项卡

该选项卡参数设置如图 7-45 所示。

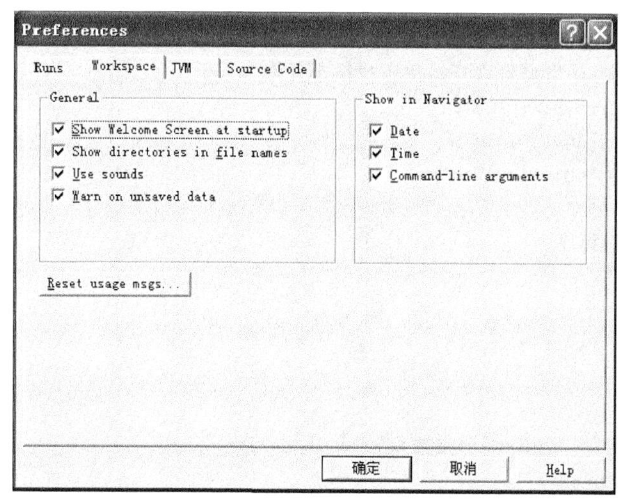

图 7-45　Rational PureCoverage Preferences 中的 Workspace 选项卡

各参数含义说明如下。

(1) Show Welcome Screen at startup：当每次单独打开 Rational PureCoverage 工具时，是否显示欢迎对话框。

(2) Show directories in file names：当在输出窗口显示文件名时，是否同时显示文件路径。

(3) Use sounds：出现错误、警告、欢迎屏幕、开始检查、结束检查、开始程序、结束程序等，是否有提示声音。

(4) Warn on unsaved data：当关闭或退出未保存测试数据程序时，是否显示警告消息对话框。

(5) Show in Navigator：浏览器显示。

3) JVM 选项卡

Rational PureCoverage 的 JVM 选项卡与图 7-36 相同。

7.7.4　应用举例(检测程序代码的测试覆盖率)

所选程序为 VC++语言开发，如下：

```
#include < iostream.h>
const int N = 3;
void sort (int iArray[N][N])
```

```
{ int iR,iC,iCy,iMin,iMinA,iTemp;
   for(iR = 0;iR < N;iR ++ )
{    //对每行进行排序
     for(iC = 0;iC < N;iC++)
     { iMin = iArray[iR][iC];
     //在当前行中,从当前元素开始往后找最小元素
     for(iCy = iC + 1;iCy < N;iCy ++ )
     {if(iArray[iR][iCy]< iMin)
          {iMin = iArray[iR][iCy];
          iMinA = iCy;
     }
     }
     //在当前行中,从当前元素开始往后找最小元素
         iTemp = iArray[iR][iCy];
         iArray[iR][iCy] = iMin;
         iArray[iR][iMinA] = iTemp;
     }
     //对每行进行排序
}
}
int main(int argc, char * argv[])
{int A[N][N];
int i,j;
   cout <<"请输入"<< N * N <<"个整数: "<< endl;
   for(i = 0;i < N;i ++ )
   {for(j = 0;j < N;j ++ )
   {   cin >> A[i][j];
   }
   cout <<"对每行排序前的数组为: "<< endl;
   for(i = 0;j < N;j ++ )
   {   for(j = 0;j < N;j ++ )
   {     cout << A[i][j]<<" ";}
          cout << endl;}
   sort(A);
   cout <<"对每行排序后的数组为: "<< endl;
   for(i = 0;i < N;i ++ )
   {for(j = 0;j < N;j ++ )
   {       cout << A[i][j]<<" ";}
           cout << endl;
   }
   return 0;
   }
}
```

第一步：执行 Windows“开始”→“程序”→Rational Software→Rational Quantify 命令，进入 Rational PureCoverage 主界面。

第二步：运行 VC++程序段。

(1) 执行 file→run 命令，出现如图 7-46 所示的对话框。

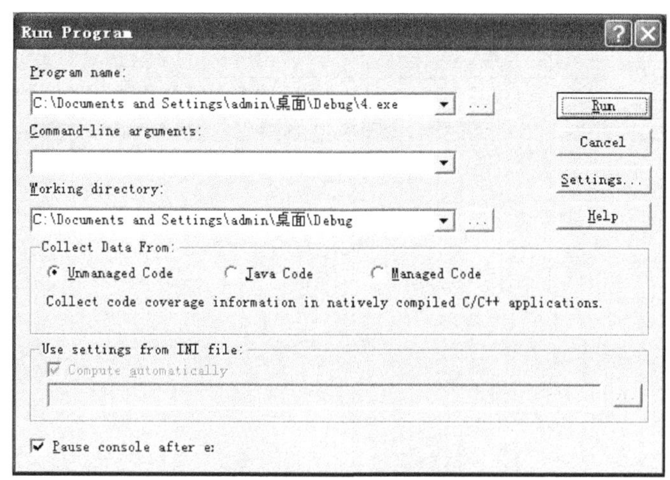

图 7-46 Run Program 对话框

(2) 在 Program name 下拉列表框中选择被测对象的路径后，单击 Run 按钮，运行程序，得到如图 7-47 所示窗口。

图 7-47 运行程序窗口

(3) 运行完程序后，会出现运行后的结果数据，如图 7-48 所示。

通过此窗口，可以看到在运行一个测试用例时，该被测程序的函数覆盖和代码覆盖情况。

(4) 双击 Coverage Browser 窗口中的任何一个文件或函数，或者选择 view 的 Funtion List 命令，即可看到相应的程序代码。以函数 main( )为例，如图 7-49 所示。

在此窗口可以看到函数 main( )的源代码。其中，第 12～13 行、20～23 行代码表示该测试用例未执行到的语句。分析测试结果，根据测试结果重新选择测试用例，来覆盖上一次运行时未覆盖到的代码或函数。

(5) 关闭 Coverage Browser 窗口，出现提示对话框，可以选择是否保存。

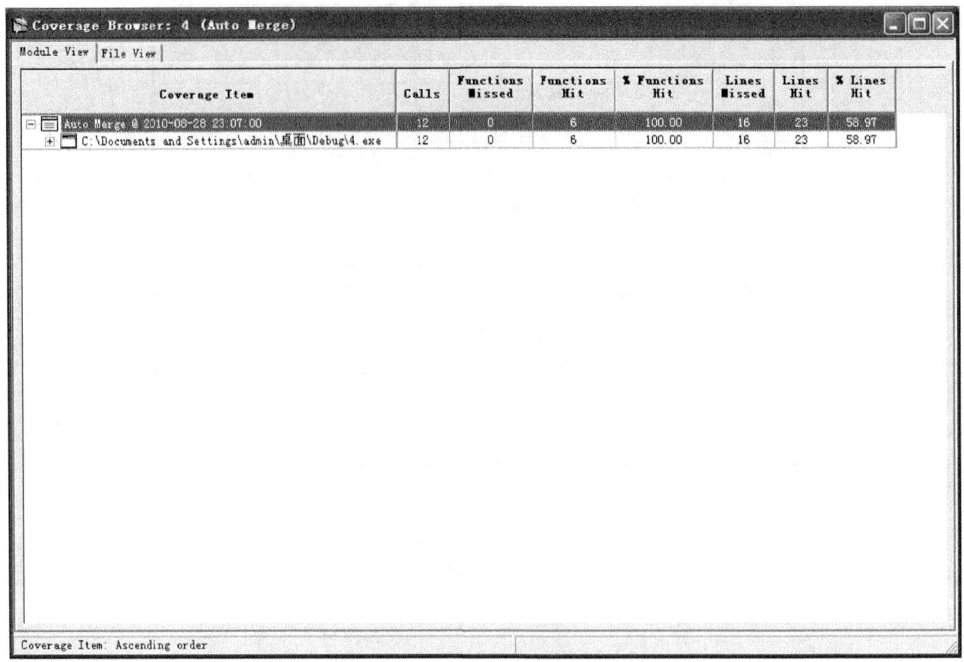

Coverage Item	Calls	Functions Missed	Functions Hit	% Functions Hit	Lines Missed	Lines Hit	% Lines Hit
Auto Merge @ 2010-08-28 23:07:00	12	0	6	100.00	16	23	58.97
C:\Documents and Settings\admin\桌面\Debug\4.exe	12	0	6	100.00	16	23	58.97

图 7-48　结果数据图

Line Coverage	Line Number	Source
	1	#include <iostream.h>
	2	const int N=3;
	3	void sort (int iArray[N][N])
2	4	{ int iR,iC,iCy,iMin,iMinA,iTemp;
2	5	for(iR=0;iR<N;iR++)
	6	{ //对每行进行排序
2	7	for(iC=0;iC<N;iC++)
2	8	{ iMin=iArray[iR][iC];
	9	//在当前行中,从当前元素开始往后找最小元素
6	10	for(iCy=iC+1;iCy<N;iCy++)
4	11	{if(iArray[iR][iCy]<iMin)
0	12	{iMin=iArray[iR][iCy];
0	13	iMinA=iCy;
	14	}
4	15	}
	16	//在当前行中,从当前元素开始往后找最小元素
2	17	iTemp=iArray[iR][iCy];
2	18	iArray[iR][iCy]=iMin;
2	19	iArray[iR][iMinA]=iTemp;
0	20	}
	21	//对每行进行排序
0	22	}
0	23	}
	24	int main(int argc, char *argv[])
2	25	{int A[N][N];
	26	int i,j;
2	27	cout<<"请输入"<<N*N<<"个整数："<<endl;
2	28	for(i=0;i<N;i++)

图 7-49　函数 main( )实例

(6) 若保存，则将在与被测程序同一目录下生成一个 *.cfy 的文件，里面保存了 Coverage Browser 窗口的数据，以便进行数据共享。

(7) 不论是否选择保存，在被测程序目录下都会生成一个.log 文件，形成测试日志。

7.8 Rational Robot 基本使用

7.8.1 概述

Rational Robot 是一个用于替代人工，进行高速自动测试的软件。与之关联的配套工具软件有：Rational TestManager、Rational ClearQuest、Rational TestFactory 和 Rational Administrator 等。它集成在 Rational TestManager 之上，可以借助 TestManager 管理工具计划、组织、执行、管理、报告所有的测试活动。Rational Robot 可开发 3 种测试脚本：用于功能测试的 GUI 脚本、用于性能测试的 VU 以及 VB 脚本。

Rational Robot 是一种用于功能测试的计划、开发、执行和分析工具，其作用如下：

(1) 执行完整的功能测试：记录和回放遍历应用程序的脚本，以及测试在查证点(verification points)处的对象状态。

(2) 执行完整的性能测试：Rational Robot 和 Rational TestManager 协作可以记录和回放脚本，这些脚本有助于断定多客户系统在不同负载情况下是否能够按照用户定义标准运行。

(3) 在 SQA Basic、VB、VU 环境下创建并编辑脚本。Rational Robot 编辑器提供有色代码命令，并且在强大的集成脚本开发阶段提供键盘帮助。

(4) 测试 IDE 下 Visual Basic、Oracle Forms、Power Builder、HTML、Java 开发的应用程序，甚至可测试用户界面上不可见对象。

(5) 脚本回放阶段收集应用程序诊断信息：Rational Robot 同 Rational Purify、Rational Quantify、Rational PureCoverage 集成，可以通过诊断工具回放脚本，在日志中察看结果。

(6) Rational Robot 使用面向对象记录技术：记录对象内部名称，而非屏幕坐标。若对象改变位置或者窗口文本发生变化，Rational Robot 仍然可以找到对象并回放。

7.8.2 Rational Robot 基本使用说明

1. 登录主界面

Rational Robot 工具在首次启动时，进入登录界面，如图 7-50 所示。

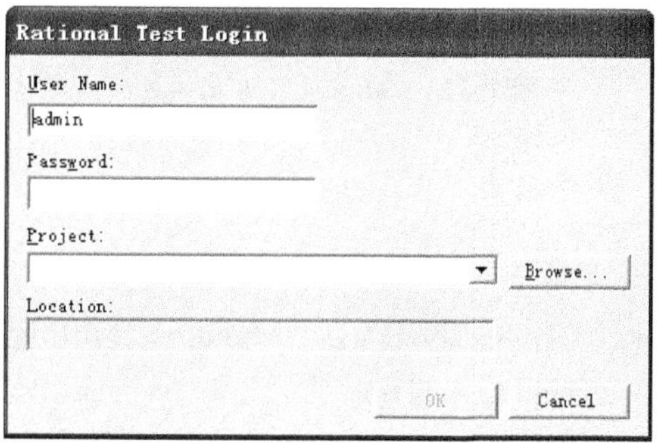

图 7-50 登录界面

首先要建立测试项目,才能够进入 Rational Robot 主界面。在软件测试工作进行前,必须创建软件测试资料库,以存放脚本、查证点、问题、改动等测试信息。使用 Rational Administrator 建立测试项目如下:

(1) 打开 Rational Administrator。若是第一次打开,会提示设置管理员身份。

(2) 执行 File→New Project 命令,在弹出的新建向导中输入项目名称、路径(若是团队测试则输入网络通用路径)、密码、确认密码。完成后,在随即出现的初始化对话框中创建需求声明、Test 数据库、ClearQuest 数据库,也可以从已有的数据库中选择,最后完成。

(3) 在 Rational Administrator 主窗口左边的树型目录下右击,选择弹出菜单中的 Connect 命令,将项目连接上刚才设置的数据库。右击 Rational Test Datastore 命令下的 Test Users 选项可添加用户。右击 Test Users 命令下的用户名可选择对其进行删除或修改资料与测试组,右击 Test Group 命令可修改测试组权限。

如果已有测试项目,可以在 Project 下拉列表框中选择要进入的测试项目,也可以单击 Browse 按钮,找到已建立的测试项目文件(*.RSP),在 Location 框中能看到所选择项目的绝对路径。选择好测试项目后,单击 OK 按钮,进入 Rational Robot 的主界面,如图 7-51 所示。

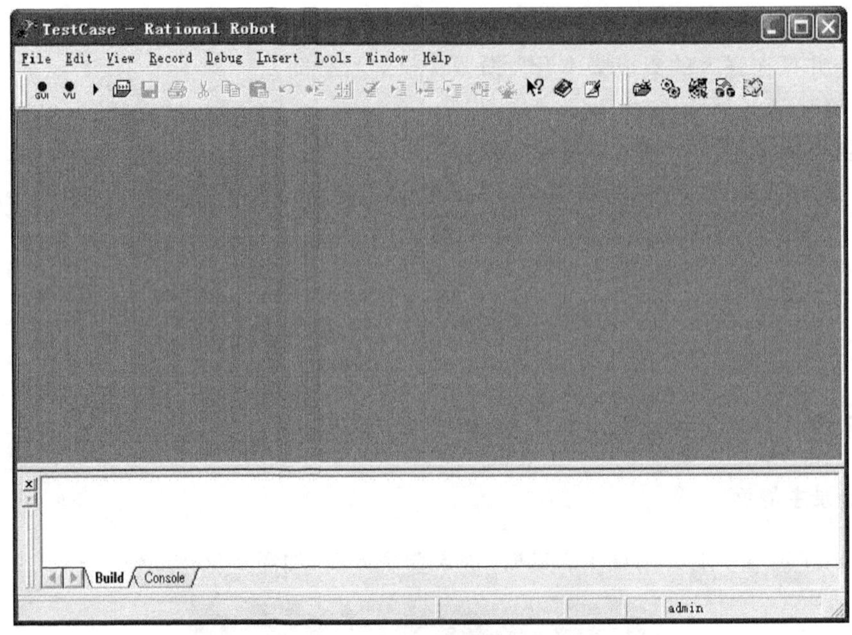

图 7-51 Rational Robot 主界面

2. 基本概念

1) VU 和 GUI 脚本组成部分

(1) 由 Rational Robot 或者 Rational Test Manager Suite 生成的可运行文件。

(2) 脚本属性集,例如类型和脚本目标。

2) VU 和 GUI 脚本的异同

VU 和 GUI 脚本的异同由表 7-3 说明。

表 7-3 VU 和 GUI 脚本的异同

序号	方面	GUI 脚本	VU 脚本
1	并发性	在一台计算机上同时只能执行一个 GUI 脚本	在一台计算机上同时可以执行多个 VU 脚本
2	语言	包括对 GUI 对象的键盘敲击以及鼠标单击行为,脚本用 SQA Basic 语言写成	包括客户端发送到服务器的要求,脚本用 VU 语言写成
3	测试领域	用于功能测试和性能测试	通常用于加入用户负载的性能测试,例如,测试不同负载下服务器响应时间
4	验证点	可以包括验证点,用于比较记录回放时捕获的信息	不支持验证点
5	执行	既可在 Robot 中执行,也可以作为 Test Manager Suite 的一部分执行	作为 Test Manager Suite 的部分执行

注意:在同一脚本中,不能混合 SQA Basic 和 VU 代码。

3) Rational Test 中的两种模拟用户

(1) GUI 用户:单用户,模拟前台的实际用户操作。

(2) 虚拟测试者:多用户,虚拟测试者模拟发送到数据库、Tuxedo 或者 Web 服务器的请求,Robot 记录网络流量等后台操作,忽略前台 GUI 操作。

4) Rational Test 中的两种测试类型

(1) 功能测试:Rational Robot 是一种用于功能测试的计划、开发、执行和分析工具。

(2) 性能测试:Rational Robot 和 TestManager 结合用于性能测试。

7.8.3 Rational Robot 参数的设置

1. Settings 项中的 Default Settings 选项

1) PowerCov 选项卡

该标签如图 7-52 所示。

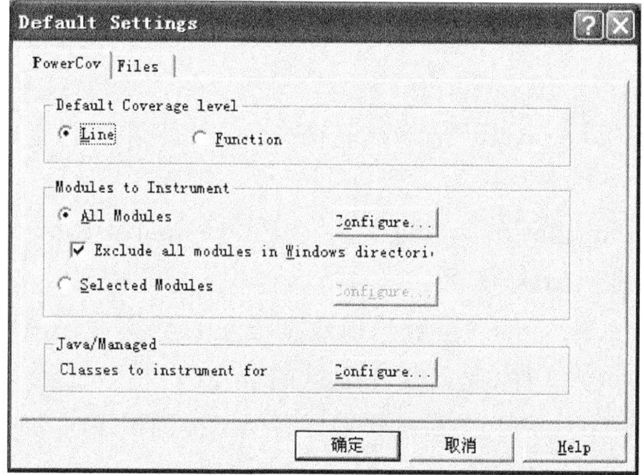

图 7-52 Rational Robot 中的 PowerCov 参数设置

各参数含义说明如下：

(1) Line：以代码行作为默认的测试覆盖级别，记录代码行在程序执行时是否被命中。

(2) Function：以函数作为默认的测试覆盖级别，记录函数在程序执行时是否被命中。

(3) Modules to Instrument：选择包含的测试模块。除非特意排除某些模块，否则 Rational Robot 会收集所有的覆盖数据。

2) Files 选项卡

Files 选项卡用来设置文件默认存放位置。

2. Settings 项中的 Preferences 选项

1) Runs 选项卡

该选项卡参数配置如图 7-53 所示。

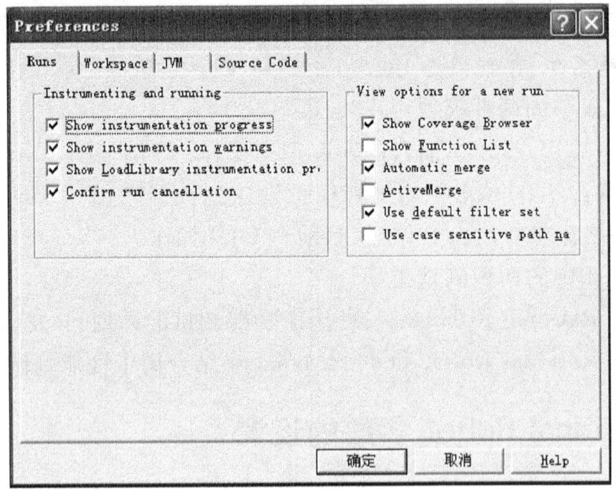

图 7-53　Rational Robot Preferences 中的 Runs 选项卡

各参数含义说明如下。

(1) Show instrumentation progress：当对 VC++程序测试时，是否显示工具对话框。

(2) Show instrumentation warnings：当对 VC++程序测试时，是否显示工具警告对话框。

(3) Show LoadLibrary instrumentation progress：如果不选此功能，运行后 source file 源文件列表为 none。

(4) Confirm run cancellation：当每次执行 File→Cancel Run 命令或者单击按钮中途取消被测程序运行时，显示确认消息。

(5) Show Coverage Browser：当对当前数据或汇总数据做快照时、打开一个.cfy 文件、Purify 错误、打开一个.pcy 文件、退出正在运行的程序时，是否在覆盖浏览器显示数据。

(6) Show Function List：对当前数据快照或者退出被测程序时，在函数列表窗口显示数据。

(7) Automatic merge：当运行一个程序时，是否在 Navigator 窗口创建一个自动汇总入口，或在接下来的运行时，是否自动更新汇总数据。

(8) ActiveMerge：自动归并分层的数据集，方便用户区分和评估各个组件的运行。选择此项，对随后的自动和手动归并都有效；不选择此项，Rational Robot 在一致的数据集中并归数据。

(9) Use default filter set：当下一次运行程序时，是否使用当前的过滤器设置。

(10) Use case sensitive path names：当下一次运行程序时显示的覆盖数据、路径名称是否区分大小写字母盘。

2) Workspace 选项卡

该 Workspace 选项卡参数设置如图 7-54 所示。

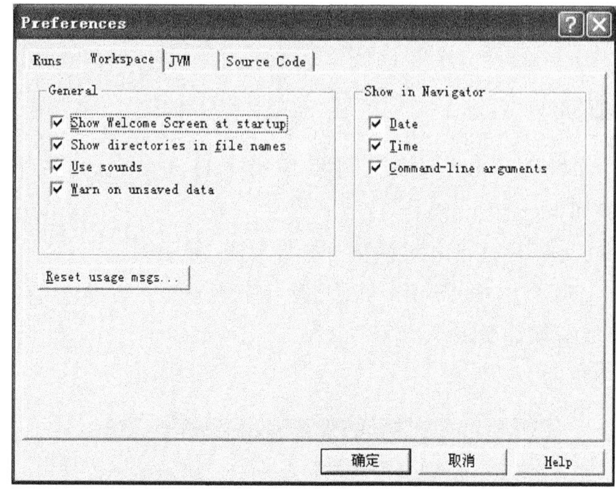

图 7-54 Rational Robot Preferences 中的 Workspace 选项卡

各参数含义说明如下。

(1) Show Welcome Screen at startup：当每次单独打开 Rational Robot 工具时，是否显示欢迎对话框。

(2) Show directories in file names：当在输出窗口显示文件名时，是否同时显示文件路径。

(3) Use sounds：出现错误、警告、欢迎屏幕、开始检查、结束检查、开始程序、结束程序等，是否有提示声音。

(4) Warn on unsaved data：当关闭或退出未保存测试数据程序时，是否显示警告消息对话框。

(5) Show in Navigator：浏览器显示。

3) JVM 选项卡

该选项卡与图 7-36 相同。

7.8.4 记录 GUI 脚本

1. GUI 记录工作流程

(1) 按照指导，为脚本确定可预测的起始状态和结束状态、安装测试环境、创建模块脚本，并且使应用程序可测。

(2) 设置记录选项,也可在记录开始后设置。

(3) 开始记录。

(4) 在测试环境下启动应用程序,必须按照期望回放的方式正确启动应用程序。

(5) 在应用程序中执行系列行为。

(6) 加入必要的特写,例如验证点、注释以及计时器。

(7) 如有必要,将面向对象记录切换至底层记录方式。

(8) 结束记录会话。

(9) 可选操作,通过文件菜单下属性菜单项定义脚本属性,在 Test Manager 中也可以定义脚本属性。

2. 设置录制选项

在录制 GUI 脚本时,Rational Robot 可以对脚本自动命名,可以采用具有一定含义的名称。具体操作步骤如下:

(1) 打开 GUI Record Options 对话框,如图 7-55 所示。

(2) 在 General 选项卡中的 Prefix 框中输入前缀,如果不希望有前缀,则清空该编辑框,以后每次记录新脚本都需要输入名称。

(3) 单击“确定”按钮。

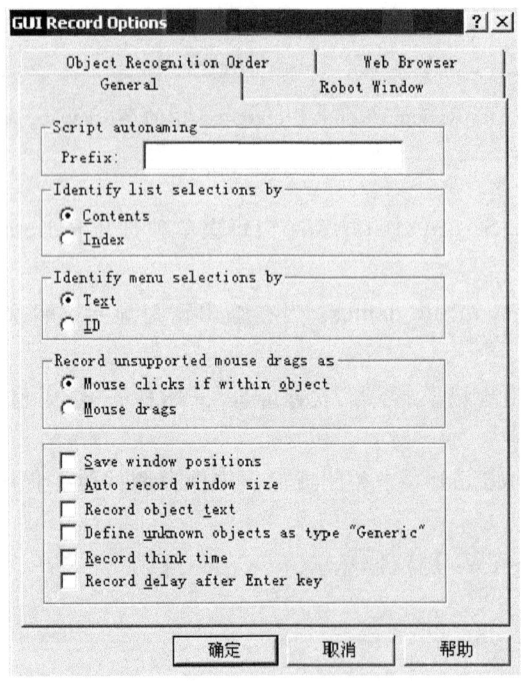

图 7-55 脚本自动命名界面

各参数含义说明如下。

1) General 选项卡

(1) Prefix 编辑框:若为空,每次录制新脚本时都要输入脚本名;若输入内容,录制新脚本时,将自动在该内容末尾加序号作为脚本名。

(2) 复选框 Define unknown object as type "Generic" 若未选，Rational Robot 遇到不认识的对象类型时，会要求定义它；若选中，Rational Robot 自动认为它是 Generic 型，可以测试对象的基本属性。

2) Robot Window 选项卡

设置 Robot 窗口在录制时的显示状态和快捷键。

3) Web Browser 选项卡

设置 HTML 记录的默认 Web 浏览器。

4) Object Recognition Order 选项卡

(1) Object order preference 下拉列表框：若测试 C++ 程序，选择 C++ Recognition Order；否则选择< Default >。

(2) Object type 下拉列表框：选择对象的类型。

(3) Recognition method order 下拉列表框：选择对象辨认方法的先后顺序，该设置对所有测试者有效。

3. 定义脚本属性

选中脚本，执行 File→Properties 命令，在弹出的对话框中对目的、环境、查证点、自定义常规、指定文件等内容进行设置，该对话框如图 7-56 所示。

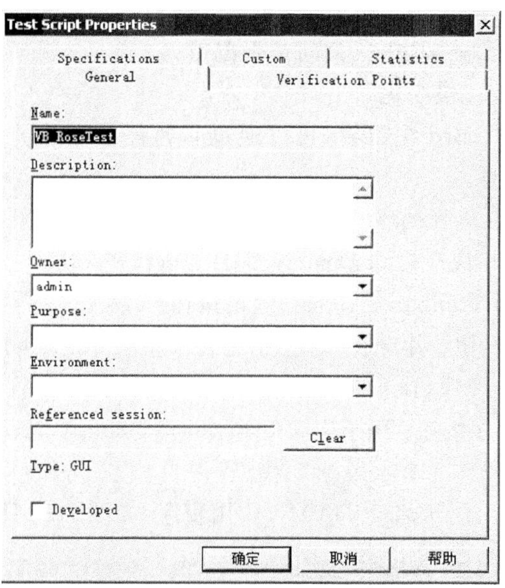

图 7-56　定义脚本属性界面

4. 记录新的 GUI 脚本

(1) 按照指导，为脚本确定可预测的起始状态和结束状态、安装测试环境、创建模块脚本，在 Test Manager 中建立脚本计划，并且使应用程序可测。

(2) 如果可能，使应用程序可测，加载 IDE Extensions。

(3) 记录之前设置记录选项，也可以在开始后设置。

(4) 单击快捷栏上的 Record GUI Script 快捷按钮，得到如图 7-57 所示的 Record GUI 对话框。

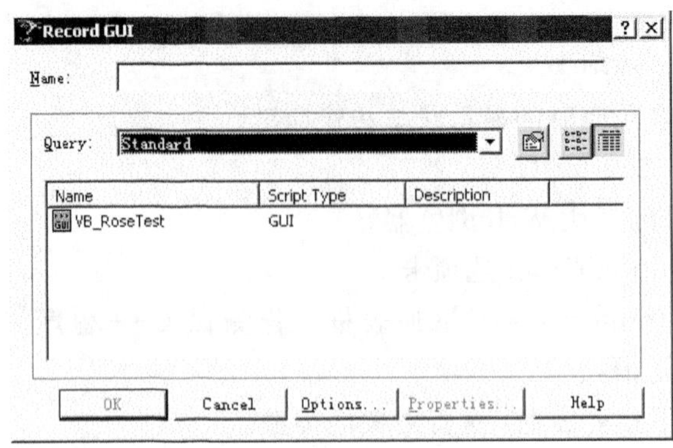

图 7-57 Record GUI 对话框

(5) 输入脚本名称(最多 40 字符)或者从脚本列表中选择一个。

(6) 要改变记录设置，单击 Options 按钮，完成设置后单击 OK 按钮。

(7) 如果选中一个预定义或者已记录脚本，可以通过 Properties 菜单项设置脚本属性，设置完成后确认退出。

(8) 开始记录，以下事件一次发生：

① 如果选中已存在脚本，Robot 询问是否覆盖。

② 默认情况下，Robot 最小化。

③ 出现浮动 GUI Record 快捷栏，可以通过它暂停或者停止记录、重新显示 Rational Robot，在脚本中插入特写。

(9) 按照以下步骤启动测试环境下的应用程序：

① 单击 GUI Record 快捷栏的 Display GUI Insert Toolbar 按钮。

② 单击 GUI Insert Toolbar 上适当的起始按钮。

③ 启动应用程序按钮：用于启动应用程序(除用 Rational Quantify 或者 Rational PureCoverage 回放的 HTML、Java 应用程序)。

④ 启动 Java 应用程序按钮：用于启动由 Rational Quantify 或者 Rational PureCoverage 回放的 Java 应用程序。

⑤ 启动浏览器按钮：用于启动 HTML 应用程序，如图 7-58 所示。

图 7-58 启动浏览器按钮

(10) 在应用程序中执行系列行为。

(11) 如果需要则插入特写，可以插入验证点、注释、计时器等。

(12) 如有必要，将面向对象记录模式切换至底层记录模式。

(13) 记录完成，单击 GUI Record 快捷栏上 Stop Recording 按钮，Robot 主窗口显示如下信息：

① 验证点和底层脚本显示在左侧的 Asset 窗格。

② 文本和脚本显示在右侧的脚本窗格。

③ 编译或者回放脚本时,编译结果显示在 Output 窗口的 Build 页面上。

(14) 可选操作:设置脚本属性。

5. 记录期间恢复 Robot 主窗

(1) 单击 GUI Record 快捷栏上的 Open Robot Window 按钮。

(2) 单击 Windows 任务栏上的 Robot 按钮。

(3) 使用 Ctrl+Shift+F 键显示窗口,使用 Ctrl+Shift+H 键隐藏窗口。

6. 暂停和唤醒 GUI 脚本记录

(1) 暂停记录:单击 GUI Record 快捷栏上的 Pause 按钮,Robot 指示操作暂停。

① 单击 Pause 按钮。

② 状态条显示 Recording Suspended。

③ 在 Record 菜单项的 Pause 按钮左侧出现选中标志。

(2) 唤醒记录:再次单击 Pause 按钮。

(3) 唤醒操作和暂停操作时,应该在应用程序中处于同一状态。

7. 在 GUI 记录期间定义未知对象

记录期间,Robot 只识别标准的 Windows GUI 对象和一些定制对象。可以设置记录选项,这样 Robot 自动和具有通用类型的不能识别的对象链接。如果未设置选项,单击 Robot 不能识别的对象,Robot 打开 Define Object 对话框,用该对话框把该对象映射成一种已知对象。记录期间定义未知对象:

(1) 在定义对象对话框中从 Type 列表中选择一种与未知关联的对象类型。

(2) 单击 OK 按钮继续记录。

8. 切换至底层记录

(1) 按 Ctrl+Shift+R 键。

(2) 单击 GUI Record 快捷栏上的 Open Robot Window 按钮(或者按 Ctrl+Shift+F 键),将 Robot 置于前台,执行 Record→Turn Low-Level Recording On/Off 命令。

切换至底层记录方式之后,Robot 进行如下操作:

(1) 在不可编辑的二进制脚本中记录底层行为,并在项目中保存。

(2) 给底层脚本分配连续数字,在 Script 窗体的 Assert 窗格中显示,数字位于 Low-Level Scripts 下方。

(3) 在引用底层脚本文件的脚本中加入 PlayJrnl 命令。

回放期间,PlayJrnl 命令调用底层文件,该文件回放记录的实时行为,这不同于面向对象记录。面向对象记录方式检查测试环境下应用程序的 Windows 对象,而不依赖于精确的时间和屏幕坐标。

9. 结束 GUI 脚本记录

(1) 通过单击 GUI Record 工具条上的 Stop Recording 按钮 ■ Record→Stop 结束录制 GUI 脚本。

(2) 记录结束时,应该使测试下应用程序和开始记录时的状态一致。这样,可以不必人工重置环境就能回放脚本。

(3) 如果从 Windows 桌面启动应用程序,应该在桌面停止记录。若从主窗口启动记录,则在主窗口停止记录,确定主窗口状态相同。例如,如果应用程序是一个编辑器,记录开始时启动应用程序没有任何文本,则在结束录制时确认没有开启任何文档。

10. 手工 GUI Script 编码

到目前为止,最快的 GUI 脚本生成方式是利用 Robot 记录行为并自动生成脚本,然而也可以使用 SQA Basic 脚本语言编写 GUI 脚本。手工编写脚本的步骤如下:

(1) 在 Robot 中,执行 File→New→Script 命令,弹出如图 7-59 所示的 New Script 对话框。

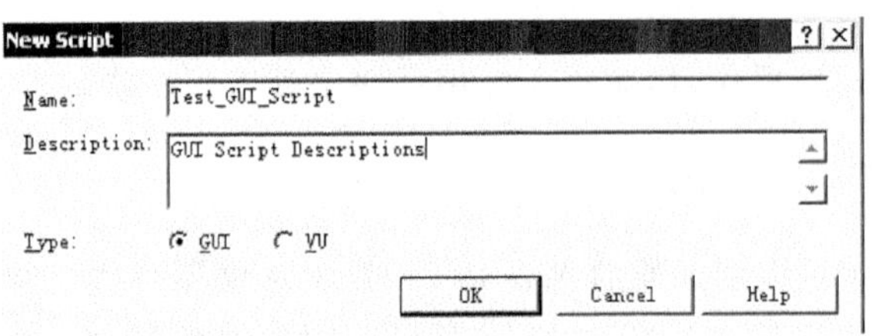

图 7-59 New Script 对话框

(2) 输入脚本名称(最多 40 字符),可以加入脚本描述。

(3) 选中 GUI 单选按钮。

(4) 单击 OK 按钮,Robot 产生一个带主程序头的空脚本。

(5) 开始 GUI 脚本编码。

11. 创建 Shell Scripts 顺序回放 GUI Scripts

创建外壳脚本之前,应该先记录需要引用的独立脚本。建立外壳脚本的顺序:

(1) 执行 File→New→GUI Shell Script 命令,弹出如图 7-60 所示的 New GUI Shell Script 对话框。

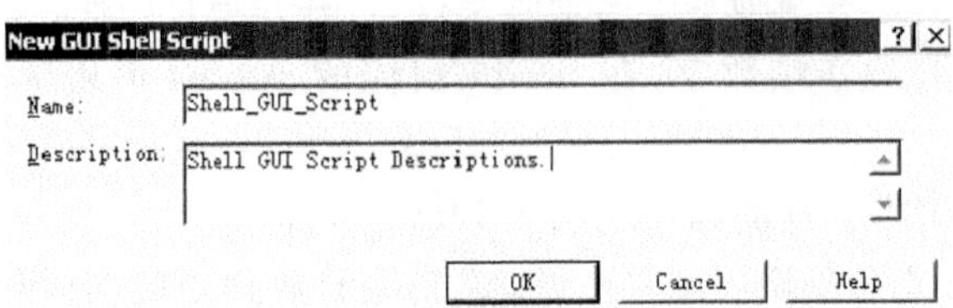

图 7-60 New GUI Shell Script 对话框

（2）输入脚本名字(最多 40 字符)。

（3）可选操作：输入脚本描述。

（4）要增加脚本，在 Available 列表中选中一个或者多个脚本，单击“>”或者“>>”按钮，Robot 按照 Selected 列表中的脚本顺序回放脚本。

（5）确定。

注意：*在外壳脚本中，用“Call Script＋脚本名字”引用包含的脚本。*

7.8.5　在 GUI Script 中加入特写

要成功测试 Oracle Forms、HTML、Java、Delphi、C++和 Visual Basic 4.0 应用程序中的对象，应该在开始记录脚本之前允许应用程序。启动应用程序时，可以特别说明回放时需要该应用程序在 Rational 诊断工具环境下启动。在脚本中启动应用程序的步骤如下：

（1）记录时，单击 GUI Record 快捷栏上的 Display GUI Insert Toolbar 按钮；编辑时，定位脚本光标，单击 Standard 快捷栏的 Display GUI Insert Toolbar 按钮。

（2）单击 GUI Insert 工具条上适当的启动按钮(启动应用程序、启动 Java 应用程序、启动浏览器)，如图 7-61～图 7-64 所示。

图 7-61　启动按钮

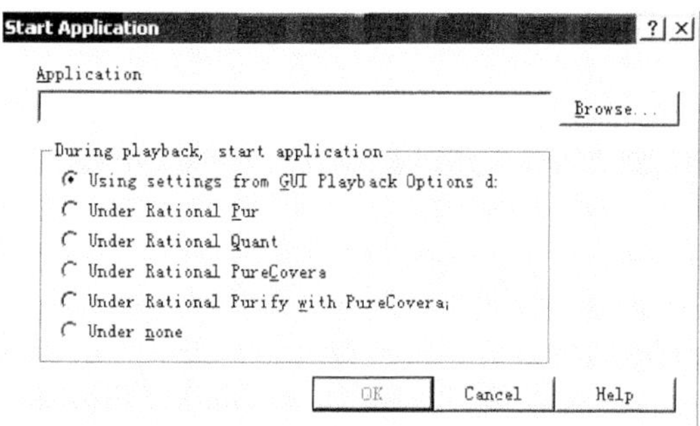

图 7-62　启动应用程序

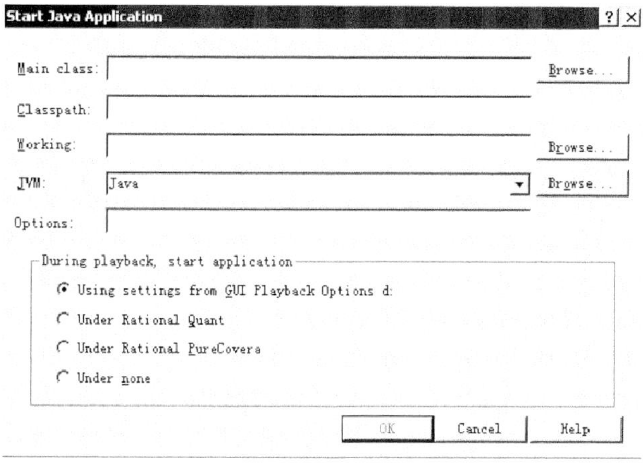

图 7-63　启动 Java 应用程序

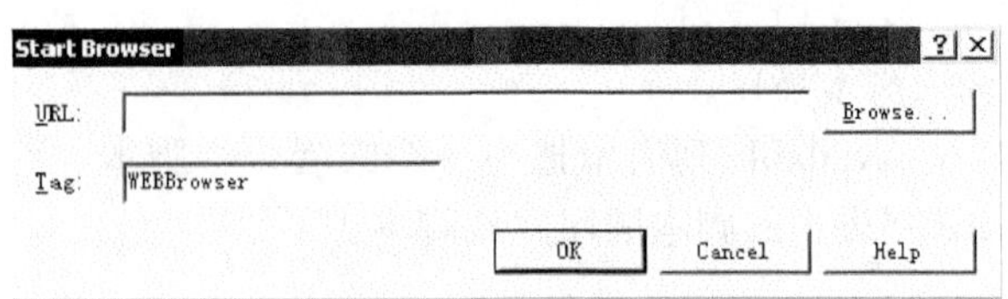

图 7-64　启动浏览器

(3) 填写对话框并确定。

(4) 开始记录并且编辑脚本。

回放过程中,Robot 运行到脚本中响应的命令时就启动特定的应用程序。

1) 在 GUI 脚本中插入已有的 GUI 脚本的调用

在记录或者编辑 GUI 脚本的状态时,可以插入已有的 GUI 脚本的调用,这避免了重复的应用程序行为。

(1) 如果处于记录状态,单击 GUI Record 快捷栏上的 Display GUI Insert Toolbar 按钮；如果处于编辑状态,在 Standard 快捷栏上单击 Display GUI Insert Toolbar 按钮。

(2) 单击 GUI Insert 快捷栏上的 Call Script 按钮,如图 7-65 所示。

图 7-65　GUI Insert 对话框

(3) 从列表中选择 GUI 脚本,要改变脚本列表,选择 Query 列表,如图 7-66 所示。

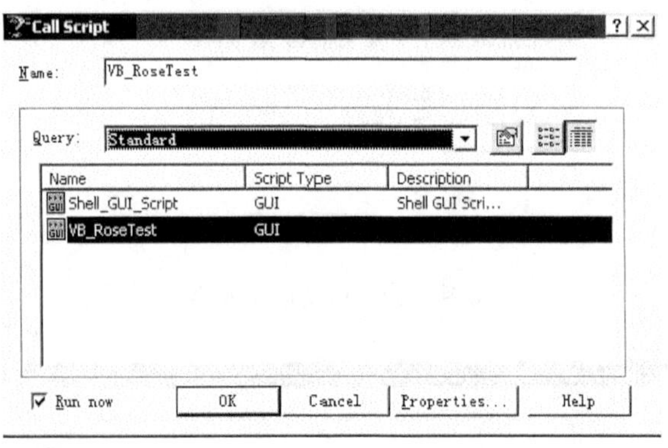

图 7-66　Call Script 对话框

(4) 如果测试环境依据脚本的执行结果则选中 Run now 复选框,如果脚本执行不改变应用程序状态则清空 Run now 复选框,无论选中与否,Robot 都将对该脚本的调用加入脚本中,选中则立即执行。

(5) 确定以继续录制或者编辑。

2) 在 GUI 脚本中插入计时器

(1) 如果在记录状态,单击 GUI Record 快捷栏的 Display GUI Insert Toolbar 按钮；如果在编辑状态,单击 Standard 快捷栏的 Display GUI Insert Toolbar 按钮。

(2) 在 GUI Insert 工具栏上单击 Start Timer 按钮。

(3) 输入计时器名称(最多 40 字符)后确定,如果要启用多个计时器,确定每个计时器有不同的名字。

(4) 执行计时行为:执行完计时行为,立即单击 GUI Insert 工具栏上的 Stop Timer 命令。

(5) 在计时器列表中选择一个开启的计时器,确认。

3)在 GUI 脚本中插入注释

(1) 记录期间,单击 GUI Record 工具栏上的 Display GUI Insert Toolbar 按钮;编辑期间,单击 Standard 工具栏上的 Display GUI Insert Toolbar 按钮。

(2) 单击“注释”按钮。

(3) 输入注释(最多 60 字符)。

(4) 确认之后继续记录或者编辑。

(5) Robot 在单引号之后加入注释,默认为绿色。将注释改为非注释,选中文本,执行 Edit→Comment Line 或者 Uncomment Line 命令。

4) 在 GUI 脚本中插入 Log Message

在记录或者编辑状态,可以在 GUI 脚本中插入日志消息、描述和结果。回放阶段,Robot 在日志中插入这些信息。可以利用这些日志消息文档回放的脚本。

(1) 记录状态下,单击 GUI Record 工具栏上的 Display GUI Insert Toolbar 按钮;编辑状态下,单击 Standard 工具栏上的 Display GUI Insert Toolbar 按钮。

(2) 单击 GUI Insert 工具栏上的 Write to Log 按钮。

(3) 输入消息(最多 60 字符)。

(4) 可选操作:输入描述(最多 60 字符)。

(5) 选择一个结果:Pass、Fail、Warning、None。

(6) 确定继续记录或者编辑。

回放之后,在 Test Manager 日志中查看日志和消息。Event Type 列中显示消息,Result 列中显示结果,如图 7-67 所示。查看相关描述,选中日志事件,执行 View→Properties 命令,打开 Result 页面。

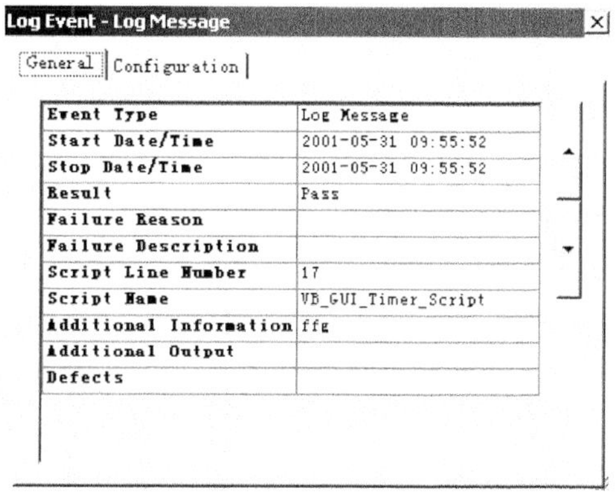

图 7-67 事件日志

5）在 GUI 脚本中插入延迟

（1）记录阶段，单击 GUI Record 工具栏上的 Open Robot Window 按钮。

（2）在脚本中定位光标。

（3）执行 Insert→Delay 命令。

（4）输入延迟毫秒数，如图 7-68 所示。

（5）确认之后继续录制或者编辑。

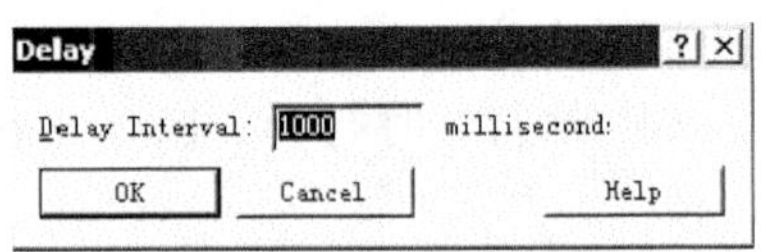

图 7-68 Delay 对话框

7.8.6 使用验证点

验证点就是在脚本中生成一个可以检测对象信息的"点"。录制脚本的时候，验证点捕捉对象信息并且将信息存储在基线文件中。那么在后续构建的版本中，这些信息就成为相对应的预期结果。当构建了一个新的版本后，通过回放脚本来进行自动化测试时，Rational Robot 在每一个验证点处获得所监测对象的信息并将这些新信息与验证点的基线信息进行比较，如果两者不一致，那么 Rational Robot 将产生一个实际数据文件，这个文件中列出监测对象在这个新版本中实际捕捉到的信息；如果两者一致，则不生成新的文件。回放完毕以后，每个验证点的回放结果都将在 Rational Test Manager 的 Log 中显示出来。

验证点捕捉到的信息依赖于所选择的验证方法。对验证点也可以进行编辑等操作，还可以通过在 Rational TestManager 中查看验证点及对应的脚本来调试脚本。

1. 创建验证点

如果在脚本中需要添加一验证点时，首先需要确定添加的地方。如需要监测数据是否计算正确，那么这个验证点就应该添加在相应的计算代码后。创建时，选择 Insert 菜单中的 Verification Points 功能。对于验证点的说明如下：

（1）Alphanumeric：捕获及比较字母或数字的值。

（2）Clipboard：捕获及比较复制到剪贴板的字母数字数据。

（3）File Comparison：比较两个文件的内容。

（4）File Existence：检查一个指定的文件是否存在。

（5）Menu：捕获及比较菜单的文本、快捷键及状态，能够捕捉到第五级子菜单。

（6）Module Existence：检查连接到指定上下文（过程）或内存的任意地方的模块是否存在。

（7）Object Data：捕获及比较目标数据。

（8）Object Properties：捕获及比较对象的属性。

（9）Region Image：捕获及比较位图的屏幕区域。

（10）Web Site Compare：捕获 Web 站点的基线，并及时与另一 Web 站点比较。

（11）Web Site Scan：检查每次修改后 Web 站点的内容，确保这些变化不会有差错。

（12）Window Existence：检查继续回放前指定的窗口是否显示。

（13）Window Image：捕获及比较位图（菜单、标题栏和未捕获的边框）窗口的客户区域。

2. 选择验证方法

对于 Alphanumeric 和 Clipboard 这两种验证点，在创建以后可以选择不同的验证方法，每种方法的说明如下：

(1) Case-Sensitive：校验记录时捕获的文本与回放时捕获的是否完全匹配。

(2) Case-Insensitive：校验记录时捕获的文本与回放时捕获的是否匹配(不区分大小写)。

(3) Find Sub String Case-Sensitive：核实记录时捕获的文本是否是回放时捕获的子串(区分大小写)。

(4) Find Sub String Case-Insensitive：核实记录时捕获的文本是否是回放时捕获的子串(不区分大小写)。

(5) Numeric Equivalence：核实记录时的数据值与回放时的是否相等。

(6) Numeric Range：核实数字值的范围。

(7) User-Defined/Apply a User-Defined DLL test function：将文本传给动态链接库中的函数以便运行定制的测试。

(8) Verify that selected field is blank：校验选中的字段是否为空。

3. 插入查证点

见前所述：增加特写动作→插入查证点。

被测程序编译后，表格查证对象的位置可能会发生变化，Rational Robot 提供了一些方法来识别定位，如表 7-4 所示。

表 7-4 Rational Robot 提供了一些方法来识别定位

序号	方 法	作 用
1	Columns By Location	记录列位置没变化
2	Columns By Title	记录列标题没变化
3	Rows By Location	记录行位置没变化
4	Rows By Content	记录值在行中没变化
5	Rows By Key/Value	记录值在行中没变化，行位置可能变化
6	Top Menus By Location	记录的顶部菜单位置没变化
7	Top Menus By Title	记录值归属与它们的菜单标题
8	Menus Items By Location	记录菜单项位置没变化
9	Menus Items By Content	记录菜单项值没变化
10	Items By Location	记录表项目位置没变化
11	Items By Content	选中表项目值没变化

4. 编辑验证点

无论是重命名、复制、粘贴还是删除查证点，都必须做以下两步：

(1) 在声明窗口中修改该查证点。

(2) 在脚本窗口中修改该查证点。

7.8.7 使用 Data pool

1. Data pool 概念、结构及作用

Data pool 是一个测试数据集。它在脚本回放期间提供数据值给脚本变量。Data pool

自动在大数据量的情况下(潜在的包含数个虚拟测试人员执行上千条事务)提取测试数据给虚拟测试人员。

Data pool 存储文件的扩展名.csv,具有如下特征:

(1) 每行包含一项记录。

(2) 每项记录包含被 separator character 限定的 Data pool 值域。

(3) Data pool 值域可包含脚本。

(4) Data pool 文件的每个 column 包含 Data pool 值域的列表。

(5) 如果值是附在双引号内,这单一的值包含一个 separator character 域,例如," jones, Robert "在记录中是单一的值,不是两个。当值被存储在 Data pool 文件中才用引号。引号不是供给应用程序的值的一部分。

(6) 一个单一的值可包含内含行。例如," jones,Robert " bob""是一个记录的单一值,不是两个。

.csv 和.spc 存储在 Robot 工程的 Data pool 目录中。下面是一个有 3 行数据的 Data pool 文件的实例:

```
John, Sullivan,238 Tuckerman St,Andover,MA,01810
Peter, Hahn,512 Lewiston Rd,Malden,MA,02148
Sally,Sutherland,8 Upper Woodland Highway,Revere,MA,02151
```

注意:如果 Data pool 包含复杂的值(如内含行,Data pool 值包含 field separator characters),应在 Data pool editor 观察(或其他文本编辑器如 Microsoft Excel)并使之成为自己期望的确切的 Data pool columns。

Data pool 作用:

(1) 每个虚拟测试人员能在脚本运行时发送实际数据(独一的数据)给服务器。

(2) 单一的虚拟测试人员多次执行相同的事务,能在每次执行事务时发送实际数据给服务器。

如果在回放脚本期间不用数据源,每个虚拟测试人员会发送相同的数据给服务器(此数据记录脚本捕获下的数据)。例如,假使在记录 VU 脚本时发命令数 53328 给数据库服务器,若有 100 个虚拟测试人员在运行这个脚本,则命令数 53328 会给服务器发送 100 次。如果运用 Data pool,每个虚拟测试人会发送不同命令数给服务器。

2. Data pool 编辑器

当 Rational Robot 编辑 Data pool 值时,用 Configure Data pool in Script 对话框编辑。观察或编辑现有 Data pool 的具体步骤如下:

(1) 如果 Data pool 将编辑的脚本未打开,执行 File→Open→Script 命令将其打开。

(2) 执行 Edit→Data pool Information 命令打开脚本对话框的 Data pool 设置。

(3) 可接受脚本对话框的 Data pool 默认设置,也可做些调整或查看帮助。

(4) 完成设置,单击"确定"按钮。

(5) 单击 Edit Existing Data 按钮。

(6) 在 Data pool 编辑对话框中适当校正 Data pool 值。

(7) 完成校正 Data pool 值,保存、关闭该对话框。

3. 使用 Data pool 搜索

1) 在 GUI 脚本中增加 Data pool 命令

记录会话时向应用程序赋了值，记录结束后，编辑脚本并执行以下基本操作：

(1) 参考 SQAUTIL. SBH 头文件。

(2) 用记录时提供的值替换变量。

(3) 增加 Data pool 命令打开 Data pool，从 Data pool 中取一行数据，从该行中找到个体值，将每个值赋给脚本变量。

2) 建立及合成 Data pool

(1) 执行 File→Open→Script 命令打开脚本。

(2) 执行 Edit→Data pool Information 命令，在脚本对话框中打开 Data pool 配置选项。

(3) 采用默认配置，或作适当的改变。需要帮助单击对话框顶部的“帮助”按钮，再单击需帮助的条目。

(4) 修改完后单击 Save 按钮。

(5) 做以下任一操作：

① 单击 Create 按钮定义及组成一个新的 Data pool，此时出现 Data pool Specification 对话框，若 Data pool 已经存在，则没有 Create 按钮，而是 Edit Specification 按钮。

② 若此时不想定义生成 Data pool，则单击 Close 按钮。

(6) 在 Data pool Specification 对话框中，用 Data pool 字段定义 Data pool 栏。

(7) 要往 Data pool 中插入新列：

① 单击要插入的 Data pool 列的行。

② 根据要插入的 Data pool 列单击 Insert before 按钮或 Insert after 按钮。

③ 输入新列的名称(最大为 40 个字符)。

④ 该新 Data pool 列赋予数据类型。

(8) 定义完 Data pool 栏后，在 No. of records to generate 中输入一个数字。

(9) 单击 Generate Data 按钮生成数据。

(10) 单击 Yes 按钮可看到生成数据的摘要。

3) 编辑 Data pool 定义的列

操作基本同 2)项，区别：第(5)步为选择 Edit Specification 命令打开 Data pool Specification 对话框，在此可以修改 Data pool 列的定义，无第(6)步。

4) 编辑 Data pool 值

(1) 执行 File→Open→Script 命令打开脚本。

(2) 执行 Edit→Data pool Information 命令打开 Configure Data pool in Script 对话框。

(3) 采用默认配置，或作适当的改变。需要帮助单击对话框顶部的“帮助”按钮，再单击需帮助的条目。

(4) 修改完后单击 Save 按钮。

(5) 单击 Edit Existing Data 按钮。

(6) 在 Edit Data pool 对话框中，修改 Data pool 的值。

(7) 编辑完后，单击 Save 按钮，然后单击 Close 按钮。

5）编辑 Data pool 配置

(1) 执行 File→Open→Script 命令打开脚本。

(2) 执行 Edit→Data pool Information 命令打开 Configure Data pool in Script 对话框。

(3) 在 Configure Data pool in Script 对话框中修改字段和列。

(4) 修改完后单击 Save 按钮。

(5) 做以下任一操作：

① 单击 Create 按钮定义组成新的 Data pool。

② 单击 Edit Specification 按钮修改已有 Data pool 的列定义。

③ 单击 Edit Existing Data 按钮修改已有 Data pool 的值。

④ 单击 Close 按钮。

6）设置 Data pool 指针

(1) 执行 File→Open→Script 命令打开脚本。

(2) 执行 Edit→Data pool Information 命令打开 Configure Data pool in Script 对话框。

(3) 选中 Persistent 复选框，将 Access Order 设置为 Sequential 或 Shuffle。

(4) 在 Row Number 中指定在下次测试时首次要访问的 Data pool 行。

(5) 单击 Set Cursor 按钮。

7）产生及找回唯一值

(1) 至少指定一列唯一数据。

(2) 生成足够的 Data pool 行。

(3) 不能隐藏指针。

(4) 使用有序或混乱的访问顺序。

(5) 测试时不能指针。

7.8.8 编辑 GUI 脚本

1. 在 GUI 脚本中增加行为

在已有的 GUI 脚本中增加用户行为而不覆盖已有代码，具体步骤如下：

(1) 打开一个已有的脚本。

(2) 如果处于 Debug 状态，停止 Debug。

(3) 将光标移至需要加入行为的位置，确认当前的应用程序与光标位置的应用程序状态一致。

(4) 单击 Standard 工具栏上的 Insert At Cursor 按钮。

(5) 继续用户行为的记录。

2. 在 GUI 脚本中增加特写

在已有的 GUI 脚本中增加用户行为而不覆盖已有代码，具体步骤如下：

(1) 打开一个已有的脚本。

(2) 如果处于 Debug 状态，停止 Debug。

(3) 将光标移至需要加入特写的位置，确认当前的应用程序与光标位置的应用程序状态一致。

(4) 以下两种操作需要任选其一:

① 不进入记录模式增加特写,单击 Standard 工具栏上的 Display GUI Insert Toolbar 按钮,Robot 窗口依然开启。

② 进入记录模式增加特写,单击 Standard 工具栏上的 Insert Recording 按钮,单击 GUI Record 工具栏上的 Display GUI Insert Toolbar 按钮。

(5) 单击 GUI Insert 工具栏上合适的按钮,File Comparison、File Existence、Module Existence 和 Delay 特写没有出现在 GUI Insert 工具栏中,要增加这些特写,单击 GUI Record 工具栏上的 Open Robot Window 按钮,在 Insert 菜单下选择合适的菜单项。

(6) 继续增加特写。

3. 删除 GUI 脚本

(1) 执行 File→Delete 命令,弹出如图 7-69 所示的删除 GUI 脚本对话框。

(2) 从列表中选中一个或者更多的脚本,要改变脚本列表,从 Query 列表中选取不同的项目。

(3) 单击 Delete 按钮。

(4) 关闭对话框。

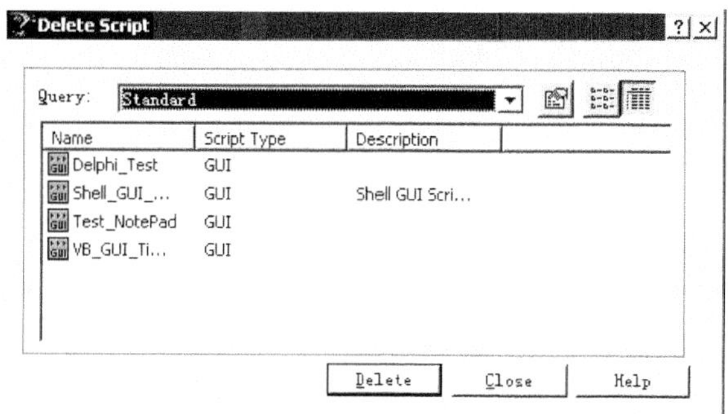

图 7-69 删除 GUI 脚本对话框

从项目中删除 GUI 脚本同时删除了对应的脚本文件(. rec)、可执行文件(. sbx)、验证点和底层脚本。

7.8.9 编译 GUI 脚本

1. 编译脚本和库文件

回放或者调试 GUI 脚本时,一旦发生改变,Rational Robot 自动编译脚本。也可以手工编译 SQA Basic 库文件。Rational Robot 提供了一些方法来识别定位,如表 7-5 所示。

表 7-5 Rational Robot 提供了一些方法来识别定位

编译对象	操作	备注
当前脚本或者库文件	File 菜单下 Compile 子菜单	
当前项目的所有脚本和库文件	File 菜单下 Compile All 子菜单	改变影响所有 SQA Basic 文件的全局定义

编译过程中,输出窗口显示脚本和库文件的编译结果以及错误消息。

2. 批编译脚本和库文件

批编译步骤如下:

(1) 执行 File→Batch Compile 命令,弹出如图 7-70 所示的 Batch Compile 对话框。

(2) 在 GUI 脚本、VU 脚本或者 SQA Basic 库文件中选择一个脚本文件,相应类型的脚本列表显示在 Available 列表中。

(3) 可选操作:选中 List only modules that require compilation 则只显示需要编译的文件。

(4) 选中需要编译的文件将其加入 Selected 列表中。

(5) 确认编译选中的文件。

编译过程中,输出窗口显示脚本和库文件的编译结果以及错误消息。

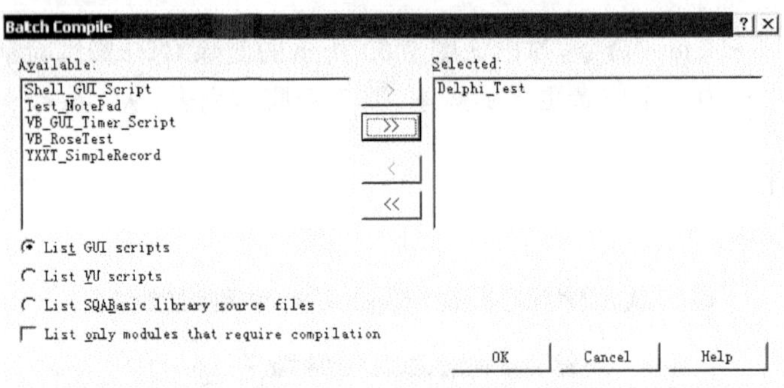

图 7-70 Batch Compile 对话框

3. 定位编译错误

在 Script 窗口中定位编译错误,需要做以下操作之一:

(1) 在 Build 页面中双击错误,Robot 自动定位错误。

(2) 执行 Edit→Next Error 或者 Previous Error 命令,Robot 自动查找错误。

(3) 执行 Edit→Go to Line 命令,输入行号并确定,Robot 移动光标到该行首。

7.8.10 调试 GUI 脚本

调试前必须打开一个 GUI 脚本,若上次运行后,脚本被修改,则在调试前 Rational Robot 会自动编译该脚本。

1. 调试 GUI 脚本

(1) 执行 File→Open→Script 命令打开脚本。

(2) 单击 Debug 菜单命令或快捷按钮。

2. 设置和清除断点

(1) 执行 File→Open→Script 命令打开脚本。

(2) 将光标移到要新增或清除断点的行。

(3) 单击一次插入一个闪烁的光标。
(4) 执行 Debug→Set or Clear Breakpoint 命令设置或清除断点。
(5) 若设置了断点,执行 Debug→Go 命令开始调试。

3. 执行选中行

没有设置断点时,在脚本中选中行处停止执行,需要完成以下操作:
(1) 执行 File→Open→Script 命令打开脚本。
(2) 将指针放在要停止执行的行处。
(3) 单击一次插入一个闪烁的光标。
(4) 执行 Debug→Go Until Cursor 命令开始调试。

4. 在 Animation 模式下运行

(1) 执行 File→Open→Script 命令打开脚本。
(2) 移动及更改 Robot 窗口的大小以便不覆盖测试的应用程序,可以看到脚本窗口。
(3) 执行 Debug→Animate 命令。

7.8.11　回放 GUI 脚本

1. 回放前恢复测试环境

回放 GUI 脚本前,要恢复测试环境,例如恢复数据库、中间件、网络环境、操作系统环境等。

2. 设置 GUI 回放选项

(1) 用以下任一方法打开 GUI 回放选项对话框:
① 回放前,执行 Tools→GUI Playback Options 命令。
② 单击快捷栏上的 Playback Script 按钮,在回放对话框中单击 Options 按钮。
(2) 在该页设置选项;可通过单击对话框右上角的"?"后再单击项目来获得该项目的详细帮助信息。
(3) 单击 OK 按钮。

3. 回放 GUI 脚本

(1) 回放前恢复测试环境。
(2) 设置回放选项。
(3) 单击工具栏上的 Playback Script 按钮。
(4) 输入名称或从列表中选择名称。
(5) 单击 Options 按钮改变回放选项,完成后单击 OK 按钮。
(6) 单击 OK 按钮继续。
(7) 要出现 Specify Log Information 对话框,需做下列操作:
① 从列表中选择一种 Build(单击右边的 Build Button 按钮创建一个新的 Build)。

② 从列表中选择一个日志文件夹(单击右边的 Log Folder 按钮创建一个新的日志文件夹)。

③ 接受默认的日志文件名(与脚本文件相同)或输入一个新的名称。

④ 单击 OK 按钮。

(8) 若出现了提示询问是否覆盖日志,需做以下任一操作:

① 单击 Yes 按钮覆盖日志。

② 单击 No 按钮返回 Specify Log Information 对话框,更改 Build、日志文件夹及 And/or 日志信息。

③ 单击 Cancel 按钮取消回放。

4. 在 LogViewer 中查看结果

回放结束后可以用 TestManger log 查看回放结果,包括验证点失败、程序失败、异常中断及附加的回放信息。控制日志信息及显示日志,需要在 GUI Playback Options 对话框的 Log 选项卡中设置选项:

(1) 选择 Output playback results to log 更新项目的回放结果。

(2) 选择 View log after playback 回放后自动打开日志文件,若未选择,回放后可通过执行 Tools→Rational Test→Rational TestManager 命令打开日志文件。

5. 在 Comparator 中查看验证点结果

在 TestManger log 中打开 Comparator,在日志文件的 Event Type 栏中,选择一个验证点,执行 View→Verification Point 命令。

6. 结束回放

通过按功能键 F11,结束回放。

7.8.12 VU 脚本

1. 录制 VU 脚本

(1) 在工具栏上单击 record session 按钮。

(2) 输入 Session 名称(不超过 40 字符),或接受默认名。当完成录入脚本将指定脚本名称。如果没有 Session recording 选择权,可以单击“权限”按钮,在下一步中进行权限设置。

(3) 在 Session recording 界面单击“确定”按钮,弹出 Session 名称对话框,接着进行:

① Robot 最小化(默认行为)。

② 出现不固定的 Session record 工具栏(默认行为)。应用工具栏停止录入,重现 Rational Robot,展开一个脚本,可在此脚本中加入内容。

③ Session record 图标出现在工具栏上。

④ 如果客户应用程序在运行,Session record 窗口会出现正常或最小化状态。在录入期间,窗口会显现统计客户端或服务器进行的每一个步骤。

⑤ 如果客户端应用程序停止运行,则 Start Application 对话框(此对话框只出现在执行 API 录入时,如果是执行网络或代理录入则应在会话记录选项对话框的 GENERAL 选项卡中

选择 Prompt for application name on start recording)出现在 Session record 窗口出现之前。

(4) 若最初的应用程序对话框出现,并提供以下信息,单击 OK 按钮:

① 数据库应用程序提供执行路径。

② 一些构成工作目录(如 DLLS)的客户应用程序运行时间。

③ 一些客户应用程序通过的建议。

(5) 完成一个或多个事务的记录。

(6) 插入主要内容,如通过浮动工具栏上的 Session Insert 或 Robot Insert 命令插入定时器和板块。

(7) 完成处理事务的录入后,关闭客户端应用程序。

(8) 在 Session Record 浮动工具栏上单击 Stop Recording 按钮。

(9) 用录入的脚本对话框可为刚完成的录入脚本选择脚本名称或默认名称。

(10) 单击 OK 按钮。

一个产生脚本的对话框出现,它反映了脚本自动生成过程。一段时间后,脚本生成结束,成功出现在状态栏内,OK 按钮被激活。

(11) 在生成脚本对话框中单击 OK 按钮,已录入的脚本会出现在 Robot 的窗口里。

2. 回放 VU 脚本

播放 VU 脚本可用下列任意方法:

(1) 可用运行 TestManager suite 连同其他脚本播放 VU 脚本。因信息在 TestManager suite 上,可查看 Rational TestManager 帮助。

(2) 录入或编辑 VU 脚本之后,可自行播放,正好可测试自己所做的记录和编辑。

从 Robot 中启动脚本播放的具体步骤如下:

(1) 在 Robot 中执行 File→Playback 命令。

(2) 选择要播放的 VU 脚本名称。

(3) 单击"确定"按钮。

(4) 在 Rational TestManager 中执行 Run→Suite 命令。

(5) 在打开的对话框中单击"确定"按钮。

3. 重录 VU 脚本

覆盖记录一个 Session 会影响这个 Session 中的所有脚本。如果只想重新记录某一个脚本,仅仅选择 Robot(在分离脚本或停止记录的对话框中)提示的正在记录脚本的脚本名称即可。同样,若在 TestManager 中设计一个脚本,它的名称会出现在现存脚本列表中,当在 Robot 中记录脚本时可从中选择脚本名。想知道编写或现存的脚本的结果有以下几种:

(1) 脚本已在 Rational TestManager 中设计了,还未记录,这个脚本的道具已用在新的脚本中,且在记录之前不能被 Robot 迅速确认,因为此脚本是空的。

(2) 现存脚本是会话的一部分,能被 Robot 迅速确认想编写的脚本。

(3) 现存脚本不是会话的一部分:最初的脚本不能被 Robot 迅速确认,此脚本的道具已用在新的脚本。

4. 复制 VU 脚本

(1) 执行 File→Open→Script 命令。
(2) 选择要复制的脚本名,单击 OK 按钮。
(3) 执行 File→Save As 命令。
(4) 定义新的脚本名,单击 OK 按钮。

5. 删除 VU 脚本

删除 VU 脚本时删除了.s 文件及其属性,但是不删除关联的会话文件(.wch)。

6. 编译 VU 脚本

回放 VU 脚本时,如果脚本改变,则自动编译。手工编译方式操作与 GUI 脚本编译操作相同;批编译 VU 脚本操作方式与批编译 GUI 脚本操作一致。

7.9 Rational Function Tester 基本使用

7.9.1 概述

Rational Functional Tester 的基础是针对 Java、.NET 的对象技术和基于 Web 应用程序的录制、回放功能。该工具为软件测试人员的活动提供了自动化的帮助,如数据驱动测试。当记录脚本时,Rational Functional Tester 会为被测的应用程序自动创建测试对象地图。对象地图中包含了对每个对象的识别属性。当在对象地图中更新记录信息时,任何使用了该对象地图的脚本会共享更新的信息,减少了维护的成本及整个脚本开发的复杂度。同时对象地图还提供了快速的方法向脚本中添加对象,它列出应用程序中涉及的测试对象,不论它们当前是否可视,都可以通过依据现有地图或按需添加对象来创建新的测试对象地图。

在记录过程中可以将验证点插入到脚本中,以确定在被测应用程序建立过程中对象的状态。验证点获取对象信息(根据验证点的类型,可以是对象属性验证点或 5 种数据验证点之一,即菜单层次、表格、文本、树型层次或列表),并在基本数据文件中存储。文件中的信息成为随后建立过程中对象的期望状态。在执行完测试之后,可以使用验证点比较器(Verification Point Comparator)进行分析,并且如果对象的行为变化了就更新基线(期望的对象状态)。

Rational Functional Tester 还提供以下这些强大的功能:

(1) 回放更新的应用程序脚本。ScriptAssure 特性是 Rational Functional Tester 的对象识别技术,可以成功地回放脚本,甚至在被测应用程序已经更新的时候。可以为测试对象必须通过的、用来作为识别候选的识别记分设置门槛,并且如果 Rational Functional Tester 接受了一个分值高于指定门槛的候选时,还可以向日志文件中写入警告。

(2) 更新对象的识别属性。在测试对象地图中,可以对所选的测试对象更新识别到的属性。Rational Functional Tester 显示了 Update Recognition Properties 页,其显示出更新的测试对象属性、原始的识别属性和对象所有的识别属性。如果必要,还可以修改更新的识别属性。

(3) 合并多个测试对象地图。对象地图要么是共享的要么是专用的。专用地图附属于一个脚本并只由具体的脚本进行访问；反之，共享地图由多个脚本访问。共享地图的优势是，当需要更新对象时，对应一个地图的一个更新会确定多个脚本。可以在 Rational Functional Tester 的项目视图中并且在创建新测试对象地图时，将多个私有的或共享的测试对象地图合并成一个单个的共享测试对象地图。Rational Functional Tester 可以随意地更新所选择的指向新合并的测试对象地图的脚本。

(4) 显示相关的脚本。在测试对象地图中，可以观察到一列表与地图相关的脚本，且可以使用该列表来选择要添加测试对象的多个脚本。

(5) 使用基于模式的对象识别。可以用正则表达式或一个数值范围来代替允许基于模式的识别。允许对象识别具有更好的灵活性。可以将属性转变成验证点编辑器(Verification Point Editor)或测试对象地图中的正则表达式和数值范围。正则表达式计算器(Regular Expression Evaluator)允许在编辑表达式时进行测试，这节省下了不得不运行脚本观察模式是否工作的时间。

(6) 集成 UCM。Rational Functional Tester 在 ClearCase 统一变更管理(unified change management, UCM)的视图中。Rational Functional Tester 中创建的工件是可以进行版本控制的。

7.9.2 Rational Functional Tester 基本使用说明

1. 工作空间的选择

执行“开始”→“程序”→IBM Software Delivery Platform→IBM Rational Functional Tester→Java Scripting 命令，进入工作空间启动界面，如图 7-71 所示。

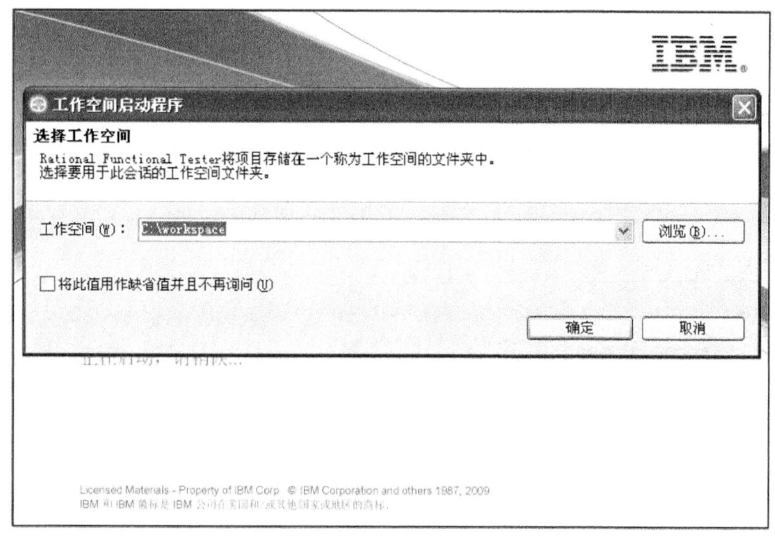

图 7-71 Rational Functional Tester 工作空间启动界面

2. Rational Functional Tester 主界面

Rational Functional Tester 主界面如图 7-72 所示。

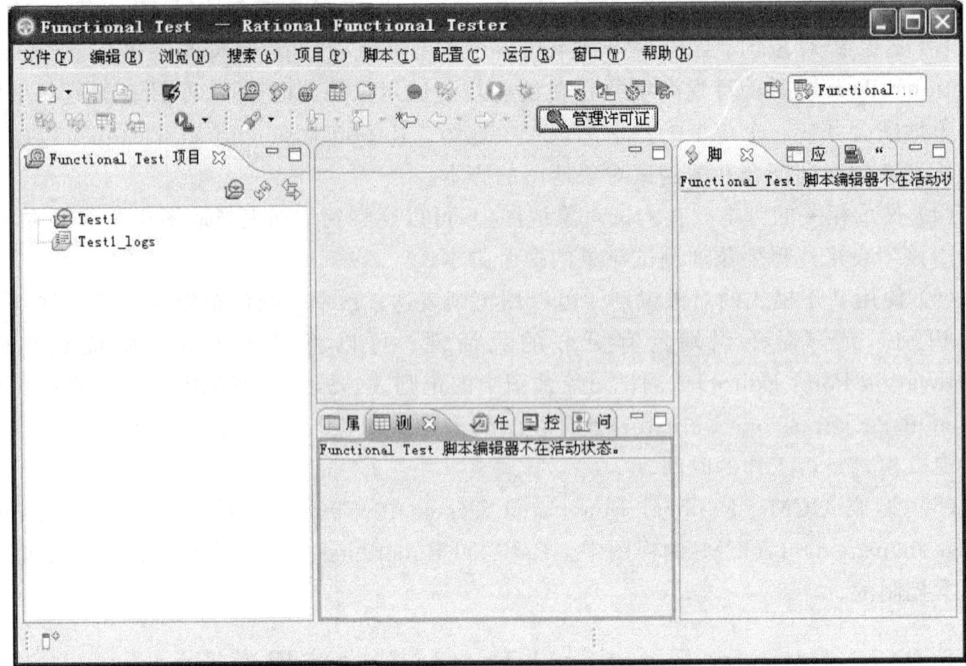

图 7-72 Rational Functional Tester 主界面

3. 启用测试环境界面

在 Java/Eclipse 环境中使用 Rational Functional Tester，必须启用 Java 环境。具体配置方法如下：

(1) 在主界面，执行“配置”→“启用环境进行测试”命令，得到“启用环境”对话框，并选择“Java 环境”选项卡，如图 7-73 所示。

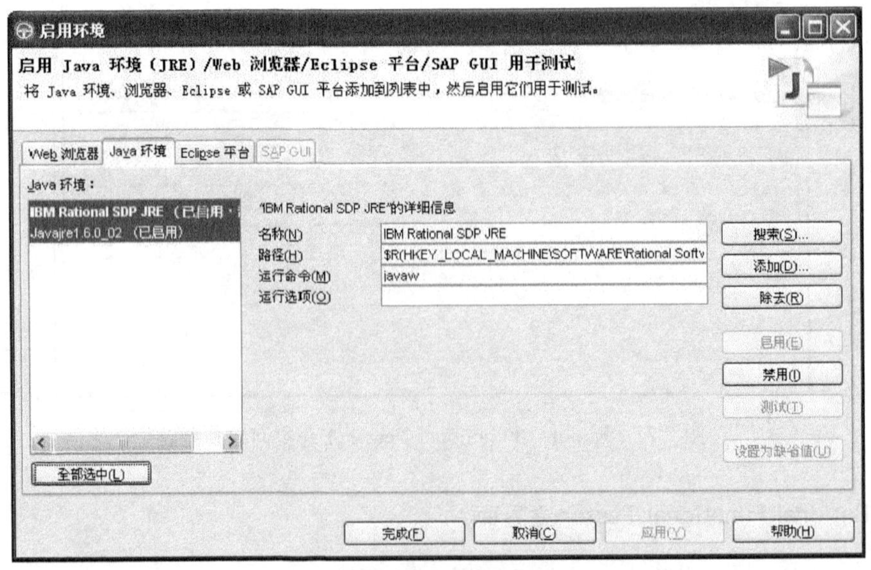

图 7-73 “启用环境”对话框

(2) 在该对话框，单击“全部选中”按钮，选择当前全部 Java 环境。

(3) 单击“禁用”按钮，取消全部 Java 环境。

(4) 单击“搜索”按钮，打开“搜索”对话框，选择其中一种进行方法进行搜索。

7.9.3 Rational Functional Tester 脚本

1. 开始录制

1) 新建 Rational Functional Tester 测试项目

执行“文件”→“新建 Functional Tester 项目”命令，给项目命名及选择存放位置。

2) 新建 Rational Functional Tester 测试脚本

执行“文件”→“新建”→“使用记录器的 Functional Tester 脚本”命令，或者“空的 Functional Tester 脚本”命令。选择“使用记录器的 Functional Tester 脚本”命令后，出现如图 7-74 所示界面。

图 7-74 记录新的 Functional Tester 脚本

3) 开始录制

开始记录后，出现如图 7-75 所示界面。

2. 启动应用程序

单击录制工具栏上的 (启动应用程序)按钮，得到“启动应用程序”对话框，如图 7-76 所示。如果已经配置好应用程序，应用程序名称会出现在下拉列表里；如果没有配置应用程序，单击“编辑应用程序列表”按钮进行配置，步骤如下：

图 7-75 正在录制界面

图 7-76 "启动应用程序"对话框

(1) 执行"配置"→"配置应用程序"命令，出现如图 7-77 所示的界面。

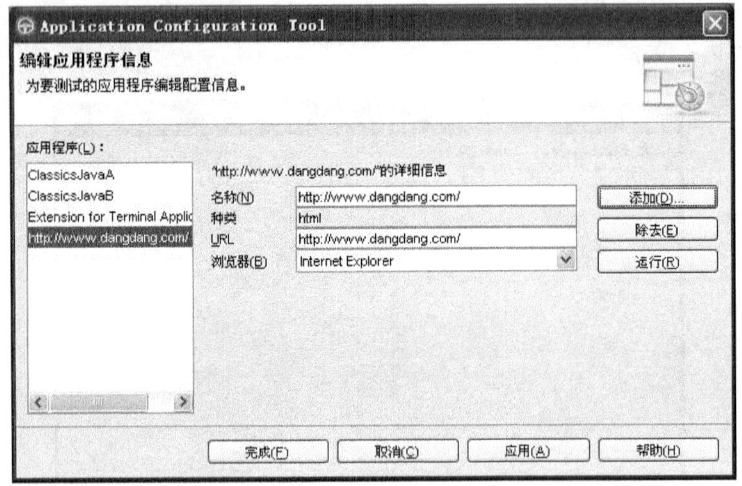

图 7-77 应用程序配置工具

(2) 单击"添加"按钮，得到如图 7-78 所示界面。

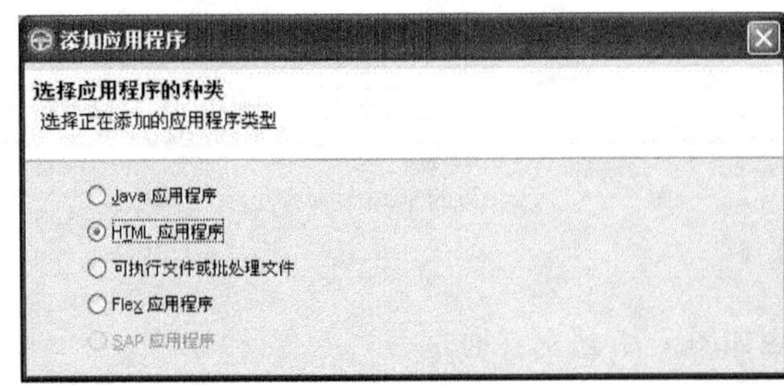

图 7-78 添加应用程序

(3) 选中"Java 应用程序"单选按钮，单击"下一步"按钮，得到选择 HTML 应用程序界面，如图 7-79 所示。

(4) 在选择 HTML 应用程序界面内，输入 URL 地址，并单击"完成"按钮。这将打开到 http://www.dangdang.com/的浏览器。

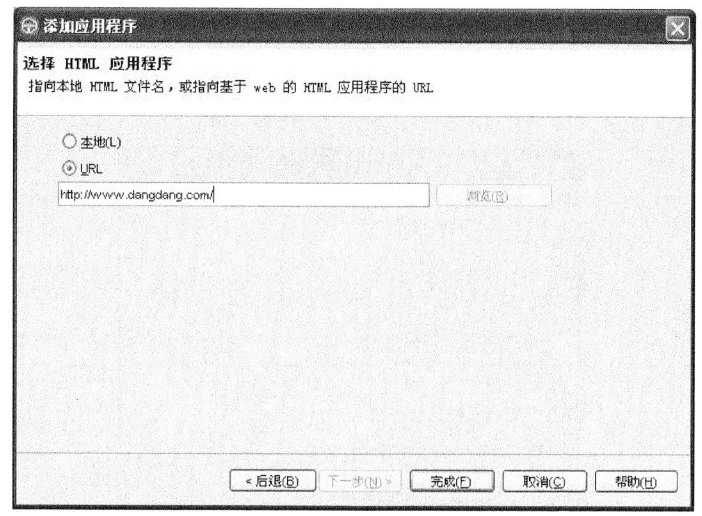

图 7-79　选择 HTML 应用程序

3．执行操作

(1) 在 http://www.dangdang.com/搜索对话框中，输入“软件测试技术”，并单击“搜索”按钮。

(2) 在结果页上，单击购买第一本书。

(3) 在购物车能够看到选购的物品。要确认列出的内容，输入一个验证点，第一次单击插入验证点按钮。这将打开“验证点和操作向导”对话框，如图 7-80 所示。

(4) 使用“对象查找器”，选择列在表格中的数据，得到如图 7-81 所示对话框。

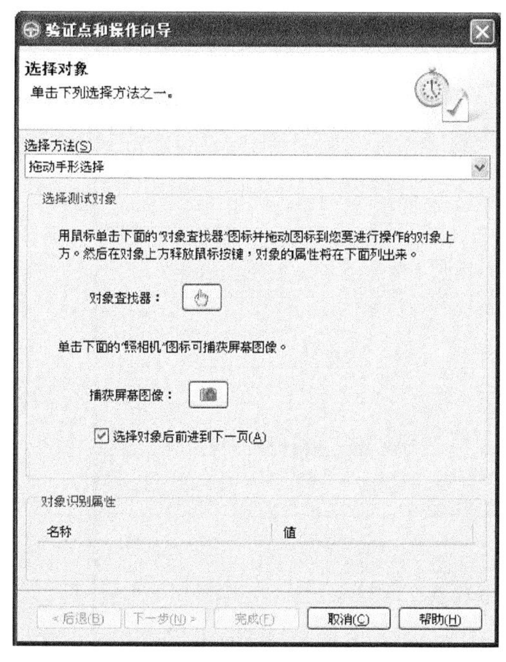

图 7-80　“验证点和操作向导”对话框(1)

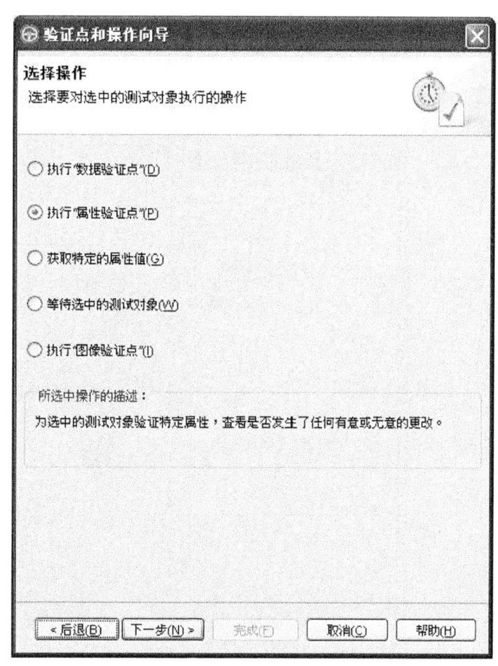

图 7-81　“验证点和操作向导”对话框(2)

(5) 在图 7-81 中，选中“执行‘属性验证点’”单选按钮并单击“下一步”按钮，得到如图 7-82 所示对话框。

(6) 在图 7-82 中，确认将“包含下级”设置为“全部”并单击“下一步”按钮。

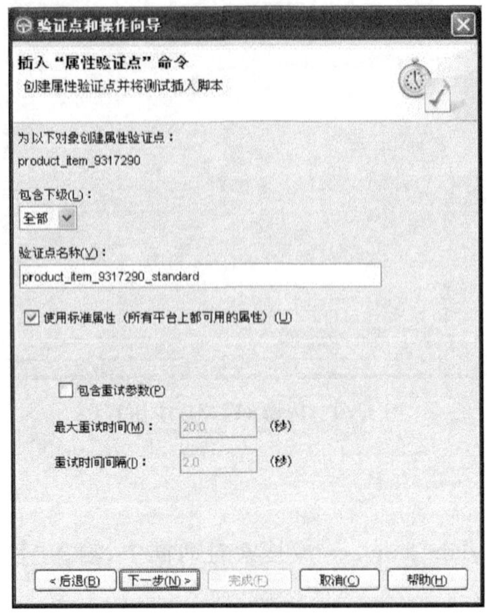

图 7-82 “验证点和操作向导”对话框(3)

(7) 在向导的下一步中单击“完成”按钮。

(8) 下一步将提示选择包含在验证点中的属性。通过测试对象树导航到包含所选书HTML的表格并选择该复选框，然后在文本属性列表中选择复选框，如图 7-83 所示。

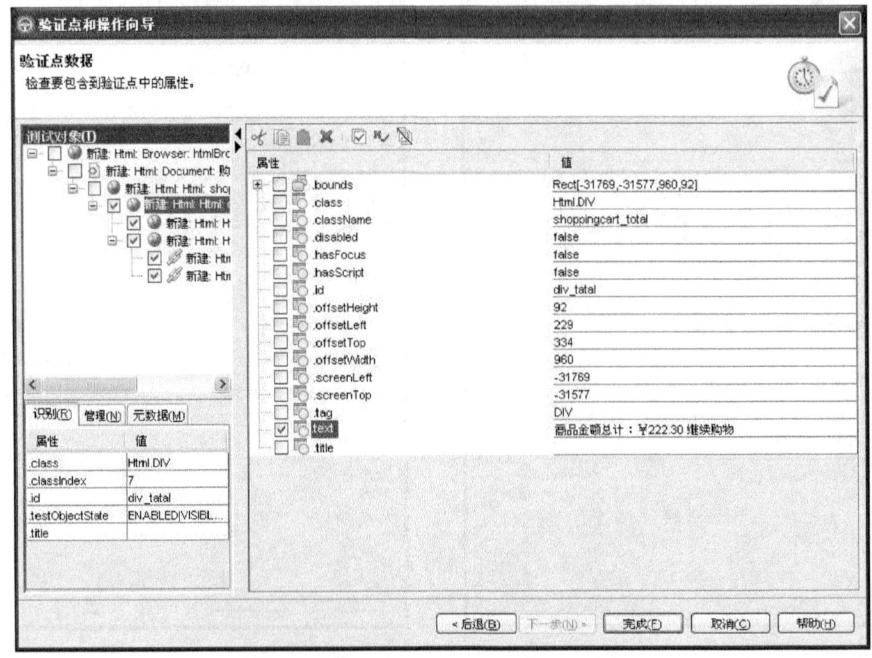

图 7-83 “验证点和操作向导”对话框(4)

(9) 单击“完成”按钮，关闭浏览器，并单击 ▣ 以停止记录。

Rational Functional Tester 现在应该生成如下类似的脚本，如图 7-84 所示。

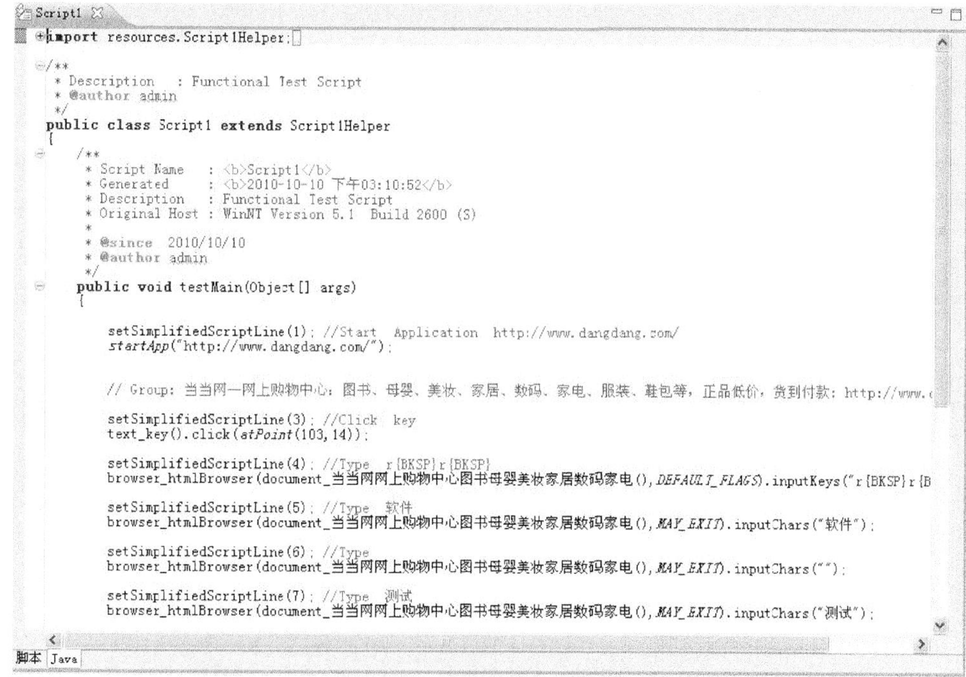

图 7-84 Rational Functional Tester 生成的脚本

4. 运行脚本

(1) 打开脚本，单击工具栏上的 ◎ Run Functional Test Script 按钮，这时将打开选择日志窗口，如图 7-85 所示。

图 7-85 选择日志窗口

(2) 单击"完成"按钮以启动脚本执行。

在脚本执行时应当看到了 Playback 窗口,如图 7-86 所示,可以从该窗口中得知如果脚本因为某种原因"挂起"的话会发生什么。

(3) 运行结果。当脚本结束执行时,桌面上会打开一个浏览器,显示测试运行的结果,如图 7-87 所示。

生成的日志的格式使得分析很简单,并且因为执行结果是以 HTML 的形式显示的,所以不需要任何特殊的软件来观察。

图 7-86 Playback 窗口

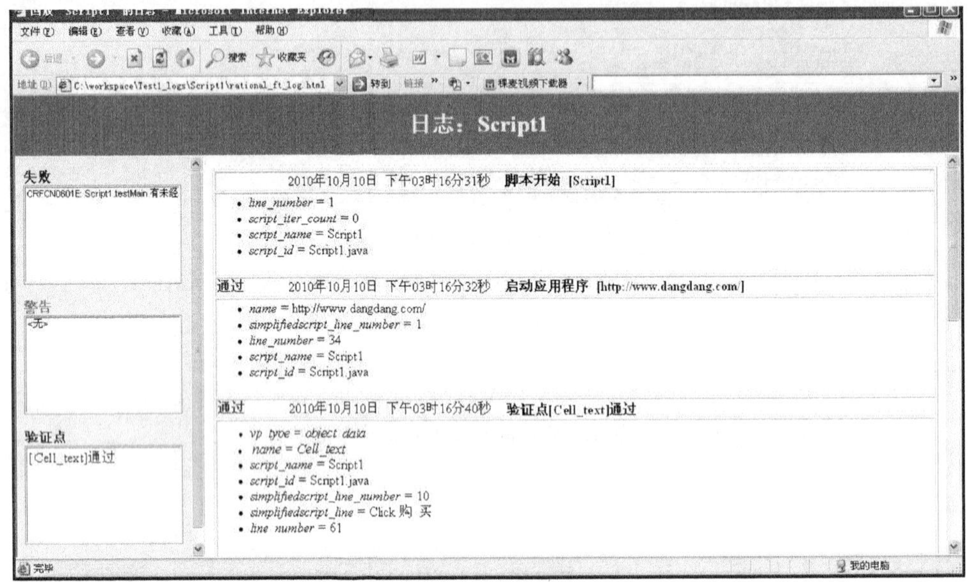

图 7-87 测试运行的结果

7.10 Rational Performance Tester 基本使用

7.10.1 概述

Rational Performance Tester(RPT)是 IBM 基于 Eclipse 平台及开源的测试及监控框架 Hyades 开发出来的最新性能测试解决方案。它可以有效地帮助测试人员和性能工程师验证系统的性能,识别和解决各种性能问题。它适用于性能测试人员和性能优化人员,用于开发团队在部署基于 HTTP 和 HTTPS 通信协议的 Web 应用程序前,验证其可扩展性、性能和可靠性。在为性能测试人员和性能优化人员提供了前面所提到的各种性能测试能力以外,它还提供了可视化编辑器,一方面可以使新的测试人员可以在无须培训和编程的情况下,即可快速上手完成性能测试;另一方面,也为需要高级分析和自定义选项的专家级测试人员,提供了对丰富的测试信息的访问和定制能力、自定义 Java 代码插入执行能力、自动检测和处理可变数据的能力。

7.10.2 Rational Performance Tester 基本使用说明

1. 启动 Rational Performance Tester

执行“开始”→“所有程序”→IBM Software Delivery Platform→IBM Rational Performance Tester→IBM Rational Performance Tester-Full Eclipse 命令，得到如图 7-88 所示的界面。

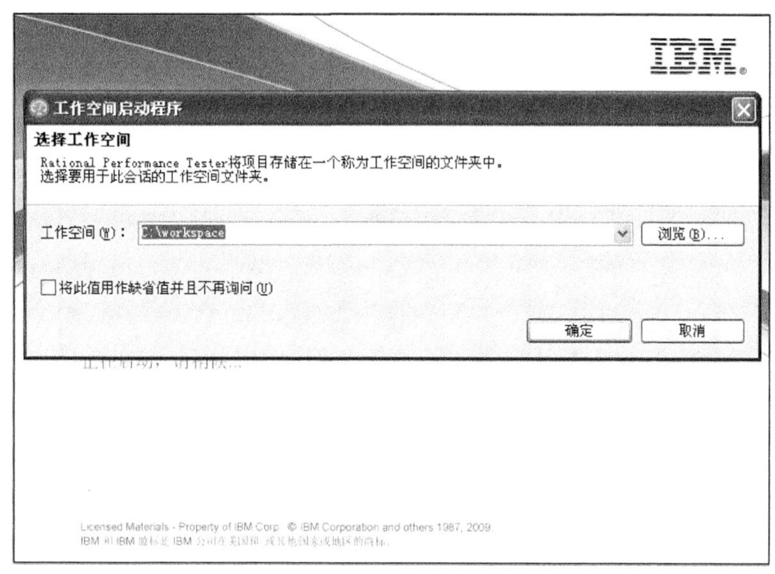

图 7-88 工作空间启动程序界面

加载完成后，进入 Rational Performance Tester 主界面，如图 7-89 所示。

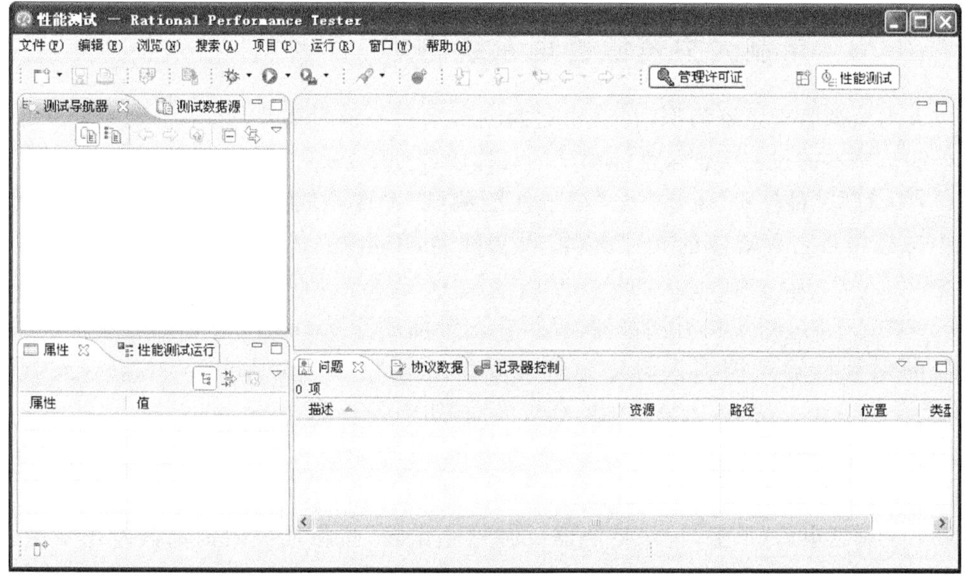

图 7-89 Rational Performance Tester 主界面

2. 创建测试项目

通常由于测试脚本是由测试项目进行管理，所以在录制性能测试脚本之前，需要首先建立测试项目，其步骤如下：

执行“文件”→“新建”→“性能测试项目”命令，得到如图 7-90 所示界面，并单击“完成”按钮。

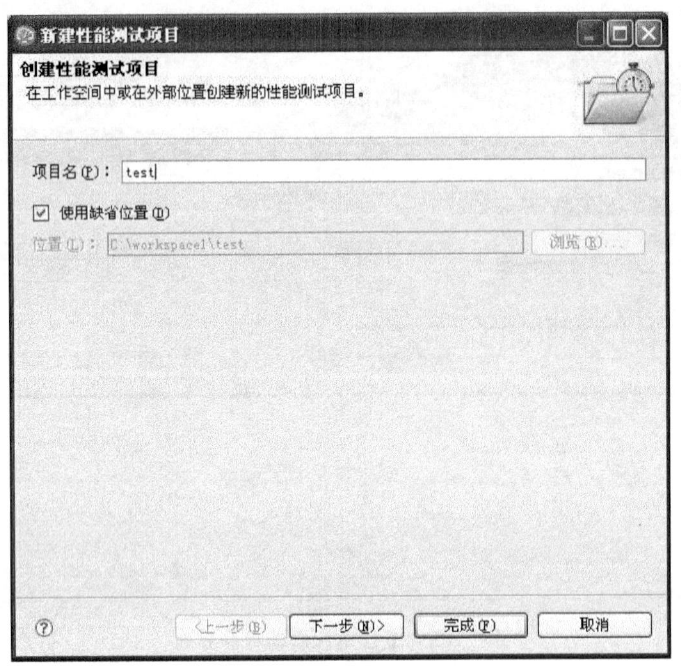

图 7-90 创建测试项目

7.10.3 录制人力资源管理系统脚本

以人力资源管理系统为例，在已建立的测试项目 test 的基础上，来说明录制一个简单的性能测试脚本的过程。记录性能测试的具体步骤如下：

(1) 执行“文件”→“新建”→“记录性能测试”命令，在弹出的 HTTP 代理记录器对话框中选择项目名称对应的文件夹，输入文件名，单击“完成”按钮，得到如图 7-91 所示窗口。

(2) 在记录时，RPT 打开浏览器，提示在记录前删除 cookie 文件和临时文件。然后在浏览器的地址栏输入被测人力资源管理系统的路径(http://localhost/personManage/index.do)，按 Enter 键，进入该系统的登录界面，如图 7-92 所示。

输入用户名和密码，这里输入用户名 admin，密码 admin，单击“登录”按钮，即进入系统，可以进行各种日常操作。

(3) 录制结束后，单击“记录控制器”的“停止记录”按钮或关闭浏览器停止录制脚本。当记录器停止工作，“记录控制器”视图显示的内容如图 7-93 所示。

图 7-91 “根据记录来创建新测试”窗口

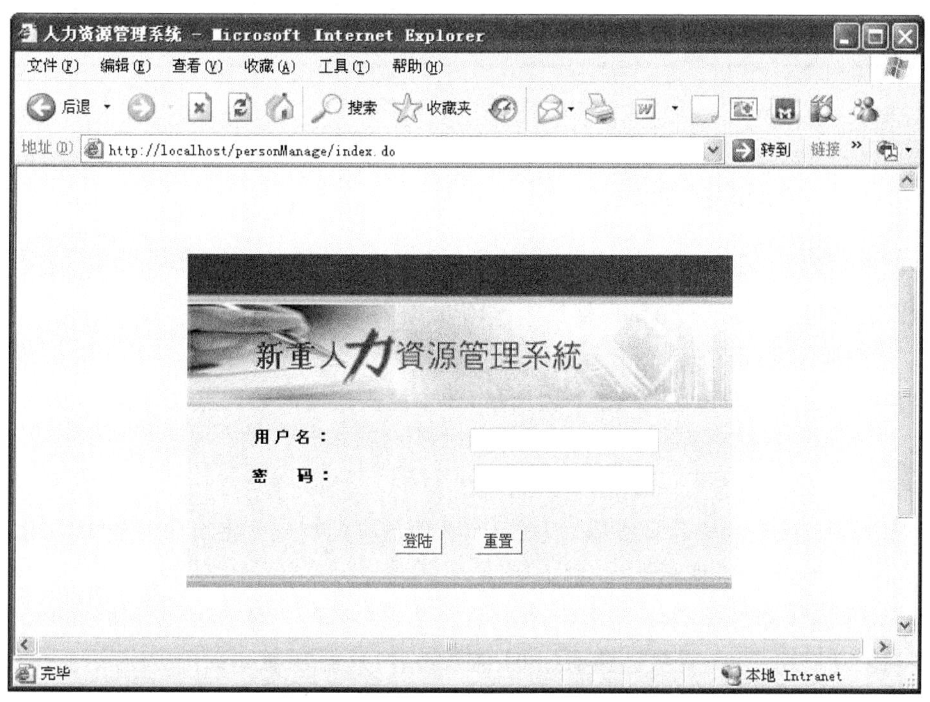

图 7-92 被测人力资源管理系统

(4) 脚本录制结束后，将创建 3 个文件，即记录文件(＊.rec)、模型文件(＊.recmodel)和测试定义文件(＊.testsuite)。

图 7-93 记录控制器视图

7.10.4 测试验证点

验证点是用来验证期望系统的行为是否发生，当包含验证点的测试运行时，如果被期望的行为没有发生，就会有一个错误被报告。RPT 提供 3 种验证点方法：

1）页面标题验证点

对预期标题大小写敏感，如图 7-94 所示，图中箭头指向的验证点设置为“人力资源管理系统”。

2）响应代码验证点

在页面设置响应代码验证点以后，在每个页面请求的响应下将增加一个“响应代码验证点”的文件夹，如图 7-95 所示。

响应代码可以指明具体请求是否成功，以及请求失败的具体原因。例如，200-OK，表示客户端请求已成功；302-对象已移动；304-未修改；307-临时重定向等。

3）响应大小验证点

在页面设置响应大小验证点以后，在每个页面请求的响应下将增加一个“响应大小验证点”的文件夹，如图 7-96 所示。

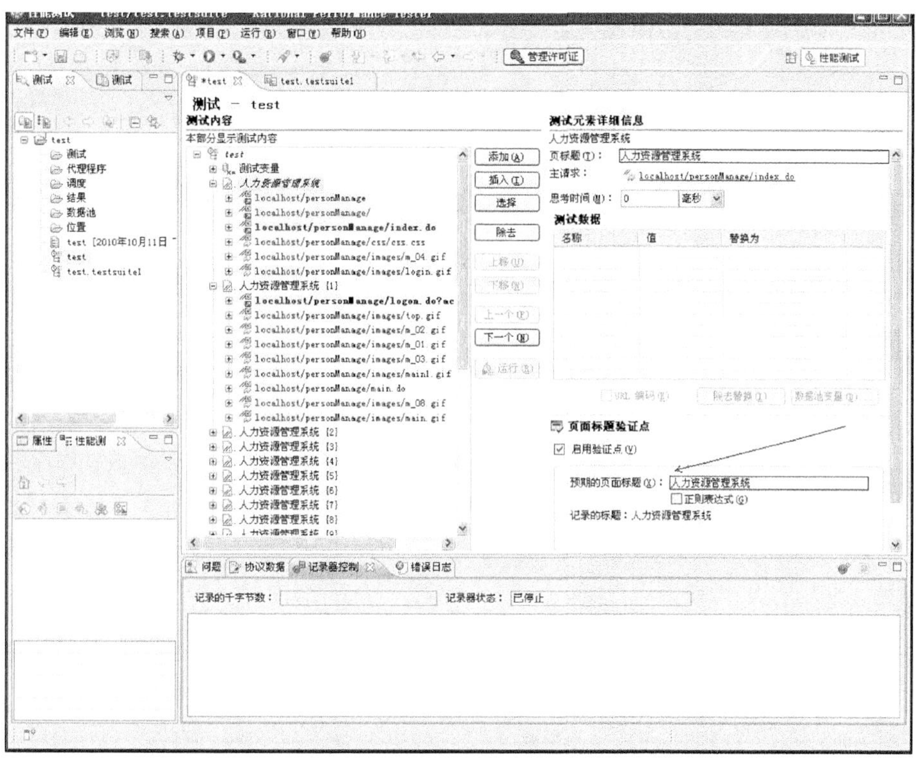

图 7-94　页面标题验证点

图 7-95　响应代码验证点

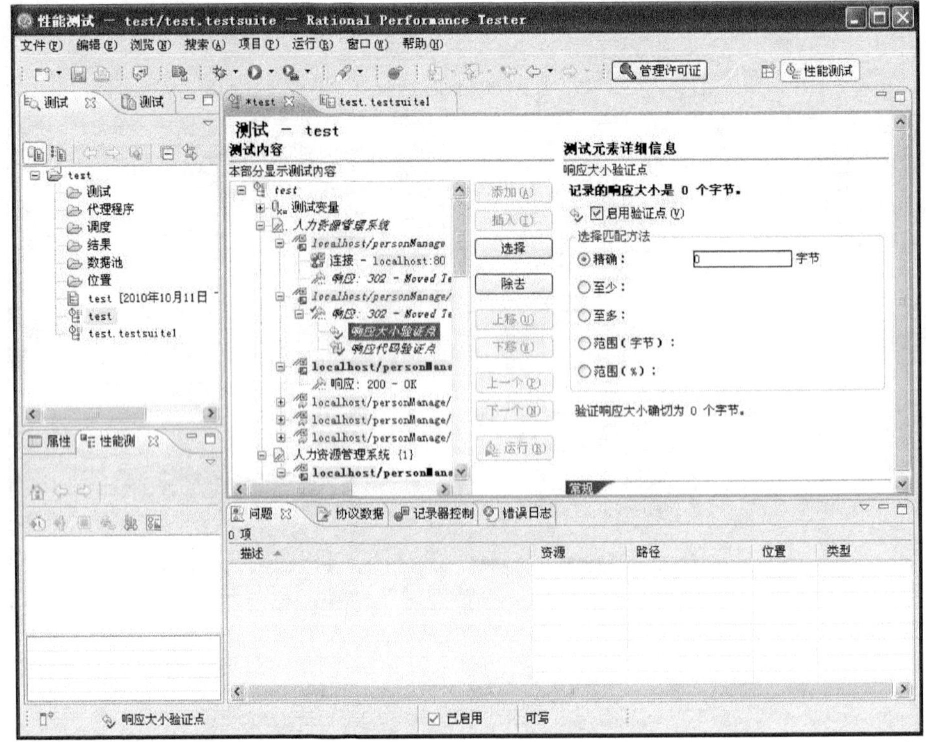

图 7-96　响应大小验证点

7.10.5　数据池

在 RPT 中，可以通过数据池的使用获得动态更新的数据。它能够记录过程中捕获的每个单独的数据，与一组测试运行中的数据值替换，并且通过为每次测试运行提供唯一的数值，以确保回放的真实性。

创建数据池的步骤：

(1) 在“测试导航器”中，选择需要创建数据池的项目，右击该项目，执行“新建”→“数据池”命令，弹出“新建数据池”对话框，如图 7-97 所示。

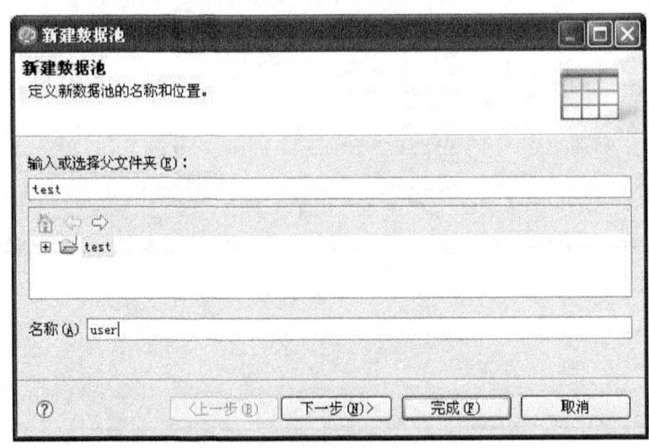

图 7-97　“新建数据池”对话框

(2) 选择存放数据池的项目,输入数据池文件名,单击"完成"按钮,将创建空的数据池。所以需要编辑数据池中的数据,如图 7-98 所示。在数据池添加"用户名"和"密码"变量,row0、row1、row2、row3 等价类,并添加相应的值。

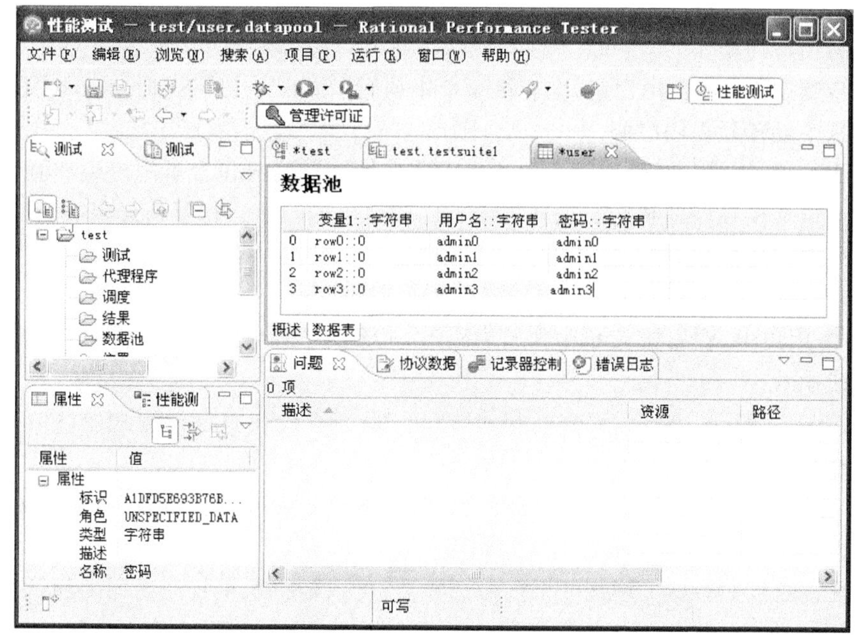

图 7-98 数据池

7.10.6 性能调度

性能测试调度用来表示要在服务器上运行的工作量。虽然测试记录占去了大部分时间,然而准确的性能测试对保证有效的负载来说是极为重要的,其目的是精确地估计实际用户将向系统提交的工作量。需要根据系统的性能需求来设计测试实施工作,而这就需要在性能测试调度中进行设置。

新建测试调度的步骤如下:

(1) 在"测试导航器"中选择需要新建测试调度的测试项目,在右键菜单中执行"新建"→"性能调度"命令,弹出"性能调度"对话框。

(2) 在"性能调度"对话框中选择性能测试项目对应的文件夹,并输入文件名,单击"完成"按钮即可。

新建测试调度后,还需要对测试调度做相应的设置才可以运行。设置测试调度的内容如下:

(1) 根据需要创建用户组。具体步骤如下:

① 在性能调度编辑界面,右击性能调度名,在右键菜单中执行"添加"→"用户组"命令。

② 在用户组的调度元素详细信息界面中设置用户组名、组的大小(按照百分比或设置实际用户数)、运行用户组的位置。

(2) 设置用户组运行的测试。具体步骤如下:

① 右击用户组,在右键菜单中执行"添加"→"测试"命令,弹出"选择性能测试"对话框。

“选择性能测试”对话框中列出了所有当前工作空间中打开的性能测试项目。

② 选择用户组需要执行的测试，单击“确定”按钮。这里可以通过 Shift 键和 Ctrl 键来进行多选。

(3) 设置延迟时间。设置了延迟时间后，表示每个测试都会延迟设置的时间，可以方便更好地控制用户的动作。

具体步骤如下：右击用户组，在右键菜单中执行“添加”→“延迟”命令，在延迟的调度元素详细信息中设置延迟的时间。

(4) 设置循环次数，即设置脚本的迭代次数。性能调度只包含了用户组和测试，用户组中的每个测试会按顺序的执行。循环提供了比较简单的顺序运行复杂得多的控制。增加循环可以按照一定的迭代重复测试，并且可以设置测试运行的频度。

具体步骤如下：

① 右击用户组，在右键菜单中执行“添加”→“循环”命令，在循环的调度元素详细信息中设置迭代次数。

② 如果需要的话，也可以设置迭代速率(可选)。迭代速率是指测试运行的速率，如每分钟 4 次迭代。

③ 设置了循环次数后，需要为循环添加测试，按照步骤(2)设置用户组运行的测试。设置的迭代次数针对循环内的所有测试起作用。

(5) 设置随机选择器。增加一个随机选择器，可以随机地重复一系列的测试，模拟真实用户的不同活动。假设一个随机选择器包括两个测试：浏览和下订单。分配“浏览”测试权重 7，“下订单”测试权重 3。每次执行循环时，“浏览”测试有 70%的机会被选中，“下订单”测试有 30%的机会被选中。具体步骤如下：

① 右击用户组，在右键菜单中执行“添加”→“随机选择器”命令，在随机选择器的调度元素详细信息中设置需要重复的测试。

② 单击“添加”按钮，添加加权块，并输入加权块的权重。设置的加权块的权重之和最好是 1 的倍数。

③ 设置了随机选择器后，需要为加权块添加测试，按照步骤(2)设置用户组运行的测试。

(6) 设置调度选项。已经定义好的工作负载，已经在系统上指定了用户类型，以及它们所要执行的操作。现在，按照下列步骤在运行调度之前指定一些调度层次的选项：

① 在性能调度编辑界面，右击性能调度名，在性能调度的“调度元素详细信息”界面中的“用户负载”部分输入“用户数量”。刚才在设置用户调度的详细信息时，还没有指定对于这个测试想要运行的用户数量，这是因为调度和虚拟测试者的数量无关。这使得可以对不同数量的测试者使用相同的调度，在尝试找出系统在最大并发用户数量上，只需要该并发用户数量，而无须修改调度内容。

② RPT 假设系统的所有用户在到达系统后同时开始向服务器提交请求，在有些情况下，为了模拟更实际的启动，所以需要为每个用户增加延迟时间，可以通过在“用户负载”部分，选中“在启动每个用户之间添加延迟”复选框，并设置延迟时间。

③ 如果想要让测试调度在运行了一定时间后，自动停止测试，那么可以选中“在经过一段时间之后停止运行调度”复选框，并设置停止前经过的时间。

④ 在记录测试时，在每一页上所花费的时间都会被记录下来，英文称为 Think Time。在回放过程中，可以令所有用户使用这个时间，也可以改变它。如果要修改 Think Time，可以在“报文延迟时间”部分，修改报文延迟时间和延迟的持续时间。

⑤ 执行历史记录设置影响着“执行历史记录报告”中的细节程度级别。接受默认的“页面”级别的报告，以及用户数量数据采样值 5。注意，当运行一个大型测试时，一般来说使用更典型的“用户百分比”采样，一般在 20%～30%。

⑥ 统计区与执行历史记录非常相似，因为在这里可以设置为报告数据采样所使用的用户数量。接受默认的所有用户，以及所采用的 5 秒采样值。对一个更大型的测试来说，也许会减小采样率为用户总数的 20%～30%。

7.10.7　分析测试结果

在完成了测试记录和测试调度后，可以开始运行整个测试，其步骤如下：

(1) 在“测试导航器”中选择测试调度文件，在右键菜单中执行“运行”→“性能调度”命令，系统会弹出“启动调度”对话框，RPT 运行一些初始化任务并启动测试。

(2) 一旦测试运行，“性能报告”界面打开，在测试运行过程中，可以在其中看到关于所运行测试的活动反馈。当测试由于一些原因而失败时，可以在任何时间取消测试，修正这个问题并重新启动测试调度，而无须等待测试完成后才能够意识到发生了问题。

本章小结

本章从软件测试工具的分类与选择入手，对 RUP 作了简要介绍，然后重点介绍了 Rational 系列软件测试工具的基本使用与实践，包括 Rational TestManager、Rational Purify、Rational Quantify、Rational PureCoverage、Rational Robot、Rational Function Tester、Rational Performance Tester 等。

课后习题

1. 如何在 Rational TestManager 中建立一个共享的测试项目？
2. Rational Administrator 的核心功能是什么？
3. Rational Purify 主要采用了哪些技术来分析应用程序有关内存方面的错误？
4. 在 Rational Purify 中，怎样跟踪查找应用程序中引起的内存错误的源代码？
5. Rational Quantify 在运行时能分析应用程序的哪些性能参数？
6. Rational Quantify 输出的分析报告对改进应用程序性能的帮助有哪些？
7. 为什么要对程序做代码覆盖率测试？
8. 通过代码覆盖率测试，能对程序代码做到 100%的完整性能测试？
9. 在实际录制的功能测试脚本中，可以看到哪些信息？
10. 在测试过程中，如何选择测试对象和验证方法？
11. 数据池的作用及组成是什么？它与常见的数据库有哪些类似？

测试实例分析

软件测试的整个过程比较复杂，涉及方方面面的工作，没有实际操作演练是无法学好这门课程的。本章旨在对前述章节系统学习后，使用 IBM Rational 系列测试工具特别是 Test Manager 和 Robot，通过几个具有代表性的项目测试过程进行说明与实际操作，并配以大量实际操作过程中出现的图表，以期加深读者对测试各环节的理解。希望通过对本章的学习，读者能对测试有更切实的感受，为进一步学习测试系统的方方面面打下基础。

8.1 基于C++的个人财务管理系统

知识目标：

1. 熟练运用 Rational TestManager 测试管理工具。
2. 熟练掌握使用 TestManager 对 C/S 架构软件项目进行测试管理的主要过程和要点。
3. 了解 TestManager 在项目测试管理、流程规范、质量评估等软件质量保证过程的作用。

能力目标：

1. 培养设计能力、管理能力以及测试 C/S 架构系统的能力。
2. 培养测试资产管理能力、文档书写及表达能力。
3. 培养软件质量管理及评估能力。

8.1.1 系统简介

1. 主要功能

本系统为个人或家庭实用财务管理系统。软件由账户管理、收支类别管理、收支明细管理、收支报表等几大模块组成。分别实现账户添加、修改、删除，日常收支流水账分类记录，分时间段进行汇总报表等功能。功能模块图如图 8-1 所示。

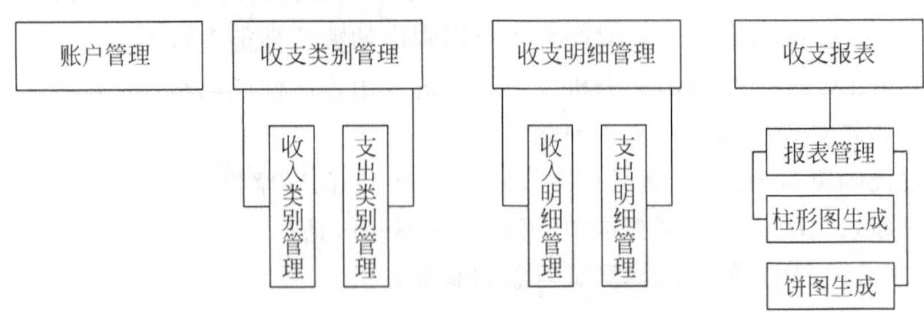

图 8-1 个人财务管理系统功能模块

2. 系统架构

考虑到系统性能等因素，本软件采用 C/S 结构，由 C++结合 SQL Server 开发。详细结构如图 8-2 所示。

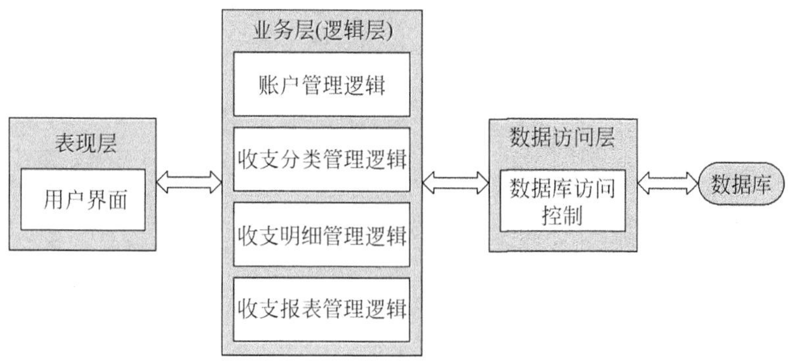

图 8-2　系统框架图

其中，表现层为用户界面；业务层包括账户管理逻辑、收支类别管理逻辑、收支明细管理逻辑和收支报表管理逻辑；数据库访问层使用 ADO(activeX data object)技术访问数据库；数据库采用 SQL Server 数据库管理系统。

3. 主要表结构

根据系统功能分析，个人财务管理系统包括以下信息：个人账户信息、账户明细、角色映射、角色、权限和收支分类信息等。表结构如图 8-3 所示。

4. 测试系统准备工作

1) 待测系统的安装和配置

首先需要安装和配置个人财务管理系统的服务器和客户端，并熟悉系统的相关文档和业务流程。

2) 使用 Rational Administrator 创建测试项目

(1) 启动 Rational Administrator 软件，启动后在 File 菜单下选择 New Project 命令，新建名称为 FINANCE test 的项目。需要选择 Rational 项目存储位置，这个文件夹必须是空的，如图 8-4 所示。

如果存储位置位于本机，则 Rational 项目只能由本机使用，TestManager 提示的消息如图 8-5 所示。如果通过网上邻居放入网络文件夹，则内网所有人员都可以使用该项目。

(2) 设置 Project 项目管理密码，如图 8-6 所示。这个密码是 Rational 项目的创建者用来管理用户权限的，与后面要用到的 Robot 或者 TestManager 没有关系。

(3) 选择配置 Rational 项目，单击“完成”按钮，弹出如图 8-7 所示的 Configure Project 对话框。

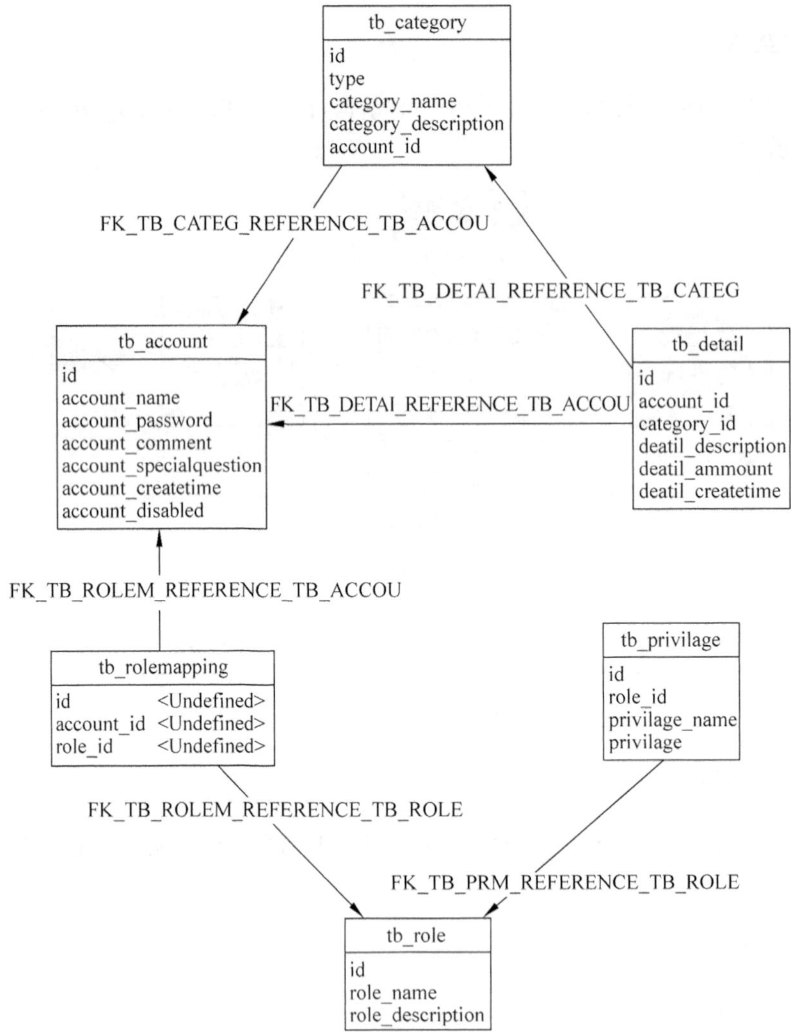

图 8-3 个人财务管理系统数据库表结构

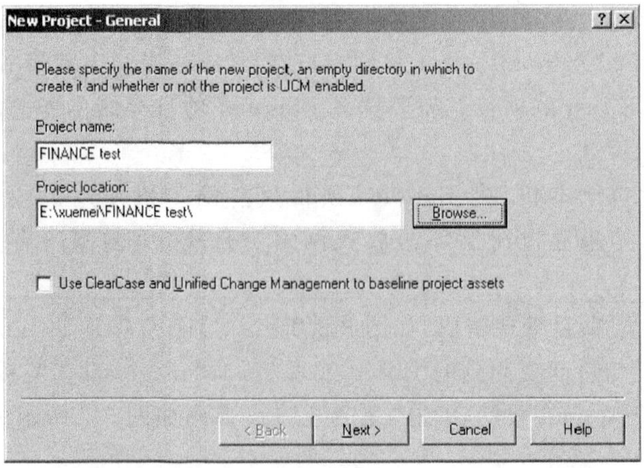

New Project - General

Please specify the name of the new project, an empty directory in which to create it and whether or not the project is UCM enabled.

Project name:

FINANCE test

Project location:

E:\xuemei\FINANCE test\

Browse...

Use ClearCase and Unified Change Management to baseline project assets

< Back　Next >　Cancel　Help

图 8-4 新建测试项目

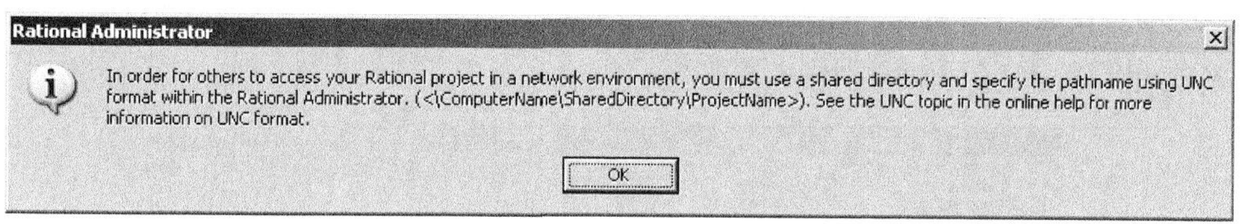

图 8-5 系统提示

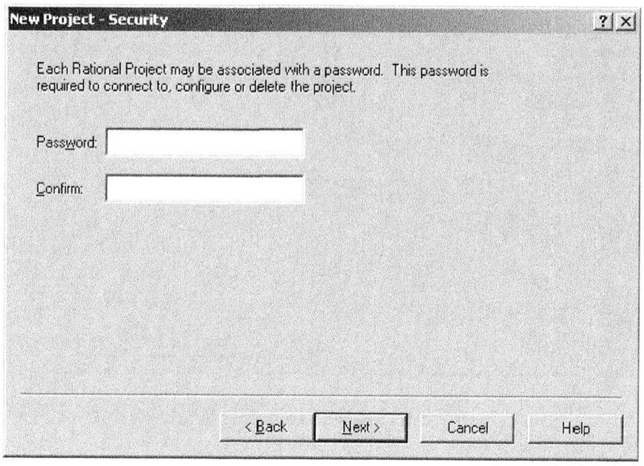

New Project - Security

Each Rational Project may be associated with a password. This password is required to connect to, configure or delete the project.

Password:

Confirm:

< Back　Next >　Cancel　Help

图 8-6 设置密码

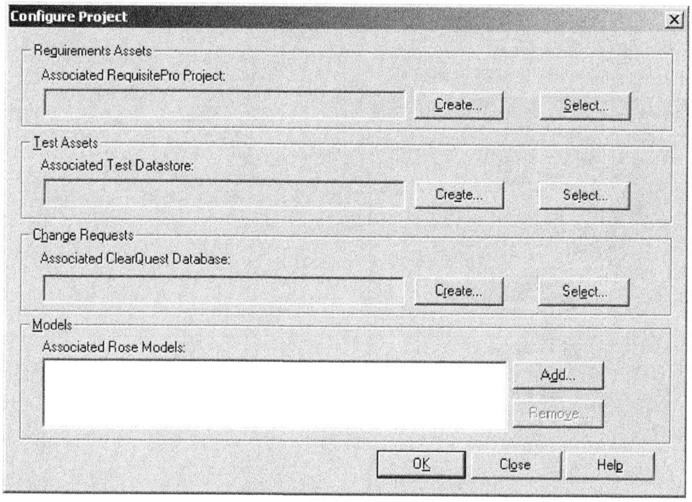

Configure Project

Requirements Assets

Associated RequisitePro Project:　Create...　Select...

Test Assets

Associated Test Datastore:　Create...　Select...

Change Requests

Associated ClearQuest Database:　Create...　Select...

Models

Associated Rose Models:　Add...　Remove...

OK　Close　Help

图 8-7 项目配置

其中，Associated RequisitePro Project 项用于关联 RequisitePro 项目，Associated Test Datastore 项用于指定测试资产（是被测试或 QA 团队开发的任何一种工件，实际上它涉及通过 Rational TestManager 中的测试资产工作台和通过 Rational Software Quality 工具访问的工件）存放的地址，Associated ClearQuest Database 项用于关联 ClearQuest 的数据库，Associated Rose Models 项用于关联 Rose 项目。此处先设置 Associated Test Datastore 项。

(4) 项目配置中只须设置与测试资产关联的 Test Datastore。单击 Create 按钮，创建一个 Microsoft Access 数据库，如图 8-8 所示。

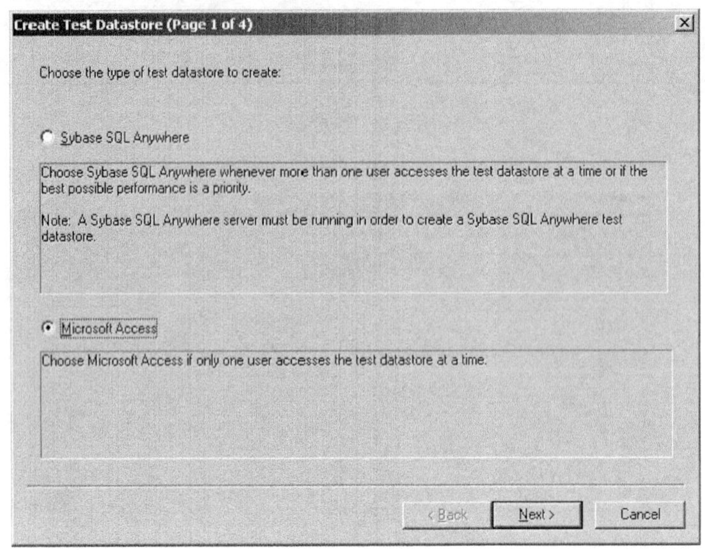

图 8-8　建立 Project 数据库

(5) 创建测试资产数据库后，Rational Administrator 中多了一个 Project，在该项目上右击，选择 Connect 命令，输入第(2)步中设置的密码，连接测试项目，会看到 Rational Test Datastore。Rational Test Datastore 下面有 Test Users 和 Test Groups 两项，是管理用户的账号和权限的地方，如图 8-9 所示。

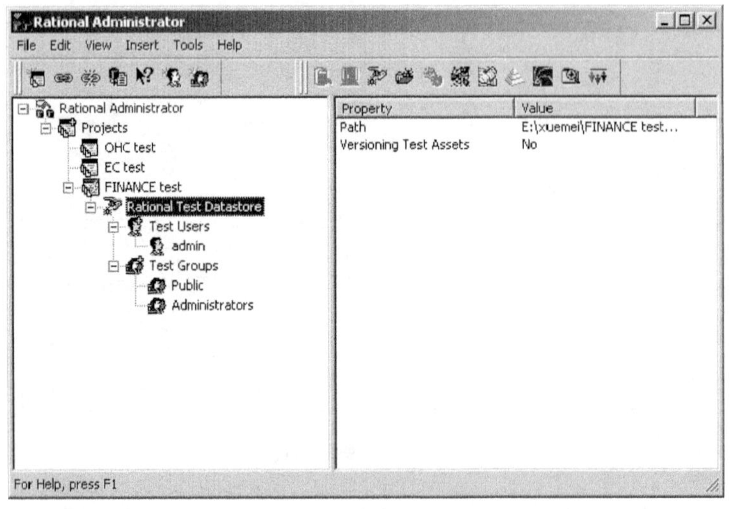

图 8-9　成功创建 Project

打开 Robot 或者 TestManager，可以看到创建的 Project，输入用户的账号和密码，即可建立与 Rational 项目的连接。这里使用的账号和密码是在 Rational Administrator 下针对这个 Project 建立的。

8.1.2 测试计划

测试计划编制的动机就是下面这个问题的答案：

“在我们需要达到一致的质量目标的测试时，我们该做什么？”

当完成测试计划时，已经有了一份限定了将要测试什么的测试计划。测试计划的编制是跨时间的，偶尔可以加一些要测试的东西到它里面去。在一个团队中，有不同的成员和角色，比如产品（项目）经理、分析人员、测试人员和开发人员，成员们会提出需要定义的一些新的测试用例，需要测试的一些新的情况。换句话说，不在测试的开始阶段制定测试计划，那么测试的目标是停滞和不灵活的。测试计划是一个迭代定义的、不断完善的测试资产。

这里，使用 Rational TestManage 来建立测试计划。在 TestManager 中，一个测试计划包含很多测试用例，而测试用例在测试用例文件夹中被组织起来。

首先，打开 TestManager 即弹出如图 8-10 所示的对话框，选择在准备阶段建立的测试项目 FINANCE test，单击 OK 按钮。

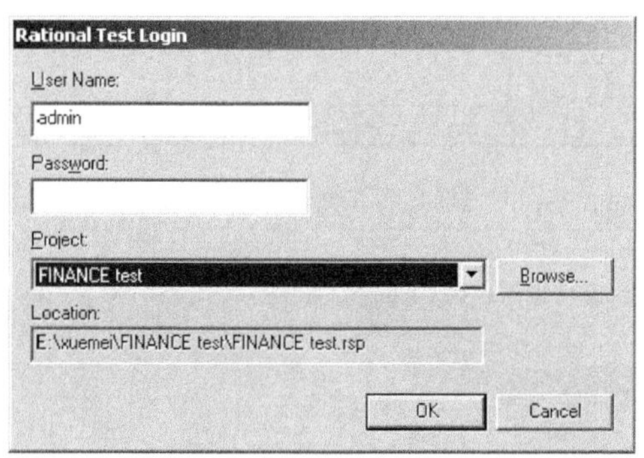

图 8-10 登录测试项目

(1) 在 FINANCE test 项目中，建立 Personal Finance 和 Ground Test 两份测试计划。其中，Persnoal Finance 测试计划中涵盖项目中所有测试类型及其用例，Ground Test 测试计划中只包含被测系统的最基本和关键的测试用例。

(2) 在 Personal Finance 测试计划中，创建 Function、Performance&Stability、Reliability、Severability、Usability 等测试用例文件夹。

(3) 在 Performance&Stability 测试用例文件夹中，建立内存测试相关的测试用例 MemoryTestCase 和性能系统瓶颈检测的测试用例 QuantifyTestCase，结构如图 8-11 所示。

(4) 配置 FINANCE test 项目的测试环境，执行 Tools→Manage→Configurations 命令，如图 8-12 所示，可以选择系统默认的配置，亦可以创建一个新的配置。

这里单击 New 按钮，定义自己的系统配置，如图 8-13 所示。配置客户端的运行环境：操作系统为 Windows XP Professional，内存为 2GB，CPU 为 Intel Core 2 Duo 2.4GHz。

成功创建资源配置后，即可将测试计划与资源配置进行关联，以在合适的电脑上来运行这些配置的测试用例。可以选择直接与测试计划相关联，例如与 Personal Finance 相关联，则该资源配置将应用于其下所有子计划和测试用例；也可以与其下的测试用例文件夹，或直接与测试用例相关联。

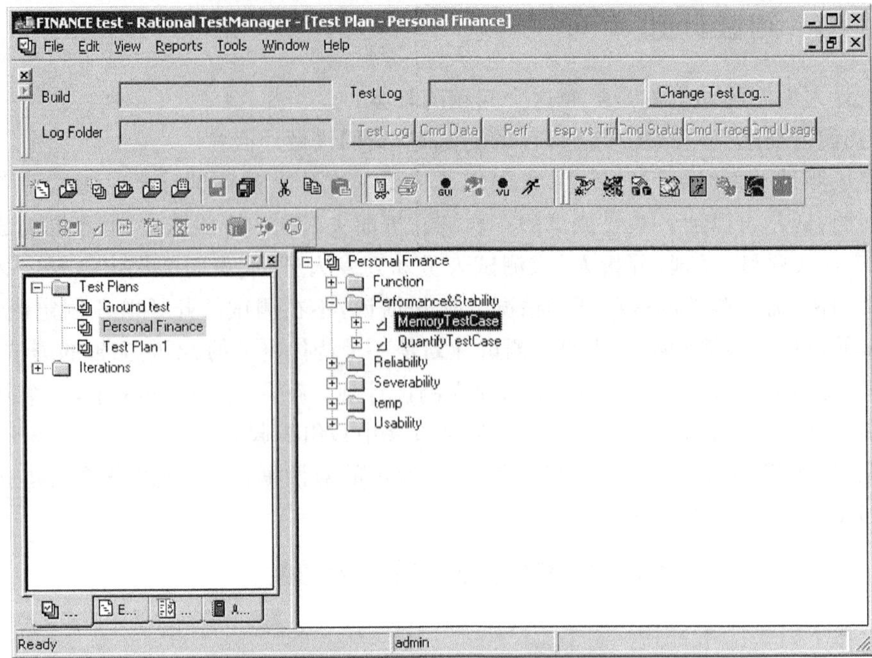

图 8-11 测试计划结构

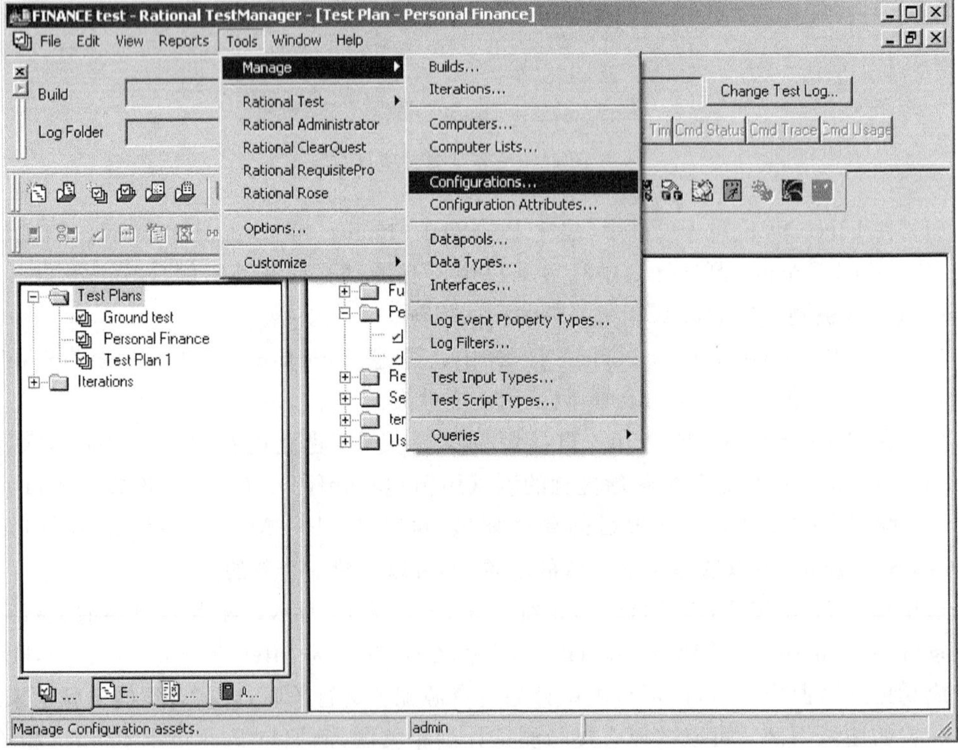

图 8-12 配置系统环境

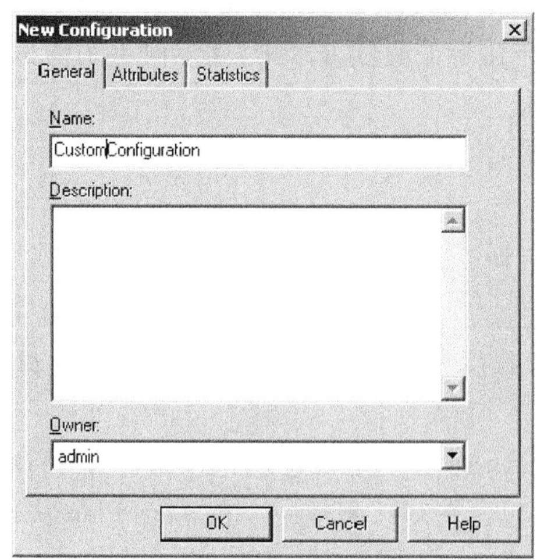

(a) General选项卡

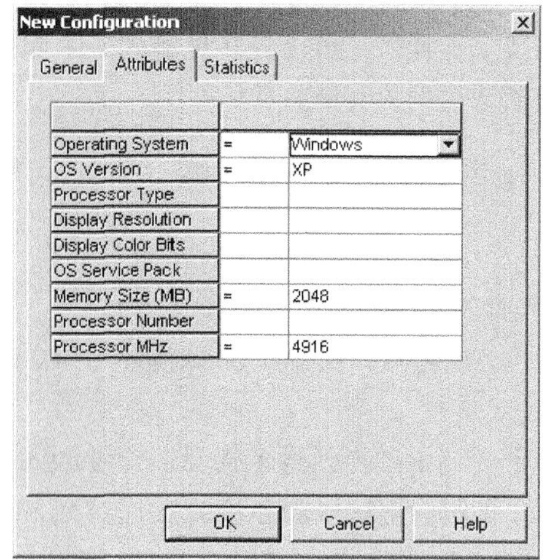

(b) Attributes选项卡

图 8-13 新建系统配置

这里，与 Performance&Stability 子计划进行关联。右击 Performance&Stability 文件，选择 Associate Configurations 命令，在弹出的对话框中选择已经创建的配置 CustomConfiguration，如图 8-14 所示。

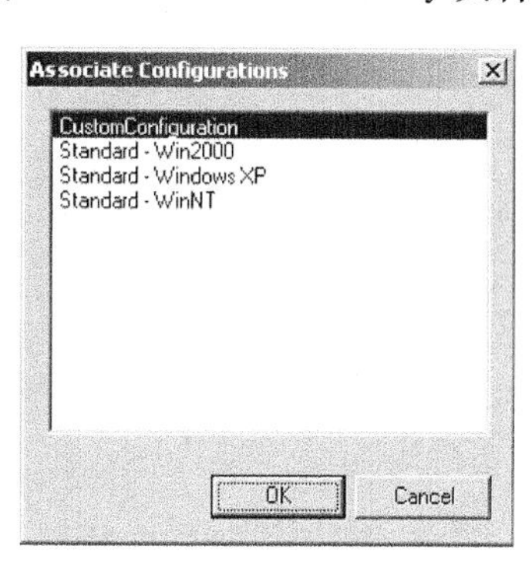

图 8-14 关联资源配置

8.1.3 测试设计

当制订好测试计划，定义了需要去测试的特征，就需要决定如何去进行测试。测试的设计活动首先回答问题：

“如何执行这个测试用例？”

作为测试用例设计的部分，需要确定：

(1) 执行测试需要的基本步骤集合。

(2) 如何使测试的项目或特征有效、适当地工作。

(3) 测试用例的前置条件——如何设置应用程序和系统以便测试用例可以执行。

(4) 测试用例的后置条件——如何在测试用例执行后做清除。

(5) 可接受标准——如何决定测试用例是否通过。

在实际的系统实施之前或期间，应当根据测试输入——诸如特征描述和软件说明(例如需求)来设计测试。这是一个测试与系统的实施并行开发的关键方面。这样，测试人员才能够获得测试的设计和一个系统(伴随文档的)实施，以及知道如何实施这些测试。

例如，如果正在使用一个自动测试工具，像 Rational Robot，那么应当能够启动工具和按照在测试用例的设计中记述的步骤去创建一个自动测试脚本。这个测试脚本成为被设计的测试用例的一个实施，因此也是测试用例本身。

另一方面，在实施测试用例之前，也可以看到所有的测试设计(一对一的测试用例)，可能发现在测试用例中的模式，它显示一个更为有效的方法以实施这些测试用例。例如，可能看到每一个测试设计开始的第一步都这样说：“从 Start 菜单中，启动应用程序。”那么可以决定不必在每一个测试脚本中记录这一步骤，因为如果这个应有程序的名称发生变更，那么所有的脚本都需要被变更。相反地，可以创建一个子程序来启动这个应用，并由测试脚本来调用那个子程序。可以轻易地输入一个测试设计到手工测试脚本中，到那时手工测试脚本成为测试用例的实施。

1. 测试步骤和检验点

(1) 步骤：在应用或系统中被获得的一个活动。在第一次开始设计时，这可以是一般的，久而久之会变得更明确和具体。

(2) 检验点：在一个测试脚本中的一个检验点可以进一步确定一个或更多目标的状态。

上一节中已经创建了测试计划和测试用例，下面进一步设计测试用例。使用 Design Editor 来包含测试步骤和检验点，而它们应当被包含在测试脚本中。在 Test Plan 窗口中，右击测试用例 MemoryTestCase，选择 Design 命令，弹出如图 8-15 所示的对话框。

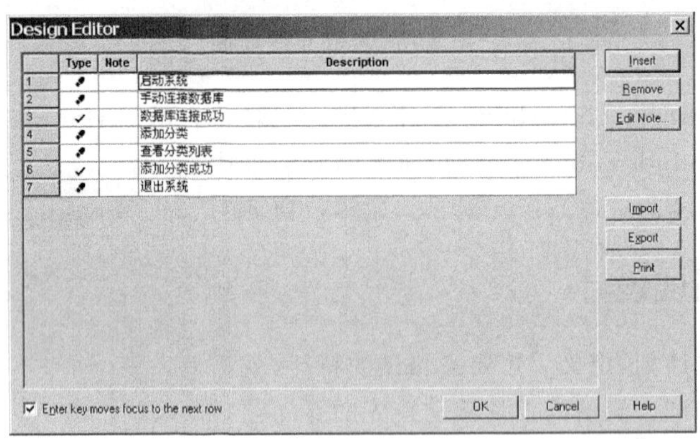

图 8-15　设计测试用例

在单击 Design Editor 对话框中的 OK 按钮后，这个设计即成为测试用例 MemoryTestCase 的一个属性。测试设计将形成开发的迭代过程。当熟悉了系统将如何实施的更多细节时，可以添加更多的步骤和检验点到设计中去。

2. 测试用例的条件和可接受标准

(1) 前置条件(preconditions)和后置条件(post-conditions)为测试执行者提供信息。它们描述在一个操作开始或结束时必须有准确的系统约束，因此要确保测试用例可以恰当地执行并脱离系统在一个适合的状态中。一个前置条件或后置条件的失败并不意味着测试的行为或功能不能工作，它意味着与约束不符。

(2) 可接受标准表明作为一个特殊测试用例需要被明确的东西，用以判断该测试用例通过与否。

在更多的系统细节能够被利用时——在通过对测试资产的迭代，像可视化模型、软件的详细说明、原型等——可以添加更多的细节到测试设计中去。

在 Test Plan 窗口中，右击 MemoryTestCase 测试用例，选择 Properties 命令，再打开

Implementation 选项卡,指明条件和可接受的标准如图 8-16 所示。

前置条件:有可连接数据库的有效用户 ID 和密码。

后置条件:确保退出系统。

可接受标准:所有的检验点必须成功。

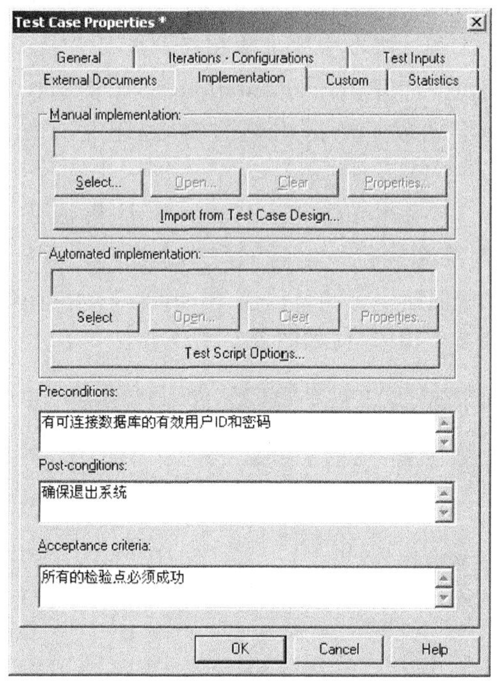

图 8-16 条件和可接受标准

8.1.4 测试实施

在为每一个测试用例创建了测试设计后,已经可以准备去实施测试用例了。实施测试用例通过创建一个测试脚本,并建立测试脚本与测试用例的关联来实现。在每个组织中,实施都是不相同的。可以使用自己更喜欢的工具或手工测试去创建任何一种针对测试的、合适的测试脚本。

例如,一个测试组织可能决定通过使用 Rational Robot 记录测试脚本来实施所有的测试用例;另一个组织可能决定去写模块化的软件,使用一个可视化的测试脚本,批处理文件和 Perl 脚本的混合体,然后有计划地将它们组织在一起形成一个更高级别的脚本。

在实施一个测试脚本后,可以在 TestManager 中建立它与一个测试用例的关联。然后可以在 TestManager 中执行测试用例或测试脚本,也可以插入测试脚本到一个 Suite 中,并执行这个 Suite。

通过创建一个测试脚本或一个 Suite 可以实施一个测试用例。当创建了一个测试脚本时,可以使用一个 Rational 测试实施工具去创建一个内置类型的测试脚本,或者创建一个常规类型的测试脚本。TestManager 紧密地集成了 Rational 的测试实施工具。由 TestManager 启动,可以容易地实施以下两种测试脚本:

(1) 在 Rational Robot 中记录的自动测试脚本。

(2) 在 Rational ManualTest 中创建的手工测试脚本。

1. 创建手工测试脚本

这里,可以由 MemoryTestCase 测试用例的设计容易地创建一个手工测试脚本,设计中的步骤和检验点即成为手工测试脚本中的步骤和检验点。

在 Test Case 对话框中,打开 Implementation 选项卡。单击 Import from Test Case Design 按钮,手工测试脚本就成了测试用例的实施,但是首先需要创建这个手工测试脚本。

Rational ManualTest 与 Rational TestManager 是集成在一起的,因此可以使用 Rational ManualTest 去创建和执行手工测试脚本。在 TestManager 中,执行 File→New Test Script→Manual 命令,创建手工测试脚本 MemoryTestScript。依照测试用例的设计,在脚本中添加 5 个步骤和 2 个检验点,如图 8-17 所示。

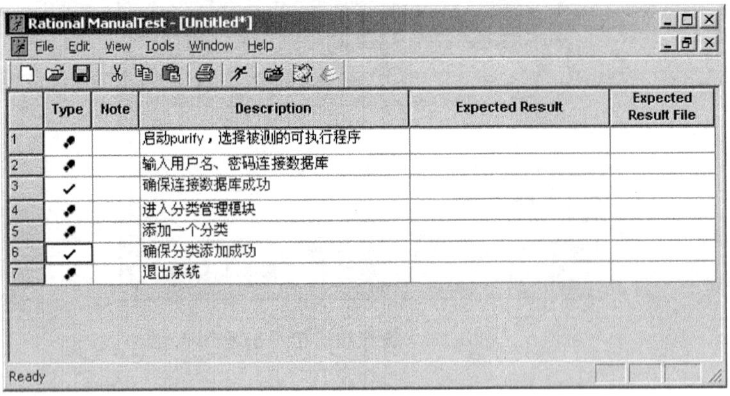

Rational ManualTest - [Untitled*]

File Edit View Tools Window Help

	Type	Note	Description	Expected Result	Expected Result File
1			启动purify,选择被测的可执行程序		
2			输入用户名、密码连接数据库		
3	✓		确保连接数据库成功		
4			进入分类管理模块		
5			添加一个分类		
6	✓		确保分类添加成功		
7			退出系统		

Ready

图 8-17 手工测试脚本

2. 建立实施与用例的关联

在已经创建一个实施以后,可以建立它与一个测试用例的关联,之后执行该测试用例,即执行它的实施。通过建立测试脚本与测试用例的关联,可以执行报告以提供测试的覆盖信息。

在 Test Plan 窗口中,右击 MemoryTestCase 测试用例,选择 Properties 命令,弹出如图 8-18 所示的对话框,打开 Implementation 选项卡。

这里,可以用最多两个实施与一个测试用例相关联:一个手工的和一个自动的。如果它们都关联于一个测试用例,那么在执行测试用例时,TestManager 执行那个自动的实施。

TestManager 自身提供了与下列实施类型的关联:

(1) GUI 测试脚本。

(2) VU 测试脚本。

(3) VB 测试脚本。

(4) Java 测试脚本。

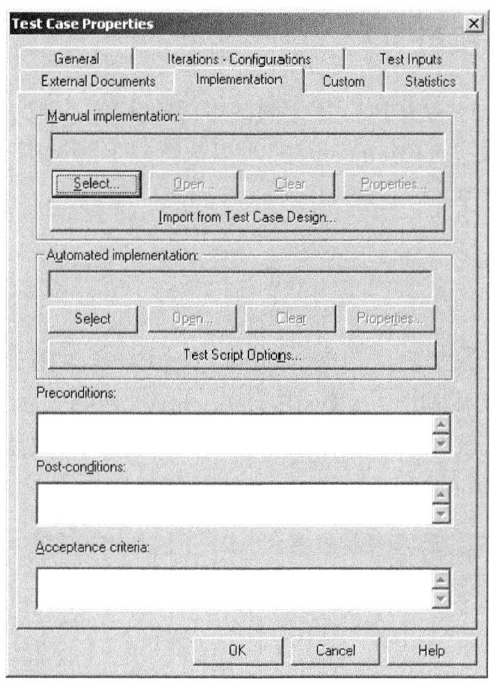

图 8-18 关联实施与用例

(5) Command-line 可执行编程。

(6) Suite。

(7) 手工测试脚本。

TestManager 也提供与其他已经注册的测试脚本类型的关联。相关的详细信息可以查阅 Rational TestManager 使用手册。

这里,单击 Manual Implementation 选项卡中的 Select 按钮,选择刚刚创建的手工测试脚本 MemoryTestScript 并与其关联,如图 8-19 所示。

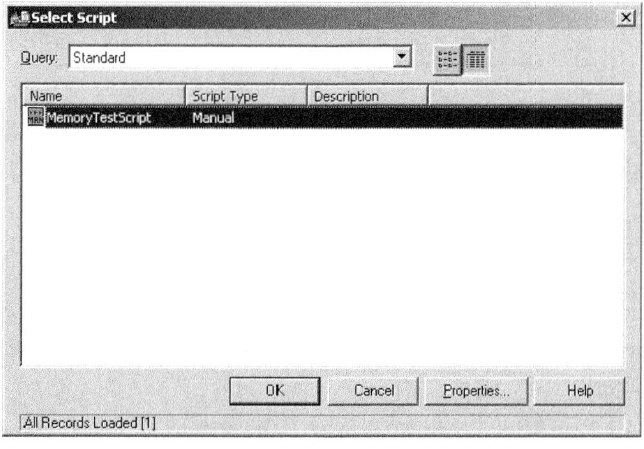

图 8-19 选择关联脚本

8.1.5 测试的执行

执行测试脚本的活动主要是执行每个测试用例的实施，以此去验证(validate)测试用例打算验证的特定行为。在 TestManager 中，可以执行以下测试脚本：

(1) 自动化的测试脚本。

(2) 手工测试脚本。

(3) 测试用例。

(4) Suite。

在 TestManager 中，右击测试用例 MemoryTestCase，单击 Run 按钮便可运行与其关联的实施，即手工测试脚本 MemoryTestScript。此时，在弹出的如图 8-20 所示的对话框中，选择所要执行的测试用例、工作机器以及日志的存放路径。单击 OK 按钮后，TestManager 会打开 Rational ManualTest 来执行测试脚本。

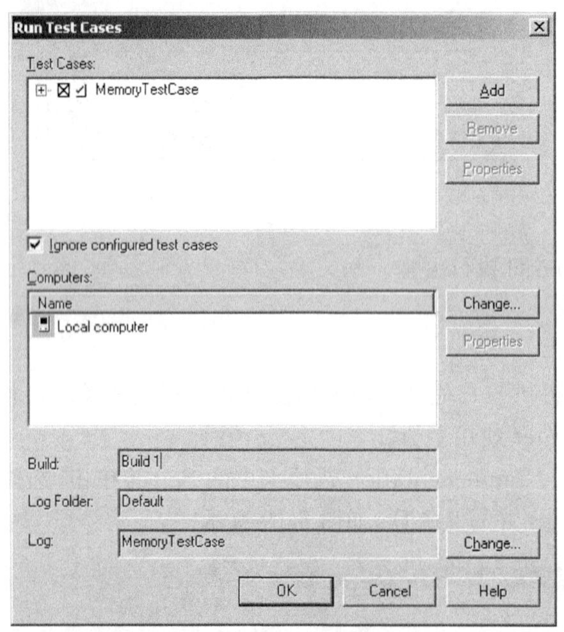

图 8-20 执行测试用例

在 Rational ManualTest 中，执行每一个在 Run Manual Script 窗口中列举的步骤和验证点：

(1) 对于一个步骤，选择 Result 检查对话框以指明已经执行了的步骤。

(2) 对于一个验证点，打开 Result 单元，并选择 None、Pass 或 Fail 选项。

按照测试脚本，使用 Rational purify 对财务系统中的分类管理模块做内存测试。首先启动 Purify，主界面如图 8-21 所示。

在主界面中单击 Run 按钮，弹出如图 8-22 所示的对话框。在 Program name 下拉列表框中选择被测对象 FinanceMIS. exe 后，单击 Run 按钮，运行程序。运行前选择工作目录，工作目录默认为被测程序所在的目录。

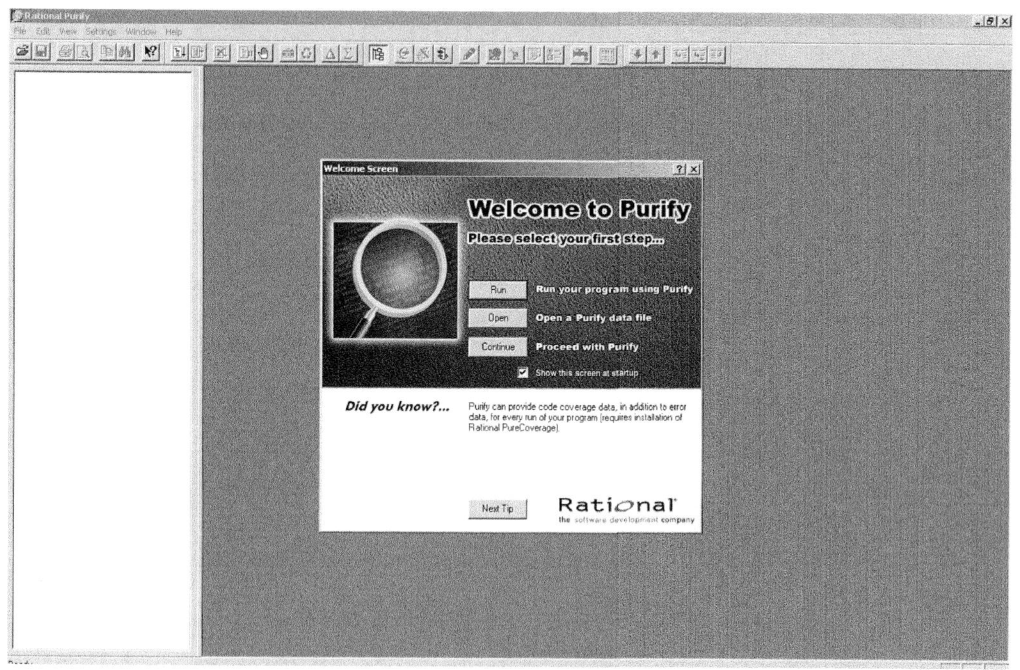

图 8-21 Rational Purify 主界面

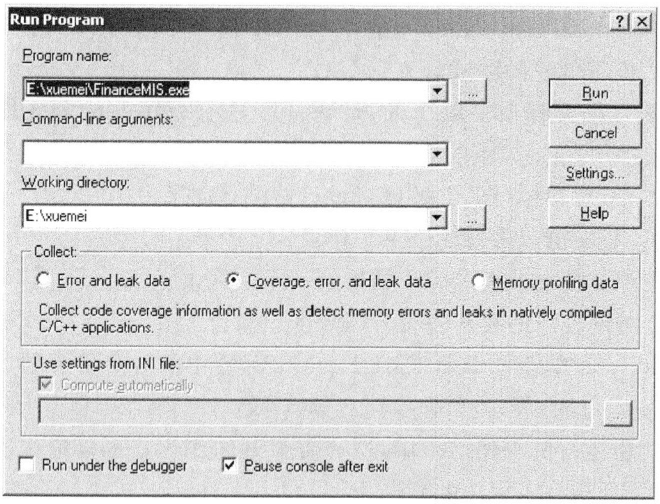

Run Program
Program name:
E:\xuemei\FinanceMIS.exe
Run
Command-line arguments:
Cancel
Settings...
Working directory:
E:\xuemei
Help
Collect:
Error and leak data
Coverage, error, and leak data
Memory profiling data
Collect code coverage information as well as detect memory errors and leaks in natively compiled C/C++ applications.
Use settings from INI file:
Compute automatically
Run under the debugger
Pause console after exit

图 8-22 选择被测试程序

接下来按照脚本中所定义的步骤进行操作，并确认检验点成功通过。将执行结果写入 Run Manual Script 窗口中，如图 8-23 所示。单击 Done 按钮后，测试脚本执行完成，可以在 TestManager 中查看测试日志中的结果。

在退出被测系统的同时，Rational Purify 会生成关于内存测试的结果报告，而这部分内容在前面的第 7 章中已经介绍过，这里不再赘述。

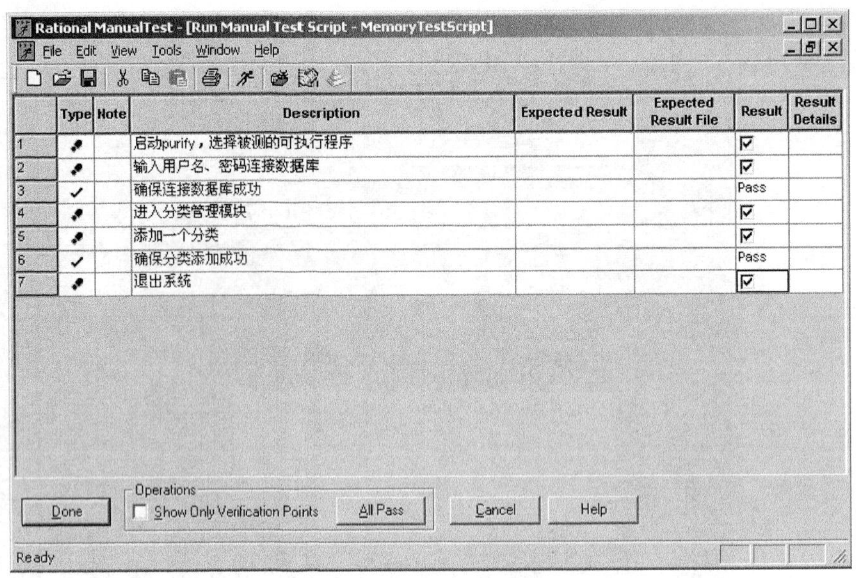

图 8-23 执行手工测试脚本

8.1.6 测试的评估

在执行一组 Suite、测试用例或者测试脚本之后，TestManager 都会将结果写入一个测试日志中。使用 Rational TestManager 的 Test Log 窗口，可以查看一组 Suite、测试用例或测试脚本执行之后而被创建的测试日志。

一个测试周期可以具有很多单个的、针对一个应有程序的特定区域的测试。复查在 Test Log 窗口中的测试结果显示的各测试是否通过或失败，可以帮助我们找到是在软件开发过程的哪个阶段中，存在执行的失败或者设计缺陷等问题。

可以使用 Test Log 窗口来完成以下工作：

(1) 打开一个测试日志去查看一个结果。

(2) 过滤一个测试日志的数据去查看需要的信息。

(3) 由在 Test Log 窗口的 Test Case Results 标签中的一个未评估的结果来查看所有的测试用例。

在性能测试用例施行的评估结果中，这有着显著的作用。可以通过实际的结果分类测试用例，并复查和更新所有未评估的测试用例。

(4) 提交针对一个失败的日志事件的一个缺陷。

测试日志自动地填写 Build、配置和在 Rational ClearQuest 缺陷表中的测试脚本信息。

(5) 利用合适的测试脚本开发工具打开一个 script-based 日志事件的测试脚本。

例如，如果创建的是一个手工测试脚本，那么 Rational ManualTest 打开和展现该测试脚本；如果创建的是一个常规测试脚本类型，那么 TestManager 打开带有指定的编辑器的测试脚本。

(6) 预览或打印在 Test Log 窗口的活动测试日志中被展现的数据。

(7) 如果使用 Rational Robot 去记录测试脚本，那么可以分析在 Comparator 中的结果来决定一个测试失败的原因；如果使用 Rational Quality Architect 从 Rose 模型中生成测试脚本，那么可以使用 Grid Comparator 来分析结果。

在 TestManager 中，可以通过执行 File→Open Test Log 命令来手动打开日志文件，或者在 Test Asset Workspace(测试资产工作区)的 Results 标签中，展开 Builds 树并选择一个日志打开，如图 8-24 所示。

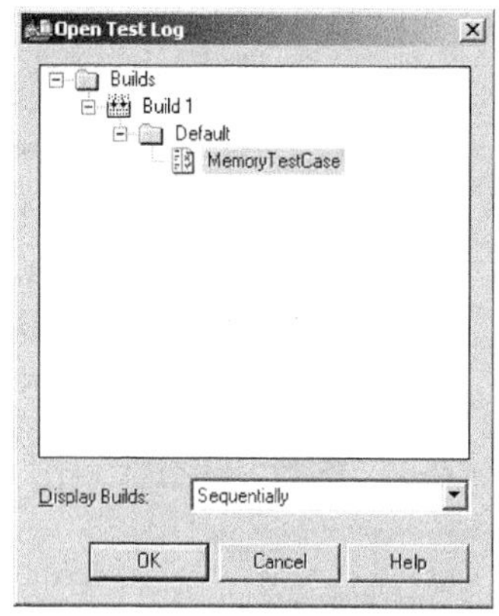

图 8-24 打开日志文件

在测试脚本执行之后，此次执行的日志会在 TestManager 中自动打开。图 8-25 所示的是 MemoryTestScript 执行后的日志文件。

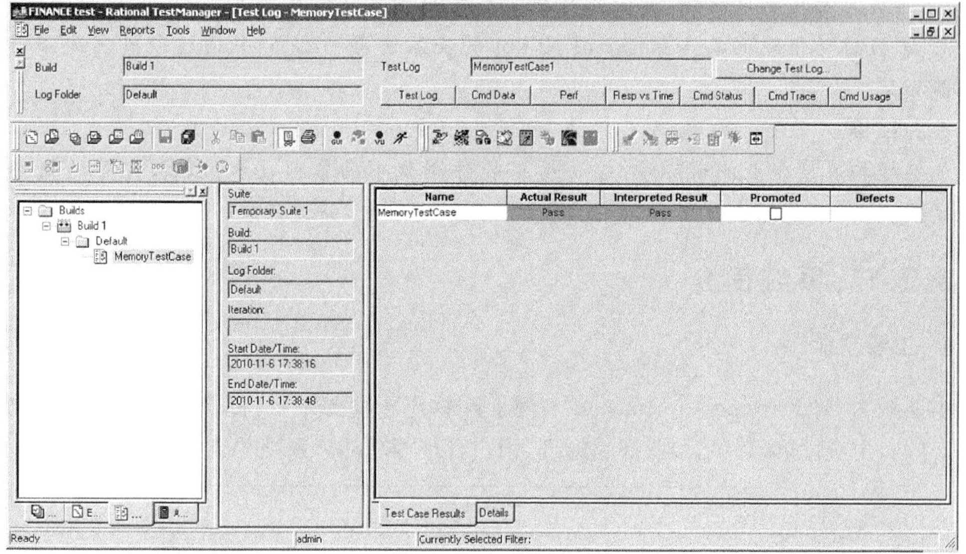

图 8-25 测试日志

全部测试用例的结果出现在 Test Log 窗口的 Test Case Results 标签中，在 Test Case Results 标签中可以实现以下功能：

(1) 分类，可通过名称(name)、实际结果(actual result)、说明结果(interpreted result)或者 promotion 状态(promotion status)对测试用例进行分类。

分类测试用例的具体步骤如下：

① 在 Test Case Results 标签中，执行 View→Sort By 命令，然后选择想要如何分类测试用例。

② 双击栏头。

(2) 通过下面的标准显示测试用例：

① 实际结果，具有 pass、fail、warning 或者其他。

② 说明，关于 pass、fail、warning 或者其他。

③ 隐藏相等的结果。

通过某种标准显示测试用例的具体步骤如下：

在 Test Case Results 标签中执行 View→Show Test Cases 命令。然后选择要查看的标准。

(3) 对于一个在 Test Case Results 标签中的特殊的测试用例展现事件细节。

展现事件细节的具体步骤如下：

在 Test Case Results 标签中，选择一个测试用例，然后执行 View→Event Details 命令，TestManager 展现 Details 标签并针对选择的测试用例设置事件细节。

8.2 基于 J2EE 的电子商务系统

知识目标：

1. 通过实战项目加深对自动化测试理论的认识。
2. 熟悉自动化测试流程，能独立搭建完整的自动化测试环境。
3. 掌握自动化测试工具 Ratioanl Robot 的安装使用和配置，并通过项目实践掌握自动化功能测试。

能力目标：

能够模拟真实企业测试环境，综合运用软件测试中的各项技术；掌握完整的软件测试流程实践，编写规范的测试文档，产生测试报告和结果图，并进行分析。

8.2.1 系统简介

1. 主要功能

本系统为 B2C(business-to-consumer)网上购物电子商务平台，提供了商品浏览、搜索、购物车、订购、生成订单、订单管理、商品管理、用户管理等功能。系统功能模块如图 8-26 所示。

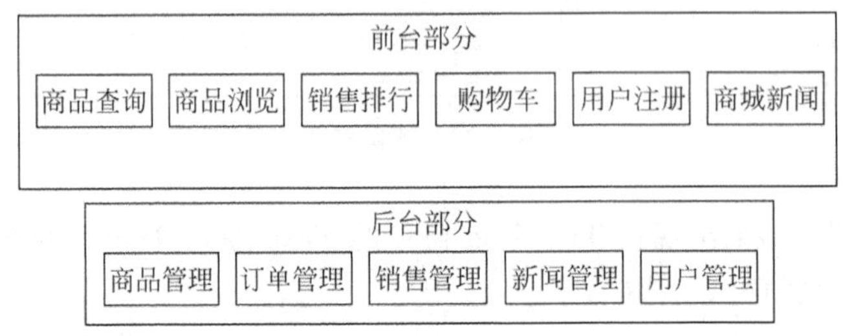

图 8-26 系统功能模块

2. 系统架构

本系统基于 J2EE 实现，采用 Tomcat 作为应用服务器，架构上使用 Struts 技术实现 MVC(model view controller)框架，按照业务逻辑处理的先后顺序分为视图层、控制层、模型层。其中模型层又包括应用逻辑层和数据操作层。

从性能测试角度讲，该系统有很强的代表性。该系统的设备和网络环境相对简单，由于网络环境是千兆网络，因此网络方面基本不能对系统性能造成影响；测试环境的设备方面，选择一台服务器作为数据库服务器，一台服务器作为应用服务器。对系统性能的体现主要通过“响应时间”来给出。

3. 数据库主要表结构

根据系统功能分析，网络购物系统包括以下信息：管理员信息、用户信息、公告信息、商品信息、订单信息、商品类别、链接信息、详单信息等。表结构如图 8-27 所示。

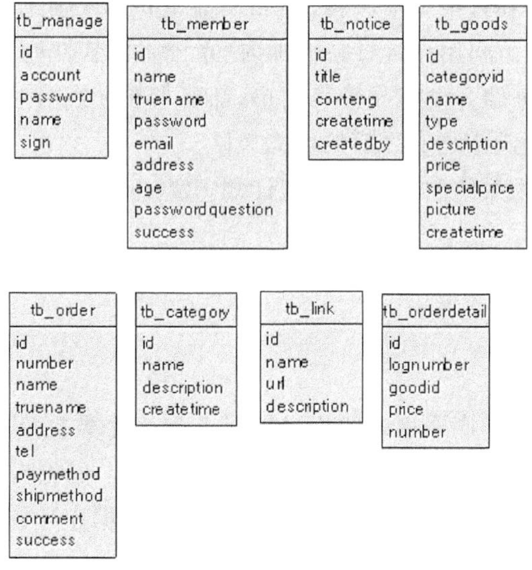

图 8-27 数据库表结构

4. 具体设计

在浏览器地址栏中输入：http://localhost:8084/mytaobao/index.jsp# 进入网站首页，如图 8-28 所示。用户无须登录即可查询商品信息，登录后方可购买。

图 8-28 电子商城首页

8.2.2 测试计划

本网上购物系统是一个基于 Web 服务器的应用系统，由于提供浏览器界面而无须安装，大大降低了系统部署和升级成本。目前，很多企业的核心业务系统均是 Web 应用。但当 Web 应用的数据量和访问用户量日益增加时，系统将面临性能和可靠性方面的挑战。因此，无论是 Web 应用系统的开发商或最终用户，都要求在上线前对系统进行性能测试，科学评价系统的性能，从而减低系统上线后的性能风险。

本小节将为网络购物系统制定性能测试计划 EC test，并在 Rational TestManager 中完成测试计划。

1. 测试目标

1）数据库并发测试

与数据库连接的服务程序采用多线程且同时开启多个数据库连接，或者与数据库连接的服务程序采用单线程，但是同时开启多套服务程序，以上两种情况均会产生对数据库的并发访问操作。数据库并发访问会导致数据库数据错误、数据库死锁等故障，需要在测试阶段进行充分测试。

2）应用服务器测试

通常，Web 应用系统的性能测试需求有两种描述方法：一种是基于在线用户的性能需求，该方法主要由 Web 应用系统的在线用户和响应时间来度量系统性能；另一种是基于吞吐量的性能测试需求，该方法主要由 Web 应用系统的吞吐量和响应时间来度量系统性能。针对这两种需求，计划实施如下 3 种测试：

（1）基准测试：基准测试可以提供关于服务器如何在给定的条件下执行的信息的一个基线。一个初始的基准度量可以提供来自被评估的其他性能细节的一个参考点。基准测试可以简单地确定在给定的时间总量中，完成一个操作的虚拟测试者的百分比，或者帮助计算在这个相同的时间总量中，没有完成该操作的剩余虚拟测试者的百分比。

在系统无压力（测试环境独立于外界环境、服务器无额外服务运行、无额外监控进程运行、待测试系统无其他业务在运行）情况下，取得各项业务的系统平均响应时间作为分析衡量指标，用来初步诊断系统是否存在性能瓶颈。

（2）压力测试：按照业务模型约定的业务间比例关系，用 Rational Robot 模拟多用户同时向服务器并发提交请求，测试运行过程中每个用户在没有任何时间间隔的情况下反复提交请求，固定运行时间为 5 分钟。

（3）浪涌式测试：持续进行高强度和普通强度的交叉压力测试。

2. 测试时间

测试时间为正式版发布。

3. 测试环境

1) 软件环境(如表 8-1 所示)

表 8-1 软件环境

资 源	描 述	数 量
测试客户端软件环境		
Rational Robot 2003	功能、性能测试软件	1
Windows XP Professional	测试客户端操作系统软件	1
IE 6.0 及其相应页面组件	测试客户端应用软件	1
测试服务器软件环境		
Windows XP Professional	服务器操作系统软件	1
Apatche Tomcat 6.0	应用服务器软件	1
Microsoft SQL Server 2005	数据库服务器	1

2) 硬件环境(如表 8-2 所示)

表 8-2 硬件环境

资 源	描 述	数 量
测试客户端硬件环境	笔记本 IBM ThinkPad X200 CPU=2.4GHz 2GB 内存 250GB 硬盘	2
测试服务器硬件环境	PC 台式机 CPU=2.6GHz 4GB 内存 500GB 硬盘	1

上一节中已经介绍了如何使用 Rational Administrator 创建测试项目,这里为本节测试建立名为 EC test 的测试项目,并在 TestManager 中打开此项目,完成上述测试计划。

8.2.3 测试设计

1. 数据库并发测试

数据库并发测试通常有两种方法:

(1) 利用测试工具模拟多个最终用户进行并发测试。

(2) 利用测试工具编写脚本,直接连接数据库进行并发测试。

在前一种方法中,最终用户往往并不是直接连接到数据库上,而是要经过一个或多个中间服务程序,所以并不能保证访问数据库时还是并发。而且,这种测试方法需要等到客户端程序、服务端程序全部完成才能进行。

因此,这里采用第二种方法,即利用测试工具编写脚本,直接连接数据库进行并发测试。这种方法可以有效地保证并发操作,而且在数据库访问程序完成时即可测试,可以大大缩短测试时间,而且测试效果更好。

2. 应用服务器测试

在确定性能测试需求并制订了测试计划后,就需要根据性能测试计划确定测试用例。此部分采用相同的测试用例进行基准测试、压力测试和浪涌式测试。因此,首先要设计一个合适的测试用例。

这里选取电子商务系统中最常见的业务设计测试用例，即用户登录系统，查看商品信息，并为此测试用例设计测试脚本 LoginSessionScript。

确定测试用例之后要建立性能测试的负载模型。性能测试负载模型定义了测试工具如何向 Web 应用系统提交请求，包括向 Web 应用系统发送请求的虚拟用户数，每个虚拟用户发送请求的速度和频率。针对本网上购物系统的性能测试需求，在性能测试工具中定义的性能测试负载模型应包含如下信息：

1）虚拟用户数

性能测试不仅仅是执行一次，而且每次执行时虚拟用户数也不固定，因此在性能测试负载模型中定义的虚拟用户数将在测试执行时进行设置。

2）虚拟用户发送请求的思考时间和迭代次数

虚拟用户发送请求的思考时间长短是决定 Web 应用系统负载量的重要因素之一，而迭代次数将决定性能测试的执行持续时间。

对基于在线用户的性能测试需求，将基于录制脚本时记录的思考时间，而且由于现实中不同用户访问系统的思考时间不同，可以把思考时间设置为在一定范围内的随机值。对于基于吞吐量的性能测试需求，将把思考时间设置为零，此时 Web 应用系统的在线用户数量将等于并发用户数。同时，为了避免性能测试的随机性，将增加请求的迭代次数来增加测试执行持续时间，从而获得系统在稳定压力下的性能数据。

3）虚拟用户启动模式

在现实中，Web 应用系统的用户不太可能做相同的操作，因此为了让 Web 应用系统所承担的压力随时间均匀分布，虚拟用户应依次启动，同时也避免大量用户同时登录造成系统阻塞。

根据以上信息要求，我们为网上购物系统设计如下负载模型。

1）基准测试

使用 Rational Robot 模拟 10 个用户登录到系统，针对以上业务编写的测试脚本，在系统无压力情况下重复 100 次，每次迭代时间等待 13 秒，记录平均响应时间。详细设置信息如表 8-3 所示。

表 8-3　基准测试参数

设置 业务	用户数量	迭代次数	迭代间隔	执行时间	Ramp Up	持续时间	Ramp Down	延时时间	Think Time
LoginSession	10	100	13	/	全部加载	/	全部停止	/	/

2）压力测试

使用 Rational Robot 模拟 50 个用户登录到系统，每个用户以 13 秒的间隔反复提交服务请求并接受返回结果，交易过程持续 5 分钟后，全部用户退出系统。记录每次服务的平均响应时间，通过的交易数、交易正确率，应用服务器利用率、内存使用情况等参数。

改变并发用户数为 100、150、200、…，分别重复上述测试过程。当出现以下情况时停止用户数量的增加，结束测试。

(1) Tps 上升趋势明显减慢，或甚至有下降趋势。

(2) CPU/Memory 达到极限或者 1 分钟之后系统仍无响应。

(3) ART 数值急剧升高或者不能满足预期期望。

详细设置信息如表 8-4 所示。

表 8-4　压力测试参数

设置 / 业务	用户数量	迭代次数	迭代间隔	执行时间	Ramp Up	持续时间	Ramp Down	延时时间	Think Time
LoginSession	50	/	13		1/sec	300	1/sec	0	Ignore
	100	/	13		1/sec	300	1/sec	0	Ignore
	150	/	13		1/sec	300	1/sec	0	Ignore
	…	/	13		1/sec	300	1/sec	0	Ignore

说明：1/sec 表示每秒开始、停止一个用户。

3) 浪涌式测试

在此测试中先在 5 分钟内使 50 个虚拟用户登录系统，然后在 5 分钟内压 20 个虚拟用户，最后又在 5 分钟内压 80 个虚拟用户，再将用户数降至 50，查看资源释放情况。详细设置信息如表 8-5 所示。

表 8-5　浪涌式测试参数

设置 / 业务	用户数量	迭代次数	迭代间隔	执行时间	Ramp Up	持续时间	Ramp Down	延时时间	Think Time
LoginSession	50	/	/		1/sec	300	1/sec	0	Ignore
	20	/	/		1/sec	300	1/sec	0	Ignore
	80	/	/		1/sec	300	1/sec	0	Ignore
	50	/	/		1/sec	300	1/sec	0	Ignore

8.2.4　测试实施

1. 数据库并发测试的实施

打开 Rational Robot，创建如下 VU 脚本：

```
#include <VU.h>
{
push Timeout_scale = 200;
push Think_def = "LR";
push Timeout_val = 50000;
ser = sqlconnect("server","sa","sa","127.0.0.1","sqlserver");
set Server_connection = ser;
push Think_avg = 0;
sync_point "logon";
sqlexec ["concur_insert_order"] "INSERT INTO db_shopping.tb_order(number,name,reallyName,
address,tel,setMoney,post,bz,sign,creaTime) VALUES (1,'yrmeixue','baobao','DJTU','86223627','
bank','EMS','1',0,'2010-09-12')";
sqldisconnect (ser);
}
```

脚本中，sqlconnect 函数第 2～4 个参数分别为数据库用户名、密码、数据库服务器主机

IP 地址，实际使用时须根据实际情况改动。

sqlexec 函数第 1 个参数为标识字符串，会显示在测试报告中用来和其他测试区分，第 2 个参数为要执行的 SQL 语句。

此处 SQL 语句执行后将向订单表 tb_order 中添加一条记录，模拟 30 个用户执行此 SQL 语句，然后检查数据库记录是否为 30 条。如果数据库记录为 30 条，说明并发访问正确；如果不是，则说明在并发访问条件下数据库发生错误。

2. 应用服务器测试的实施

在上一节中介绍过，通过创建一个测试脚本或一个 Suite 可以实施一个测试用例。可以使用一个 Rational 测试实施工具去创建测试脚本，TestManager 内置的脚本类型包括在 Robot 中记录的自动测试脚本和在 Rational ManualTest 中创建的手工测试脚本。

这一节的应用服务器测试的实施，使用 Robot 创建自动测试脚本，然后通过插入测试脚本到一个 Suite 中，并执行这个 Suite 来实施测试。

Robot 的自动测试脚本包括两类：

(1) GUI——用 SQA Basic 编写的一种测试脚本，一种 Rational 专有的类 Basic 脚本语言。GUI 测试脚本主要被用来做功能测试。

(2) VU——用 VU 编写的一种测试脚本，一种 Rational 专有的类 C 语言的脚本语言。VU 测试脚本主要被用来做性能测试。

这里使用 VU 测试脚本实施性能测试。在开始记录一个 VU 测试脚本时，实际上记录了一个 Session。可以由这个被记录的 Session 产生 VU 或 VB 测试脚本，这依赖于在 Robot 中选择的一个记录选项。

1) 创建性能测试脚本

打开 Rational Robot，在工具栏上单击 VU 快捷按钮或执行 File→Record Session 命令，进入 Session 录制界面。输入要创建的 Session 名称“LoginSession”，如图 8-29 所示。

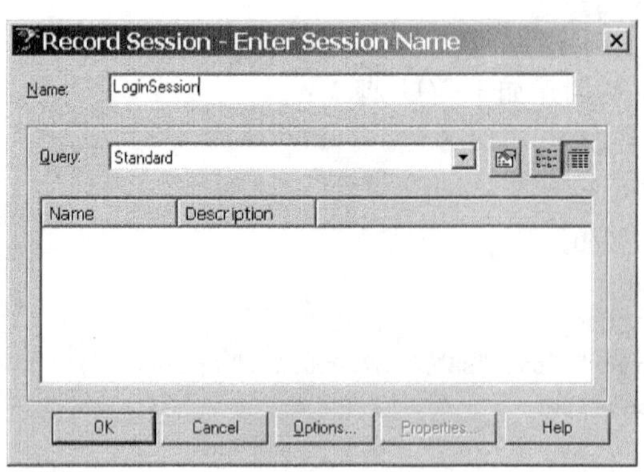

图 8-29 Record Session 界面

在 Session 名称对话框中单击 OK 按钮，若初始状态网站没有打开，此时弹出如图 8-30 所示的 Start Applicaton 对话框。在该对话框中输入以下信息：

(1) 在 Executable 下拉列表框中选择(输入)程序名称及其路径：C:\Program Files\Internet Explorer\IEXPLORE.EXE。

(2) 在 Program arguments 下拉列表框中写上被测试电子商务网站的信息：

http://192.168.1.103:8084/mytaobao。

进入网站首页，执行下面的操作：登录→查看商品信息→安全退出，执行完成后关闭浏览器程序即弹出脚本对话框，为刚录制的脚本选择脚本名称 LoginSessionScript，如图 8-31 所示。

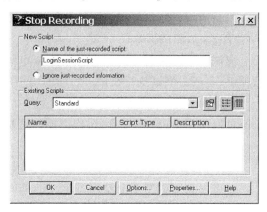

图 8-30 Start Application 对话框

图 8-31 停止录制

单击 OK 按钮，则出现产生脚本的对话框，该对话框反应了脚本自动生成的过程，一段时间后，脚本生成结束。在状态栏内出现成功信息，OK 按钮被激活，单击 OK 按钮后已录制的脚本出现在 Robot 窗口中，如图 8-32 所示。

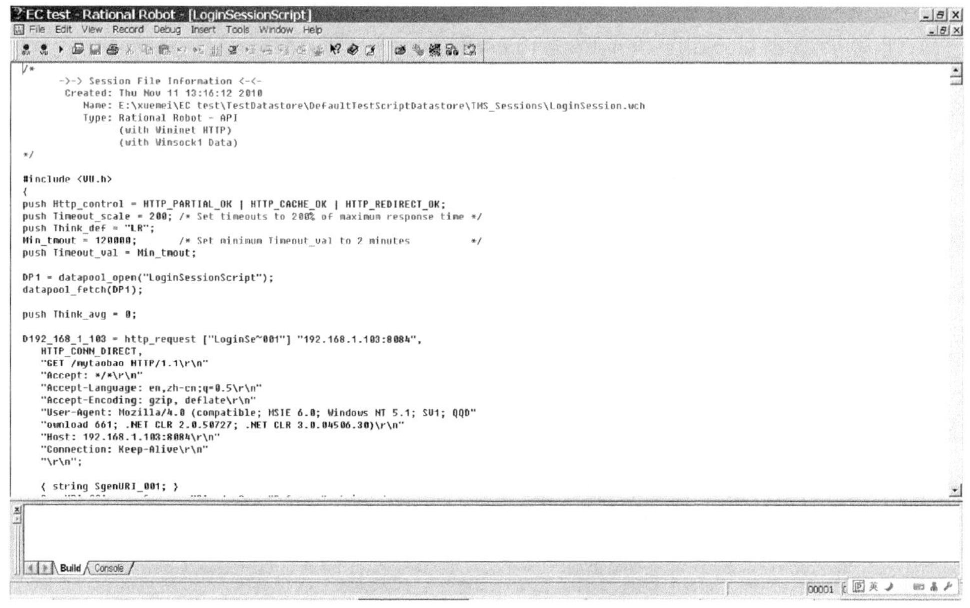

图 8-32 LoginSessionScript

2) 创建 Suite

Suite 是一个在 TestManager 中实施测试的方法。TestManager 允许由测试脚本、测试用例和其他对象来创建测试的 Suite。Suite 为通过一个 point-and-click 接口创建的功能和性能测试提供很好的灵活性和效率。一组 Suite 展示了要测试的工作的一个分层描述，或要添加到系统中的工作量。它展示了诸如用户或计算机组之类的条目，每个组的资源分配，执行哪个组的测试脚本，以及每个测试脚本执行的次数。

在实施的一个测试作为一组 Suite 时，可以：

(1) 定义用户或计算机组，并将资源应用于其中以确定它们执行的地方。

组是应用程序中执行相同任务的虚拟测试者的集合。

(2) 添加测试脚本。

测试脚本是说明的集合。测试脚本可以被用来导航一个应用的用户接口以确定所有的特征工作，或去测试执行在接口后面的应用的活动。

(3) 添加 Suite 到 Suite。

可以使用 Suite 作为 Suite 内部的构建块。

(4) 添加测试用例。

一个测试用例是在一个目标测试系统中的一个可测试和可验证的行为。

即可以在功能测试中使用 Suite，也可以在性能测试中使用它。虽然在两种测试类型中，Suite 的概念是相同的，但是将要插入不同的 Suite 条目，并选择不同的选项，这依赖于是否正在执行一个功能测试或性能测试。

在性能测试中，一个 Suite 不仅仅能够执行测试脚本，也可以模拟用户的活动以添加工作量到一台服务器中去。一组 Suite 可以如同一个虚拟者执行一个测试脚本那样简单，或如同上百个虚拟者在不同的组内，每组在不同的时间内执行不同的测试脚本。

有几种方法可以创建 Suite：向导、基于 Robot Session 或另一个 Suite、使用空白模板等。

(1) 创建基准测试 Suite-BenchmartTestSuite。在 TestManager 窗口中执行 File→New Suite 命令，弹出 New Suite 对话框，如图 8-33 所示，可以选择上述创建 Suite 的方法，这里选择 Performance Testing Wizard 来创建。

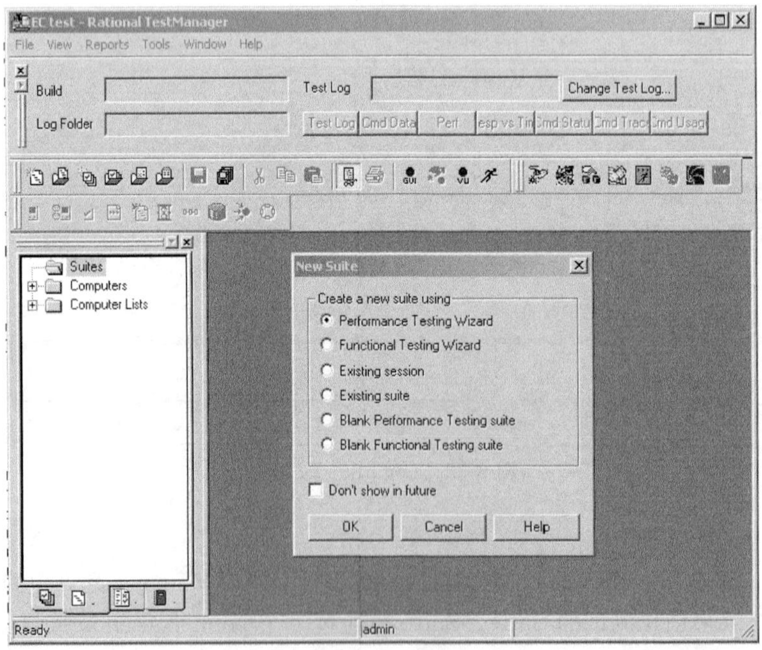

图 8-33 新建 Suite

单击 OK 按钮后，弹出如图 8-34 所示的界面，TestManager 帮助选择执行测试的测试机，并帮助关联测试脚本。这里客户端机器加入到测试列表中，单击 Next 按钮将录制好的 VU 脚本 LoginSessionScript 加入到脚本列表中，如图 8-35 所示。单击 Finish 按钮完成 Suite 创建。

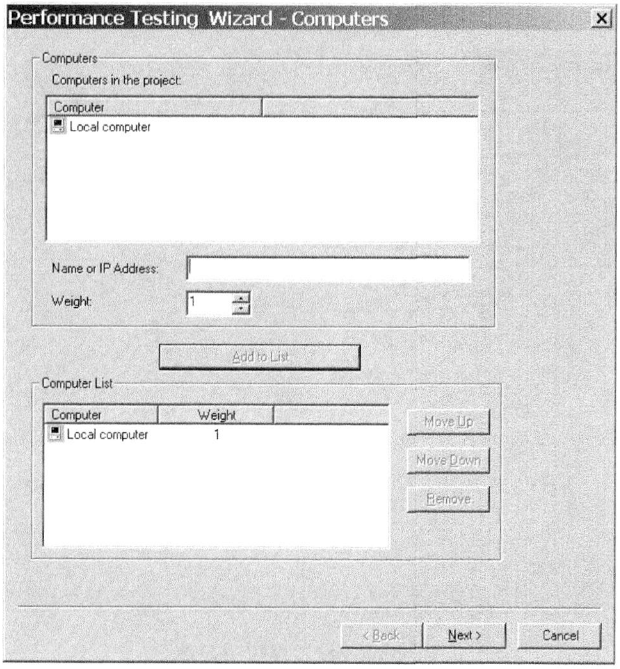

图 8-34　选择测试机

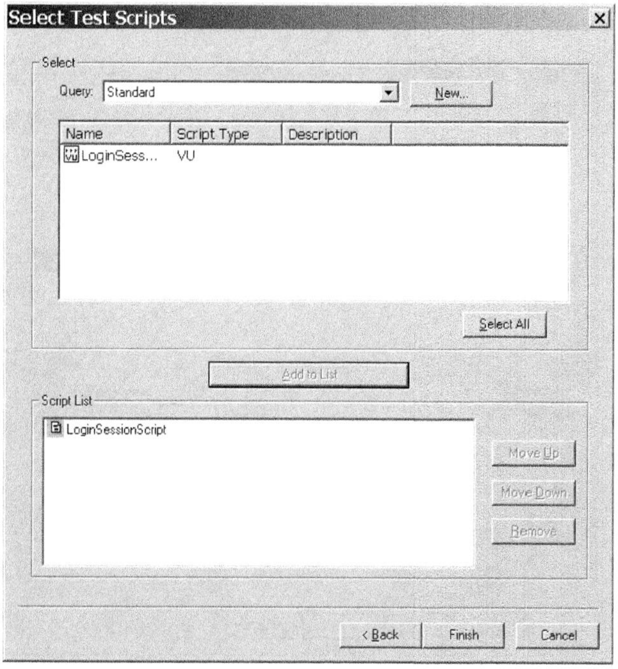

图 8-35　关联测试脚本

创建 Suite 后，可以从菜单或测试资产工作区打开 Suite。从菜单中打开 Suite 可以通过执行 File→Open Suite 命令将其打开；从 Test Asset Workspace 中打开 Suite，可以在 Execution 标签中，双击树中的 Suite。

在 Suite 中，右击 VU User Group1 文件并选择 Run Properties 命令，设置虚拟用户数为 10，如图 8-36 所示。

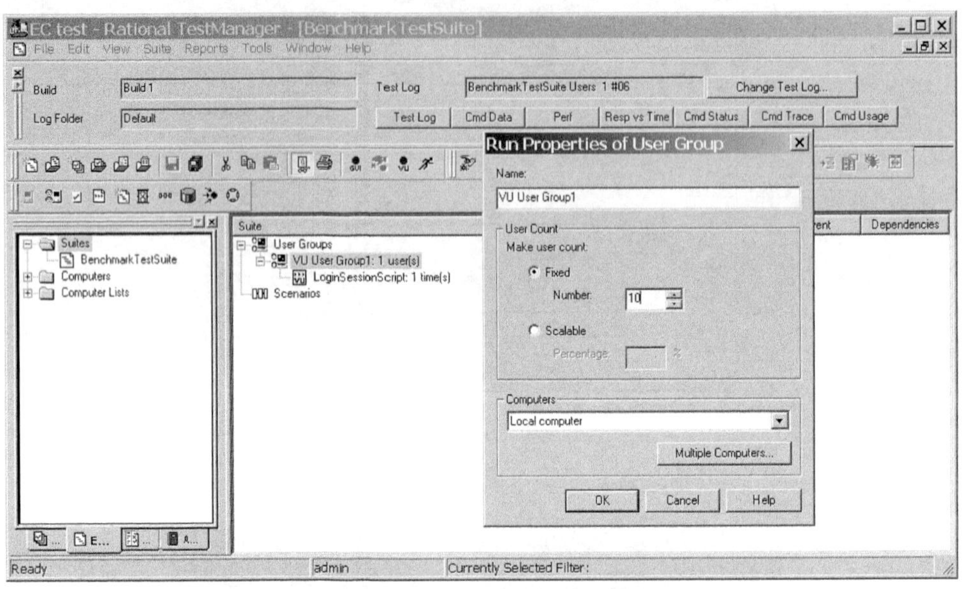

图 8-36　设置虚拟用户数

接下来设置脚本执行的次数和间隔时间，右击 LoginSessionScript 文件并选择 Run Properties 命令，设置迭代次数为 100，时间间隔 13 秒，如图 8-37 所示。

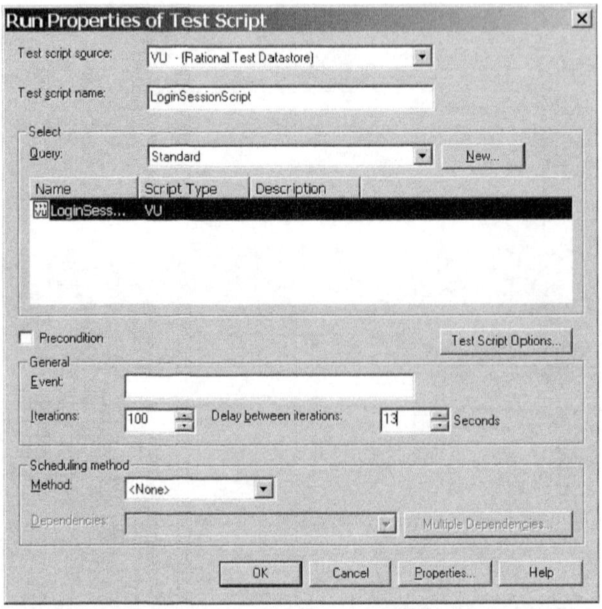

图 8-37　设置脚本运行属性

（2）创建压力测试 Suite-StressTestSuite。在 TestManager 窗口中执行 File→New Suite 命令，使用空白的性能测试模板建立 Suite 并保存为 StressTestSuite。在 Suite 窗口中右击 User Groups 文件并执行 Insert→User Group 命令，添加一个用户组，并设置虚拟用户数为 50。之后，将 LoginSessionScript 脚本插入到这个用户组中，如图 8-38 所示。

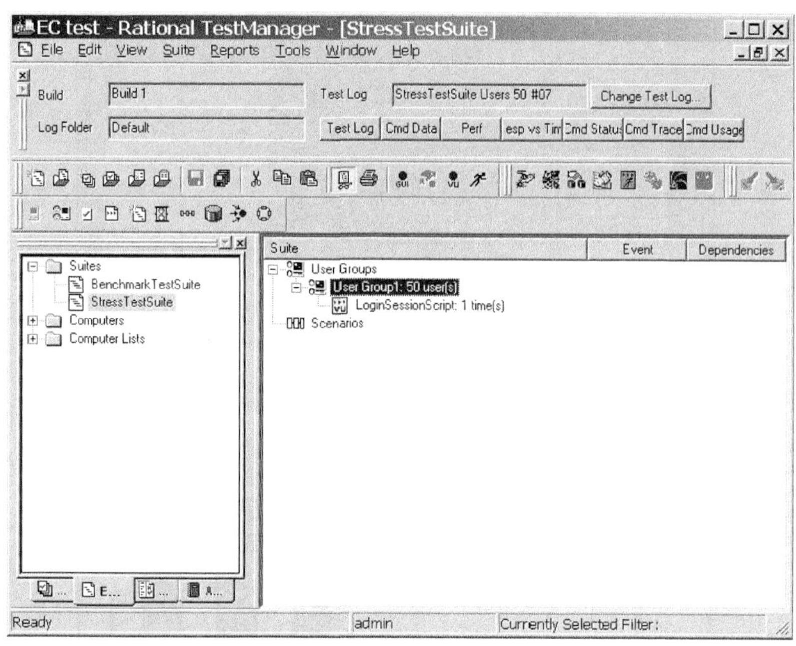

图 8-38 创建 StressTestSuite

（3）创建浪涌式测试 Suite-SurgeTestSuite。在 TestManager 窗口中执行 File→New Suite 命令，使用空白的性能测试模板建立 Suite 并保存为 SurgeTestSuite。根据测试的设计添加 4 个用户组，分别设置虚拟用户数为 50、20、80 和 50，并依次将 LoginSessionScript 脚本插入到这些用户组中。

8.2.5 测试的执行和评估

1. 数据库并发测试的执行

在 Robot 中直接运行前面创建的脚本（运行时自动创建 Suite），在 Run Suite 窗口中的 Number of users 上输入 30，模拟 30 个用户的并发访问。脚本执行完成后，会出现 3 种报告窗口，分别说明如下：

（1）测试日志（Test Log）窗口如图 8-39 所示，其中表明每个虚拟的用户的测试过程、脚本执行情况。如果哪一步出现了问题，Result 列会显示“fail”。

（2）性能报告输出窗口如图 8-40 所示，其中说明测试脚本执行次数、所用最小时间、最大时间、平均时间及标准方差。

（3）命令状态报表输出窗口如图 8-41 所示，用来显示命令执行的次数、通过率。如图 8-41 说明编写的标识为 concur_insert_order 的测试脚本执行了 30 次，通过了 30 次，通过率为 100%。

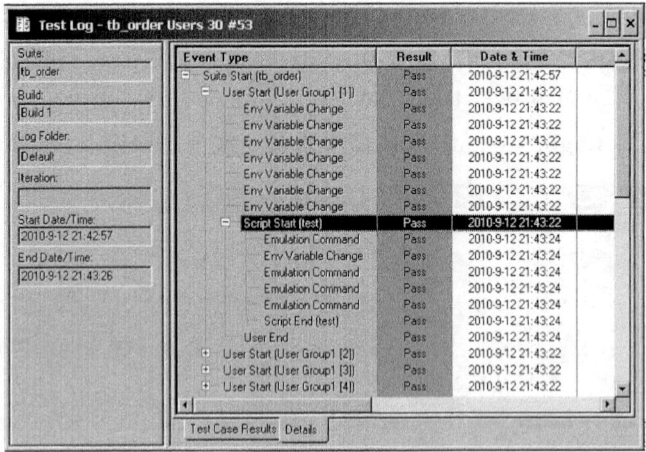

图 8-39 测试日志窗口

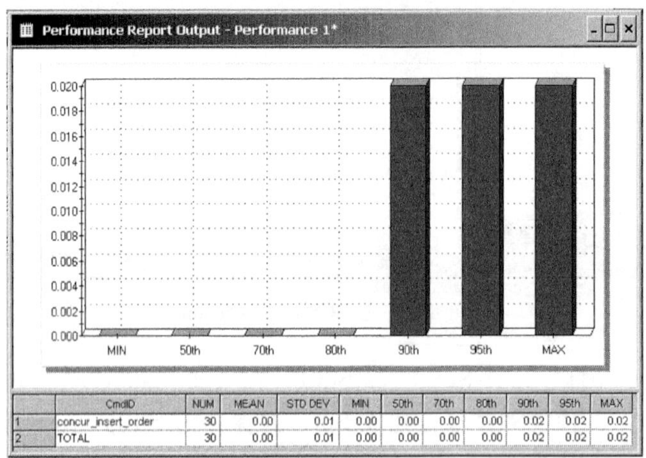

	CmdID	NUM	MEAN	STD DEV	MIN	50th	70th	80th	90th	95th	MAX
1	concur_insert_order	30	0.00	0.01	0.00	0.00	0.00	0.00	0.02	0.02	0.02
2	TOTAL	30	0.00	0.01	0.00	0.00	0.00	0.00	0.02	0.02	0.02

图 8-40 性能报告输出窗口

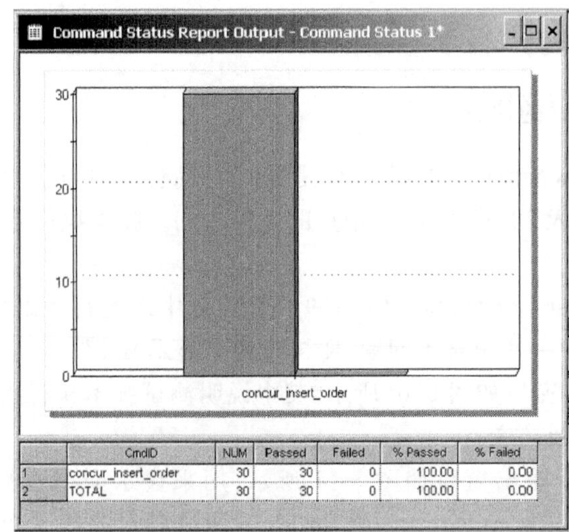

	CmdID	NUM	Passed	Failed	% Passed	% Failed
1	concur_insert_order	30	30	0	100.00	0.00
2	TOTAL	30	30	0	100.00	0.00

图 8-41 命令状态报表输出窗口

脚本执行完毕后，打开数据库查看 tb_record 表中是否是 30 条记录。由于并发问题存在一定的发生概率，为了测试的更严格，可以模拟更多用户进行测试，并多次测试。图 8-42 为脚本执行完毕后的数据库数据。

	id	number	name	reallyName	address	tel	setMoney	post	bz	sign	creaTime
1	179	1	yrmeixue	baobao	DJTU	86223627	bank	EMS	1	0	2010-09-12 00:00:00
2	180	1	yrmeixue	baobao	DJTU	86223627	bank	EMS	1	0	2010-09-12 00:00:00
3	181	1	yrmeixue	baobao	DJTU	86223627	bank	EMS	1	0	2010-09-12 00:00:00
4	182	1	yrmeixue	baobao	DJTU	86223627	bank	EMS	1	0	2010-09-12 00:00:00
5	183	1	yrmeixue	baobao	DJTU	86223627	bank	EMS	1	0	2010-09-12 00:00:00
6	184	1	yrmeixue	baobao	DJTU	86223627	bank	EMS	1	0	2010-09-12 00:00:00
7	185	1	yrmeixue	baobao	DJTU	86223627	bank	EMS	1	0	2010-09-12 00:00:00
8	186	1	yrmeixue	baobao	DJTU	86223627	bank	EMS	1	0	2010-09-12 00:00:00
9	187	1	yrmeixue	baobao	DJTU	86223627	bank	EMS	1	0	2010-09-12 00:00:00
10	188	1	yrmeixue	baobao	DJTU	86223627	bank	EMS	1	0	2010-09-12 00:00:00
11	189	1	yrmeixue	baobao	DJTU	86223627	bank	EMS	1	0	2010-09-12 00:00:00
12	190	1	yrmeixue	baobao	DJTU	86223627	bank	EMS	1	0	2010-09-12 00:00:00
13	191	1	yrmeixue	baobao	DJTU	86223627	bank	EMS	1	0	2010-09-12 00:00:00
14	192	1	yrmeixue	baobao	DJTU	86223627	bank	EMS	1	0	2010-09-12 00:00:00
15	193	1	yrmeixue	baobao	DJTU	86223627	bank	EMS	1	0	2010-09-12 00:00:00
16	194	1	yrmeixue	baobao	DJTU	86223627	bank	EMS	1	0	2010-09-12 00:00:00
17	195	1	yrmeixue	baobao	DJTU	86223627	bank	EMS	1	0	2010-09-12 00:00:00
18	196	1	yrmeixue	baobao	DJTU	86223627	bank	EMS	1	0	2010-09-12 00:00:00
19	197	1	yrmeixue	baobao	DJTU	86223627	bank	EMS	1	0	2010-09-12 00:00:00
20	198	1	yrmeixue	baobao	DJTU	86223627	bank	EMS	1	0	2010-09-12 00:00:00
21	199	1	yrmeixue	baobao	DJTU	86223627	bank	EMS	1	0	2010-09-12 00:00:00
22	200	1	yrmeixue	baobao	DJTU	86223627	bank	EMS	1	0	2010-09-12 00:00:00
23	201	1	yrmeixue	baobao	DJTU	86223627	bank	EMS	1	0	2010-09-12 00:00:00
24	202	1	yrmeixue	baobao	DJTU	86223627	bank	EMS	1	0	2010-09-12 00:00:00
25	203	1	yrmeixue	baobao	DJTU	86223627	bank	EMS	1	0	2010-09-12 00:00:00
26	204	1	yrmeixue	baobao	DJTU	86223627	bank	EMS	1	0	2010-09-12 00:00:00
27	205	1	yrmeixue	baobao	DJTU	86223627	bank	EMS	1	0	2010-09-12 00:00:00
28	206	1	yrmeixue	baobao	DJTU	86223627	bank	EMS	1	0	2010-09-12 00:00:00
29	207	1	yrmeixue	baobao	DJTU	86223627	bank	EMS	1	0	2010-09-12 00:00:00
30	208	1	yrmeixue	baobao	DJTU	86223627	bank	EMS	1	0	2010-09-12 00:00:00

图 8-42　数据库中数据变化

2. 应用服务器测试的执行

一般地，多个测试脚本和多个测试机是包含在一个测试当中的。在执行时，测试脚本的回放是通过设计的测试 Suite 来协调的。这些测试 Suite 添加一个工作负载到该服务器，描述了服务器的一个基线特征。可以反复地执行这些 Suite 来和产品的连续构造相比较，然后使用 TestManager 的报告工具来分析这些结果。

1）基准测试的执行

在资产工作区基准测试 BenchmarkSuite 上右击并选择 Run 命令，即弹出如图 8-43 所示的对话框，将 Number of users 项设置为 10，即 10 个虚拟用户。

单击 OK 按钮后 Suite 即开始执行，TestManager 在一个 Progress 栏中的视图来显示监控信息。Progress 栏给出一个执行状态的快速摘要并且不能被变更，提供关于每个虚拟测试者的摘要信息和细节信息，如图 8-44 所示。

通过 Progress 栏，可以快速地评估 Suite 如何成功地执行。Progress 栏提供以下信息：

(1) 测试者(testers)——执行中的虚拟测试者的全部数量。

(2) 活动(active)——既不是挂起也不是终止的虚拟测试者的数量。

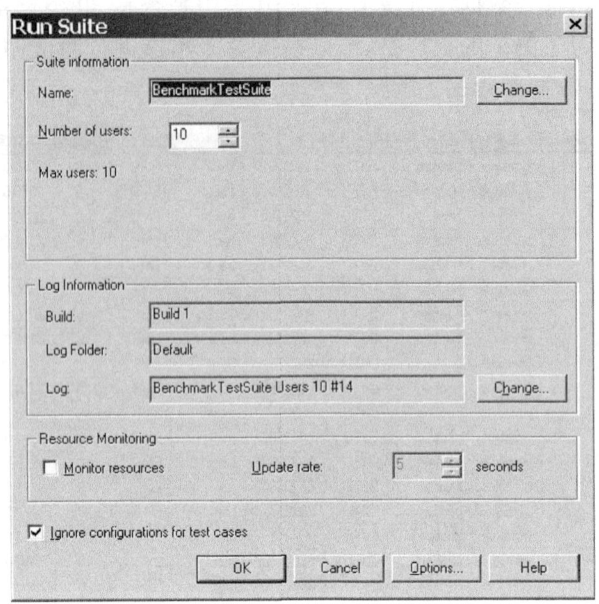

图 8-43 运行 Suite

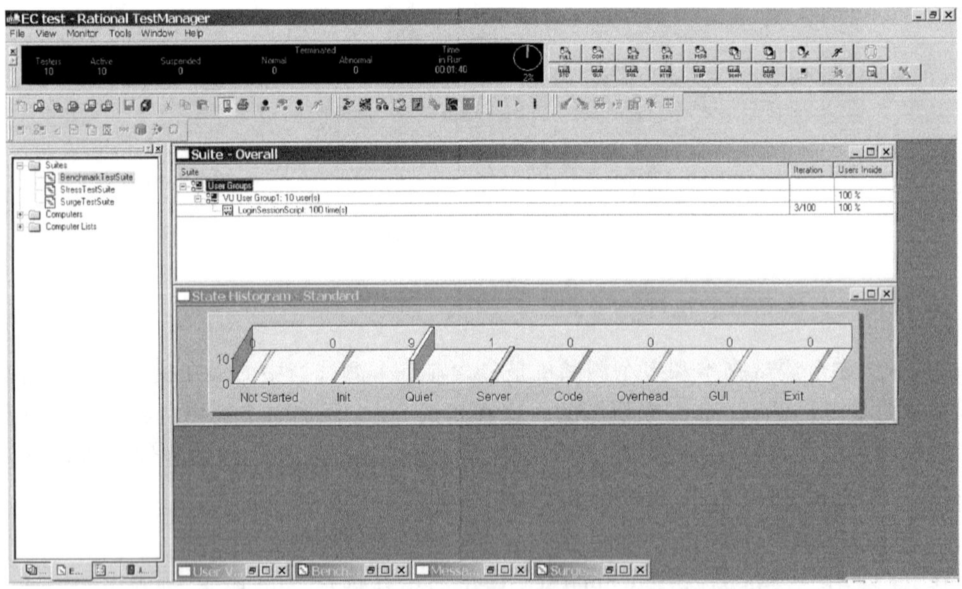

图 8-44 监控 Suite 执行

(3) 挂起(suspended)——处于暂停状态中的虚拟测试者的数量。

(4) 终止：正常的(terminated：normal)——成功地完成它们的任务的虚拟测试者的数量。

(5) 终止：反常的(terminated：abnormal)——未完成它们被指派任务时的终止状态的虚拟测试者的数量。

(6) 执行时间(time in run)——Suite 已经执行的时间，表示为小时：分钟：秒。

(7) 完成率(%done)——Suite 已经完成的近似百分率。

TestManager 也展现 Suite 执行的 3 种视图:

(1) Suite——总视图(overall view),展现有关虚拟测试者的状态的一般信息。

(2) 状态直条图(state histogram)——标准(standard),是一种直条图,它提供虚拟测试者正在执行的任务的一般信息。例如,一些虚拟测试者可能正在初始化,一些虚拟测试者可能正在运行代码,还有一些虚拟测试者可能在连接数据库。该图表展现了在每种状态下的虚拟测试者的数量。

(3) 用户视图(user view)——紧凑的(compact),或测试机视图(computer view)——紧凑的(compact),展现虚拟测试者的当前状态的信息。在该视图中,可以单击一个特定的虚拟测试者来展现它的附加信息或控制它的操作。

执行结束后,TestManager 会生自动成 Suite 执行日志和两类报表,即性能报表和命令状态报表。执行日志在前面已经介绍过,这里不再赘述。下面对两类报表做一个分析。

(1) 性能报表。性能报表显示响应时间,并计算平均值、标准偏差,以及在 Suite 执行中每一个命令的百分比。该报表通过命令 ID 分组响应,且只展现那些通过的响应,如图 8-45 所示。

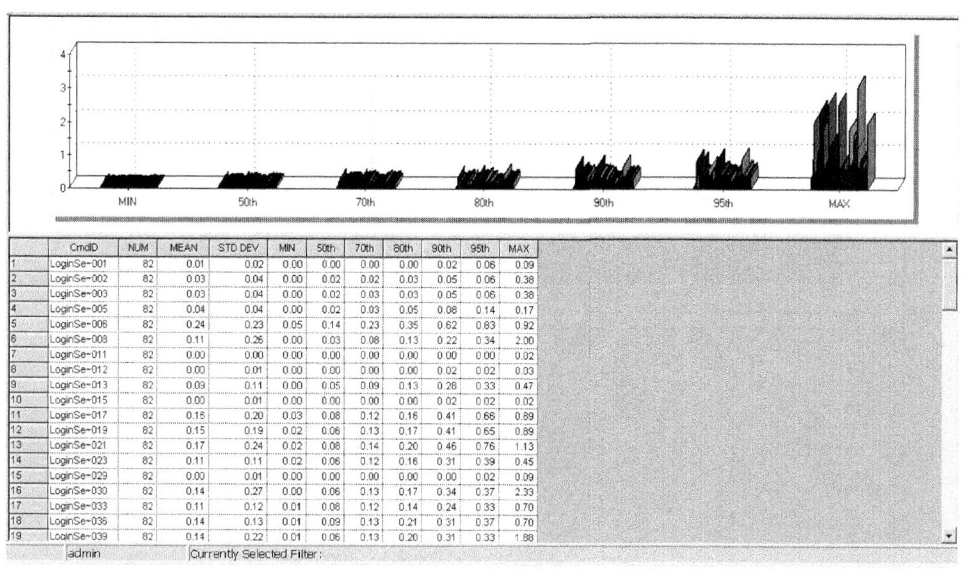

	CmdID	NUM	MEAN	STD DEV	MIN	50th	70th	80th	90th	95th	MAX
1	LoginSe~001	82	0.01	0.02	0.00	0.00	0.00	0.00	0.02	0.06	0.09
2	LoginSe~002	82	0.03	0.04	0.00	0.02	0.02	0.03	0.05	0.06	0.38
3	LoginSe~003	82	0.03	0.04	0.00	0.02	0.03	0.03	0.05	0.06	0.38
4	LoginSe~005	82	0.04	0.04	0.00	0.02	0.03	0.05	0.08	0.14	0.17
5	LoginSe~006	82	0.24	0.23	0.05	0.14	0.23	0.35	0.62	0.83	0.92
6	LoginSe~008	82	0.11	0.26	0.00	0.03	0.08	0.13	0.22	0.34	2.00
7	LoginSe~011	82	0.00	0.00	0.00	0.00	0.00	0.00	0.00	0.00	0.02
8	LoginSe~012	82	0.00	0.01	0.00	0.00	0.00	0.00	0.02	0.02	0.03
9	LoginSe~013	82	0.09	0.11	0.00	0.05	0.09	0.13	0.28	0.33	0.47
10	LoginSe~015	82	0.00	0.01	0.00	0.00	0.00	0.00	0.02	0.02	0.02
11	LoginSe~017	82	0.16	0.20	0.03	0.08	0.12	0.16	0.41	0.66	0.89
12	LoginSe~019	82	0.15	0.19	0.02	0.06	0.13	0.17	0.41	0.65	0.89
13	LoginSe~021	82	0.17	0.24	0.02	0.08	0.14	0.20	0.46	0.76	1.13
14	LoginSe~023	82	0.11	0.11	0.02	0.06	0.12	0.16	0.31	0.39	0.45
15	LoginSe~029	82	0.00	0.01	0.00	0.00	0.00	0.00	0.00	0.02	0.09
16	LoginSe~030	82	0.14	0.27	0.00	0.06	0.13	0.17	0.34	0.37	2.33
17	LoginSe~033	82	0.11	0.12	0.01	0.08	0.12	0.14	0.24	0.33	0.70
18	LoginSe~036	82	0.14	0.13	0.01	0.09	0.13	0.21	0.31	0.37	0.70
19	LoginSe~039	82	0.14	0.22	0.01	0.06	0.13	0.20	0.31	0.33	1.88

admin Currently Selected Filter:

图 8-45 性能报表

报表中包含以下的信息:

① CmdID——关联与响应时间的命令 ID。

② NUM——针对每个命令 ID 的响应数量。

③ MEAN——针对每个命令 ID 所得的全部响应时间的算术平均值。

④ STD DEV——针对每个命令 ID 的所有响应时间的标准偏差。

⑤ MIN——针对每个命令 ID 的所有响应的最小响应时间。

⑥ 50th、70th、80th、90th、95th——针对每个命令 ID 的所有响应的百分比响应时间。例如,如果添加 Ne002 的 95th 的百分比是 0.53,那么说明 95%的响应时间会少于 0.53 秒。

⑦ MAX——针对每个命令 ID 的所有响应的最大响应时间。

一个 Performance 报表中的百分比代表最长量的时间，它定义了完成一个测试脚本的所有虚拟测试者总数的百分比。百分数对于测试脚本中的每个命令 ID 和时间总数是给定的，所有的虚拟测试者去完成整个命令的列表。

例如，假定共 100 个虚拟测试者，每次执行一个命令。在 50th 百分比栏中的时间说明有 50%的虚拟测试者在那段时间里完成命令。一些虚拟测试者需要 2 秒的时间完成测试脚本中的一个命令，有一些是 3 秒，还有一些是 5 秒。出现在 Performance 报表上的 50th 百分比时间会是 3 秒，即在 50th 百分比中的所有虚拟测试者完成命令的平均值少于或等于 3 秒。

Performance 报表展现了完成一个命令的最小和最大量时间。百分比的时间范围在最小和最大时间之内。

(2) 命令状态报表。Command Status 报表展现了实际响应与期望响应的符合情况。如果收到的响应是一样或者预期的，那么 TestManager 认为它是通过的；否则，TestManager 认为它是失败的。

Command Status 报表反映了一个 Suite 执行的总的状况。它们类似 Performance 报表，但是它们更关注在 Suite 中执行的命令的数量。命令状态报表是调试测试过程的优秀工具，因为通过它们可以容易地查看到命令的反复失败，以及测试脚本对应的地址。

图 8-46 是基准测试的命令状态报表，该图形绘出了和测试脚本执行次数相比的命令数量。

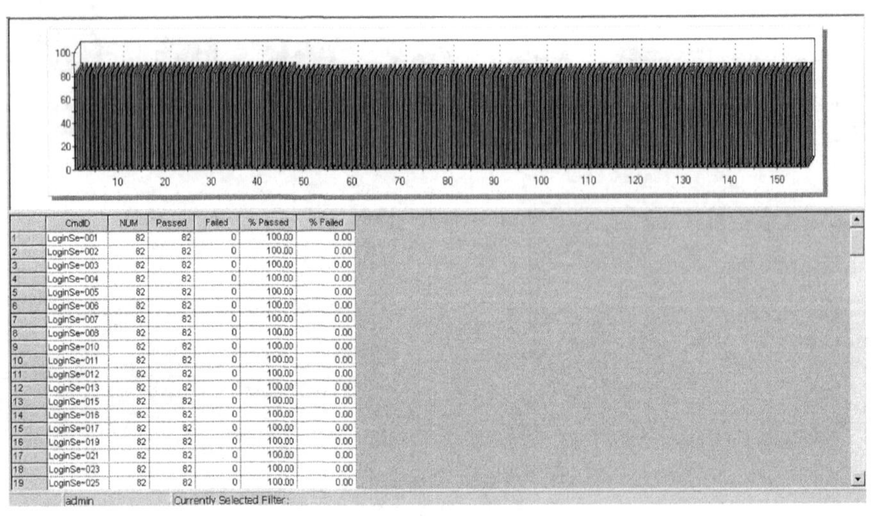

	CmdID	NUM	Passed	Failed	% Passed	% Failed
1	LoginSe~001	82	82	0	100.00	0.00
2	LoginSe~002	82	82	0	100.00	0.00
3	LoginSe~003	82	82	0	100.00	0.00
4	LoginSe~004	82	82	0	100.00	0.00
5	LoginSe~005	82	82	0	100.00	0.00
6	LoginSe~006	82	82	0	100.00	0.00
7	LoginSe~007	82	82	0	100.00	0.00
8	LoginSe~008	82	82	0	100.00	0.00
9	LoginSe~010	82	82	0	100.00	0.00
10	LoginSe~011	82	82	0	100.00	0.00
11	LoginSe~012	82	82	0	100.00	0.00
12	LoginSe~013	82	82	0	100.00	0.00
13	LoginSe~015	82	82	0	100.00	0.00
14	LoginSe~016	82	82	0	100.00	0.00
15	LoginSe~017	82	82	0	100.00	0.00
16	LoginSe~019	82	82	0	100.00	0.00
17	LoginSe~021	82	82	0	100.00	0.00
18	LoginSe~023	82	82	0	100.00	0.00
19	LoginSe~025	82	82	0	100.00	0.00

admin　Currently Selected Filter:

图 8-46　命令状态报表

Command Status 报表的内容：

① CmdID——关联与响应的命令 ID。

② NUM——符合于每个命令 ID 的响应数量。这个数量是通过(Passed)与失败(Failed)两列的和。

③ Passed——针对每个命令 ID 响应的通过数量(那些不是超时)。

④ Failed——针对超时的每个命令 ID 响应的失败数量(预期的响应没有收到)。

⑤ % Passed——针对那些命令 ID 通过的响应百分比。

⑥ % Failed——针对那些命令 ID 失败的响应百分比。

报表的最后一行是每一列的总和。

2）压力测试的执行

在资产工作区双击 StressSuite 将其打开，在工作栏上执行 Suite→Edit Runtime 命令来设置虚拟用户开始的时间，如在图 8-47 中设置每次启动一个虚拟用户。右击 StressSuite 文件并选择 Run 命令，开始执行。

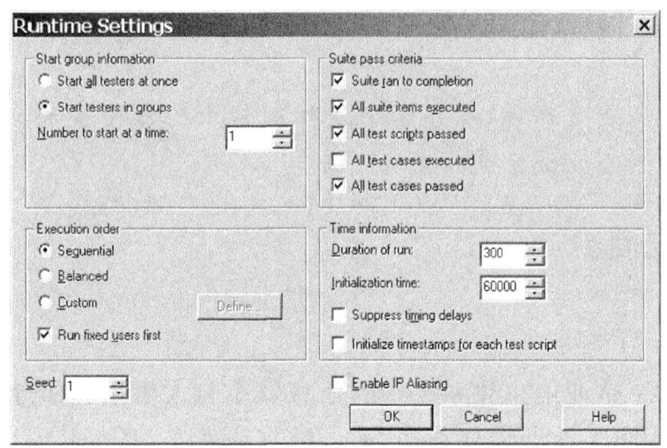

图 8-47 Suite 运行设置

改变并发用户数为 100、150、200、…，分别重复上述测试过程。当出现以下情况时停止用户数量的增加，结束测试。

① Tps 上升趋势明显减慢，甚至有下降趋势。

② CPU/Memory 达到极限或者 1 分钟之后系统仍无响应。

③ ART 数值急剧升高或者不能满足预期期望。

3）浪涌式测试的执行

在资产工作区双击 SurgeSuite 将其打开，在工作栏上执行 Suite→Edit Runtime 命令来设置虚拟用户开始的时间，同样设置每次启动一个虚拟用户；在执行次序选项中，选中 Custom 单选按钮并单击旁边的 Define 按钮，设置用户组的执行顺序，如图 8-48 所示。

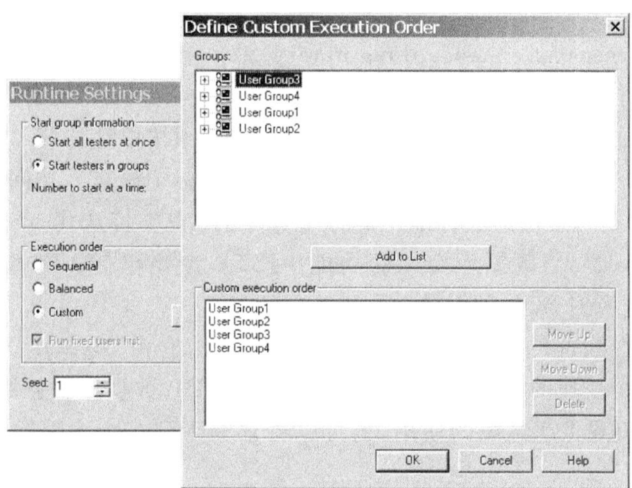

图 8-48 设置执行次序

8.3 基于JSTL的企业信息化系统

知识目标：

1. 通过实战项目加深对测试理论的认识。
2. 掌握功能测试用例设计。

能力目标：

能够模拟真实企业测试环境，综合运用软件测试中的各项技术，掌握功能测试流程实践，编写测试用例，积累企业级系统的测试经验。

8.3.1 系统简介

1. 主要功能

本系统为海洋重工企业信息化系统中的信息发布与人事招聘部分。作为企业对外宣传的主要平台，本系统提供了企业内部新闻、通告的在线发布与管理、人事招聘、用户管理等功能。模块结构如图8-49所示。

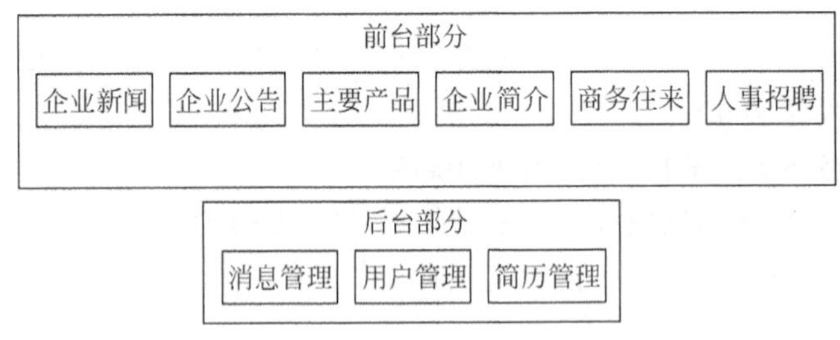

图8-49 企业信息化系统模块图

2. 系统架构

本系统采用JSTL+MySQL架构实现。

JSTL(Java server pages standard tag library)是一组形如HTML的标签(tag)，即使没有学习过Java也可以编写动态Web页。在2002年中期发布后，它已经成为JSP(Java server pages)平台的一个标准组成部分。使用JSTL无须按以往传统的语言编程方式来创建用于读取XML(extensible markup language，可扩展标记语言)、访问数据库等各种任务的Web页。JSTL是一个已经被标准化的标记库集合，它支持迭代、条件、XML文档的解析、国际化和利用SQL与数据库交互的功能。JSTL主要包括4个基本部分的标记库：Core、XML、国际化和对SQL的支持。

MySQL是最受欢迎的开源SQL数据库管理系统，它由MySQL AB开发、发布和支持。MySQL是一个快速的、多线程、多用户和健壮的SQL数据库服务器。MySQL服务器支持关键任务、重负载生产系统的使用，也可以将它嵌入到一个大配置(mass-deployed)的软件中去。

3. 数据库主要表结构

系统包含 8 张表,分别代表消息、用户、产品、招聘及简历相关信息,如图 8-50 所示。

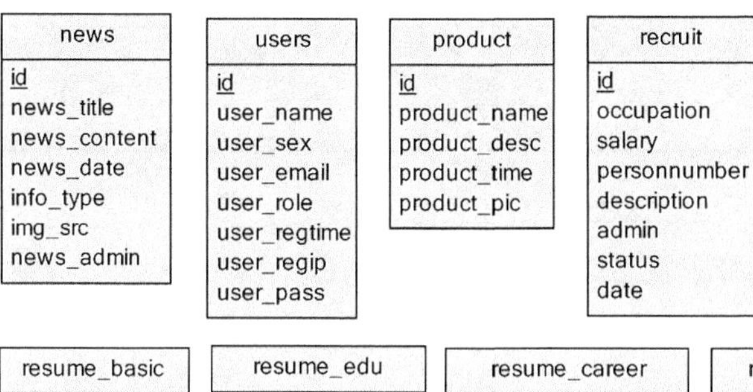

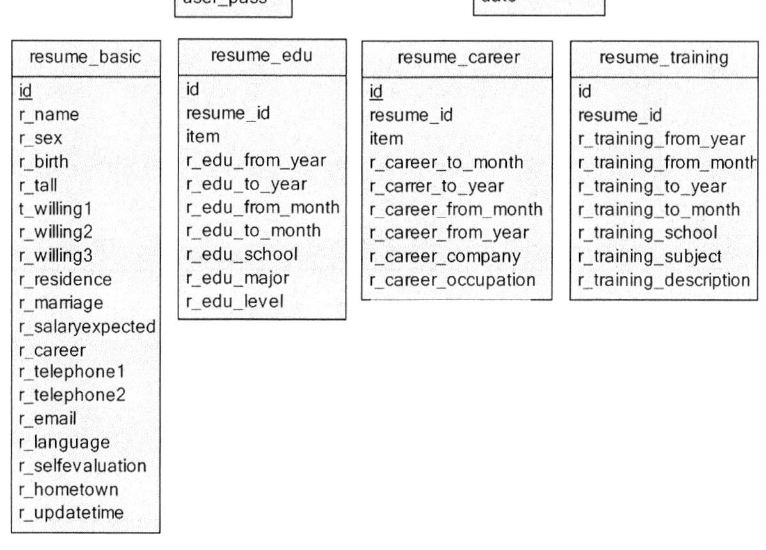

图 8-50 数据库表结构

8.3.2 测试计划

1. 测试目标

这一节将对企业信息系统做功能测试,测试目标是企业消息管理模块,测试的功能如下:

(1) 管理员登录功能。

(2) 消息添加功能。

(3) 消息修改功能。

(4) 消息删除功能。

针对测试目标,在 TestManager 中建立名为 OHC 的测试计划,并为其建立 Function 子计划。在子计划中创建 4 个测试用例,分别为 LoginTestCase、AddTestCase、UpdateTestCase、DeleteTestCase,如图 8-51 所示。

2. 测试时间

测试时间为模块完成。

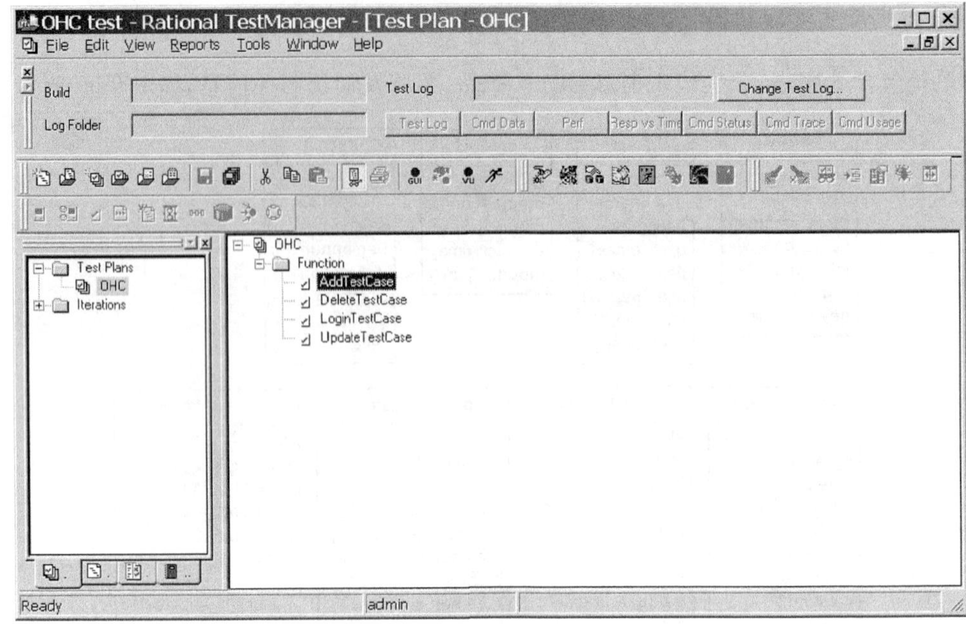

图 8-51 企业信息管理系统测试计划

3. 测试环境

1）软件环境（如表 8-6 所示）

表 8-6 软件环境

资　源	描　述	数　量
Rational Robot 2003	功能、性能测试软件	1
Windows Server 2003	测试客户端操作系统软件	1
IE 6.0 及其相应页面组件	测试客户端应用软件	1
Apatche Tomcat 6.0	应用服务器软件	1
Microsoft SQL Server 2005	数据库服务器	1

2）硬件环境（如表 8-7 所示）

表 8-7 硬件环境

资　源	描　述	数　量
测试客户端，服务器硬件环境	台式机 CPU=2.6GHz 4GB 内存 500GB 硬盘	1

这里为方便测试，客户端服务器均在同一台式机上工作。

8.3.3 测试设计

1. 前置条件

数据库用户表 users 有管理员用户记录，用户名 admin 和密码 nimda，数据库最新消息表 news 有 3 条记录，详细信息如表 8-8 所示。

表 8-8 news 表基础数据

id	news_title	news_content	news_date	info_type	img_src	news_admin
1	title3	Content 3	2010/09/03 10:00:00	1		admin
2	title2	Content 2	2010/09/03 10:00:00	1		admin
3	title1	Content 1	2010/09/03 10:00:00	1		admin

2. 管理员登录功能测试

1) 步骤

打开网站管理页面(http://127.0.0.1:8084/admin)，输入管理员用户名、密码，单击“登录”按钮。

2) 检查点

(1) 确认登录正确，跳转至系统管理页面。

(2) 管理页面列出所有数据库内的 3 条数据。

3. 消息添加功能测试

1) 步骤

(1) 单击“添加信息”按钮，跳转到添加信息页面。

(2) 标题栏输入“title 4”。

(3) 消息内容文本框内输入“title 4 content”。

(4) 单击“确定”按钮。

2) 检查点

(1) 跳转到消息列表界面。

(2) 确认最新加入记录与前述步骤输入相同，即“title 4”。

4. 消息修改功能测试

1) 步骤

(1) 在消息列表页面单击“编辑”按钮，跳转到消息编辑页面。

(2) 将消息标题更新为 “title 4 update ”。

(3) 单击“确定”按钮，提交更新。

2) 检查点

(1) 跳转到消息列表页面。

(2) 确认消息“title 4”变更为 “title 4 update”。

5. 消息删除功能测试

1) 步骤

在消息列表页面单击“title 4 update”条目的 delete 链接。

2）检查点

确认“title 4 update”记录被删除。

8.3.4 测试实施

对上述测试设计的实施，采用 Ratioanl Robot 进行。由于是对 Web 项目的页面情况进行测试，因此采用 GUI 脚本形式。

1. 录制 GUI 测试脚本

根据测试计划，需要分别录制 4 个 GUI 脚本，命名及描述如表 8-9 所示。

表 8-9 GUI 脚本明细

脚本编号	脚本名称	说 明
F1	LoginScript	登录功能测试
F2	AddScript	消息添加功能测试
F3	UpdateScript	消息修改功能测试
F4	DeleteScript	消息删除功能测试

1）LoginScript 的录制

启动 Robot，登录窗口默认用户名是 admin，输入在建立测试项目时指定的密码（默认为空），即可进入 Robot 主界面。

（1）执行 File→Record GUI 命令或者直接单击工具栏上的 GUI 按钮打开 Record GUI 对话框，在其中输入脚本名称 loginScript，如图 8-52 所示，单击 OK 按钮进入 GUI Record 界面。

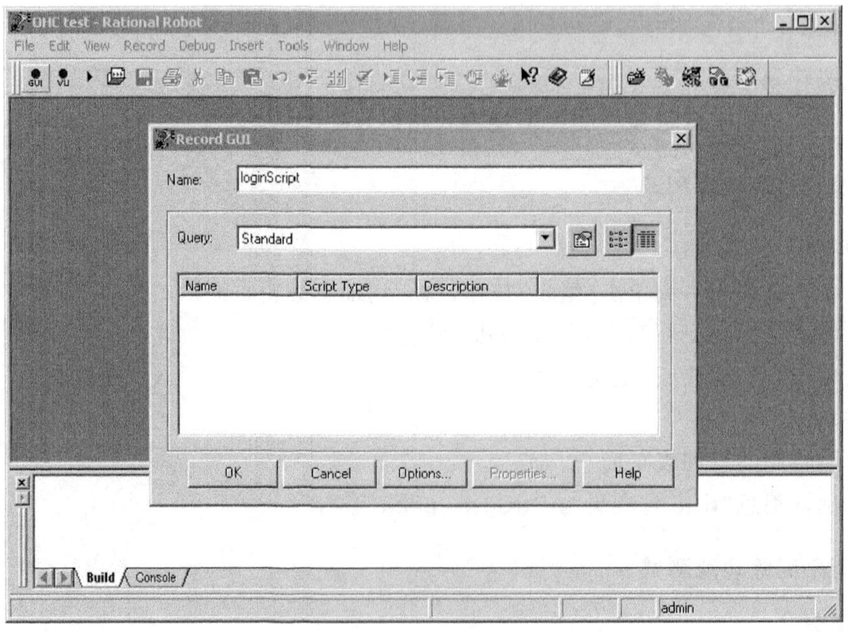

图 8-52 创建 GUI 脚本

(2) 单击图 8-53 所示的 GUI Record 工具条或 GUI Record 快捷栏上的 Display GUI Insert Toolbar 按钮,即可打开 GUI Insert 工具条,如图 8-54 所示。

图 8-53 GUI Record 工具条

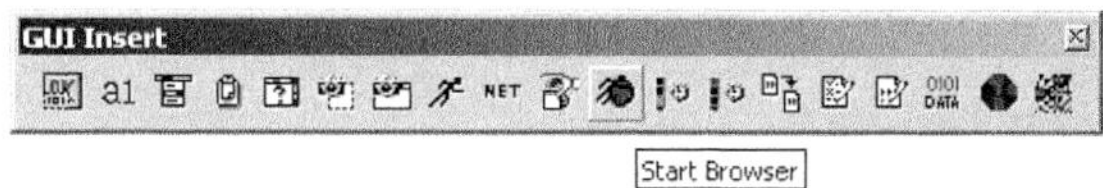

图 8-54 GUI Insert 工具条

(3) 单击 GUI Insert 工具条上的 Start Browser 按钮,打开启动浏览器界面,如图 8-55 所示。

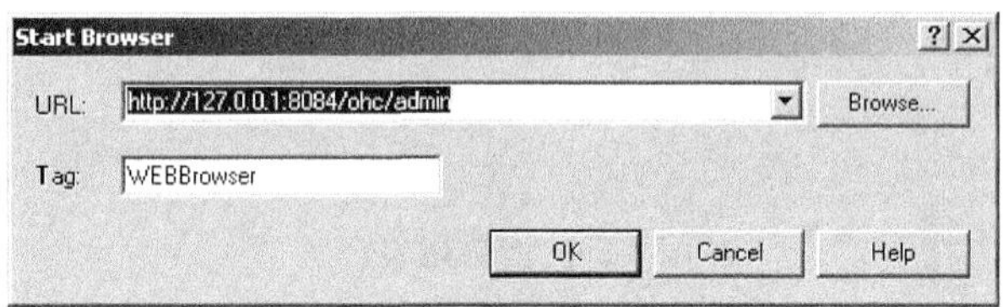

图 8-55 启动浏览器界面

在 URL 下拉列表框中输入后台管理的服务器地址,http://127. 0. 0. 1:8084/ohc/admin,单击 OK 按钮,即可启动浏览器进入后台管理登录页面。

(4) 在登录页面中输入管理员名称 admin,密码 nimda,单击"登录"按钮转入消息列表页面。

(5) 建立一个检验点,验证管理员成功登录转入信息列表界面。单击 GUI Record 工具条上的 Display GUI Insert Toolbar 按钮打开 GUI Insert 工具条,这里使用 Object Data 检验点,如图 8-56 所示。

图 8-56 Object Data 检验点

单击 Object Data 按钮,弹出如图 8-57 所示的检验点定义对话框,输入检验点名 loginSuccess,单击 OK 按钮,则出现如图 8-58 所示工具栏提示选择要验证的对象。

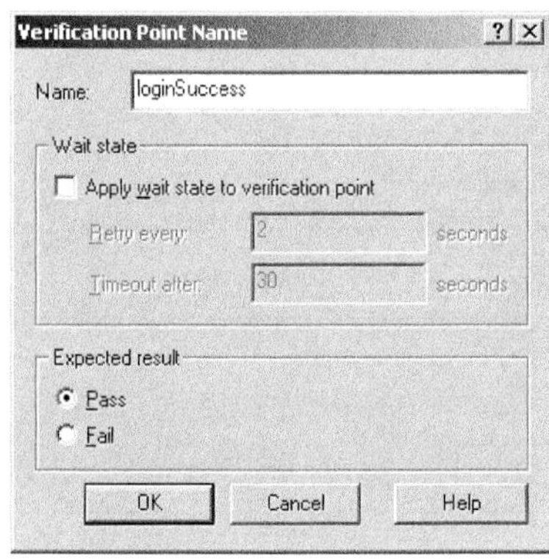

图 8-57 建立检验点

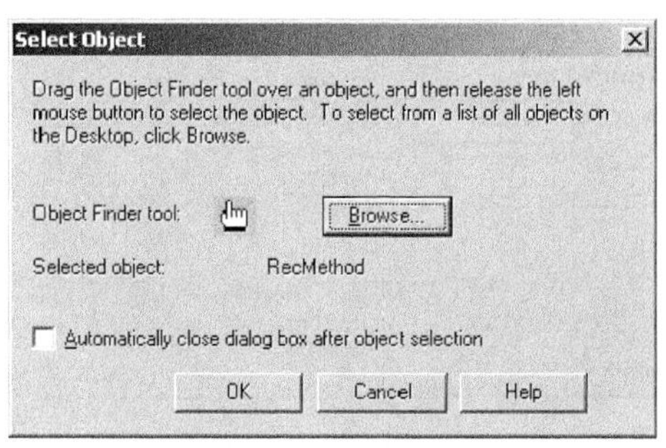

图 8-58 选择检验对象

将手形图标拖至消息列表页面中，如图 8-59 所示的位置，放开鼠标获取对象 HTML Table。

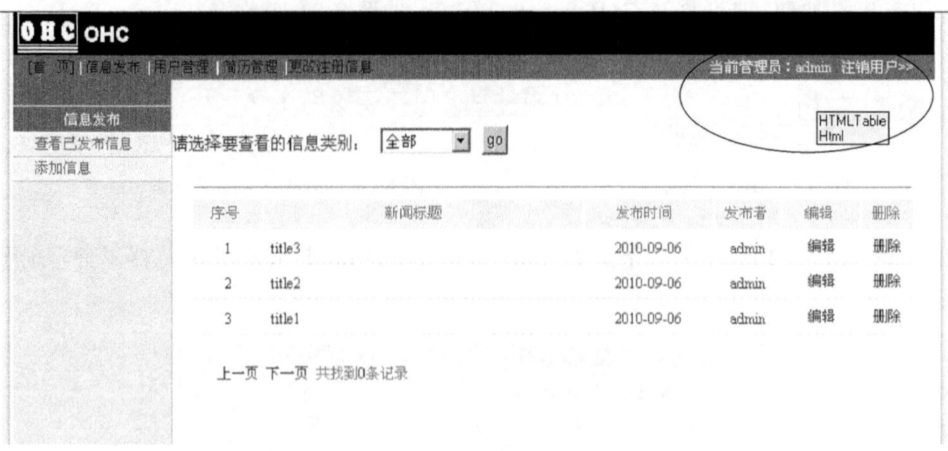

图 8-59 消息列表页面

在如图 8-60 所示的对话框中，可以选择捕获 HTML Table 中的那些数据，在 Data test 下拉列表框中选择 Filtered Contents 选项，单击 OK 按钮。

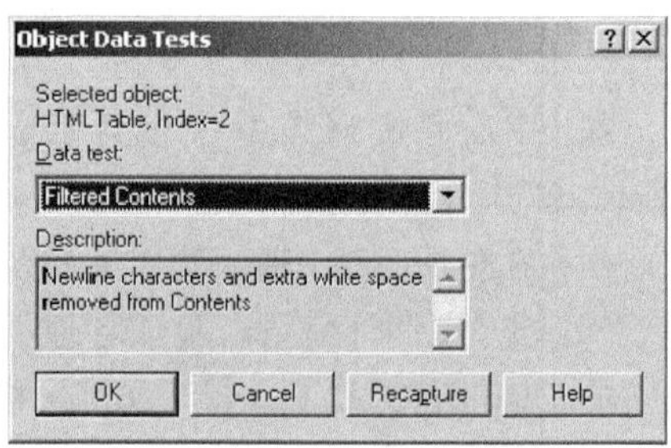

图 8-60 选择获取数据

图 8-61 为捕获到的数据，在检验点方法中选择 Find Sub String Case-Insensitive（核实记录时捕获的文本是否是回放时捕获的子串，此方法不区分大小写），并将 Select the range to test 内容改为“admin”，即子串为 admin，如图 8-62 所示。单击 OK 按钮完成检验点设置。

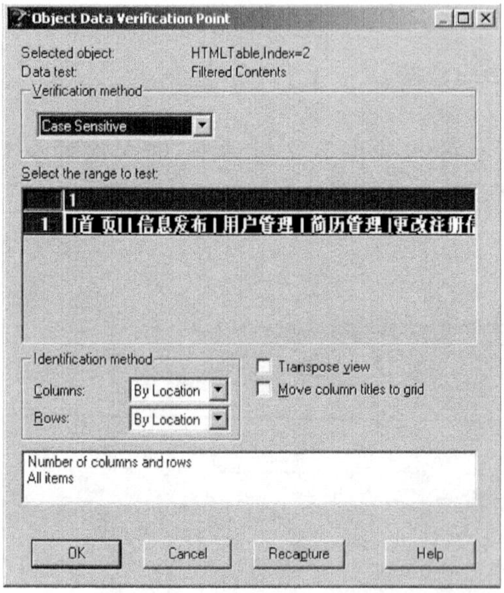

图 8-61 获得检验点数据

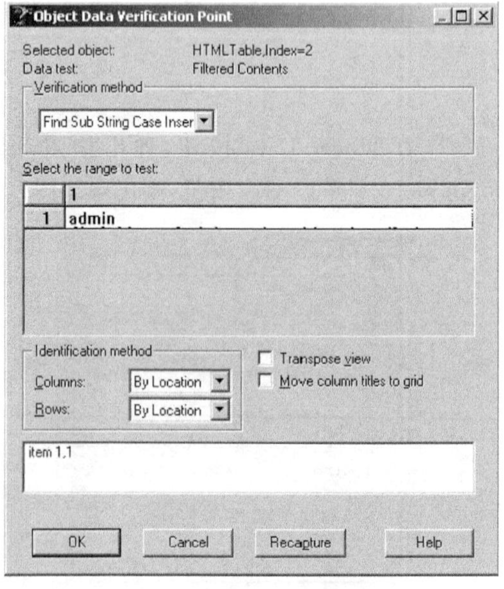

图 8-62 修改参照数据

(6) 单击 GUI Record 工具条上的 Stop 按钮，结束脚本录制。

录制完的脚本如下：

```
Sub Main
    Dim Result As Integer

    'Initially Recorded: 2010-9-12 23:42:20
    'Script Name: loginScript
    StartBrowser "http://127.0.0.1:8084/ohc/admin", "WindowTag = WEBBrowser"

    Window SetContext, "WindowTag = WEBBrowser", ""
    Window WMaximize, "", ""
    Browser NewPage,"",""
    EditBox Click, "Name = global_id", "Coords = 117,6"
    InputKeys "admin{TAB}nimda"
    PushButton Click, "Name = info"

    Browser NewPage,"HTMLTitle = 海洋重工",""
    Result = HTMLTableVP (CompareData, "Index = 2", "VP = loginSuccess")

End Sub
```

AddScript、UpdateScript、DelelteScript 脚本的录制与前面所讲的 LoginScript 类似，这里不再赘述。这些脚本的区别在于使用的检验点以及检验的基础数据不同，下面逐一介绍。

2) AddScript 的录制

(1) 如图 8-63 所示，这里使用 Object Properties 检验点来检验当用户单击"添加信息"按钮后，是否成功转入添加信息页面。

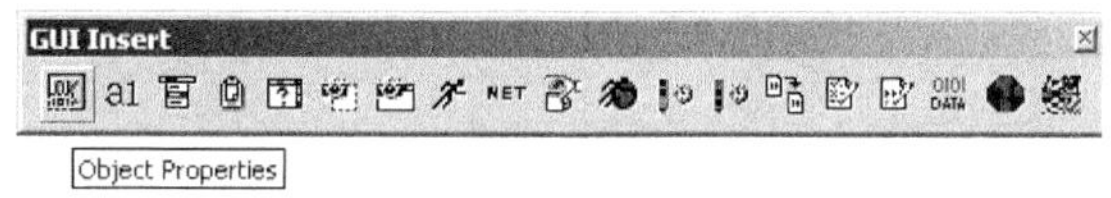

图 8-63 Object Properties 检验点

单击 Object Properties 按钮，弹出如图 8-64 所示的检验点定义对话框，输入检验点名 addSuccess1，单击 OK 按钮，则出现如图 8-65 所示的对话框，提示选择要验证的对象。

图 8-64 成功转入页面检验点

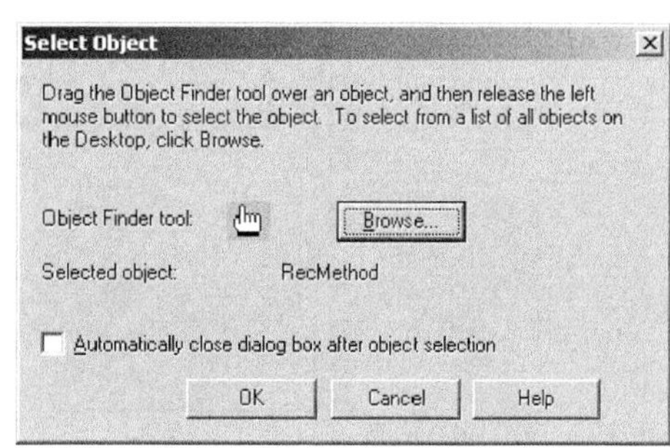

图 8-65 选择检验对象

将手形图标拖至地址栏中，如图 8-66 所示的位置，放开鼠标获取对象 ComboEditBox 的属性值。捕获到的属性值如图 8-67 所示，这里只保留对“Text”值的验证，如图 8-68 所示。

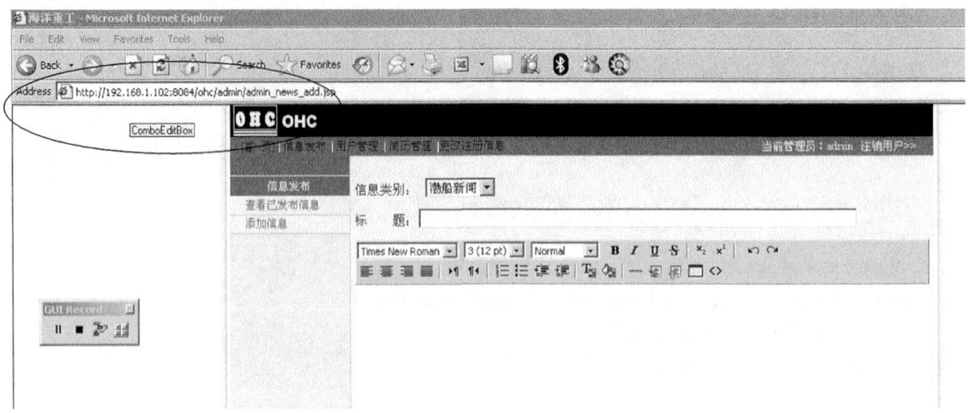

图 8-66 消息更新页面

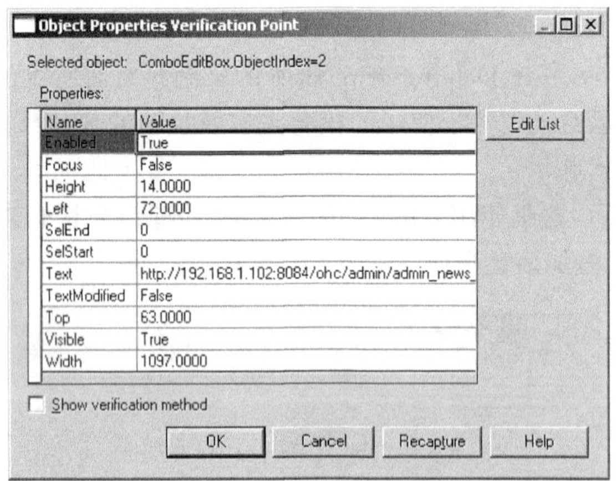

图 8-67 对象的属性值

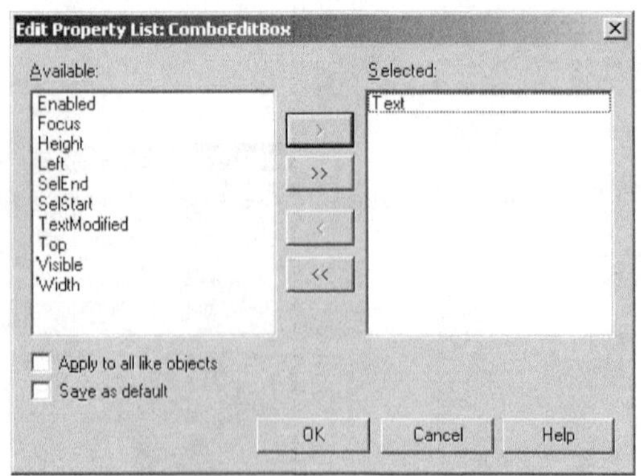

图 8-68 选择参照数据

检验点创建成功后，添加一条信息，标题为“title 4”，内容为“title 4 content”。单击“查看已发布信息”按钮回到信息列表页面，此处需要判断是否成功添加了此条信息。

(2) 使用 Object Data 检验点验证是否成功添加了一条信息。创建一个名为 addSuccess2 的检验点，选择捕获消息列表 HTML Table 中的数据，在 Data test 下拉列表框中选择 Contents 选项，如图 8-69 所示，单击 OK 按钮。

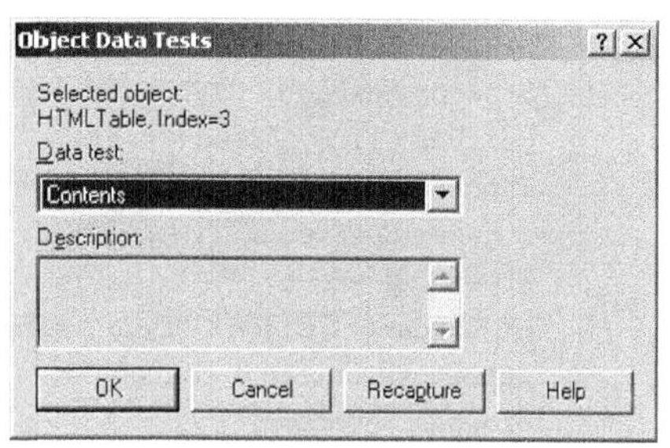

图 8-69 捕获消息列表

图 8-70 为捕获到的数据，在检验点方法中选择 Find Sub String Case-Insensitive(核实记录时捕获的文本是否是回放时捕获的子串，此方法不区分大小写)，并将 Select the range to test 内容改为如图 8-71 所示的内容，单击 OK 按钮完成检验点设置。

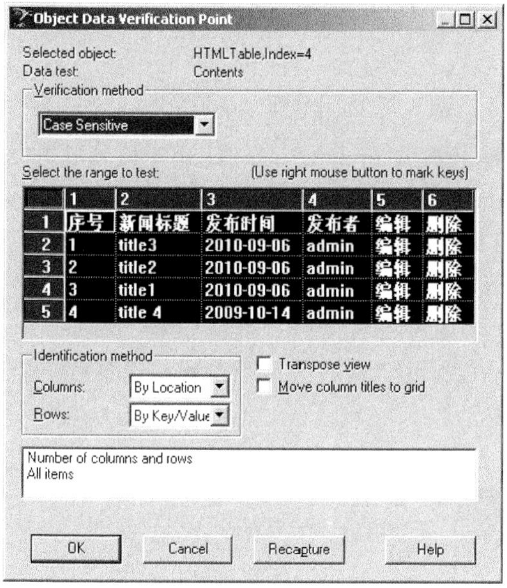

图 8-70 捕获的数据

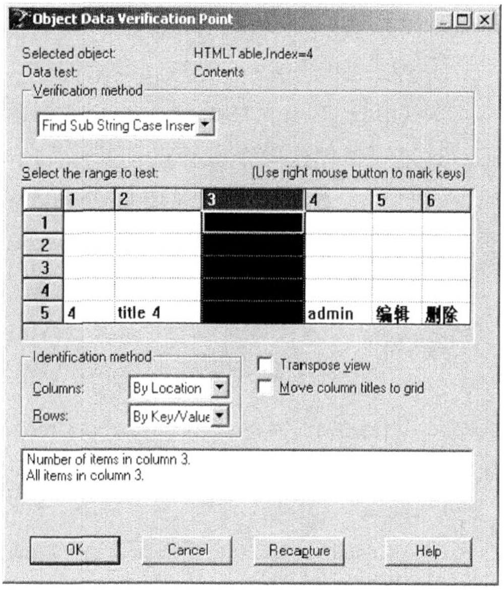

图 8-71 选择参照数据

录制完的脚本如下：

```
Sub Main
    Dim Result As Integer

    'Initially Recorded: 2010-10-14 17:17:22
    'Script Name: addScript
    StartBrowser "http://192.168.1.102:8084/ohc/admin", "WindowTag = WEBBrowser"

    Window SetContext, "WindowTag = WEBBrowser", ""
    Window WMaximize, "", ""
    Browser NewPage, "",""
    EditBox Click, "Name = global_id", "Coords = 98,8"
    InputKeys "admin{TAB}nimda"
```

```
    PushButton Click, "Name = info"
    Browser NewPage,"HTMLTitle = 海洋重工",""
    HTMLLink Click, "HTMLText = 添加信息", ""

    Result = ComboEditBoxVP (CompareProperties, "ObjectIndex = 2", "VP = addSuccess1")

    Browser NewPage,"HTMLTitle = 海洋重工",""
    EditBox Click, "Name = title", "Coords = 73,13"
    InputKeys "title 4"
    Browser SetFrame,"Type = HTMLFrame;Index = 1",""
    Browser NewPage,"",""
    HTMLDocument Click, "Type = HTMLDocument;Index = 1", "Coords = 200,74"
    InputKeys "title 4 content"
    Browser SetFrame,"",""
    PushButton Click, "Name = Submit"

    Browser NewPage,"HTMLTitle = 海洋重工",""
    Result = HTMLTableVP (CompareData, "Index = 4", "VP = addSuccess2")

End Sub
```

3）UpdateScript 的录制

这里同样创建两个检验点：Object Properties 检验点 updateSuccess1 用于检验单击“编辑”按钮后，是否成功转入编辑页面；Object Data 检验点 updateSuccess2 用于检验修改是否成功。创建的方法与 AddScript 脚本的创建方法相同，这里不再一一描述。

录制完的脚本如下：

```
Sub Main
    Dim Result As Integer

    'Initially Recorded: 2010-10-14 21:34:17
    'Script Name: updateScript
    StartBrowser "http://192.168.1.102:8084/ohc/admin", "WindowTag = WEBBrowser"

    Window SetContext, "WindowTag = WEBBrowser", ""
    Window WMaximize, "", ""
    Browser NewPage,"",""
    EditBox Click, "Name = global_id", "Coords = 86,9"
    InputKeys "admin{TAB}nimda"
    PushButton Click, "Name = info"
    Browser NewPage,"HTMLTitle = 海洋重工",""
    HTMLLink Click, "HTMLText = 编辑;Index = 4", ""

    Result = ComboEditBoxVP (CompareProperties, "ObjectIndex = 2", "VP = updateSuccess1")

    Browser NewPage,"HTMLTitle = 海洋重工",""
    EditBox Click, "Name = title", "Coords = 42,6"
    InputKeys "{BKSP}5"
    PushButton Click, "Name = Submit"
    Browser NewPage,"HTMLTitle = 海洋重工",""
    HTMLLink Click, "HTMLText = 查看已发布信息", ""

    Browser NewPage,"HTMLTitle = 海洋重工",""
```

```
    Result = HTMLTableVP (CompareData, "Index = 4", "VP = updateSuccess2")

End Sub
```

4) DeleteScript 的录制

对于删除信息的检验，只须使用一个 Object Data 检验点来检验删除后的信息列表是否与前置条件中初始列表相同即可，此处也不再详细说明。

录制完的脚本如下：

```
Sub Main
    Dim Result As Integer

    'Initially Recorded: 2010-10-14 21:44:52
    'Script Name: deleteScript
    StartBrowser "http://192.168.1.102:8084/ohc/admin", "WindowTag = WEBBrowser"

    Window SetContext, "WindowTag = WEBBrowser", ""
    Browser NewPage,"",""
    EditBox Click, "Name = global_id", "Coords = 105,11"
    InputKeys "admin"
    EditBox Click, "Name = user_pass", "Coords = 108,13"
    InputKeys "nimda"
    PushButton Click, "Name = info"
    Window WMaximize, "", ""
    Browser NewPage,"HTMLTitle = 海洋重工",""
    HTMLLink Click, "HTMLText = 删除;Index = 4", ""

    Browser NewPage,"HTMLTitle = 海洋重工",""
    Result = HTMLTableVP (CompareData, "Index = 4", "VP = deleteSuccess")

End Sub
```

2. 关联实施与测试用例

脚本创建成功后，要将其与测试用例相关联，关联的方法在 8.1.4 节中已经介绍过，这里不再赘述。表 8-10 中描述了测试用例与测试脚本的关联关系。

表 8-10　测试用例与脚本的关联关系

测试用例	测试脚本	说　　明
LoginTestCase	LoginScript	登录功能测试
AddTestCase	AddScript	消息添加功能测试
UpdateTestCase	UpdateScript	消息修改功能测试
DeleteTestCase	DeleteScript	消息删除功能测试

3. 创建 Suite

在 TestManager 中，使用空白模板建立一个名为 OHCSuite 的功能测试 Suite。

1) 设置测试机组

Suite 创建成功后，首先要为它设置 computer groups(测试机组)。一个测试机组包含该 Suite 执行的测试脚本，并声明测试机是可用于该 Suite 的。测试可执行在 TestManager

中已经定义的任意agent(代理)测试机上。如果还没有定义测试机,TestManager会在local(本地)测试机上执行测试。

右击OHCSuite文件并执行Insert→Computer Group命令,弹出如图8-72所示的对话框。此时,该测试机组中的虚拟测试者被分配到本地测试机(local computer)上。若要分配代理测试机(agent computer)给组内的虚拟测试者,则需清除Prompt for computers before running suite,单击Change按钮。此处使用本地测试机进行测试。

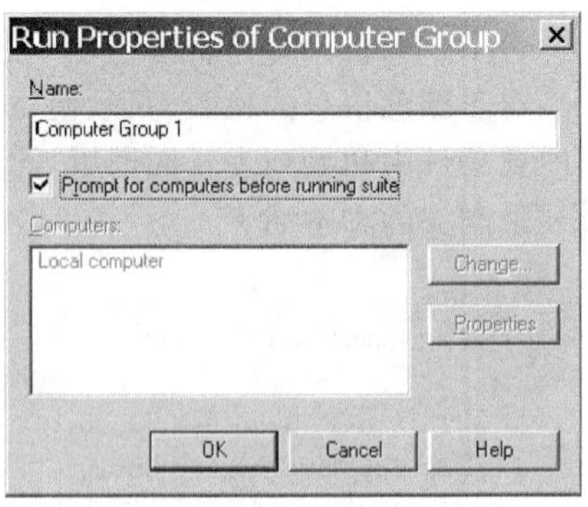

图8-72 向Suite中插入测试机组

2) 向Suite中插入测试用例

在设置测试机组后,可以向Suite中插入测试脚本,该测试机组将会执行。也可以向Suite中插入测试用例。

使用测试用例的好处在于:

(1) 在没有考虑它的实施的情况下定义一个测试。久而久之,实施可以被改变,但是测试用例仍然是一样的。它的好处是可以创建一个具有一个测试用例的Suite,并在没有更新或者保持该Suite的情况下改变实施(测试脚本)。

(2) 插入测试用例到Suite中,可以一次执行并联的测试用例,并保存在一起执行的测试用例集合中。

(3) 插入配置的测试用例可以查证一个测试用例在多样的不同环境中顺利进行。

要插入一个测试用例到Suite中,在OHCSuite中选择刚刚创建的测试机组来执行测试脚本,右击Computer Group 1文件并执行Insert→Test Case命令,选择要插入的测试用例,如图8-73所示。

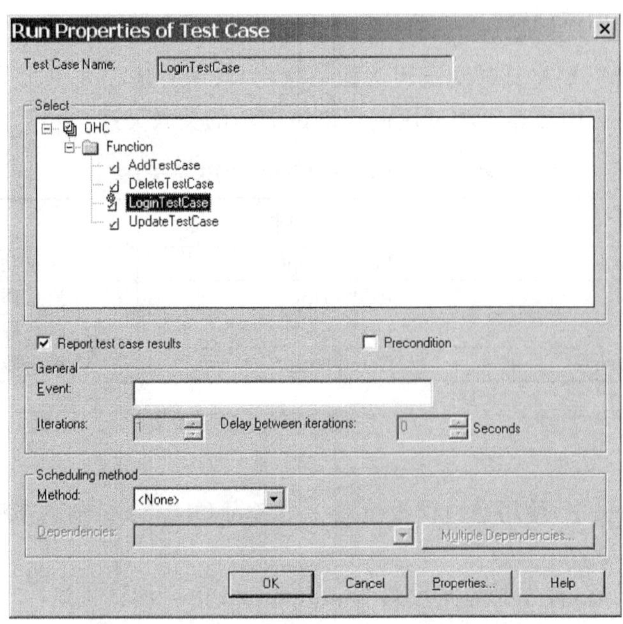

图8-73 插入测试用例

这里，可以设置一个关于测试脚本的前置条件。当设置一个前置条件时，测试用例必须成功地完成，以使其他的具有相同"父类"的 Suite 项执行。例如，一个测试用例可能确立了软件中的某种状态，可以执行该测试用例以确立该状态，然后再执行依赖与系统状态的一系列的测试。

8.3.5 测试的执行和评估

在创建并保存了 OHCSuite 之后，可以右击 OHCSuite 文件并选择 Run 命令来执行测试。

测试执行之后，TestManager 即把结果写到测试日志中，使用测试日志窗口来查看这些测试日志。测试日志窗口包含了测试日志摘要(Test Log Summary)区域、测试用例结果(Test Case Results)标签和细节(Details)标签，如图 8-74 所示。

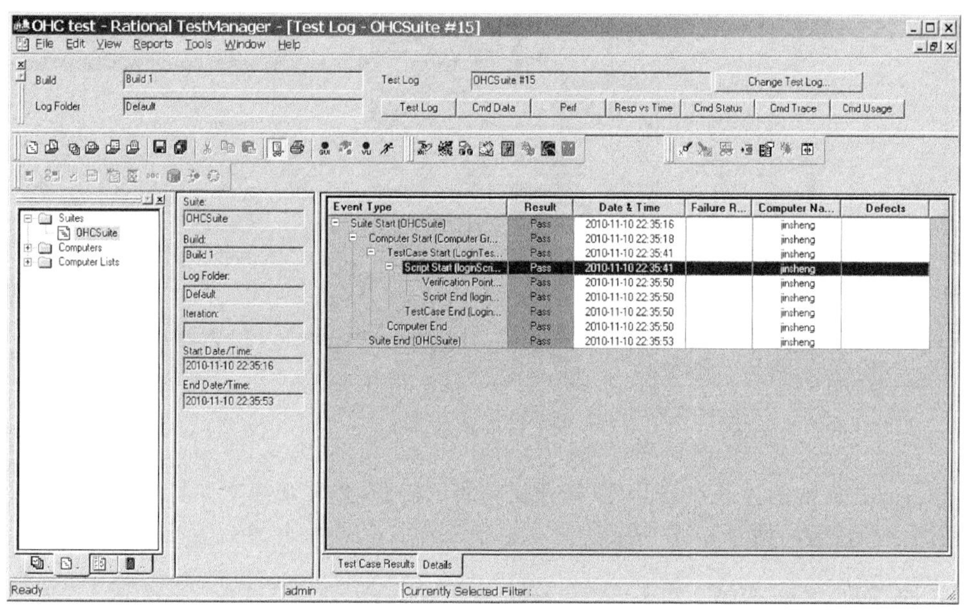

图 8-74 登录功能测试日志

在测试日志窗口中，测试用例结果标签展现了测试用例的执行结果或者是包含了测试用例的 Suite 的执行结果，单击该标签可以查看测试用例是通过还是失败。如果执行的是测试脚本，即使该脚本是测试用例的实施，这个结果标签也是空的。

在 Rational Robot 测试脚本中使用检验点时，可以使用 Comparator(比较器)来比较和查看捕获的数据。TestManager 提供 4 种基本的比较器：

(1) 对象属性比较器(Object Properties Comparator)。

(2) 文本比较器(Text Comparator)。

(3) 表格比较器(Grid Comparator)。

(4) 图像比较器(Image Comparator)。

在执行了 Suite 之后，可以通过单击测试日志中的 Details 标签来获得更多的有关细节。当双击测试日志中的一个已失败的检验点时，会出现一个适合于该检验点的 Comparator

(比较器)。可以使用这个 Comparator 查看和比较捕获的数据,以确认检验点失败的确切原因。

录制回放测试脚本时,Robot 将 Baseline file(基线文件)中的属性与"测试之下的应用程序(application-under-test)"的属性相比较和对照。如果比较失败,Robot 保存引起此次失败的数据到一个 Actual file(实际文件)中。该检验点的结果就展现在测试日志中,如图 8-75 所示。

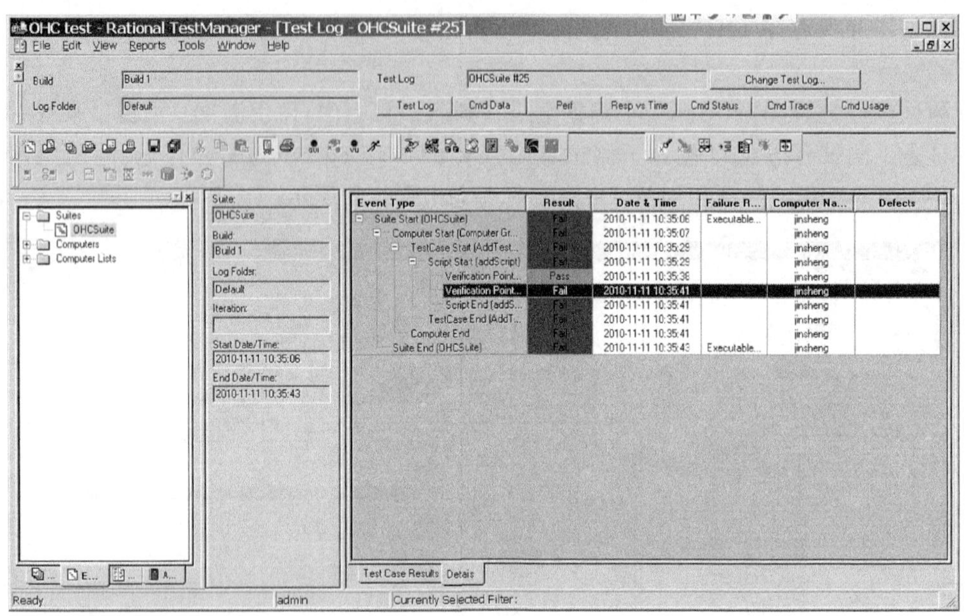

图 8-75 查看日志

通过双击失败的检验点,即可以打开相应的比较器,查看基线文件与测试数据的差异进而分析失败的原因,如图 8-76 所示。

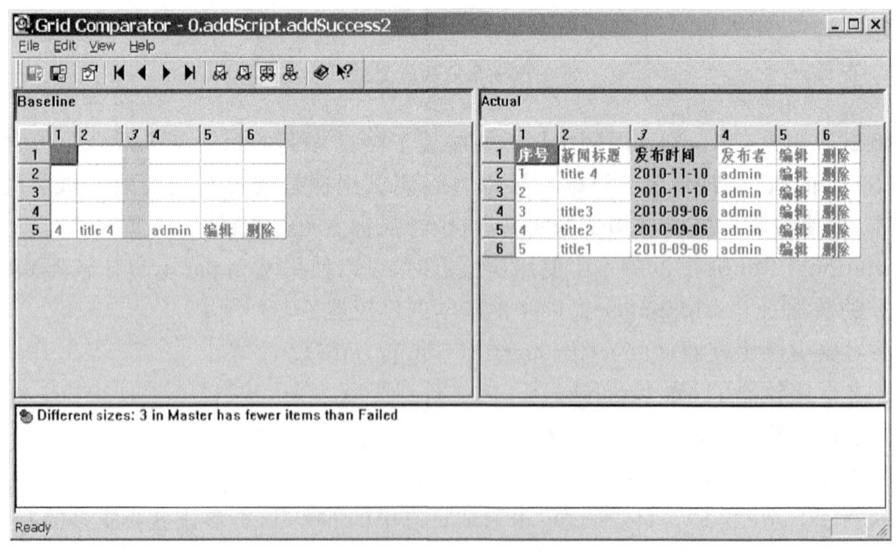

图 8-76 查看表格比较器

本章小结

本章分别通过基于C++的个人财务管理系统、基于J2EE的电子商务系统、基于JSTL的企业信息化系统等真实软件系统的案例教学，实际展示了真实项目从测试计划、设计、实施、执行到评估的一整套测试流程。通过本章学习，读者能够了解IBM Rational系列测试工具特别是Test Manager和Robot在具体项目的使用和测试流程管理，为进一步深入学习测试知识、积累测试经验打下良好的基础。

课后习题

1. 如果你是一名测试人员，现在要对Windows操作系统附件中的计算器程序进行测试，请参照测试计划模板，制订完整的测试计划。

2. 按照软件需求分析与设计的方法，对Windows操作系统附件中的计算器程序进行测试需求分析与设计。

第9章 软件测试技术的新发展

当今世界,信息产业有了突飞猛进的发展,和欧美发达国家相比,我国软件产业起步相对较晚,基础较差,这主要是由市场运作模式、管理理念、质量控制体系不建全等原因造成的。软件质量监控体系包括软件质量管理认证体系,如ISO 9001与CMMI;质量度量与管理模型,如Rayleigh模型与PTR子模型;软件开发过程与监控,即软件测试等,这些因素应该成为软件测试业重点关注的问题。同时,怎样提高软件测试的效率和效果,降低测试成本也是软件测试的目标之一。软件测试行业的现状、发展趋势及技术动向也应该受到关注,下面给以简单的介绍。

9.1 软件测试行业的现状及对策

国内软件测试的现状是令人担忧的,其在软件业中处于弱势地位,在软件业中的比重和质量与欧、美、日、印度有着较大的差距。目前国内软件测试的现状是:

(1) 软件测试的地位还不高,在很多公司还是一种可有可无的东西,大多只停留在软件单元测试、集成测试和功能测试上。

(2) 软件测试人员的数量偏少、素质偏低。软件测试从业人员的数量同实际需求有不小差距,国内软件企业中开发人员与测试人员数量的比例一般为5∶1,国外一般为2∶1或1∶1,而最近有资料显示微软公司已把此比例调整为1∶2。

(3) 操作机构不健全。据调查,国内缺乏完全商业化的操作机构,一般只是政府部门的下属机构在做一些产品的验收测试工作,就像质检部门为新产品加盖一个“合格”标识而已,实际意义不大,因此软件测试产业化还有待开发和深掘。

导致这种状况的原因主要有以下几个:

(1) 国内软件产业和欧美相比还不够强大。国内不少软件公司规模不大,日子不好过,还处于一种为“生存”发愁、向上扩张阶段,“温饱”问题还没解决,怎能奢求讲软件质量的“小康”生活呢?

(2) 对软件测试的认识和重视程度不够。很多国内软件企业“重开发,轻测试”,许多人认为,软件测试就是在程序员编程时的单元测试、集成测试和功能验证测试,甚至有人认为进行过多的测试是自己跟自己过不去,影响开发进度,浪费人力、物力和财力。

(3) 软件管理者与用户的质量意识不够强。在软件开发进度与软件测试发生冲突时,往往牺牲软件测试。

(4) 软件行业质量监督体系不够好。目前,国内有很多软件企业在申评 ISO 9001 和 CMM,但申评成功后,在软件开发过程中,大家又认为软件测试是一件很麻烦的事,依然故我。ISO 9001 和 CMM 实质上成了很多公司的宣传品,只是与客户谈生意时增加的一个砝码而已。

(5) 软件从业人员的素质不够高。目前,软件测试从业人员很多是由程序员转型来的或由程序员兼任。软件测试实质是一个很专业的工作,既需要较强的测试理论素养作支撑,又要有较好的实践经验作保证,而一个好的软件测试工程师必须具备这两方面的素质。

要想改变当前软件测试的现状,需要政府、软件企业、用户、科研机构、高校等共同努力,主要措施有以下几个:

(1) 加强政府职能部门的工作力度。政府的职能部门,特别是与信息产业相关的单位应做好以下工作:一是做好与软件质量体系相关的法律法规和行规的建立健全工作;二是做好质量监督员,加大对不合格的软件开发商的惩罚力度,规范行业有序发展;三是建立独立的第三方软件测试机构,其行为是市场化的,所有软件在上市前必须经过严格测试和认证;四是加大惩罚力度,让软件开发商诚信经营,加大对软件产业、测试行业的指导和引导力度。

(2) 呼唤客户质量和过程控制意识。无论是政府或软件企业,应有博大胸怀,主动让用户参与到软件开发中,去了解软件开发、测试的流程。用户从中提出的更高、更好、更有效的要求,可以保证产品的质量有更高的水准,减少后续维护升级工作的成本。同时因质量的提高,得到了更多用户的信任,软件市场需求量会更大,产品销量会更好,进而企业就会有更多的投入来提高软件质量,而提高软件质量必然会催生更多的软件测试机会,这无疑是一个多赢的选择。

(3) 加大软件测试人才培养和现有人员的技能培训。任何一个行业要发展,人才是关键。目前,中国的软件测试人员在数量和质量上都与软件测试业的发展不适应。要尽快解决这个矛盾,国内各大高校可以与软件测试培训中心(甚至国外测试机构)强强联手;学校在培养软件测试人才的同时多引进测试实践;软件测试培训中心可以把培训班办到校园内;培训在职测试人员时,多请高校的理论专家们来讲课,取长补短,相互融合。

(4) 运用新的软件测试理念,严把软件质量关。软件测试不是简单地进行黑盒测试和白盒测试,更不是事后测试,测试要贯穿于软件开发的全过程。软件测试部门应该作为一个独立的机构,在软件开发过程中注重拓宽自身的业务范围,包括软件开发前的需求评审、开发中的文档评审、代码的走查、单元测试、集成测试、功能测试,以及后期的缺陷确认等业务范围,在此基础之上,逐步提高软件测试的业务和技术水平。

(5) 加强软件测试理论和技术的研究和学习。软件测试是多项因素的综合运用,包括测试理论、测试技术、测试管理的创新和测试工具的开发等诸多因素,测试理论是开展测试工作的基础,测试管理是提高质量的保证,测试技术和工具是测试工作开展的手段。高校和科研机构加强软件测试理论的研究和创新;政府职能部门和软件公司运用新的管理理论提高软件质量;加强具有自主知识产权的软件测试技术和工具的研发力度,使我国在软件测试领域占有自己应有的一席之地。

9.2 软件测试的发展趋势

9.2.1 测试与开发相融合、测试驱动开发模式出现并应用

传统的软件测试是在软件开发结束以后，再进行测试，根据软件缺陷放大效应，需求阶段和设计阶段的缺陷产生的负面影响会被放大。传统的"亡羊补牢"式的软件测试不利于软件开发质量的提高，测试驱动开发模式就应运而生了。

测试驱动开发(test-driven development，TDD)以不断的测试推动代码的开发，既简化了代码，又保证了软件质量。测试驱动开发的基本思想就是在开发功能代码之前，先编写测试代码，然后只编写使测试通过的功能代码，从而以测试来驱动整个开发过程的进行。这有助于编写简洁可用和高质量的代码，有很高的灵活性和健壮性，能快速响应变化，并加速开发过程。

测试驱动开发的基本过程如下：

(1) 快速新增一个测试。

(2) 运行所有的测试(有时候只须运行一个或一部分)，发现新增的测试不能通过。

(3) 做一些小小的改动，尽快地让测试程序可以运行，为此可以在程序中使用一些不合情理的方法。

(4) 运行所有的测试，并且全部通过。

(5) 重构代码，以消除重复设计，优化设计结构。

简单来说，就是不可运行/可运行/重构，而这正是测试驱动开发的口号。

测试驱动开发的优势体现在以下几个方面：

(1) 明确产品需求。需求向来都是软件开发过程中感觉最不好明确描述和易变的东西。这里说的需求不只是指用户的需求，还包括对代码的使用需求。开发人员最害怕的就是后期还要对某个类或者函数的接口进行修改或者扩展，发生这样的事情就是因为这部分代码的使用需求没有很好的描述。测试驱动开发就是先编写测试用例，即先考虑代码的使用需求(包括功能、过程、接口等)，而且这个描述是无二义的，可执行验证的。通过编写这部分代码的测试用例，对其功能的分解、使用过程、接口都进行了设计。而且这种从使用角度对代码的设计通常更符合后期开发的需求。可测试的要求对代码的内聚性的提高和复用都非常有益。因此测试驱动开发也是一种代码设计的过程。

(2) 简化设计，减少不必要的文档。文档开发工作是软件开发工作中不可避免的，几乎所有的传统的软件工程思想都要求开发工作中有完备细致的文档。像 V 模型，测试更是要基于文档的完备和正确性，而开发人员通常对编写文档非常厌烦，但要使用、理解别人的代码时通常又希望能有文档进行指导。而测试驱动开发过程中产生的测试用例代码就是对代码的最好的解释，这样就可以简化设计文档。同时，采用测试优先的开发过程，设计的粒度较大，因此测试可以实现一部分的设计工作。这样，在设计上可以节省一些工作量。同时，针对设计的测试编写是检验设计的一个非常好的方法，由此可以及时避免因为设计不正确而造成的重复开发及代码修改。通常情况下，这样的测试可以使设计中的逻辑缺陷凸显出来；编写测试用例还能揭示设计中比较模糊的地方。总的来说，如果不能勾画出如何对程

序进行测试，那么程序员很可能也很难确定他们所开发的程序怎样才算是正确的。

(3) 减少测试风险。前置测试可以从两个途径来改进测试：其一，传统方法一般会把风险定位到每一个测试上，由于没有对比，因此每一项测试都成了高风险。通常的开发计划的目的是要开发整个程序，所以常常会以工作执行顺序来做计划，而测试驱动模型可以区分风险的优先级别，并且优先对高风险部分进行开发。优先创建并测试这些高风险的部分可以帮助开发人员在付出额外劳动之前就能抓住问题所在。测试驱动开发可以基于每个项目的特殊性来排定开发和测试的计划。其二，测试驱动开发技术可以帮助开发人员预见到很多常见的突发事件。其实每个开发人员都能列举出很多使项目停顿的意想不到的事件，而传统的项目和测试计划往往会忽视多达75%的突发事件。测试驱动开发可以定义系统部分那些需要优先进行测试。

(4) 提高效率，减轻了工作量。在测试先于编码的情况下，开发人员可以在完成编码时就立刻进行测试。而且，开发人员会更有效率，在同一时间内能够执行更多的、现成的测试，思路也不会因为去搜集测试数据而被打断。先进行单元测试，可以减少后续的测试工作量。在编写测试代码上花费的成本，会在回归测试上得到回报。自动化测试的最大好处就是避免代码出现回归。两相权衡，编写测试的代价其实不高。

(5) 代码整洁可用。基于测试驱动开发的特殊流程，最后的代码总是实现预期功能最简洁的代码，而这正是测试驱动开发所追求的目标。

测试驱动开发理论源于对高效简洁代码的追求，人们通过不断地进行实践，发现测试驱动开发的确是一个提高软件代码质量，使得效率得到保障的好办法。测试驱动开发的实质内容包括以下几条：

(1) 在编写程序代码之前先进行测试方案的设计。

(2) 除非没有这个功能将导致测试失败，否则就不在程序中实现该功能。

(3) 当测试时发现必须增加某项功能才能使测试通过时，才增加这一功能。

以这样的思路进行软件开发，可以保证程序中的每一项功能都由测试来验证它是正确的，而且每当功能被无意修改时，测试程序就会发现。同时，使软件开发人员从自己所写代码的调用者视角来观察自己的代码，这使得开发人员在关心程序功能的本身还能够对接口予以足够的关注，使得其更容易被调用。并且，当需要复用这些模块时，测试代码会给出很好的示例。这一切使得软件开发工作的质量一下子变得有了保障。

测试驱动开发的精髓在于：将测试方案设计工作提前，在编写代码之前先做这一项工作；从测试的角度来验证设计、推导设计；同时将测试方案当做行为的准绳，有效地利用其检验代码编写的每一步，实时验证其正确性，实现软件开发过程的“小步快走”。测试驱动开发的基本思想就是在开发功能代码之前，先编写测试代码。也就是说，在明确要开发某个功能后，首先思考如何对这个功能进行测试，并完成测试代码的编写，然后编写相关的代码来满足这些测试用例。然后循环进行添加其他功能，直到完成全部功能的开发。

测试驱动开发的技术已得到越来越广泛的重视，但由于发展时间不长，相关应用并不是很成熟。现今越来越多的公司都在尝试实践测试驱动开发，但由于测试驱动开发对开发人员要求比较高，更与开发人员的传统思维习惯相违背，因此实践起来有一定困难。测试驱动开发在推广过程中，首要的问题是将开发人员长期以来形成的思维观念和意识形态转变过来，开发人员只喜欢编码，不喜欢测试，更无法理解为什么没有产品代码的时候就先写单元测试。其次是相关的技术支持,测试驱动开发对开发人员提出了更高的要求,不仅要掌握测试和重构,还要懂得设计模式等设计方面的知识。正像每种革命性的产品刚刚产生之初都要经历艰难的历程,测试驱动开发也正在经历着,但它正在逐渐走向成熟,前途一片光明。

9.2.2 测试领域和热点悄然发生变化

随着软件开发的发展,出现了一些新兴的软件开发和测试领域,如 Web 开发与测试、移动软件开发与测试、嵌入式软件开发与测试等,同时,传统的软件测试也出现了一些新的动向,如更注重软件的安全和可靠性。下面就介绍一下新兴的测试领域和热点。

1. Web 应用测试

B/S 架构的大行其道,催生了人们对 Web 应用测试的研究。Web 应用测试继承了传统测试方法,同时结合 Web 应用的特点。比起任何其他类型的应用,Web 应用运行在更多的硬件和软件平台上,而这些平台的性质可在任何时间改变,完全不在 Web 应用开发人员的知识或控制之内。随着 Web 应用的不断发展,也同样衍生出一些新的研究方向,如以 SaaS(software-as-a-service)应用为代表的云计算测试、面向服务的体系架构(SOA)测试、基于 Web 2.0/Ajax 的软件测试等。服务的测试通常涉及服务提供者、发布者和使用者3 种角色,其分布式合作的特征使得测试的组织、缺陷管理、结果评估等活动都更加困难。因此 Web 应用测试将是未来发展的一个热点。

2. 移动软件测试

随着移动计算、移动应用(包括 3G 的应用)等应用技术的普及和推广,围绕着移动出现的软件种类越来越丰富,有很多专门从事移动软件开发的公司,于是自然而然地出现了一批移动软件测试的工程师。同时由于移动软件的特殊性,如使用一些专门的操作系统,加上移动设备内存及 CPU 相对较小等特点,移动软件的测试有其特殊的技术方法。未来一段时间内,移动测试将会受到更多的关注,是测试的一个新的增长点。

3. 嵌入式软件测试

随着信息技术和工业领域的不断融合,嵌入式系统的应用越来越广泛。可以预言,嵌入式软件将有更为广泛的发展空间,对于嵌入式软件的测试也将有着很大的市场需求。由于嵌入式系统的自身特点,如实时性(real-timing)、内存不丰富、I/O 通道少、开发工具昂贵、与硬件紧密相关,CPU 种类繁多等,嵌入式软件的开发和测试也就与一般商用软件的开发和测试策略有了很大的不同,可以说嵌入式软件是最难测试的一种软件。

4. 安全测试

近些年来,随着计算机网络的迅速发展和软件的广泛应用,软件的安全性已经成为备受关注的一个方面,渐渐融入人们的生活,成为关系到金融、电力、交通、医疗、政府以及军事等各个领域的关键问题。尤其在当前黑客肆虐、病毒猖獗的网络环境下,越来越多的软件因为自身存在的安全漏洞,成为黑客以及病毒攻击的对象,给用户带来严重的安全隐患。软件安全漏洞造成的重大损失以及还在不断增长的漏洞数量使人们已经开始深刻认识到软件安全的重要性。从 20 世纪 90 年代，信息安全学者、计算机安全研究人员就开始了对计算机安全问题的研究，并且成为软件测试技术的一个重要分支。

5. 可靠性测试

软件可靠性是指“在规定的时间内、规定的条件下，软件不引起系统失效的能力，其概率度量称为软件可靠度”。软件可靠性测试是指为了保证和验证软件的可靠性要求而对软件进行的测试，其采用的是按照软件运行剖面(对软件实际使用情况统计规律的描述)对软件进行随机测试的测试方法。

6. 虚拟技术应用更广

虚拟技术(如 Citrix、微软公司、VMware 的产品)的日益普及，越来越多的测试团队会将虚拟技术应用于测试环境创建、维护和优化，甚至是测试的执行当中。

9.2.3　测试外包服务将快速增长

根据执行体的不同，目前把测试分为 3 类：第一方测试，指的是软件开发商、系统集成商内部的测试；第二方测试，指的是用户单位的测试，即用户委托他人开发了一套系统或者购买了软件产品后，需要对系统或产品进行验收测试；第三方测试，指的是独立的机构或者单位进行的测试。第一方、第二方、第三方的三方测试都是必要的，一个都不能少。软件测试链条中的各个角色，必须各司其职：软件开发商和系统集成商必须自己做好严格的测试，为用户提供高质量、可信的软件产品；用户要根据自己的需求，做好自主开发和所购买产品的验收测试；第三方测试机构则更是要一丝不苟地为第一方的产品质量把关，让用户方放心。

软件测试与开发同样重要，必须从测试需求、测试工具、测试环境等方面提升软件测试的专业性，更好地保证软件质量。另外，测试具有非常强的行业特征，比如同样是客户关系管理系统，电信行业和金融行业测试的重点是不一样的。第三方测试机构必须专注于行业。与软件开发一个道理，做金融开发的集成商是相对固定的，不会随意跳转行业，因为只有通过更多的积累才能对行业需求了解得更透彻。因此，第三方测试可以利用职业测试专家队伍与机构为自己的产品进行测试，而且可以节省测试费用。第三方测试将走向更独立、更专业、更细化的行业分工是必然的趋势。

9.3　软件测试技术研究的方向

9.3.1　基于模型的软件测试技术

不断增加的软件系统复杂性和高质量需求，使传统的测试在技术上难以进行，开销上难以接受。随着面向对象软件开发技术的广泛应用和软件测试自动化的要求，基于模型的软件测试逐渐受到重视。其特点是：产生测试用例和评价测试结果都根据被测试软件的模型及其派生模型(测试模型)进行。基于模型的软件测试方法可以有效地提高测试效率，提高

测试用例生成的自动化程度,进行测试失效辨识,也有利于评价测试结果。下面简单介绍一下典型模型:

1. 有限状态机

基于有限状态机的测试模型假设软件在某个时刻总处于某个状态,并且当前状态决定了软件可能的输入,而且从该状态向其他状态的迁移决定于当前的输入。有限状态机模型特别适用于把测试数据表达为输入序列的测试方法,并可以利用图的遍历算法自动产生输入序列。

有限状态机可以用状态迁移图或状态迁移矩阵表示,可以根据状态覆盖或迁移覆盖产生测试用例。有限状态机模型有成熟的理论基础,并且可以利用形式化语言和自动机理论来设计、操纵和分析,特别适合描述反应式软件系统,是最常用的软件描述和软件测试的模型。Beizer 等详细讨论了基于状态机的软件测试。基于有限状态机模型的测试研究已经取得一定研究成果,但是复杂软件往往要用很复杂的状态机表示,而构造状态机模型的工作量比较大,因此自动构造软件的有限状态机模型非常关键。

2. UML 模型

作为事实上的面向对象建模标准语言,统一建模语言(UML)在面向对象开发过程中得到了广泛应用,出现了大量商品化的支持工具,如 Rational Rose,因此基于 UML 模型的测试也得到了广泛关注。基于 UML 模型的测试研究主要集中于 UML 的状态图,还很少利用其他图(如部署图、组件图)的模型信息。状态图是有限状态机的扩展,强调了对复杂实时系统进行建模,提供了层次状态机的框架,即一个单独状态可以扩展为更低级别的状态机,并提供了并发机制的描述,因此 UML 使用状态图对单个类的行为建模。

3. 马尔可夫链

马尔可夫链是一种以统计理论为基础的统计模型,可以描述软件的使用,在软件统计测试中得到了广泛应用。马尔可夫链实际上是一种迁移具有概率特征的有限状态机,不仅可以根据状态间迁移概率自动产生测试用例,还可以分析测试结果,对软件性能指标和可靠性指标等进行度量。另外,马尔可夫链模型适用于对多种软件进行统计测试,并可以通过仿真得到状态和迁移覆盖的平均期望时间,有利于在开发早期对大规模软件系统进行测试时间和费用的规划。马尔可夫链是统计测试的基本模型,在净室软件工程中得到了深入研究,在微软公司、Raytheon 及美国联邦航空署都得到了成功应用。

基于模型的软件测试大大提高了测试自动化水平,部分解决了测试失效辨识问题,可以进行测试结果分析,有利于测试制品的重用,并可以应用成熟的理论和技术获得比较完善的分析结果。现代软件工程强调增量和迭代的开发过程,采用面向对象开发技术提高软件开发质量和加快软件开发速度,由于面向对象软件系统的规范多数使用模型表达,而这些模型中包含了大量可以用于软件测试的信息,因此基于模型的软件测试可以把软件测试工作提前到开发过程早期,如进行测试工作的早期规划。

统计测试是最成功的基于模型的软件测试,已经在工业界得到了广泛应用。统计测试可以通过仿真对测试时间和费用进行量化估计,并有利于跟踪、控制整个测试过程。目前,基于模型的软件测试多应用于嵌入式系统及 GUI 的设计和开发,并已经逐步扩展到可编程硬件接口和基于 Web 的应用。

基于模型的软件测试存在以下缺点：

(1) 测试人员需要具备一定的理论基础,如状态机理论和随机过程的知识,还要掌握相关工具的使用方法。

(2) 需要一定的前期投入,如模型的选择、软件功能划分、模型构造等。

(3) 有时无法克服模型的固有缺陷,如状态爆炸,这对检验、评审和维护模型都提出了要求,也直接影响了测试自动化状态。爆炸问题一般通过抽象和排除方法减小测试规模、降低测试难度来解决。

(4) 现有基于马尔可夫链的统计测试多数应用于通用商业软件开发,很少用于超高可靠性软件测试,统计测试只能说明软件在正常使用情况下的可靠性,而在某些特定使用情况下,如核电站紧急关机的测试实施和可靠性评估,还需要进一步深入研究。如何把统计测试应用于超高可靠性软件是统计测试得到进一步应用的关键。

9.3.2 完全自动化测试

随着软件数量、规模和复杂性的增长 ,软件测试的难度和工作量也在急剧增加,测试中需要大量机械地、重复地、非智力地工作，因此自动化测试的引入和推广是不可逆转的趋势。传统意义上的自动化测试并没有完全实现自动化,尤其是测试用例的设计和测试结果的比较。完全自动化测试是自动化测试的最高境界,是自动化测试的发展方向。

完全自动化测试是一个强大的集成测试环境,作为软件的一部分被完善和配置 ,可以自动地产生或恢复所需的桩代码(驱动、桩程序和模拟器)生成最合适的测试用例,执行并最终发布测试报告。

1. 测试用例的自动生成

测试用例的自动生成是人们进行软件测试研究长期以来都在探索的目标,但业界很大程度上仍然依靠手工设计测试用例。随着符号执行、模型检验、定理证明、静态和动态分析等理论的成熟,工业强制标准的推行和计算能力的进步,测试离自动生成测试用例的目标越来越近了。基于模型的方法、随机生成方法和多种多样的基于搜索的技术已经广泛应用于白盒和黑盒测试用例的生成。

2. 领域相关的测试方法

领域相关语言作为一种有效的解决方案,有助于满足领域专家表达抽象规格说明的苛刻需求 ,并且可以被自动转换成最优的实现方案。这种严格定义的领域相关需求也使测试受益。研究应该着眼于如何让领域知识改进测试过程,将领域相关方法扩展到测试阶段 ,并且找到领域相关方法和工具推进测试自动化。领域相关测试可以使用专门的方法、过程和工具,而这些方法反过来要用到可定制的建模和转换工具上,这与基于测试的建模关键技术有重叠之处。已有的领域相关测试技术包括数据库、图形用户界面的可用性、网络应用程序、航空电子和通信系统等。

3. 联机测试

联机测试又叫在线测试、监控运行时测试，是测试自动化的一种方式。这种测试技术已经存在 30 年了，随着软件系统复杂性的增加，联机测试受到了关注。联机测试关注软件在领域内的行为，目标是检验它们是否按照设定的行为执行，检测故障或性能问题。联机测试研究内容包括以下两点：

(1) 联机恢复。

(2) 分析脱机行为产生剖面或获取可靠性指标。

在线测试的一个特点是无须为被测系统设计测试套件来激励系统，只须被动地观察发生了什么。在线测试方法内在的被动性使得它们没有主动方法有效。

9.3.3 测试效率最大化

软件测试研究的最终目标是应用测试方法、工具和过程开发高质量的软件。测试效率最大化面临的最大障碍是现代系统不断增加的复杂性。

软件测试常使用回归测试确保程序或环境变化不会影响系统的正常功能。但由于回归测试高额的成本，需要采取有效的技术减少回归测试的数量，将回归测试用例进行分类并且自动地执行测试用例。兼顾效率和有效性，常用的回归测试方法包括重测全部用例、基于风险选择测试、基于操作剖面选择测试和再测试修改部分等。回归测试通常综合运用多种测试技术提高测试结果的可信度。

大多数软件测试研究都是基于故障同样重要和需要相同的修复费用这样的假设，而这种假设显然是不正确的，因此需要把经济价值融入测试过程，以帮助测试人员选择最适当的测试方法。测试中需要将估算的功能成本与现有的测试技术的效率比相结合。关键的问题是：应如何最高效的使用有限的测试预算？Boehm 提出了基于价值的软件工程(value-based software engineering，VBSE)方法，其中包括以价值为基础的基于风险的测试。

本章小结

本章介绍了当前软件测试行业的现状及改变现状的主要措施，对软件测试的发展趋势进行了分析，对基于模型的软件测试技术、完全自动化测试技术、测试效率最大化三个软件测试技术研究方向作了阐述。

附录A 常用软件测试术语中英文对照及说明

序号	英文名称	中文名称	含　义
1	software	软件	是计算机中与硬件(hardware)相结合的一部分，包括程序(program)和文档(document)
2	C/S	客户端/服务器	C指的是客户端(client)，S指的是服务器端(server)，这种软件是基于局域网或互联网的，需要一台服务器来安装服务器端软件，每台客户端都需要安装客户端软件。比如人们经常用的QQ、MSN和各种网络游戏就是属于C/S结构的软件
3	B/S	浏览器/服务器	B指的是浏览器(browser)，S指的是服务器(server)，这种软件同样是基于局域网或互联网的，它与C/S结构软件的区别就在于无须安装客户端(client)，只需有IE等浏览器就可以直接使用。比如搜狐、新浪等门户网站及163邮箱都是属于B/S结构的软件
4	bug/defect	缺陷	软件的bug指的是软件中(包括程序和文档)不符合用户需求的问题
5	software testing	软件测试	使用人工或自动手段，来运行或测试某个系统的过程。其目的在于检验它是否满足规定的需求或弄清预期结果与实际结果之间的差别(1983，IEEE软件工程标准术语)
6	testing environment (TE)	测试环境	软件测试环境就是软件运行的平台，包括软件、硬件和网络的集合。用一个等式来表示：测试环境＝软件＋硬件＋网络。其中，“硬件”主要包括PC(包括品牌机和兼容机)、笔记本、服务器、各种PDA终端等；“软件”主要指软件运行的操作系统；“网络”主要针对的是C/S结构和B/S结构的软件
7	test case(TC)	测试用例	指的是在测试执行之前设计的一套详细的测试方案，包括测试环境、测试步骤、测试数据和预期结果。用一个等式来简单表示：测试用例＝输入＋输出＋测试环境。其中，“输入”包括测试数据和操作步骤；“输出”指的是期望结果；测试环境指的是系统环境设置

续表

序号	英文名称	中文名称	含　义
8	black-box testing	黑盒测试	指的是把被测软件看做是一个黑盒子，不去关心盒子里面的结构是什么样子的，只关心软件的输入数据和输出结果
9	white-box testing	白盒测试	指把盒子盖打开，去研究里面的源代码和程序结构
10	gray-box testing	灰盒测试	可以把它看做是黑盒测试和白盒测试的一种结合
11	static testing	静态测试	是指不实际运行被测软件，而只是静态地检查程序代码、界面或文档中可能存在的错误的过程
12	walkthrough	代码走查	静态测试的一种方法，由开发组内部进行，采用讲解、讨论和模拟运行的方式进行的、查找错误的活动
13	inspection	代码审查	静态测试的一种方法，由开发组内部进行，采用讲解、提问并使用编码模板进行的、查找错误的活动。一般有正式的计划、流程和结果报告
14	review	技术评审	静态测试的一种方法，由开发组、测试组和相关人员(QA、产品经理等)联合进行，采用讲解、提问并使用编码模板进行的、查找错误的活动。一般有正式的计划、流程和结果报告
15	dynamic testing	动态测试	是指实际运行被测程序，输入相应的测试数据，检查实际输出结果和预期结果是否相符的过程
16	unit testing	单元测试	是指对软件中的最小可测试单元进行检查和验证。例如，在C语言中，单元一般指1个函数；Java里，单元一般指1个类；在图形化的软件中，单元也可以指1个窗口、1个菜单等
17	stub	桩模块	是指模拟被测模块所调用的模块
18	driver	驱动模块	是指模拟被测模块的上级模块，驱动模块用来接收测试数据，启动被测模块，并输出结果
19	integration testing	集成测试	是指将通过测试的单元模块组装成系统或子系统再进行测试，重点测试不同模块的接口部分
20	system testing	系统测试	指的是将整个软件系统看做是一个整体测试，包括对功能、性能的测试，以及对软件所运行的软、硬件环境的测试
21	acceptance testing	验收测试	指的是在系统测试的后期，以用户测试为主，或有测试人员等质量保障人员共同参与的测试，它也是软件正式交给用户使用的最后一道工序
22	Alpha 测试	阿尔法测试	验收测试的一种，指的是由用户、测试人员、开发人员等共同参与的内部测试
23	Beta 测试	贝特测试	验收测试的一种，指的是内测后的公测，即完全交给最终用户的测试
24	function testing	功能测试	是黑盒测试的一种，它检查实际软件的功能是否符合用户的需求
25	UI testing	界面测试	UI(user interface)即用户界面的缩写。一般情况下，都把软件的界面测试用例同软件的逻辑功能测试用例分开去写

续表

序号	英文名称	中文名称	含　　义
26	usability testing	易用性测试	是指从软件使用的合理性和方便性等角度对软件系统进行检查，来发现软件中不方便用户使用的地方
27	installation testing	安装测试	这里的安装测试是指广义上的，包括安装、卸载
28	compatibility testing	兼容性测试	兼容性测试包括硬件兼容性测试和软件兼容性测试；硬件兼容性主要是指软件运行的不同硬件平台的兼容性，如PC、笔记本、服务器等；软件兼容性主要是指软件运行在不同操作系统等软件平台上的兼容性
29	performance testing	性能测试	是指对软件的运行反馈速度、所消耗系统资源等各种性能指标的测试
30	reliability testing	可靠性测试	也叫稳定性测试，是指连续运行被测系统，检查系统运行时的稳定程度。人们通常用MTBF(mean time between failure)来衡量系统的稳定性，MTBF越大，系统的稳定性越强
31	load testing	负载测试	是性能测试的一种，通常是指被测系统在其能忍受的压力极限范围之内连续运行，来测试系统的稳定性
32	stress testing	压力测试	是性能测试的一种，通常是指持续不断地给被测系统增加压力，直到将被测系统被压垮为止，用来测试系统所能承受的最大压力
33	regression testing	回归测试	是指对软件的新版本测试时，重复执行上一个版本测试时的用例
34	smoke testing	冒烟测试	是指在对一个新版本进行系统大规模的测试之前，先验证一下软件的基本功能是否实现，是否具备可测性
35	random testing	随机测试	是指测试中所有的输入数据都是随机生成的，其目的是模拟用户的真实操作，并发现一些边缘性的错误
36	software quality assurance(SQA)	软件质量保障	为了确保软件开发过程和结果符合预期的要求，而建立的一系列规程，以及依照规程和计划采取的一系列活动及其结果评价
37	capability maturity model(CMM)	软件能力成熟度模型	CMM就是SQA用来监督项目的一个标准质量模型，是由卡内基－梅隆大学于20世纪80年代制定的，最初只是应用于本校的软件项目开发，后来逐渐推广为主流的行业标准。CMM共为5级：初始级、可重复级、已定义级、已管理级和优化级
38	valid equivalence class	有效等价类	是指符合《需求规格说明书》，合理地输入数据集合
39	invalid equivalence class	无效等价类	是指不符合《需求规格说明书》，无意义地输入数据集合
40	software life cycle	软件生命周期	是指软件开发和测试全部过程、活动和任务的结构框架，是从可行性研究到需求分析、软件设计、编码、测试、软件发布维护的过程
41	black-box testing tools	黑盒测试工具	是指测试功能或性能的工具，主要用于系统测试和验收测试；其又可分为功能测试工具和性能测试工具
42	white-box testing tools	白盒测试工具	是指测试软件的源代码的工具，可以实现代码的静态分析、动态测试、评审等功能，主要用于单元测试
43	testing management tools	测试管理工具	是指管理整个测试流程的工具，主要功能有测试计划的管理、测试用例的管理、缺陷跟踪、测试报告管理等，一般贯穿于整个软件生命周期

附录B UML基础

UML(unified nodeling language,统一建模语言)是用来对软件密集系统进行可视化建模的一种语言。UML为面向对象开发系统的产品进行说明、可视化和编制文档的一种标准语言。它是非专利的第三代建模和规约语言。UML是在开发阶段,说明、可视化、构建和书写一个面向对象软件密集系统的制品的开放方法。UML展现了一系列最佳工程实践,这些最佳实践在对大规模、复杂系统进行建模方面,特别是在软件架构层次已经被验证是有效的。1997年,UML被OMG(object management group,对象管理组)采纳作为软件建模语言的标准,可以应用于不同的软件开发过程。UML最适用于数据建模、业务建模、对象建模、组件建模。下面介绍常用的UML图并给予简要说明。

1. 用例图

用例图(use case diagram)描述了作为一个外部的观察者的视角对系统的印象,强调这个系统是什么而不是这个系统怎么工作。用例图与情节紧紧相关,情节是指当某个人与系统进行互动时发生的情况。下面是一个医院门诊部的情节。

"一个病人打电话给门诊部预约一年一次的身体检查。接待员在预约记录本上找出最近的没有预约过的时间,并记上那个时间的预约记录。"

用例是为了完成一个工作或者达到一个目的的一系列情节的总和。角色是发动与这个工作有关的事件的人或者事情,角色简单的扮演着人或者对象的作用。图B-1给出了一个门诊部Make Appointment用例。角色是病人。角色与用例的联系是通信联系(communication association)。

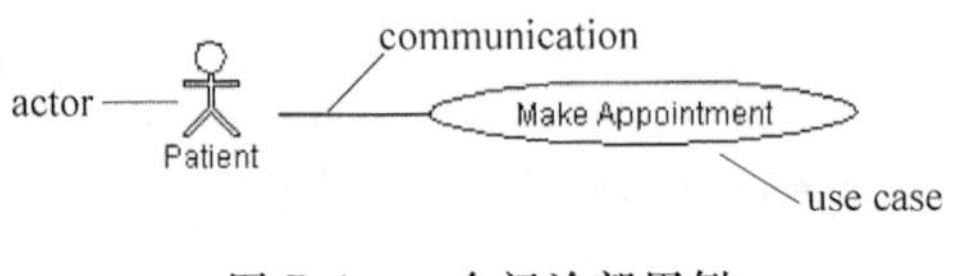

图B-1　一个门诊部用例

角色是人状的图标,用例是一个椭圆,通信是连接角色和用例的线。一个用例图是角色、用例和它们之间的联系的集合。把Make Appointment作为一个含有4个角色和4个用例的图的一部分。注意一个单独的用例可以有多个角色,如图B-2所示。

用例图在3个领域内很有作用:

(1) 决定特征(需求)。当系统已经分析好并且设计成型时,新的用例产生新的需求。

(2) 客户通信。使用用例图很容易表示开发者与客户之间的联系。

(3) 产生测试用例。一个用例的情节可能产生这些情节的一批测试用例。

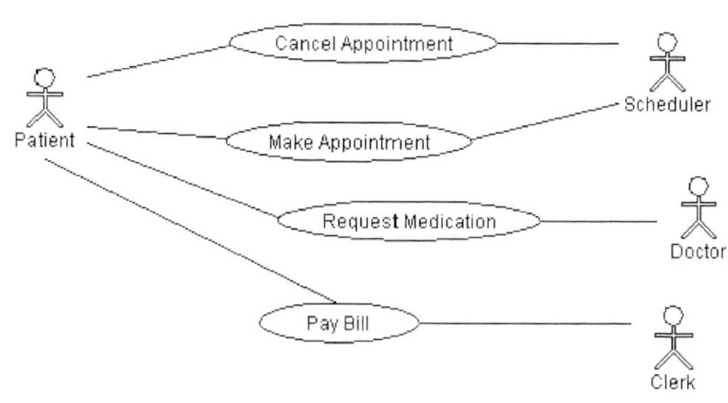

图 B-2 示例用列图

2. 类图

类图(class diagram)通过显示出系统的类以及这些类之间的关系来表示系统。类图是静态的,它们显示出什么可以产生影响但不会告诉什么时候产生影响。下面是一个顾客从零售商处预定商品的模型类图。中心类是 Order,连接它的是购买货物的 Customer 和 Payment。Payment 有 3 种形式:Cash、Check 或者 Credit。订单包括 OrderDetail(line item),每个这种类都连着 Item,如图 B-3 所示。

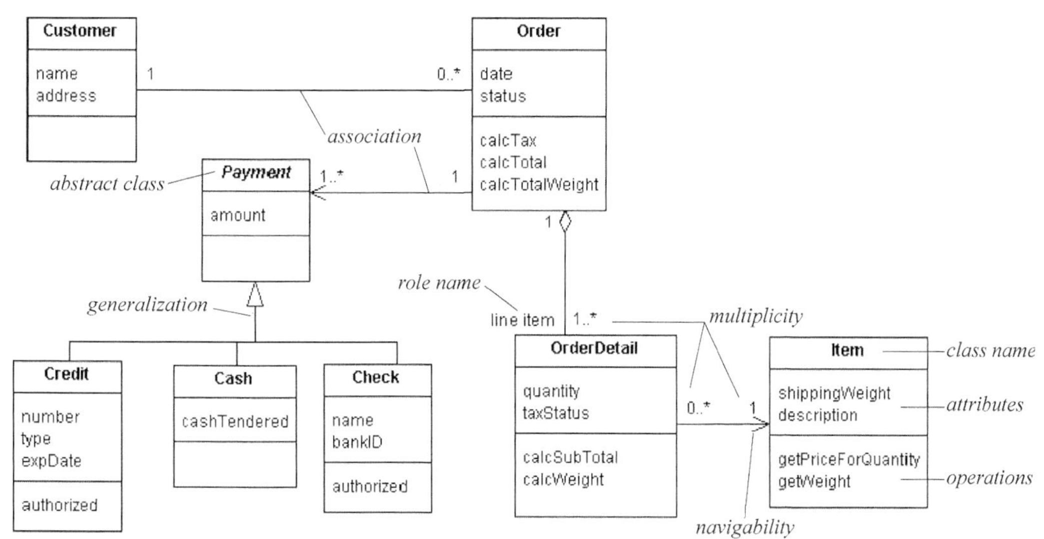

图 B-3 一个完整的类图

UML 类的符号是一个被划分成 3 块的方框:类名、属性和操作。抽象类的名字,像 Payment 是斜体的。类之间的关系是连接线。类图有 3 种关系:

(1) 关联(association):表示两种类的实例间的关系。如果一个类的实例必须要用另一个类的实例才能完成工作时就要用关联。在图 B-3 中,关联用两个类之间的连线表示。

(2) 聚合(aggregation):当一个类属于一个容器时的一种特殊关系。聚合用一个带菱形的连线,菱形指向具有整体性质的类。在图 B-3 中,Order 是 OrderDetail 的容器。

(3) 泛化(generalization):一个指向以其他类作为超类的继承连线。泛化关系用一个三角形指向超类。Payment 是 Cash、Check 和 Credit 的超类。

一个关联有两个尾端，每个尾端可以有一个角色名(role name)来说明关联的作用。比如一个 OrderDetail 实例是一个 Order 实例的项目。关联上的方向性(navigability)箭头表示该关联传递或查询的方向。OrderDetail 类可以查询它的 Item，但不可以反过来查询。箭头方向同样可以告诉哪个类拥有这个关联的实现；也就是 OrderDetail 拥有 Item，没有方向性箭头的关联是双向的。

关联尾端的数字表示该关联另一边的一个实例可以对应的数字端的实例的格数，通过这种方式表达关联的多样性(multiplicity)。多样性的数字可以是一个单独的数字或者是一个数字的范围。在图 B-3 中，每个 Order 只有一个 Customer，但一个 Customer 可以有任意多个 Order。

3. 包和对象图

为了简单地表示出复杂的类图，可以把类组合成包 packages。一个包是 UML 上有逻辑关系的元件的集合。图 B-4 是一个把类组合成包的一个商业模型，dependencies 关系。如果另一个包 B 改变可能会导致一个包 A 改变，则包 A 依赖包 B。

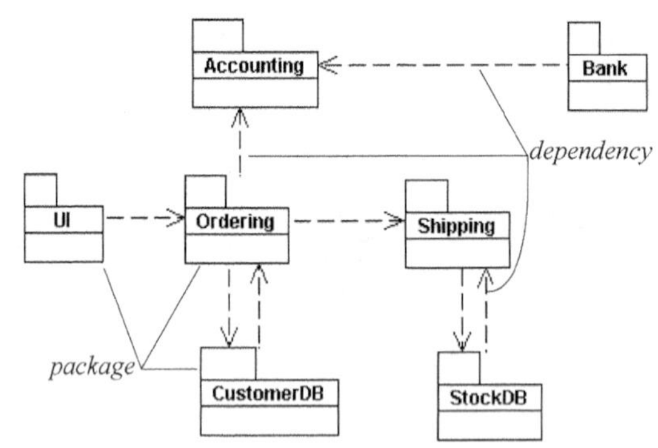

图 B-4 一个完整的类图

包是用一个在上方带有小标签的矩形表示的，包名写在标签上或者在矩形里面，点画线箭头表示依赖。对象图(object diagram)用来表示类的实例，在解释复杂关系的细小问题时(特别是递归关系时)很有用。图 B-5 所示的类图是一所大学的 Department，它可以包括其他很多的 Departments。

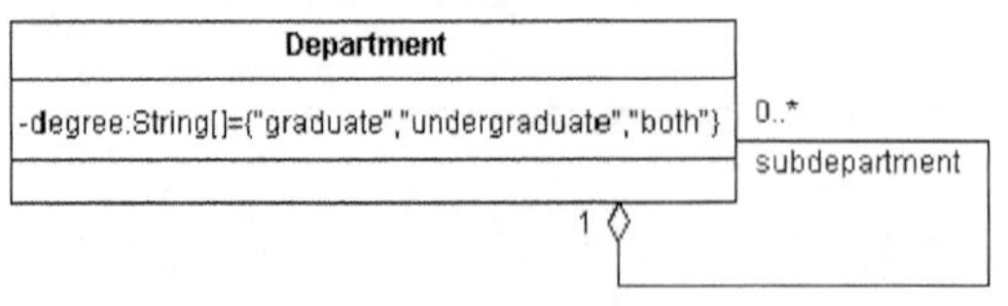

图 B-5 一个完整的类图

这个对象图的实例如图 B-6 所示。其中用了很多具体的例子，UML 中实例名带有下划线。只要意思清楚，类或实例名可以在对象图中被省略。

每个类图的矩形对应了一个单独的实例，实例名称中所强调的是 UML 图表。类或实例的名称可以省略，对象图表只要图的意义仍然是明确的。

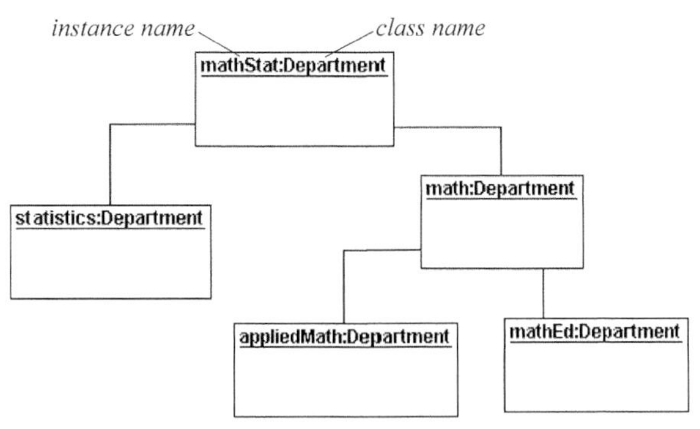

图 B-6 一个完整的类图

4. 顺序图

类图和对象图是静态模型的视图。交互图是动态的，它们描述了对象间的交互作用。顺序图将交互关系表示为一个二维图。纵向是时间轴，时间沿竖线向下延伸；横向轴代表了在协作中各独立对象的类元角色。类元角色用生命线表示。当对象存在时，角色用一条虚线表示，当对象的过程处于激活状态时，生命线是一个双道线。消息用从一个对象的生命线到另一个对象的生命线的箭头表示。箭头以时间顺序在图中从上到下排列，如图 B-7 所示。

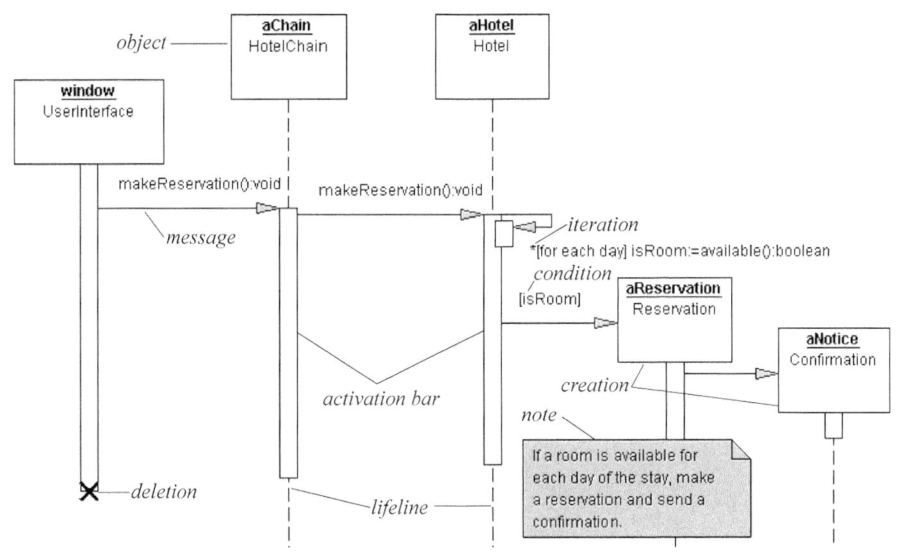

图 B-7 顺序图

5. 协作图

协作图也是互动的图表，它们像序列图一样也传递相同的信息，但它们不关心什么时候消息被传递，只关心对象的角色。对象的角色放在上面而消息则是连接线，如图 B-8 所示。

对象角色矩形上标有类或对象名（或者都有），类名前面有个冒号（：）。协作图的每个消息都有一个序列号，顶层消息的数字是 1，同一个等级的消息（也就是同一个调用中的消息）有同样的数字前缀，再根据它们出现的顺序增加一个后缀 1、2 等。

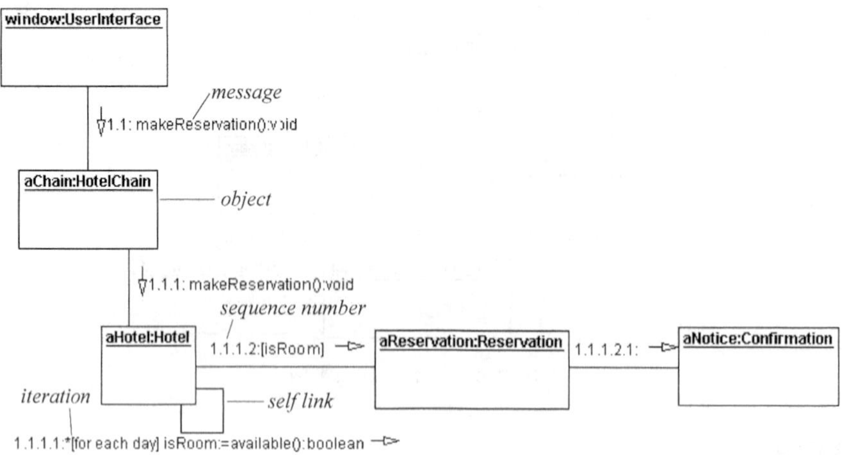

图 B-8 协作图

6. 状态图

对象拥有行为和状态。对象状态是由对象当前的行动和条件决定的。状态图(statechart diagram)显示出了对象可能的状态以及由状态改变而导致的转移。模型例图建立了一个银行的在线登录系统。登录过程包括输入合法的密码和个人账号,再提交给系统验证信息。登录系统可以被划分为 4 种不重叠的状态：Getting SSN、Getting PIN、Validating 以及 Rejecting。每个状态都有一套完整的转移 transitions 来决定状态的顺序,如图 B-9 所示。

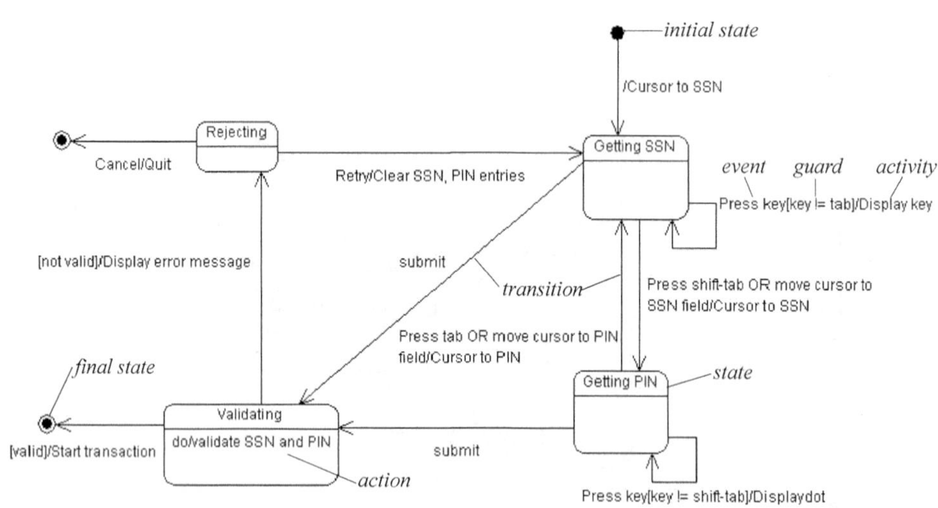

图 B-9 状态图

状态是用圆角矩形来表示的,转移则是使用带箭头的连线表示,触发转移的事件或者条件写在箭头的旁边。图 B-9 有两个自转移：一个是在 Getting SSN,另一个则在 Getting PIN。初始状态(黑色圆圈)是开始动作的虚拟开始,结束状态也是动作的虚拟结束,事件或条件触发动作时用(/动作)表示。当进入 Validating 状态时,对象并不等外部事件触发转移，取而代之，它产生一个动作，动作的结果决定了下一步的状态。

7. 活动图

活动图(activity diagram)是一个很特别的流程图。活动图和状态图之间是有关系的，状态图把焦点集中在过程中的对象身上，而活动图则集中在一个单独过程动作流程上。活动图告诉了活动之间的依赖关系。使用如下的过程来讲："通过 ATM 来取钱。"这个活动有 3 个类 Customer、ATM 和 Bank，整个过程从黑色圆圈开始到黑白的同心圆结束，活动用圆角矩形表示，如图 B-10 所示。

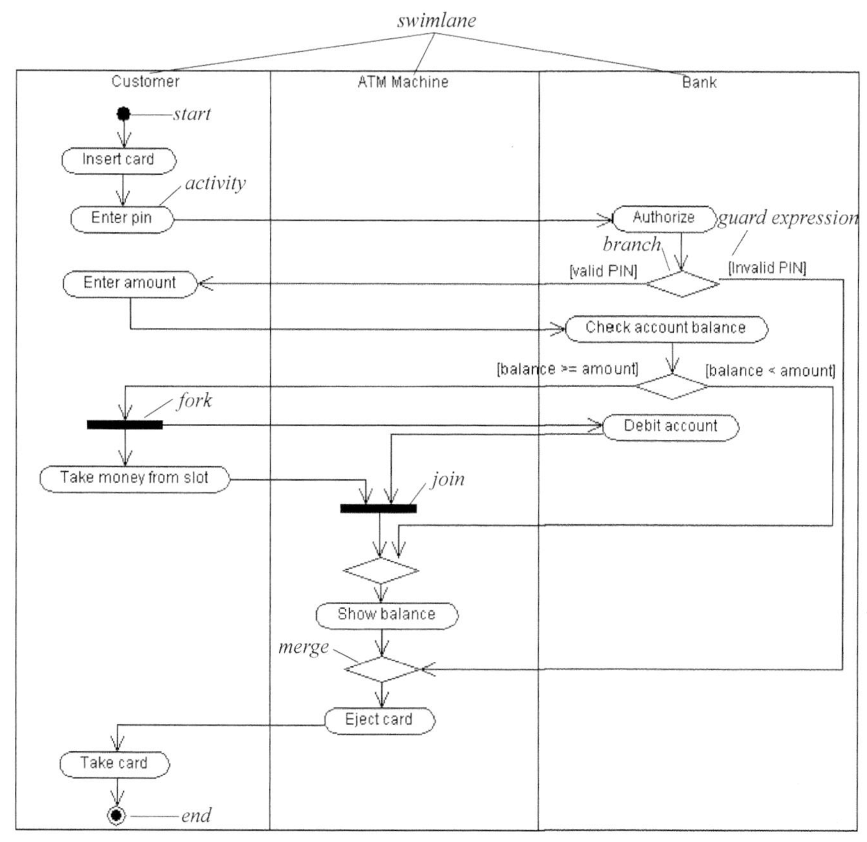

图 B-10 活动图

活动图可以被分解成许多对象泳道(swimlanes)，可以决定哪些对象负责哪些活动。每个活动都有一个单独的转移(transition)连接其他的活动，转移可能分支(branch)成两个以上的、互斥的转移，保护表达式(在[]中)表示转移是从一个分支中引出的，分支以及分支结束时的合并(merge)在图 B-10 中用菱形表示。转移也可以分解(fork)成两个以上的并行活动，分解以及分解结束时的线程结合(join)在图中用粗黑线表示。

8. 组件与配置图

组件(component)是代码模块，组件图是类图的物理实现。配置图(deployment diagram)则是显示软件及硬件的配置。与房地产事务有关的软件及硬件组件关系的配置图如图 B-11 所示。

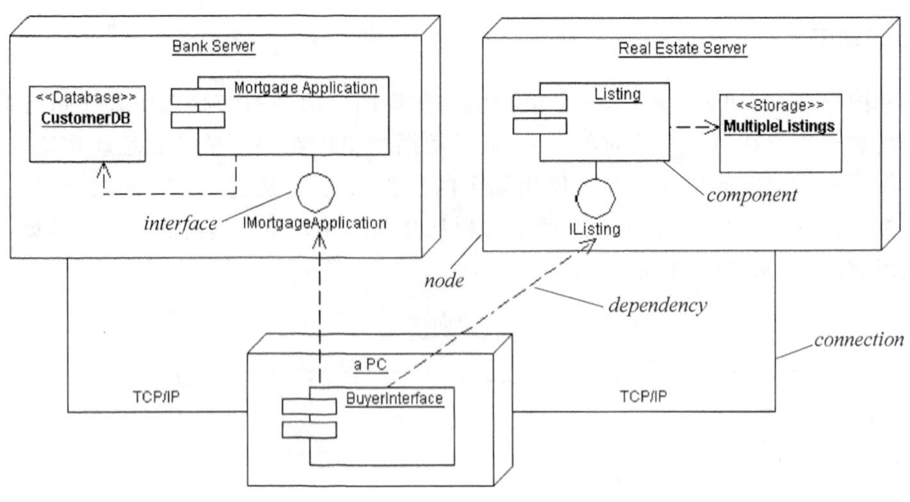

图 B-11 装配图

物理上的硬件使用节点(nodes)表示。每个组件属于一个节点,组件用左上角带有两个小矩形的矩形表示。

测试计划模板

<项目名称>

测试计划

版本 < x. x >

［注：以下提供的模板用于 Rational Unified Process。其中包括用方括号括起来并以斜体(样式＝InfoBlue)显示的文本，它们用于向作者提供指导，在发布此文档之前应该将其删除。按此样式输入的段落将被自动设置为普通样式(样式＝正文)。］

修订历史记录

日期	版本	说明	作者
<日/月/年>	< x. x >	<详细信息>	<姓名>

目　录

测 试 计 划

1. 简介

1.1　目的

<项目名称>的这一“测试计划”文档有助于实现以下目标：

(1) [确定现有项目的信息和应测试的软件构件。

(2) 列出推荐的测试需求(高级需求)。

(3) 推荐可采用的测试策略，并对这些策略加以说明。

(4) 确定所需的资源，并对测试的工作量进行估计。

(5) 列出测试项目的可交付元素。]

1.2　背景

[对测试对象(构件、应用程序、系统等)及其目标进行简要说明。需要包括的信息有：主要的功能和性能、测试对象的构架以及项目的简史。本节应该只有3～5个段落。]

1.3　范围

[描述测试的各个阶段(例如单元测试、集成测试或系统测试)，并说明本计划所针对的测试类型(如功能测试或性能测试)。

简要地列出测试对象中将接受测试或将不接受测试的那些性能和功能。

如果在编写此文档的过程中做出的某些假设可能会影响测试设计、开发或实施，则列出所有这些假设。

列出可能会影响测试设计、开发或实施的所有风险或意外事件。

列出可能会影响测试设计、开发或实施的所有约束。]

1.4　项目核实

下表列出了制定测试计划时所使用的文档，并标明了各文档的可用性：[注：可适当地删除或添加文档项。]

文档(版本/日期)	已创建或可用	已被接收或已经过复审	作者或来源	备　　注
需求规约	□是 □否	□是 □否		
功能性规约	□是 □否	□是 □否		
用例报告	□是 □否	□是 □否		
项目计划	□是 □否	□是 □否		
设计规约	□是 □否	□是 □否		
原型	□是 □否	□是 □否		
用户手册	□是 □否	□是 □否		
业务模型或业务流程	□是 □否	□是 □否		
数据模型或数据流	□是 □否	□是 □否		
业务功能和业务规则	□是 □否	□是 □否		
项目或业务风险评估	□是 □否	□是 □否		

2. 测试需求

下表用于确定被当做测试对象的各项需求(例如用例、功能性需求和非功能性需求)。表中列出了将要测试的对象。

[在此处输入一个主要测试需求的高级列表。]

3. 测试策略

[测试策略提供了对测试对象进行测试的推荐方法。上一节"测试需求"中说明的是测试对象,而本节则要说明如何对测试对象进行测试。

对于每种测试,都应提供测试说明,并解释其实施和执行的原因。

如果将不实施和执行某种测试,则应该用一句话加以说明,并陈述这样做的理由。例如,"将不实施和执行该测试。该测试不合适"。

制定测试策略时所考虑的主要事项有:将要使用的技术以及判断测试何时完成的标准。

下面列出了在进行每项测试时需考虑的事项,除此之外,测试还只应在安全的环境中使用已知的、有控制的数据库来执行。]

3.1 测试类型

3.1.1 数据和数据库完整性测试

[在<项目名称>中,数据库和数据库进程应作为一个子系统来进行测试。在测试这些子系统时,不应将测试对象的用户界面用作数据的接口。对于数据库管理系统(DBMS),还需要进行深入的研究,以确定可以支持以下测试的工具和技术。]

测试目标	[确保数据库访问方法和进程正常运行,数据不会遭到损坏。]
技术	[调用各个数据库访问方法和进程,并在其中填充有效的和无效的数据(或对数据的请求)。 检查数据库,确保数据已按预期的方式填充,并且所有的数据库事件都已正常发生;或者检查所返回的数据,确保为正当的理由检索到了正确的数据]
完成标准	[所有的数据库访问方法和进程都按照设计的方式运行,数据没有遭到损坏。]
需考虑的特殊事项	[测试可能需要 DBMS 开发环境或驱动程序在数据库中直接输入或修改数据。 进程应该以手工方式调用。 应使用小型或最小的数据库(记录的数量有限)来使所有无法接受的事件具有更大的可视度。]

3.1.2 功能测试

[对测试对象的功能测试应侧重于所有可直接追踪到用例或业务功能和业务规则的测试需求。这种测试的目标是核实数据的接收、处理和检索是否正确,以及业务规则的实施是否恰当。此类测试基于黑盒技术,该技术通过图形用户界面(GUI)与应用程序进行交互,并对交互的输出或结果进行分析,以此来核实应用程序及其内部进程。以下为各种应用程序列出了推荐使用的测试概要:]

测试目标	[确保测试对象的功能正常，其中包括导航、数据输入、处理和检索等功能。]
技术	[利用有效的和无效的数据来执行各个用例、用例流或功能，以核实以下内容： 在使用有效数据时得到预期的结果。 在使用无效数据时显示相应的错误消息或警告消息。 各业务规则都得到了正确的应用。]
完成标准	[所计划的测试已全部执行。 所发现的缺陷已全部解决。]
需考虑的特殊事项	[确定或说明那些将对功能测试的实施和执行造成影响的事项或因素（内部的或外部的）]

3.1.3 业务周期测试

[业务周期测试应模拟在一段时间内对<项目名称>执行的活动。应先确定一个时间段（例如一年），然后执行将在该时间段（一年内）发生的事务和活动。这种测试包括所有的日、周和月周期，以及所有与日期相关的事件（如备忘录）。]

测试目标	[确保测试对象及背景的进程都按照所要求的业务模型和时间表正确运行。]
技术	[通过执行以下活动，测试将模拟若干个业务周期： 将修改或改进对测试对象进行的功能测试，以增加每项功能的执行次数，从而在指定的时间段内模拟若干个不同的用户。 将使用有效的和无效的数据或时间段来执行所有与时间或数据相关的功能。 将在适当的时间执行或启用所有周期性出现的功能。 在测试中还将使用有效的和无效的数据，以核实以下内容： 在使用有效数据时得到预期的结果。 在使用无效数据时显示相应的错误消息或警告消息。 各业务规则都得到了正确的应用。]
完成标准	[所计划的测试已全部执行。 所发现的缺陷已全部解决。]
需考虑的特殊事项	[系统日期和事件可能需要特殊的支持活动。 需要通过业务模型来确定相应的测试需求和测试过程。]

3.1.4 用户界面测试

[用户界面（UI）测试用于核实用户与软件之间的交互。UI 测试的目标是确保用户界面会通过测试对象的功能来为用户提供相应的访问或浏览功能。另外，UI 测试还可确保 UI 中的对象按照预期的方式运行，并符合公司或行业的标准。]

测试目标	[核实以下内容： 通过测试对象进行的浏览可正确反映业务的功能和需求，这种浏览包括窗口与窗口之间、字段与字段之间的浏览，以及各种访问方法（Tab 键、鼠标移动和快捷键）的使用、窗口的对象和特征（例如菜单、大小、位置、状态和中心）都符合标准。]
技术	[为每个窗口创建或修改测试，以核实各个应用程序窗口和对象都可正确地进行浏览，并处于正常的对象状态。]
完成标准	[成功地核实出各个窗口都与基准版本保持一致，或符合可接受标准。]
需考虑的特殊事项	[并不是所有定制或第三方对象的特征都可访问。]

3.1.5 性能评测

[性能评测是一种性能测试,它对响应时间、事务处理速率和其他与时间相关的需求进行评测和评估。性能评测的目标是核实性能需求是否都已满足。实施和执行性能评测的目的是将测试对象的性能行为当做条件(例如工作量或硬件配置)的一种函数来进行评测和微调。

注:以下所说的事务是指逻辑业务事务。这种事务被定义为将由系统的某个 Actor 通过使用测试对象来执行的特定用例,例如添加或修改给定的合同。]

测试目标	[核实所指定的事务或业务功能在以下情况下的性能行为: 正常的预期工作量; 预期的最繁重工作量。]
技术	[使用为功能或业务周期测试制定的测试过程。 通过修改数据文件来增加事务数量,或通过修改脚本来增加每项事务的迭代数量。 脚本应该在一台计算机上运行(最好是以单个用户、单个事务为基准),并在多个客户机(虚拟的或实际的客户机,请参见下面的“需要考虑的特殊事项”)上重复。]
完成标准	[单个事务或单个用户:在每个事务所预期或要求的时间范围内成功地完成测试脚本,没有发生任何故障。] [多个事务或多个用户:在可接受的时间范围内成功地完成测试脚本,没有发生任何故障。]
需考虑的特殊事项	[综合的性能测试还包括在服务器上添加后台工作量。 可采用多种方法来执行此操作,其中包括: 直接将“事务强行分配到”服务器上,这通常以“结构化查询语言”(SQL) 调用的形式来实现。 通过创建“虚拟的”用户负载来模拟许多个(通常为数百个)客户机。此负载可通过“远程终端仿真”(remote terminal emulation) 工具来实现。此技术还可用于在网络中加载“流量”。 使用多台实际客户机(每台客户机都运行测试脚本)在系统上添加负载。 性能测试应该在专用的计算机上或在专用的机时内执行,以便实现完全的控制和精确的评测。 性能测试所用的数据库应该是实际大小或相同缩放比例的数据库。]

3.1.6 负载测试

[负载测试是一种性能测试。在这种测试中,将使测试对象承担不同的工作量,以评测和评估测试对象在不同工作量条件下的性能行为,以及持续正常运行的能力。负载测试的目标是确定并确保系统在超出最大预期工作量的情况下仍能正常运行。此外,负载测试还要评估性能特征,例如响应时间、事务处理速率和其他与时间相关的方面。]

[注:以下所说的事务是指逻辑业务事务。这种事务被定义为将由系统的某个最终用户通过使用应用程序来执行的特定功能,例如添加或修改给定的合同。]

测试目标	[核实所指定的事务或商业理由在不同的工作量条件下的性能行为时间。]
技术	[使用为功能或业务周期测试制定的测试。 通过修改数据文件来增加事务数量,或通过修改测试来增加每项事务发生的次数。]
完成标准	[多个事务或多个用户:在可接受的时间范围内成功地完成测试,没有发生任何故障。]
需考虑的特殊事项	[负载测试应该在专用的计算机上或在专用的机时内执行,以便实现完全的控制和精确的评测。 负载测试所用的数据库应该是实际大小或相同缩放比例的数据库。]

3.1.7 强度测试

[强度测试是一种性能测试,实施和执行此类测试的目的是找出因资源不足或资源争用而导致的错误。如果内存或磁盘空间不足,测试对象就可能会表现出一些在正常条件下并不明显的缺陷。而其他缺陷则可能由于争用共享资源(如数据库锁或网络带宽)造成。强度测试还可用于确定测试对象能够处理的最大工作量。]

[注:以下提到的事务都是指逻辑业务事务。]

测试目标	[核实测试对象能够在以下强度条件下正常运行,不会出现任何错误: 服务器上几乎没有或根本没有可用的内存(RAM 和 DASD); 连接或模拟了最大实际(实际允许)数量的客户机; 多个用户对相同的数据或账户执行相同的事务; 最繁重的事务量或最差的事务组合(请参见上面的"性能测试")。 注:强度测试的目标可表述为确定和记录那些使系统无法继续正常运行的情况或条件。 客户机的强度测试在"配置测试"的第 3.1.11 节中进行了说明。]
技术	[使用为性能评测或负载测试制定的测试。 要对有限的资源进行测试,就应该在一台计算机上运行测试,而且应该减少或限制服务器上的 RAM 和 DASD。 对于其他强度测试,应该使用多台客户机来运行相同的测试或互补的测试,以产生最繁重的事务量或最差的事务组合。]
完成标准	[所计划的测试已全部执行,并且在达到或超出指定的系统限制时没有出现任何软件故障,或者导致系统出现故障的条件并不在指定的条件范围之内。]
需考虑的特殊事项	[如果要增加网络工作强度,可能会需要使用网络工具来给网络加载消息或信息包。 应该暂时减少用于系统的 DASD,以限制数据库可用空间的增长。 使多个客户机对相同的记录或数据账户同时进行的访问达到同步。]

3.1.8 容量测试

[容量测试使测试对象处理大量的数据,以确定是否达到了将使软件发生故障的极限。容量测试还将确定测试对象在给定时间内能够持续处理的最大负载或工作量。例如,如果测试对象正在为生成一份报表而处理一组数据库记录,那么容量测试就会使用一个大型的测试数据库,检验该软件是否正常运行并生成了正确的报表。]

测试目标	[核实测试对象在以下高容量条件下能否正常运行： 连接或模拟了最大(实际或实际允许)数量的客户机，所有客户机在长时间内执行相同的、且情况(性能)最坏的业务功能。 已达到最大的数据库大小(实际的或按比例缩放的)，而且同时执行了多个查询或报表事务。]
技术	[使用为性能评测或负载测试制定的测试。 应该使用多台客户机来运行相同的测试或互补的测试，以便在长时间内产生最繁重的事务量或最差的事务组合(请参见上面的"强度测试")。 创建最大的数据库大小(实际的、按比例缩放的或填充了代表性数据的数据库)，并使用多台客户机在长时间内同时运行查询和报表事务。]
完成标准	[所计划的测试已全部执行，而且在达到或超出指定的系统限制时没有出现任何软件故障。]
需考虑的特殊事项	[对于上述的高容量条件，哪个时间段是可以接受的时间。]

3.1.9 安全性和访问控制测试

[安全性和访问控制测试侧重于安全性的两个关键方面：

应用程序级别的安全性，包括对数据或业务功能的访问；

系统级别的安全性，包括对系统的登录或远程访问。

应用程序级别的安全性可确保：在预期的安全性情况下，主角只能访问特定的功能或用例，或者只能访问有限的数据。例如，可能会允许所有人输入数据、创建新账户，但只有管理员才能删除这些数据或账户。如果具有数据级别的安全性，测试就可确保"用户类型一"能够看到所有客户消息(包括财务数据)，而"用户类型二"只能看见同一客户的统计数据。

系统级别的安全性可确保只有具备系统访问权限的用户才能访问应用程序，而且只能通过相应的网关来访问。]

测试目标	(1) 应用程序级别的安全性：[核实主角只能访问其所属用户类型已被授权访问的那些功能或数据。] (2) 系统级别的安全性：[核实只有具备系统和应用程序访问权限的主角才能访问系统和应用程序。]
技术	(1) 应用程序级别的安全性：[确定并列出各用户类型及其被授权访问的功能或数据。] [为各用户类型创建测试，并通过创建各用户类型所特有的事务来核实其权限。] 修改用户类型并为相同的用户重新运行测试。对于每种用户类型，确保正确地提供或拒绝了这些附加的功能或数据。 (2) 系统级别的访问：[请参见以下的"需考虑的特殊事项"]
完成标准	[各种已知的主角类型都可访问相应的功能或数据，而且所有事务都按照预期的方式运行，并在先前的应用程序功能测试中运行了所有的事务。]
需考虑的特殊事项	[必须与相应的网络或系统管理员一起对系统访问权进行检查和讨论。由于此测试可能是网络管理或系统管理的职能，可能无须执行此测试。]

3.1.10 故障转移和恢复测试

[故障转移和恢复测试可确保测试对象能成功完成故障转移，并能从导致意外数据损失或数据完整性破坏的各种硬件、软件或网络故障中恢复。

故障转移测试可确保：对于必须持续运行的系统，一旦发生故障，备用系统就将不失时机地“顶替”发生故障的系统，以避免丢失任何数据或事务。

恢复测试是一种对抗性的测试过程。在这种测试中，将把应用程序或系统置于极端的条件下（或者是模拟的极端条件下），以产生故障（例如设备输入/输出（I/O）故障或无效的数据库指针和关键字）。然后调用恢复进程并监测和检查应用程序和系统，核实应用程序或系统和数据已得到了正确的恢复。]

测试目标	[确保恢复进程（手工或自动）将数据库、应用程序和系统正确地恢复到了预期的已知状态。测试中将包括以下各种情况： 客户机断电； 服务器断电； 通过网络服务器产生的通信中断； DASD 和/或 DASD 控制器被中断、断电或与 DASD 和/或 DASD 控制器的通信中断； 周期未完成（数据过滤进程被中断，数据同步进程被中断）； 数据库指针或关键字无效； 数据库中的数据元素无效或遭到破坏。]
技术	[应该使用为功能和业务周期测试创建的测试来创建一系列的事务。一旦达到预期的测试起点，就应该分别执行或模拟以下操作： 客户机断电：关闭 PC 的电源。 服务器断电：模拟或启动服务器的断电过程。 通过网络服务器产生的中断：模拟或启动网络的通信中断（实际断开通信线路的连接或关闭网络服务器或路由器的电源）。 DASD 和 DASD 控制器被中断、断电或与 DASD 和 DASD 控制器的通信中断：模拟与一个或多个 DASD 控制器或设备的通信，或实际取消这种通信。 一旦实现了上述情况（或模拟情况），就应该执行其他事务。而且一旦达到第二个测试点状态，就应调用恢复过程。 在测试不完整的周期时，所使用的技术与上述技术相同，只不过应异常终止或提前终止数据库进程本身。 对以下情况的测试需要达到一个已知的数据库状态。当破坏若干个数据库字段、指针和关键字时，应该以手工方式在数据库中（通过数据库工具）直接进行。其他事务应该通过使用“应用程序功能测试”和“业务周期测试”中的测试来执行，并且应执行完整的周期。]
完成标准	[在所有上述情况中，应用程序、数据库和系统应该在恢复过程完成时立即返回到一个已知的预期状态。此状态包括仅限于已知损坏的字段、指针或关键字范围内的数据损坏，以及表明进程或事务因中断而未被完成的报表。]
需考虑的特殊事项	[恢复测试会给其他操作带来许多的麻烦。断开缆线连接的方法（模拟断电或通信中断）可能并不可取或不可行。所以，可能会需要采用其他方法，例如诊断性软件工具。 需要系统（或计算机操作）、数据库和网络组中的资源。 这些测试应该在工作时间之外或在一台独立的计算机上运行。]

3.1.11 配置测试

[配置测试核实测试对象在不同的软件和硬件配置中的运行情况。在大多数生产环境中,客户机工作站、网络连接和数据库服务器的具体硬件规格会有所不同。客户机工作站可能会安装不同的软件,例如应用程序、驱动程序等,而且在任何时候,都可能运行许多不同的软件组合,从而占用不同的资源。]

测试目标	[核实测试对象可在所需的硬件和软件配置中正常运行。]
技术	[使用功能测试脚本。 在测试过程中或在测试开始之前,打开各种与非测试对象相关的软件(例如 Microsoft 应用程序中的 Excel 和 Word),然后将其关闭。 执行所选的事务,以模拟主角与测试对象软件和非测试对象软件之间的交互。 重复上述步骤,尽量减少客户机工作站上的常规可用内存。]
完成标准	[对于测试对象软件和非测试对象软件的各种组合,所有事务都成功完成,没有出现任何故障。]
需考虑的特殊事项	[需要、可以使用并可以通过桌面访问哪种非测试对象软件? 通常使用的是哪些应用程序? 应用程序正在运行什么数据?例如,在 Excel 中打开的大型电子表格,或是在 Word 中打开的 100 页文档。 作为此测试的一部分,应将整个系统、Netware、网络服务器、数据库等都记录下来。]

3.1.12 安装测试

[安装测试有两个目的。第一个目的是确保该软件在正常情况和异常情况的不同条件下,例如,进行首次安装、升级、完整的或自定义的安装,都能进行安装。异常情况包括磁盘空间不足、缺少目录创建权限等。第二个目的是核实软件在安装后可立即正常运行。这通常是指运行大量为功能测试制定的测试。]

测试目标	[核实在以下情况下,测试对象可正确地安装到各种所需的硬件配置中: 首次安装。以前从未安装过<项目名称>的新计算机更新。以前安装过相同版本的<项目名称>的计算机更新。以前安装过< Project Name >的较早版本的计算机更新。]
技术	[手工开发脚本或开发自动脚本,以验证目标计算机的状况(首次安装<项目名称>从未安装过;<项目名称>安装过相同或较早的版本)。 启动或执行安装。 使用预先确定的功能测试脚本子集来运行事务。]
完成标准	[<项目名称> 事务成功执行,没有出现任何故障。]
需考虑的特殊事项	[应该选择<项目名称>的哪些事务才能准确地测试出<项目名称>应用程序已经成功安装,而且没有遗漏主要的软件构件?]

3.2 工具

此项目将使用以下工具:

[注:可适当地删除或添加工具项。]

	工具	产商/自产	版本
测试管理			
缺陷跟踪			
用于功能性测试的 SQA 工具			
用于性能测试的 SQA 工具			
测试覆盖监测器或评测器			
项目管理			
DBMS 工具			

4. 资源

[本节列出推荐<项目名称>项目使用的资源,及其主要职责、知识或技能。]

4.1 角色

下表列出了在此项目的人员配备方面所作的各种假定。
[注:可适当地删除或添加角色项。]

人力资源		
角色	所推荐的最少资源 (所分配的专职角色数量)	具体职责或注释
测试经理、测试项目经理		进行管理监督。职责: (1) 提供技术指导; (2) 获取适当的资源; (3) 提供管理报告。
测试设计员		确定测试用例、确定测试用例的优先级并实施测试用例。职责: (1) 生成测试计划; (2) 生成测试模型; (3) 评估测试工作的有效性。
测试员		执行测试。职责: (1) 执行测试; (2) 记录结果; (3) 从错误中恢复; (4) 记录变更请求。
测试系统管理员		确保测试环境和资产得到管理和维护。职责: (1) 管理测试系统; (2) 分配和管理角色对测试系统的访问权。
数据库管理员		确保测试数据(数据库)环境和资产得到管理和维护。职责: 管理测试数据(数据库)。

续表

人力资源		
角色	所推荐的最少资源 (所分配的专职角色数量)	具体职责或注释
设计员		确定并定义测试类的操作、属性和关联关系。职责: (1) 确定并定义测试类; (2) 确定并定义测试包。
实施员		实施测试类和测试包,并对它们进行单元测试。职责: 创建在测试模型中实施的测试类和测试包

4.2 系统

下表列出了测试项目所需的系统资源。

[此时并不完全了解测试系统的具体元素。建议使系统模拟生产环境,并在适当的情况下减小访问量和数据库大小。]

[注:可适当地删除或添加系统资源项。]

系统资源	
资源	名称/类型
数据库服务器	
网络或子网	TBD
服务器名称	TBD
数据库名称	TBD
客户端测试 PC	
包括特殊的配置需求	TBD
测试存储库	
网络或子网	TBD
服务器名称	TBD
测试开发 PC	TBD

5. 项目里程碑

[对<项目名称>的测试应包括上面各节所述的各项测试的测试活动。应该为这些测试确定单独的项目里程碑,以通知项目的状态和成果。]

里程碑任务	工作	开始日期	结束日期
制订测试计划			
设计测试			
实施测试			
执行测试			
对测试进行评估			

6. 可交付工件

［本节列出了将要创建的各种文档、工具和报告，及其创建人员、交付对象和交付时间。］

6.1 测试模型

［本节确定将要通过测试模型创建并分发的报告。测试模型中的这些工件应该用 SQA 工具来创建或引用。］

6.2 测试记录

［说明用来记录和报告测试结果和测试状态的方法和工具。］

6.3 缺陷报告

［本节确定用来记录、跟踪和报告测试中发生的意外情况及其状态的方法和工具。］

7. 项目任务

以下是一些与测试有关的任务：

1）制订测试计划

（1）确定测试需求。

（2）评估风险。

（3）制定测试策略。

（4）确定测试资源。

（5）创建时间表。

（6）生成测试计划。

2）设计测试

（1）准备工作量分析文档。

（2）确定并说明测试用例。

（3）确定测试过程，并建立测试过程的结构。

（4）复审和评估测试覆盖。

3）实施测试

（1）记录或通过编程创建测试脚本。

（2）确定设计与实施模型中的测试专用功能。

（3）建立外部数据集。

4）执行测试

（1）执行测试过程。

（2）评估测试的执行情况。

（3）恢复暂停的测试。

（4）核实结果。

（5）调查意外结果。

(6) 记录缺陷。

5) 对测试进行评估

(1) 评估测试用例覆盖。

(2) 评估代码覆盖。

(3) 分析缺陷。

(4) 确定是否达到了测试完成标准与成功标准。

参 考 文 献

[1] 姚登峰.基于 RUP 的软件测试实践[M].北京：清华大学出版社，2009.

[2] 周颖，等译.软件质量保障原理与实践[M].北京：科学出版社，2010.

[3] 程宝雷，徐丽，金海东.软件测试工具实用教程[M].北京：清华大学出版社，2009.

[4] 信必优技术学院研发部.外包软件测试工程师基础教程[M].北京：清华大学出版社，2009.

[5] IBM 公司. Software Configuration Management：A Clear Case for IBM Rational ClearCase and ClearQuest UCM. IBM Certified Course Material(IBM Redbooks).

[6] IBM 公司. An Experience Using Rational Performance Tester to Benchmark Oracle EnterpriseOne. IBM Certified Course Material(IBM Redbooks).

[7] IBM 公司. Patterns：Model-Driven Development Using IBM Rational Software Architect. IBM Certified Course Material(IBM Redbooks).

[8] 黎连生，王华，李淑春.软件测试与测试技术[M].北京：清华大学出版社，2009.

[9] 软件测试原理与实践[M].韩柯，等译.北京：机械工业出版社，2009.

[10] 陈汶滨，朱小梅，任冬梅.软件测试技术基础[M].北京：清华大学出版社，2008.

[11] 张大方，李玮.软件测试技术与管理[M].长沙：湖南大学出版社，2007.

[12] 袁玉宇.软件测试与质量保证[M].北京：北京邮电大学出版社，2008.

[13] 朱少民.软件测试方法和技术[M].北京：清华大学出版社，2005.

[14] IBM 公司. Using Rational Performance Tester Version 7. IBM Certified Course Material(IBM Redbooks).

[15] 佟伟光.软件测试[M].北京：人民邮电出版社，2008.

[16] 贺平.软件测试技术[M]. 北京：机械工业出版社，2004.

[17] Ron Patton. Software Testing Second Edition.英文版.2 版[M].北京：机械工业出版社，2006.

[18] Daniel J Mosley，Bruce A Posey. 软件测试自动化[M]. 北京：机械工业出版社，2003.

[19] Mark Fewster & Dorothy Graham. 软件测试自动化技术与实例详解[M]. 北京：电子工业出版社，2000.

[20] 朱少民.软件质量保证和管理[M].北京：清华大学出版社，2007.

[21] 洪伦耀，董云卫.软件质量工程[M].西安：西安电子科技大学出版社，2004.

[22] 杨根兴，蔡立志，陈昊鹏，蒋建伟.软件质量保证、测试与评价[M].北京：清华大学出版社，2007.

[23] 张小松，王珏，曹跃，等译.软件测试[M].北京：机械工业出版社，2007.

[24] [美]Schulmeyer G G，等著.软件质量保证[M].李怀璋，等译.北京：机械工业出版社，2003.

[25] 51Testing 软件测试网组编，陈能. QTP 自动化测试实践[M].北京：电子工业出版社，2008.

[26] John Watkins.实用软件测试过程[M].北京：机械工业出版社，2004.

[27] 王英龙，张伟，杨美红.软件测试技术[M].北京：清华大学出版社，2009.

[28] 朱少民.软件测试方法和技术[M].北京：清华大学出版社，2008.

[29] 王爱平.软件测试[M].北京：清华大学出版社，北京交通大学出版社，2008.

[30] 蔡建平.软件测试大学教程[M].北京：清华大学出版社，2009.

[31] 陈能技.软件测试技术大全——测试基础流行工具项目实战[M].北京：人民邮电出版社，2009.

[32] 古乐，史九林.软件测试案例与实践教程[M].北京：清华大学出版社，2007.

[33] 于涌.软件测试性能测试与 LoadRunner 实践[M].北京：人民邮电出版社，2008.

[34] 陈绍英，夏海涛，金成姬.Web 性能测试实战[M].北京：电子工业出版社，2007.

[35] 高猛，冯飞．软件测试的有效方法．3版[M]．北京：清华大学出版社，2007.
[36] 赵斌．软件测试技术经典教程[M]．北京：科学出版社，2011.
[37] 黄爱明．国内软件测试现状及对策研究[J]．中国管理信息化，2007(2)：42～44.
[38] 张靖，贲可荣，罗云锋．软件测试研究综述[J]．计算机与数字工程，2008(10)：78～82，93.
[39] 颜炯，王戟，陈火旺．基于模型的软件测试综述[J]．计算机科学，2004(3)：184～187.
[40] http://www.ltesting.net
[41] http://blog.csdn.net/KerryZhu
[42] http://www.51testing.com
[43] http://www.testage.net
[44] http://softtest.chinaitlab.com
[45] http://www.17testing.com
[46] http://baike.baidu.com

相关课程教材推荐

ISBN	书　名	定价(元)
9787302183013	IT 行业英语	32.00
9787302239659	计算机专业英语(学术能力培养)	35.00
9787302130161	大学计算机网络公共基础教程	27.50
9787302215837	计算机网络	29.00
9787302235989	数据结构(C 语言版)第 3 版 (另配套实训教材)	25.00
9787302243236	数据结构——Java 语言描述	33.00
9787302246138	计算机组成与汇编语言	29.00
9787302218555	Linux 应用与开发典型实例精讲	35.00
9787302225836	软件测试方法和技术(第二版)	39.50
9787302249177	实用软件测试教程	29.50
9787302221487	软件工程初级教程	29.00
9787302194064	ARM 嵌入式系统结构与编程	35.00
9787302202530	嵌入式系统程序设计	32.00
9787302219668	路由交换技术	29.50
9787302249559	Web 程序设计：ASP.NET	29.50
9787302227151	Web 应用程序设计实用教程	32.00
9787302237556	Java 程序设计实践教程	36.00
9787302244653	C++面向对象程序设计	35.00
9787302247487	C#语言程序设计	23.00
9787302241171	J2EE 应用开发实例精解(WAS+RAD)	25.00
9787302228196	数据仓库与数据挖掘原理及应用	32.00
9787302245384	多媒体技术与应用	32.00
9787302241720	商务智能(第 2 版)	29.50
9787302238195	电子政务概论	36.00
9787302213567	管理信息系统	36.00

以上教材样书可以免费赠送给授课教师，如果需要，请发电子邮件与我们联系。

教学资源支持

敬爱的教师：

感谢您一直以来对清华版计算机教材的支持和爱护。为了配合本课程的教学需要，本教材配有配套的电子教案(素材)，有需求的教师可以与我们联系，我们将向使用本教材进行教学的教师免费赠送电子教案(素材)，希望有助于教学活动的开展。

相关信息请拨打电话 010-62776969 或发送电子邮件至 liangying@tup.tsinghua.edu.cn 咨询，也可以到清华大学出版社主页(http://www.tup.com.cn 或 http://www.tup.tsinghua.edu.cn)上查询和下载。

如果您在使用本教材的过程中遇到了什么问题，或者有相关教材出版计划，也请您发邮件或来信告诉我们，以便我们更好为您服务。

地址：北京市海淀区双清路学研大厦 A-707　　计算机与信息分社 梁颖　收
邮编：100084　　电子邮件：liangying@tup.tsinghua.edu.cn
电话：010-62770175-4505　　邮购电话：010-62786544

图书资源支持

感谢您一直以来对清华版图书的支持和爱护。为了配合本书的使用，本书提供配套的素材，有需求的用户请到清华大学出版社主页(http://www.tup.com.cn)上查询和下载，也可以拨打电话或发送电子邮件咨询。

如果您在使用本书的过程中遇到了什么问题，或者有相关图书出版计划，也请您发邮件告诉我们，以便我们更好地为您服务。

我们的联系方式：

地　　址：北京海淀区双清路学研大厦 A 座 707

邮　　编：100084

电　　话：010－62770175－4604

资源下载：http://www.tup.com.cn

电子邮件：weijj@tup.tsinghua.edu.cn

QQ：883604(请写明您的单位和姓名)

扫一扫

资源下载、样书申请

新书推荐、技术交流

用微信扫一扫右边的二维码，即可关注清华大学出版社公众号“书圈”。